诺贝尔化学奖得主E.J.Corey作序
纽约时报、德国应用、化学世界、化学与工业、化学教育等**联袂推荐**

Garlic and Other Alliums
The Lore and the Science

神奇的葱蒜
——传说与科学

[美] 艾瑞克·布洛克（Eric Block） 著

唐 岑 译

庄寒异 戴立信 审校

化学工业出版社
·北京·

蒜、洋葱、韭葱、细香葱及其它葱属植物无论是食用还是作为草药都占有独特的地位，并在人类文明的初期即广为赏用。大蒜制剂是最畅销的草本保健品，而大蒜基的产品又十分有望成为环境友好的杀虫剂。

这本别具一格的书叙述了葱属植物的深远历史及当下振奋人心的应用，这些事实均呈现于细致探索历史文献后而成的故事中以及大量的实验研究中，使读者在愉快阅读的同时且能收获良多。蒜和其它葱属植物在早期是怎么栽培的？它们有哪些不可思议的化学与生物化学性质？硫元素在其中扮演什么角色？文学、诗歌和艺术之中怎么描写和应用葱属植物？世界最古老的烹调中葱属植物有何特色？本书通过大量的图片、详尽的实验阐述，带你走进葱属植物的世界。

《神奇的葱蒜——传说与科学》讲述了广泛存在的硫元素在自然界中的独特作用，本书内容保持在对专家和非专业都能阅读的水平上，适合对科学感兴趣的读者和化学、生物化学、药学领域的专业人士。

图书在版编目（CIP）数据

神奇的葱蒜——传说与科学/（美）艾瑞克·布洛克（Eric Block）著；唐岑译．—北京：化学工业出版社，2017.3
书名原文：Garlic and Other Alliums：The Lore and the Science
ISBN 978-7-122-28930-8

Ⅰ.①神⋯　Ⅱ.①艾⋯②唐⋯　Ⅲ.①葱-研究　②大蒜-研究　Ⅳ.①S633.1②S633.4

中国版本图书馆CIP数据核字（2017）第013993号

Garlic and Other Alliums：The Lore and the Science/by Eric Block
ISBN 978-1-84973-180-5
Copyright©2010 by Eric Block. All rights reserved.
The RSC is not responsible for individual opinons expressed in this work.
Authorized translation from the English language edition published by The Royal Society of Chemistry
本书中文简体字版由The Royal Society of Chemistry授权化学工业出版社独家出版发行。
未经许可，不得以任何方式复制或抄袭本书的任何部分，违者必究。

北京市版权局著作权合同登记号：01-2017-3903

责任编辑：宋林青　　　　　　　　　　文字编辑：丁建华
责任校对：王　静　　　　　　　　　　装帧设计：关　飞

出版发行：化学工业出版社（北京市东城区青年湖南街13号　邮政编码100011）
印　　装：中煤（北京）印务有限公司
710mm×1000mm　1/16　印张23　字数430千字　2017年8月北京第1版第1次印刷

购书咨询：010-64518888（传真：010-64519686）　　售后服务：010-64518899
网　　址：http://www.cip.com.cn
凡购买本书，如有缺损质量问题，本社销售中心负责调换。

定　　价：128.00元　　　　　　　　　　　　　　　版权所有　违者必究

To Shellie Vanderzee, and to my family
致雪莉·范德奇和我的家人

译者前言

Eric Block教授在2014年访问中国科学院上海有机化学研究所时，十分希望该书也可以拥有中译本。这本图文并茂的精彩著作不仅是一本化学专著，且广泛涉猎了历史、文化与艺术领域，对于相关专业的读者而言，它是一本以历史发展为经，以生物化学研究为纬的大作品，对于普通读者而言，它也兼具趣味性与可读性。诺贝尔化学奖得主E. J. Corey教授对此书有着很高的评价。

得益于戴立信院士的信任，我在香港中文大学攻读化学博士学位期间就接触到了这本专著，并着手翻译工作。行将毕业之际，也是这本书即将出版之时。有机化学虽然是我的专业，平日也对传统文学颇为喜爱，然而化学知识渊深海阔，这本书所涉猎的内容并不在我的日常研究范畴之内，而斟酌词意的过程中，尤其涉及诗歌作品时，时觉才疏学浅，笔力不济。

上海有机化学研究所的戴立信院士是著名的有机化学家，在此书的翻译工作中，他时常给予我鼓励，并且在精心校对之余，为分担我本应承担的工作而躬身翻译。其间，他多次因病住院，也未对翻译工作心存过半分苟且，才使得该书的中文版有始有终，顺利完稿。

上海交通大学医学院病理生理学系的庄寒异教授，在嗅觉领域与Eric Block教授有着长期的科研合作关系，并有极好的中、英文文学基础，她参与了本书的校阅，更加保障了该书的专业性与词义表达，不至因我一己之失而出现大的纰漏。

中国的饮食文化丰富，在当代中国，蒜、洋葱、大葱、细葱等都已是餐桌上不可或缺的佐料。尤其在北方，葱蒜更是餐桌上的常客，甚至可以单独作为菜品食用，"大葱蘸酱"便是一例。古代餐饮中也不时见到葱蒜的身影。中国古代饮食文化中，饮茶文化占有重要的一席之地。陆羽的《茶经·五之煮》中便记述了盛唐以前以葱蒜佐茶的煮茶之法。然而，在文学作品中，则较难觅得葱蒜等"五辛"的踪影。《诗经》之中，对于韭等葱属类植物略有提及，然而唐诗宋词，又或能够详细记录古代日常生活的小说则鲜有此类植物的身影，据我们的查阅，即使是大量描写清代日常生活且具有历史研究价值的《红楼梦》中，也不曾出现葱蒜。这大抵与《诗经》采集于民间，而此后的文学作品逐渐文人化有关，由此可见，和婆罗门类似，葱蒜之类，在古时的中国，或许是难登大雅之堂的。但在今日，莫言的一本小说却是名为《天堂蒜薹之歌》。

戴立信院士之参加校阅，除了与Eric的友谊之外，还因其浓厚的大蒜素情节。二十世纪五十年代末，国家曾要求科研人员提出更加联系实际的课题。当时，上海有机化学研究所的梅斌夫等研究员根据"大蒜田里少有害虫"的现象提出了研究大蒜衍生农药的课题。他们参照大蒜素的结构，研究出乙基大蒜素。乙基大蒜素曾在山东、安徽等地广泛用于番薯的防霉防菌储存。彼时正值"三年自然灾害"，番薯作为一种重要的粮食品种，它的存储无疑是一项重要的课题。因此，此项工作也曾是上海有机化学研究所的重要成果。近来，我们才知道如今乙基大蒜素依然有着超千吨原药的年产量。乙基大蒜素，即乙基硫代亚磺酸乙酯（用乙基取代了大蒜素中的烯丙基，以获得更好的稳定性），它的水剂、乳剂及粉剂或者复配，主要用于熏蒸防霉或是农业抗菌剂直接喷洒或灌根。近日，上海有机化学研究所姜标教授又发明了三元配方，即乙基大蒜素＋乙基硫代磺酸乙酯＋乙烯基磺酰氟，除防霉、防菌外，该配方还有很好的仓储杀虫作用，可用于仓储，也可用于文物保护。积新、老两代的努力，大蒜素衍生的环境友好农药，在我国的发展着实可喜。

借由此书的翻译，我在反复阅读的过程中，感受到它绝非是一本仅仅满足于读者好奇心的书籍，更不失为一本旁征博引，可以从葱蒜历史发展这一隅了解到多方面知识与文化的可靠读本。该书切入科研腹地，十分详细地讨论了在研究葱属植物过程中发现的多种硫化物的结构鉴定，反应性及其在生物、医药等领域的作用与机理。这本集Eric教授热忱与学识的专著中文版能够在中国发行，期盼也能得到中国读者的喜爱。

唐岑
2017年3月

序

大蒜和它的亲戚（葱属植物）有着非凡、丰富而奇异的故事。艾瑞克·布洛克教授是该领域的权威，他在本书中从文化、历史、植物学、环境、烹调、药用直至它们的基础科学叙述了蒜和葱属植物的故事，细节之处，臻于极致。布洛克教授在有机硫化物以及特殊的大蒜及葱属植物含硫组分的前沿领域研究近四十年，洞悉入微，因此本书在基础科学方面的描述是全面的并极富权威性。广泛、完整的内容以及权威专家的叙述，将使本书在未来成为一部经典之作。

本书的亮点之处还在于那些精心收集的绘图与照片，它们将葱属植物与社会、艺术、历史、建筑及文化完美地结合在了一起，是该书对读者的又一贡献。

能在一本书中将一个普通植物家族从古至今、有趣而繁多的材料融汇消化，再循循道来，是难能可贵的。除此之外，它的价值也在于每个人都能从中感受到缤纷的生命活力，充满阳光，也意味深长。它也是一部清晰、美妙、令人怡然而充满爱的作品。我会不时地重读该书，也会将它作为参考资料。

我们十分感谢艾瑞克·布洛克，也恭喜他对葱属植物这个无限诱人家族（包括大蒜——它的特殊成员）的文献工作做出的杰出贡献。今后的很多年中，这本书将会吸引大量读者，享有不凡的赞誉。

艾里亚斯·詹姆斯·科里（E. J. Corey）
于麻省剑桥市哈佛大学

前　言

作为一名专门研究有机硫化学的化学家，我何以要写这样一本书来讲述大蒜和它的亲戚——葱属植物呢？四十年前，我开始了研究大蒜和洋葱中不寻常的含硫化合物的实验工作。经过与有天分的学生和同事的共同努力，渐渐揭开了这些气味冲鼻、刺激泪腺的化合物的神秘面纱。那些从植物中提取或在实验室中合成的化合物有着不可思议的复杂性，由此构成了我们课题组发表论文以及学生们博士学位论文的基础。我总是抓住一切机会，向该领域的专家讲述，也在高中、大蒜节乃至以大蒜为主题的餐桌上与人们分享我们的工作。

为了吸引听众，我往往在科学内容中穿插着讲述这些植物的历史、它们的食用与药用功能。有时，园艺、植物、药物领域，以及其它一些对大蒜和葱属植物感兴趣的会议会邀请我前往。为了准备这些会议，我要求自己了解这些植物的历史与文化，便常常会涉足这些远离化学的领域。我发现自己又成为了一个学生，遇见同事、阅读文献之时总在攫取尽多的养分，也在国际旅行中关注那些总是摆着葱属植物的菜市场。经历多了，在自学过程中便积累了许多关于葱属植物的知识和信息。随着研究的深入，我越发感觉到，自从这些植物被我们的祖先发现以来，它们在科学领域与在文化领域之间微妙的关联有着迷人的魅力。

我并非第一个对葱属植物化学感兴趣的人。奥古斯特·威廉·冯·霍夫曼（August Wilhelm von Hofmann），前伦敦皇家化学学院（今已发展为帝国理工大学化学系）首任院长，德国化学会的创始人；阿瑟·斯托尔（Arthur Stoll），瑞士山德士制药有限公司总裁，与诺贝尔奖得主理查德·威尔斯泰（Richard Willstätter），合作研究叶绿素的先锋；芬兰化学家，1945年诺贝尔奖得主阿尔图里·维尔塔宁（Artturi Virtanen）等杰出名人以及很多国际科学家，都曾被葱属植物的化学所吸引。追寻这些先辈的足迹，难免会有惴惴不安的感觉。

在阅读过程中，我发现自从人类步入文明社会之初，蒜、洋葱、韭菜、香葱等葱属植物便开始在食用与草药之中享有特殊的地位。古往今来的文学作品中，葱属植物被反复描述，毁誉参半。建筑学与装潢艺术中也有它们的身影。种植具有观赏性的葱属植物既可以装点庄园，也可以保护附近的植物免遭害虫的侵扰。大蒜片（丸）是最畅销的草本食物补充剂之一，与此同时，一些源于大蒜的产品有望成为环境友好的杀虫剂。先人的细致观察与今人的深入研究告诉我们，葱属植物如此特殊而多样的性质归功于大自然赋予它们的化学成分，这些植物中含有大量看似简单的化合物并保护它们免受捕食者的侵扰。

本书致力于记录与检验这些植物从古至今纷繁的用途，通过对历史文献的仔细核查，并基于全球实验室的众多研究工作，从虚构传说中找出事实。对于复杂的科学概念，书中将尽力用最清晰的词汇加以解释。对研究结果也会用通俗的语言做出明了的表达。此外，我将努力提供充足的细节和更全的文献，包括古老的原始文献和最新的文献，以尽力满足需求更多的读者，也同时满足各个不同领域的研究者，如考古学、烹饪艺术、药物学、生态学、药理学、食品科学、植物科学、农学、有机化学和分析化学的业内人士的求知欲。我个人还有一个愿望，希望那些刚刚开始从事化学或相关领域的新人可以通过本书了解科学研究是如何进行的，也能够明白有机化学知识在各个科学领域之中的巨大用处。我非常感谢出版社，他们鼓励我在文字之中穿插大量的图画和照片，丰富了那些无法用文字来描述的事物。

本书同时也是我个人旅程的故事，既是比喻的也是真实的。在哈佛大学，跟随诺贝尔奖得主艾里亚斯·詹姆斯·科里（E. J. Corey）开始科研训练的日子为我后来从事天然产物与有机硫化学做足了准备。后者成为了我1967年博士学位论文与1978年个人专著的主题。我对于葱属植物化学的兴趣始于偶然。在20世纪60年代末，我还是美国密苏里大学圣路易斯分校的一名年轻教工。那时，为了找到研究课题，我开始追溯研究生时接触的二甲基亚砜[DMSO; $CH_3S(O)CH_3$]的值得注意的化学性质——它是优良的溶剂、化学过程中的反应物，也是具有争议的关节炎治疗药物。我想，若是将人们了解得更少的它的类似物：甲基硫代亚磺酸甲酯[$CH_3S(O)SCH_3$]作为研究课题会十分有趣。甲基硫代亚磺酸甲酯比DMSO多了一个硫原子。这个容易合成的化合物确实拥有不凡的化学性质。很快，引起我注意的是，大量常见的蔬菜，包括葱属植物、十字花科属植物中都能自然地生成甲基硫代亚磺酸甲酯。此外，我还发现甲基硫代亚磺酸甲酯的许多化学知识与更加复杂的化合物——大蒜素直接相关。大蒜素[$CH_2=CHCH_2S(O)SCH_2CH=CH_2$]，这种在大蒜被切碎或者碾碎时产生的活性化合物具有六个碳原子，与含有两个碳的二甲基亚砜截然不同。

当我在纽约州立大学奥尔巴尼分校继续我的研究时，我惊奇地发现从一个稳定、没有气味的白色固体中，洋葱酶却可以快速地释放出具有高活性的含有三个碳的化合物。这种化合物在第二种酶的作用下又能重排自身的原子，形成另一个结构奇特、刺激泪腺的化合物。在缺少第二种酶的情况下，一连串的化学作用会导致最初生成的含有三个碳的化合物倍增，形成含有六个碳的化合物。随即，后续有一系列的奇特的分子重排，最终得到一种更为美观的结构——洋葱烷（zwiebelanes），顺-2,3-二甲基-5,6-二硫杂环[2.1.1]己烷-5-氧化物（cis-2,3-dimethyl-5,6-dithiabicyclo[2.1.1]hexane-5-oxide），构成了鲜美的洋葱风味。与此同时，另一条平行的过程导致含有三个碳的化合物形成含有九个碳（自身的三倍）的化合物。在洋葱中，该化合物是洋葱烯（cepaenes），而在大蒜中则是大蒜烯（ajoene）。这两种九个碳的化合物都具有重要的生物学性质。大蒜烯用于治疗白血病及真菌感染的临床研究正在进行，而含有洋葱烯的制剂则用于疤痕的复原。

在我看来，大蒜和洋葱被碾碎时发生的新奇的化学转化是值得与更多人分享的，这些故事的听众不应仅仅局限于我的化学家同事们。1985年，我获得古根汉基金会（John Simon Guggenheim Foundation）基金，在此期间，我在《科学美国人》上发表了"大蒜与洋葱的化学"一文。在准备那一篇文章期间，以及更近一些写给《不列颠百科全书》的文章期间，我学着将复杂的化学现象深入浅出地讲述给普通读者。我甚至也获得了一些难得的机会，参与了三部关于大蒜和洋葱的纪录短片的制作。有了这些经验，我已经可以自如地在这里将葱属植物的全部故事呈现出来。

研究葱属植物的旅程确实让我与这个世界的沟通更加频繁，让我得以发展对旅游、植物和摄影的兴趣。在前两章里，文章的配图大多来自我个人的摄影作品，包括植物园里发现的许多精致而具有装饰性的葱属植物，也有田地里、市场上供食用的品种以及建筑之中含有洋葱甚至大蒜的图案与设计。中间两章按年代叙述的是化学科研工作的发展过程，要从分子层面上解释当这些植物被切割及碾碎时究竟发生了什么。这两章同时也是一次空间和时间上的追索之旅——因为在化学这门学科诞生的初期，全世界的化学家和生物化学家对于葱属植物的研究便已早早地拉开了序幕。最后两章作为旅程的结尾，将把目光投向古往今来葱属植物对于民间医学和补充医学的故事以及葱属植物对环境的影响，包括了令人欣喜的近期工作——将葱属植物的提取物用作环境友好的杀虫剂。

我十分感谢美国国家科学基金会三十多年来对我本人在葱属植物化学领域持续的大力支持，同时，感谢美国化学会化学石油研究基金会、赫尔曼·福莱西基金会（Herman Frasch Foundation）、北大西洋公约组织、美国农业部、美国国立卫生研究院、贝里曼研究院（Jack H. Berryman Institute）以及美国心脏协会对我的支持和帮助。我也十分感谢古根汉基金会对我研究的赞助，还十分感谢一些公司、社团对我的赞助，特别是美国味好美公司、法国埃尔夫-阿基坦全国协会（Société

Nationale Elf Aquitaine)、英国的ECOspray公司。我还要感谢哈佛大学、博洛尼亚大学、威兹曼科学院以及剑桥大学——我在那里学术公休假时的主人，在那里我继续葱属植物相关的研究。如今，我所在的学校——纽约州立大学奥尔巴尼分校，以及卡拉·里索·德尔雷（Carla Rizzo Delray）讲席为我提供研究经费，我也在此谨表深深谢意。此外，我还要感谢：在2006年到2007年间，剑桥大学的沃尔森学院（Wolfson College）邀请我做访问学者，在那时我正式开始创作本书；蒂姆·厄普森（Tim Upson）博士——剑桥大学植物园的负责人，他让我自由进出植物图书馆，也鼓励我将历史植物的图片复本放入本书；俄罗斯圣彼得堡植物园的德米特里·盖尔曼（Dmitry Geltman）博士的热情友善以及对我在研究圣彼得堡的爱德华·雷格尔（Eduard Regel）的早期植物学著作的帮助；还有剑桥大学多萝西·克劳福德·汤姆森（Dorothy Crawford Thompson）博士及约翰·埃姆斯利（John Emsley）博士的有益探讨。

切斯特·卡瓦里托（Chester J. Cavallito）于1945年在大蒜中发现了大蒜素，才使今天本书所讨论的化学得以进行。令我高兴的是，我见到并认识了他，而他多年前的发现便是在纽约伦斯勒理工学院的一个实验室内，距离我所在的大学只有咫尺之遥，这是一个愉快的巧合。我非常感谢切斯特与我分享了他发现大蒜素的细节，给我提供了他所收集的早期关于大蒜的文献。研究葱属植物的种属需要人与人之间的高度合作，因此，我感激我的很多同事以及现在和早期的学生们，他们在这本书以及我们共同的出版物中所提及的研究过程中分享了自己的智慧与专业技能。此外，感谢克里斯多夫·加德纳（Christopher Gardner）教授、拉比·穆萨（Rabi Musah）教授、弗兰克·豪瑟（Frank Hauser）教授、穆里·格鲁姆（Murree Groom）博士、拉里·劳森（Larry Lawson）博士和大卫·施特恩（David Stern），他们十分认真地对本书的一章或多章进行了审阅。珍妮特·弗雷什沃特（Janet Freshwater）、卡特里娜·哈丁（Katrina Harding）、瑞贝卡·吉夫斯（Rebecca Jeeves）以及他们皇家化学会的同事，感谢他们专业的编辑帮助。我尤其感谢我的妻子，永恒的伴侣朱迪——没有她的鼓励、帮助与爱，这本书，乃至之前的实验工作与现场调查都无法实现。

艾瑞克·布洛克（Eric Block）

致中国读者

2013年秋天，我被授予了中国科学院年度国际访问资深科学家，为此我在上海停留了一段时间，来往于上海交通大学医学院和中国科学院上海有机化学研究所交流。在中国时，我在上海及杭州的六所研究所做了一系列题为"大蒜及其它葱属植物：传说与科学"的讲座。这些讲座主要基于我同名书籍中的内容，包含了对于大蒜可能的发源地——丝绸之路和天山西部的讲述，中国如何引导国际上大蒜和洋葱的产品，并且着重提及2004年我在山东省参观了大蒜洋葱产地以及大蒜加工厂，作为主报告人我还在北京参加第四届国际食用葱属植物研讨会。在我的报告中，我提到二烯丙基三硫化物（alltridum）在中国传统药学中作为隐球菌的静脉治疗药物使用广泛，并且在历史上曾被用以对抗炎症和抗癌治疗。我也提到了腊八蒜，总结了最近我与上海交通大学医学院庄寒异教授合作的关于"硫的气味"的研究。因为这些讲座反响很好，我便询问了邀请人戴立信院士、唐勇院士和庄寒异教授关于出版中文版本书籍的可行性。经过初步讨论后，很快促成了英国皇家学会与化学工业出版社关于中文版本的合同。

自2009年这本书出版以来，又有2300余篇关于"葱属植物科学"的论文发表，反映出了该领域的活跃程度。除了最近笔者发表的关于实时直接分析质谱（DART-MS）和银离子配合物离子喷雾质谱在分析葱属植物挥发油时的应用 [*Pure Appl. Chem.* **2010**, *82*, 535–539; *J. Agric. Food Chem.*, **2010**, *58*, 1121–1128; *J. Agric. Food Chem.*, **2010**, *58*, 4617–462; *Phosphorus, Sulfur, Silicon Rel. Elements*, **2011**, *186*, 1085-1093; *J. Sulfur Chem.*, **2013**, *34*, 55–66, 158–207; *ACS Symposium Series* 1152, **2013**, Ch. 1, 1–14]外，为方便中文读者阅读参考，我将一些其它的有关方面的研究，根据五个章节的主题领域进行排列并列在文后（附一）。这些文章最常出现在 *Journal of Agricultural and Food Chemistry* 上，它是美国化学会农业与食品化学的旗舰期刊。为了让读者更准确地掌握葱属植物的名称，我把一些葱属植物的英文名和拉丁学名也列在了后面（附二）。为了让读者更好地阅读和理解本书，我把本书英文版的一些书评信息列在了附三中，有兴趣的读者可以查阅。

我想诚挚地感谢在上海期间我的邀请人。唐岑女士（香港中文大学化学系博士研究生，2017年将进行论文答辩）在学习期间出色地完成了学业，也出色地完成了全书的翻译；两位同事随后审核了中文翻译：戴立信教授（院士）（中国科学院上海有机化学研究所金属有机国家重点实验室）与庄寒异教授（上海交通大学医学院）。我也诚挚地感谢美国国家科学基金会在我研究葱属植物的34年间持续不断地支持。近来我们的研究延伸到了嗅觉领域，在这方面我们与庄寒异教授、松波宏明教授（Hiroaki Matsunami，杜克大学）、维克多·巴蒂斯塔（Victor Batista，耶鲁大学）及其团队有密切的合作。最后，我想以此书纪念我的妻子，也是我近五十年的生活伴侣，茱迪斯·布洛克（Judith Block，1945—2015），感谢她对我葱属植物科学研究的鼓励。

艾瑞克·布洛克（Eric Block）
于纽约州奥尔巴尼市

附一：最近的一些重要文献

（1）葱属植物植物学与耕种（第1章）

Taxonomy of Chinese alliums [*Ann. Bot.* **2010**, *106*, 709–733]；Taxonomy of *A. ampeloprasum* [*Mol. Phylogenet. Evol.* **2010**, *54*, 488–497]；*Allium* bulbs in 15th-century shipwrecks [*J. Archaeol. Sci.* **2013**, *40*, 4066–4072]；Phylogeny of *Allium* subgenus Anguinum [*Molecular Phylogenetics and Evolution*, **2016**, 95, 79–93]；288 page review (2016) of *Allium* subgenus *Melanocrommyum* in Central Asia by Reinhard M. Fritsch [https://www.researchgate.net/profile/Reinhard_Fritsch/publication/312948014_A_Preliminary_Review_of_Allium_subg_Melanocrommyum_in_Central_Asia/links/588b02d0458515221281574b/A-Preliminary-Review-of-Allium-subg-Melanocrommyum-in-Central-Asia.pdf]

（2）葱属植物化学（第3, 4章）

A. ampeloprasum isoalliin and methiin levels and selenium fertilization [*J. Agric. Food Chem.*, **2012**, 60, 10910–10919, 10930–10935]；*A. caeruleum* anthocyanin blue pigments [*Phytochemistry* **2012**, 80, 99–108]；*A. cepa S*-alk(en)ylthio-L-cysteine derivatives [*J. Agric. Food Chem.*, **2011**, 59, 9457–9465]，sulfite reductase and ATP sulphurylase [*Phytochemistry* **2012**, 83, 34–42; **2011**, 72, 882–887, 888–896]，bulb antifungal saponins [*Phytochemistry* **2012**, 74, 133–139]，lachrymatory factor synthase (LFS) and LFS-silenced (tearless) onions [*Phytochemistry* **2011**, 72, 1939–1946;

J. Agric. Food Chem. **2013**, *61*, 1449–1456, 10574–10581; *Biosci. Biotechnol. Biochem.* **2012**, *76*, 447–453, 1799–1801; *Plant Biotech.* **2011**, *28*, 361–371〕, and skin color〔*Postharvest Biol. Technol.* **2013**, *86*, 494–501〕; *A. cepa* L. Aggregatum Group (shallot) antifungal saponins〔*J. Agric. Food Chem.*, **2013**, *61*, 7440–7445〕; *A. giganteum* red pigments〔*J. Agric. Food Chem.*, **2011**, *59*, 1821–1828〕; *A. flavum* steroidal glycosides〔*Fitoterapia* **2014**, *93*, 121–125〕; *A. nigrum* antifungal saponin〔*Phytochem. Lett.* **2013**, *6*, 274–280〕; *A. roseum* phenolics〔*J. Funct. Foods* **2012**, *4*, 423–432〕; *A. roylei* antioxidant metabolites〔*Biosci. Biotechnol. Biochem.* **2014**, *78*, 1112–1122〕; *A. sativum* alliin X-ray structure and absolute configuration〔*J. Agric. Food Chem.* **2015**, *63*, 10778–10784〕, antioxidants〔*J. Agric. Food Chem.* **2014**, *62*, 1875–1880; **2013**, *61*, 10835–10847; *Chem. Commun.* **2013**, *49*, (8181–8183)〕, fructooligosaccharides〔*J. Agric. Food Chem.* **2012**, *60*, 9462–9467〕, ambient MS〔*J. Agric. Food Chem.* **2013**, *61*, 10691–10698〕, skin and breath odor〔*J. Food Sci.* **2014**, *79*, C525–C533; *Anal. Chim. Acta* **2013**, *804*, 111–119〕, effects of sulfur and nitrogen fertilization〔*J. Agric. Food Chem.*, **2010**, *58*, 10690–10696; **2011**, *59*, 4442–4447〕 and tellurium content〔*Metallomics* **2013**, *5*, 1215–1224〕; *A. schoenoprasum* glycosides〔*Phytochemistry* **2013**, *88*, 61–66〕; *A. siculum* and *A. tripedale* 1-butenyl sulfur compounds〔*J. Agric. Food Chem.*, **2010**, *58*, 1121–1128, 1129–1137〕; *A. stipitatum* as source of pyridyl sulfoxides and marasmin〔*J. Agric. Food Chem.* **2010**, *58*, 520–526; **2011**, *59*, 8289–8297〕; *A. tuberosum* seed steroidal saponins〔*Chem. Nat. Compd.* **2014**, *49*, 1082–1086〕 and volatiles, [3H,4H]-1,2-dithiin and [2H,4H]-1,3-dithiin〔*Food Chem.* **2010**, *120*, 343–348〕; *A. ursinum* flavonols〔*J. Agric. Food Chem.*, **2013**, *61*, 176–184〕 and antimicrobials〔*Nat. Prod. Commun.* **2009**, *4*, 1059–1062〕; *A. vavilovii* cytotoxic glycosides〔*Bioorg. Med. Chem.* **2013**, *21*, 1905–1910〕; *A. victorialis* flavonoid glycosides〔*Bioorg. Med. Chem. Lett.* **2012**, *22*, 7465-7470〕; analysis of garlic by HRMAS–NMR to determine geographic origin〔*Food Chem.* **2012**, *135*, 684–693〕; Laba garlic, onion pinking and garlic greening〔*Anal. Bioanal. Chem.* **2014**, *406*, 2743–2745; *Trends Food Sci. Technol.* **2013**, 30, 162–173〕; *Food Chem.* **2010**, *119*, 548–553; **2012**, *131*, 852–861; **2013**, *139*, 885–892; **2014**, *142*, 217–219〕; onion metabolites by ICR-MS and PTR-MS〔*Anal. Chem.* **2013**, *85*, 1310–1315; *Sensors* **2012**, *12*, 16060-16076〕 and DART〔*Rapid Commun. Mass Spectrom.* **2012**, *26*, 1194–1202〕; *Allium* thiosulfinates and allicin chemistry〔*Molecules* **2014**, *19*, 12591–12618; *J. Agric. Food Chem.* **2013**, 61(12):3030–3038.〕; blanched garlic sulfur compounds〔*J. Agric. Food Chem.* **2012**, *60*, 3485–3491〕; black garlic〔*Food Chem.* **2016**, *199*, 135–139; *Nutrition Research and Practice* **2015**, *9*(1), 30–36; *J. Agric. Food Chem.* **2015**, *63*, 683–691〕.

（3）药物中的葱属植物（第5章）

History of early medical usage of garlic by Greeks〔*J. Ethnopharmacol* **2015**, *167*, 30–37〕; anti-glioblastoma〔*Mol. Cells* **2014**, *37*(7), 547–553〕, lymphocyte-enhancing〔*Biosci. Biotechnol. Biochem.* **2013**, *77*, 2298–2301〕 and pathogenic bacterial quorum sensing activity of ajoene〔*Antimicrob. Agents Chemother.* **2012**, *56*, 2314–2325〕; onions for treatment of diabetes〔*Nutrition*

2014, *30*, 1128−1137〕; raw garlic protects against lung cancer, DADS anticancer too, but garlic extract does not prevent stomach cancer〔*Cancer Prev. Res.* **2013**, *6*, 711−718; *Food Chem. Toxicol.* **2013**, *57*, 362−370; *J. Natl. Cancer Inst.* **2012**, *104* (6), 488−492〕; beneficial effect of garlic and other alliums on gastric and colorectal cancer〔*Cancer Prev. Res. (Phila).* **2016**, *9*(7), 607−615; *Nutrition and Cancer*, **2014**, 1−17〕; garlic and lipid lowering review〔*Crit. Rev. Food Sci. Nutr.* **2013**, *53*, 215−230〕; garlic and dermatology〔*Dermatology Reports* **2011**, *3*, e4〕; garlic antimicrobial effects on foodborne pathogens probed with IR and Raman〔*Anal. Chem.* **2011**, *83*, 4137−4146〕; antimicrobial properties of *Allium* species〔*Curr. Opin Biotechnol.* **2012**, *23*, 142−147〕; garlic burns〔*BMJ Case. Rep.* **2014**, doi:10.1136/bcr-2013-203285; *Dermatol. Online J.* **2014**, *20*(1), 21261; *Journal of Burn Care & Research* **2012**, 33 (1) e21; *Eur. J. Dent.* **2010**, *4*(1), 88−90; *Prim. Dent. J.* **2014**, *3*(1), 28−29; *Ann. Burns Fire Disasters* **2015**, *28*, 3〕; onions can cause migraines〔*Headache* **2014**, *54*(2), 378−382〕and allergies〔*J. Investig. Allergol. Clin. Immunol.* **2012**, *22*(6), 441−442〕; high altitude sickness and garlic〔*PLoS One* **2013**, *8*(10), e75644〕; *A. sativum* and *A. tuberosum* seeds and male reproductive functions and as aphrodisiac〔*Andrologia* **2013**, *45*, 217−224; *J. Med. Food* **2013**, *16*, 82−87; *J. Pharm. Res.* **2010**, *3*(12), 3072−3074; *J. Ethnopharmacol.* **2009**, *122*, 579−582〕; anticancer activity of diallyl trisulfide〔*Food Chem. Toxicol.* **2012**, *50*, 2524−2530〕; effect of cooking on *A. cepa* antiplatelet activity〔*J. Agric. Food Chem.*, **2012**, *60*, 8731−8737; *Nutr. J.* **2012**, *11*, 76〕; toxicity of baked garlic and other *Allium* products to household pets〔*J. Vet. Med. Sci.* **2010**, *72*, 515−518; *Front. Vet. Sci.* **2016**, *3*, 26〕; garlic and tuberculosis treatment〔*Ann. Ist. Super. Sanita* **2011**, *47*, 465−473〕; garlic in breast milk〔*Metabolites* **2016**, *6*, 18〕

（4）环境中的葱属植物（第6章）

Garlic oil and extracts as insecticides〔*J. Econ. Entomol.* **2013**, *106*, 1349−1354; *Asian Pac. J. Trop. Med.* **2012**, 391−395〕;*Antioxidants* **2016**, *6*(1). pii: E3. doi: 10.3390/antiox6010003; *Sci. Rep.* **2017**,*7*, 46406. doi:10.1038/srep46406]; garlic oil for treatment of poultry mites, including use of the commercial garlic oil product "Breck-a-Sol"〔*Ann. NY Acad. Sci.* **2008**, *1149*, 23−26; *Parasites & Vectors* **2014**, 7, 28; *Annu. Rev. Entomol.* **2014**, *59*, 447−466〕; garlic extract and straw for control of root-knot nematode on tomato〔*Nematropica* **2010**, *40*, 289−299; *Hellenic Plant Prot. J.* **2011**, *4*, 21−24; *J. Plant Prot. Res.* **2013**, *53*, 285−288; *Sci. Hort.*, **2013**, *161*, 49−57], nematode parasites in sheep〔*Intern. J. Appl. Res. Vet. Med.* **2010**, *8*, 161−169], and, in China, *Cacopsylla chinensis* [*J. Econ. Entomol.* **2013**, *106*(3), 1349-1354], sweet potato whitefly, *Bemisia tabaci* [*J. Entomol. Zool. Studies,* **2014**, *2*(3), 164−169], and angoumois grain moth, *Sitotroga cerealella* [*Insect Sci.* **2012**, *19*, 205−212; *Insect Mol. Biol.*, **2016**, *25*, 530−540]; garlic extract for control of the salmon louse, *Lepeophtheirus salmonis* [*J. Fish Dis.* **2017**, *40*, 495−505]; use of *Allium macrostemon* (Chinese traditional medicine "Xie Bai") preparations as mosquito larvicide〔*Parasit Vectors* **2014**, *7*, 184〕; *Allium tuberosum* as larvicide〔*J. Med. Entomol.* **2015**, *52*, 437−441; *J. Insect Sci.* **2015**, *15*, 117〕.

附二：在本书中提及的主要葱属植物中文名，英文名及拉丁文学名（斜体）（见：http://zh.wikipedia.org/wiki/葱属）

- 象蒜（英文：Elephant garlic）学名：*Allium ampeloprasum* var. *ampeloprasum*
- 韭葱（亦即：扁葱）（英文：Leek）学名：*Allium ampeloprasum* var. *porrum*
- 薤（亦即：小蒜和藠头）学名：*Allium chinense (Allium bakeri)*
- 洋葱（亦即：洋蒜和皮牙孜）（英文：Onion）学名：*Allium cepa*
- 火葱（亦即：冬葱和分葱）（英文：Shallot）学名：*Allium cepa* var. *aggregatum*
- 葱（英文：Welsh onion, Spring onion, Green onion, Japanese bunching onion）学名：*Allium fistulosum*
- 大蒜（英文：Garlic）学名：*Allium sativum*
- 蝦夷葱（亦即：小葱或细香葱）（英文：Chive）学名：*Allium schoenoprasum*
- 韭菜（英文：Garlic chive）学名：*Allium tuberosum*
- 茖葱（英文：Victory onion）学名：*Allium victorialis*
- 莫莉葱（英文：Lily leek）学名：*Allium moly*
- 熊葱（亦即：野葱）（英文：Ramsons）可在野外采得，它的叶子和鳞茎可作为食物。学名：*Allium ursinum*
- 丽叶球葱　学名：*Allium karataviense*
- 铃铛葱　学名：*Allium paradoxum*
- 葡萄葱　可在野外采得，它的叶子和鳞茎可作为食物。学名：*Allium vineale*

完整的葱属植物成员，见：http://www.theplantlist.org/tpl1.1/search?q=Allium

附三：本书英文版书评信息

H. McGee, *New York Times*, June 9, **2010**, D5; D. A. Pratt, *Angew. Chem. Int. Edn.* **2010**, *49*, 7162; J. Hanson, *Chemistry World* **2010**, *7*(2), 62; M. Jones, *Chem. Ind.* **2010**, 3, 26; T. J. Mansell, *Food and Foodways* **2010**, *18*(3), 170–172; D. Quick, *Education in Chemistry*, September **2010**; L. D. Lawson, *HerbalGram* **2010**, *88*, 71–72; S. Pruett, *J. Chem. Educ.* **2011**, *88*, 699–700; W. H. H. Gunther, *J. Sulfur Chem.* **2012**, *34*, 208; J. H. Cardellina, *J. Nat. Prod.* **2013**, *76*, 813.

目 录 Contents

第1章 葱属植物和它们的古今栽培史　　001

1.1　简介　　001
1.2　葱属植物的植物学及植物化学　　002
　1.2.1　葱属植物的命名　　002
　1.2.2　葱属植物的植物学　　003
　1.2.3　葱属植物的植物化学　　010
　1.2.4　葱属观赏植物　　011
　1.2.5　作为侵入性野草的葱属植物：鸦葱　　014
1.3　葱属植物的古今耕作　　015
　1.3.1　古埃及与地中海盆地的葱属植物　　015
　1.3.2　古代印度、古代中国及中世纪欧洲的葱属植物　　018
　1.3.3　葱属植物的现代种植　　020

第2章 葱蒜的文学、艺术与文化　　025

2.1　简介　　025
2.2　文学中的葱蒜　　026
2.3　诗歌里的葱蒜　　031
2.4　电影、歌曲及芭蕾舞剧中的葱蒜　　033
2.5　绘画中的葱蒜　　035
2.6　建筑中的葱蒜：洋葱形和蒜形圆顶　　038
2.7　葱蒜，无处不在：珠宝、钱币、邮票、瓷器、诸如此类　　042
2.8　不同文化中的葱蒜：公元时代的爱好者与反对者；
　　　恶魔之眼与洋葱法律　　045

第3章 葱属植物的化学101：历史亮点、惊人事实、别样用途及烹饪中的化学　048

    3.1　简介　048
    3.2　蒜和洋葱化学的早期历史　049
    3.3　伦斯勒联系：从切块大蒜中分离大蒜素　052
    3.4　葱属组分衍生物的抗菌原理　056
    3.5　切割葱属植物时产生刺激性的原理　056
    3.6　切割葱属植物时产生强烈气味的原理　058
    3.7　洋葱何以令我们流泪，而我们又该如何应对　058
    3.8　新西兰：基因改造的"无泪"洋葱　059
    3.9　确定葱属植物的地理源产地　060
    3.10　葱属植物组分的新陈代谢：大蒜口气、汗中的蒜味、黑斑洋娃娃、臭牛奶和古老的生育性实验　060
      3.10.1　葱属化合物的新陈代谢　061
      3.10.2　大蒜口气　061
      3.10.3　硫化氢：且臭且生　062
      3.10.4　黑斑洋娃娃　064
      3.10.5　天然物品与大蒜口气的斗争：叶绿素作为大蒜除臭剂　064
      3.10.6　呼吸气息中蒜味的诊断意义：蒜类气味的法医学意义　065
      3.10.7　臭牛奶　065
      3.10.8　古老的生育性实验　065
    3.11　葱属植物与艺术：洋葱皮染色；镀金中的大蒜胶水　066
    3.12　厨房里的葱属植物：香辛料、香草和食物　069
      3.12.1　简介　069
      3.12.2　厨房里的洋葱：烹饪温度的影响　071
      3.12.3　厨房里的大蒜：碾碎、烘烤、烧煮、煎炸、腌制、干燥　072

第4章　色拉盘中的化学：葱属植物的化学与生物化学　075

    4.1　连线巴塞尔：大蒜中的蒜氨酸，大蒜素的前体　075
    4.2　连线赫尔辛基：洋葱的催泪因子及它的前体异蒜氨酸　080
      4.2.1　异蒜氨酸——洋葱催泪因子的前体　080
      4.2.2　洋葱的催泪物质　083

4.3 连线圣路易和奥尔巴尼：次磺酸、洋葱LF及其二聚体的
    结构的修正   086
4.4 双酶记——蒜氨酸酶（蒜氨酸生产的细胞流水线）和
    LF合成酶（使慢反应快速进行）   098
    4.4.1 来自蒜氨酸的大蒜素：为什么大蒜的大蒜素是外消旋的 098
    4.4.2 LF合成酶   102
4.5 葱属植物的芳香与口味：风味前体的多样性   103
    4.5.1 薄层色谱和纸色谱分析   103
    4.5.2 应用高效液相色谱和液相色谱-质谱分析   106
    4.5.3 气相色谱分析葱属植物蒸馏油和假象   111
    4.5.4 葱属植物的室温质谱研究   114
    4.5.5 洋葱细胞的X射线吸收光谱成像   119
    4.5.6 其它分离和分析的方法：超临界流体色谱法毛细管电泳和
          半胱氨酸亚砜专一的生物传感器   120
4.6 前体的前体：蒜氨酸、异蒜氨酸、甲蒜氨酸——葱属植物
    硫化合物的生物合成源   121
4.7 大蒜素的转化，第一部分：重探蒜油   126
    4.7.1 大蒜素的奇妙世界   126
    4.7.2 大蒜素水解后形成的蒜油   126
    4.7.3 分析方法的讨论；配位离子喷雾质谱   128
    4.7.4 蒜油的核磁共振分析图谱   130
    4.7.5 对称和非对称的三硫化物以及更重的多硫化物的合成   132
    4.7.6 机理研究   135
4.8 大蒜素的转化，第二部分：大蒜烯的发现   139
4.9 葱属植物化合物的抗氧化性和助氧化活性   141
4.10 连线慕尼黑/名古屋：洋葱烯，洋葱中九个碳、三个硫、
     一个氧的分子   143
4.11 从慕尼黑到奥尔巴尼："洋葱烷"和双锍化物——
     一个化学谜题的解答   145
    4.11.1 洋葱烷的发现   145
    4.11.2 双锍化物的发现   149
    4.11.3 超级臭味的洋葱化合物   151
4.12 基因沉默改变天然产物化学：无泪洋葱   151
4.13 蒜的绿变、洋葱的粉红色化和"鼓槌"葱属植物中的
     新型红色吡咯色素   152

  4.14 葱属植物中的硒化合物 156
  4.15 葱属植物化学小结 162

第5章 民间医学及补充医学中的葱属植物 164

  5.1 民间医学中葱属植物的早期历史 164
  5.2 蒜膳食补充品：市场与管理 170
  5.3 作为药物的蒜：法律规定 175
  5.4 蒜及其它葱属植物对健康的益处：以实证为依据的对健康
     功效的科学评估体系和在评估研究中的应用 176
  5.5 葱属植物提取物和膳食补充品的抗微生物活性：体内、
     体外、膳食与临床研究 178
    5.5.1 葱属植物化合物的抗真菌活性 179
    5.5.2 葱属植物化合物的抗菌活性：口臭是疾病还是治愈？ 181
    5.5.3 治疗肺结核的蒜面具 182
    5.5.4 葱属植物化合物的抗寄生虫活性：体外研究 183
    5.5.5 葱属植物化合物的抗病毒活性 184
  5.6 葱属植物与癌症：膳食、体外及体内实验 185
    5.6.1 食用蒜与癌症风险的循证概述 186
    5.6.2 流行病学研究 187
    5.6.3 临床试验：大蒜烯治疗非黑色素皮肤癌；大蒜素之于胃癌的胃镜
       治疗 188
    5.6.4 体内及体外的机制研究 189
  5.7 心血管疾病中食用蒜、洋葱及蒜补充剂的作用 192
    5.7.1 流行病学研究 192
    5.7.2 食用葱属植物于心血管的益处的体外及体内研究 193
    5.7.3 葱属植物中的抗氧化剂 193
    5.7.4 食用蒜及蒜补充品对胆固醇水平的影响：
       斯坦福临床试验 194
    5.7.5 食用蒜及其它葱属植物的抗血栓作用；蒜补充品和它们对于
       血小板生物化学及生理学的作用 196
    5.7.6 食用蒜和蒜补充品的抗高血压活性 198
    5.7.7 食用蒜及炎症 199
    5.7.8 蒜与高同型半胱氨酸血症 200
    5.7.9 蒜与高原症和肝肺综合征 200
    5.7.10 蒜对于心血管的益处的小结 200

5.8　膳食中的葱属植物与糖尿病　　201
5.9　蒜的硫化合物：氰化物、砷化物和铅中毒的解毒剂　　201
5.10　葱属植物膳食作为平喘剂、抗炎剂；在叮咬中的应用；
　　　葱属植物萃取物的外用伤痕愈合　　202
5.11　食用洋葱与骨质疏松　　204
5.12　葱属植物食品有关的副作用和健康风险　　205
　　5.12.1　每天食用多少蒜安全？　　205
　　5.12.2　孕期或者哺乳期妇女食蒜：婴儿口臭　　205
　　5.12.3　洋葱如何引起胃液反流和烧心？　　206
　　5.12.4　葱属植物相关的肉毒中毒与肝炎　　206
　　5.12.5　蒜瓣噎喉　　207
　　5.12.6　葱属植物过敏和接触性皮炎　　207
5.13　不要给宠物喂洋葱或者大蒜！　　208
5.14　医药用蒜的副作用和蒜-药物间的相互作用　　210
　　5.14.1　医药用蒜引起的灼伤　　210
　　5.14.2　蒜与药的相互作用　　212
　　5.14.3　蒜在血小板和凝血过程中的影响　　212
5.15　总览蒜的临床效力　　213

第6章　环境中的葱属植物：植化相克与源自葱属植物的引诱剂、抗生素、除草剂、杀虫剂与防护剂　　215

6.1　危险的世界！　　215
6.2　天然环境中葱属植物的除草及杀虫活性　　217
　　6.2.1　韭葱的启示　　217
　　6.2.2　霸道的植物：熊葱的案例　　219
6.3　葱属植物化合物的杀虫、抗生物活性及昆虫驱散作用　　222
　　6.3.1　线虫　　222
　　6.3.2　鞘翅目（甲虫）、鳞翅目（蛾、蝴蝶）、半翅目（真正的爬虫，
　　　　　包括蟑螂等及蚜虫）以及双翅目（真正的飞虫，包括蚊子）、
　　　　　膜翅目（蜜蜂、黄蜂、蚁）以及等翅目（白蚁）　　225
　　6.3.3　蛛蛛纲（蜱螨亚纲：螨虫类和扁虱）　　228
　　6.3.4　腹足纲：蛞蝓和蜗牛　　229
　　6.3.5　植物的致病性菌、真菌与卵菌：植物抗生素　　229
6.4　卷尾猴用洋葱进行昆虫驱避　　231

  6.5 葱属植物中具有防护鸟类的活性物质 232
  6.6 与葱属植物伴种和间植 233
  6.7 总结 234

文献目录 235

参考文献 241

附录 305

  附录1 葱属植物化合物含量及性能 305
  附录2 《德国植物志（第10卷）》葱属植物图谱（Ludwig Reichenbach，1848） 314

索引 342

第1章
葱属植物和它们的古今栽培史

我们都还记得在埃及时吃的鱼,还有黄瓜、西瓜、韭葱、洋葱和蒜!

——《圣经——民数记》11:4—6

1.1 简介

韭葱、洋葱以及大蒜的耕作有着与人类一样古老的历史,广博一如文明本身。《圣经》与《可兰经》中时常见到它们的身影。在古代文明中,它们作为美味以及草药,彰显了自己的价值。对于今天的我们来说,它们则是春季草场上野生洋葱弥散的芬芳、一碗热气腾腾的韭葱土豆汤、香气四溢的干煸洋葱、亦或是蒜香烤肉……是生活中的嗅觉记忆。

植物学上,相似的物种为一个"属"(genus)。韭葱、洋葱和大蒜都归为"葱属"。葱属植物的英文——*Allium*,据说来源于希腊语 $\alpha\lambda\varepsilon\omega$,意思是"避免",以提醒人们警惕它们的刺激性气味(Bostwell, 1883)。作为最庞大的植物属之一,葱属植物包括600~750个物种,其中一些葱属植物被当作重要的农作物培养,尽管有少数被看作侵略性杂草,它们中的大多数是可食用的,千百年来为本土居民所消费(Kiple, 2000;Peffley, 2006)。在园艺工人眼里,它们大多是耐寒的多年生观赏植物。不过,它们具有难闻的气味,那是含硫化合物赋予葱属植物的一个特点,也是本书叙述的重点之一。通过分析,化学分类学专家可以根据那些含硫化合物的种类与数量差异来建立各个葱属植物品种之间的关系。

人们对于葱属植物的看法褒贬不一,它们甚至一度被禁。洋葱是古埃及的教士、正统婆罗门、佛教徒以及耆那教徒的禁物,而罗马贵族则趋避大蒜(Peterson, 2000)。"反葱蒜"的英国作家大都出现在19世纪末20世纪初,反映了维多利亚时代的潮流标准。亨利·佩兰（Henry Perrin）在《英国的开花植物》（*British Flowering Plants*；Perrin，1914）中写道："人们常说如果那可恶的味道可以消失，它们将会是英国最具有吸引力的植物之一……这令人讨厌的辛辣气味遍布所有葱属植物的枝干和叶片，源自一种具有挥发性的富含硫的精油。"

喜爱大蒜的人，有以种植大蒜为生的农民、用大蒜使菜肴更加美味的厨师、寻找每道菜都有大蒜的特色餐馆的美食家、还有大蒜节成千上万的参与者。有一群相对小众却十分投入的人，叫作葱属植物爱好者（alliophiles），他们之中，有些人用别致的葱属植物装点庄园，而更为专业的人则会参加一些致力于研究葱属植物的会议，诸如世界洋葱大会（the World Onion Congress）和可食用葱属植物国际研讨会（ISEA）。化学家也在葱属植物粉丝团之列，因为葱属植物所含的特殊化合物与它们的分子间转化都十分引人注目。事实上，葱属植物的耕种、烹饪、从古至今的药用和农业涉及许多化学过程，它们是这本书的灵感所系。

1.2 葱属植物的植物学及植物化学

1.2.1 葱属植物的命名

葱属植物（*Allium*）中，有些品种是古老的种植作物，包括大蒜（*A. sativum*）、洋葱（*A. cepa*）、北葱（*A. schoenoprasum*）、象蒜（*A. ampeloprasum*）、韭菜（*A. tuberosum*）、葱（*A. fistulosum*）和薤（*A. chinense*），其中 *A.* 是 *Allium* 的缩写。这七种植物外观不同，易于辨别。另外两种有刺激性气味的可食用品种：北美野韭（*A. tricoccum*）和熊葱（*A. ursinum*，也称作"ramson"，这个单词来自于描述其气味和味道的词语"rank"），是北美和欧洲的野生植物，而茗葱（*A. victorialis*）则在日本北部被广泛食用。红葱（*A. ascalonicum*）是普通洋葱的一个变种而非另一个物种，因此独立的拉丁文名称并不适宜。韭葱（*A. porrum*）和埃及韭葱（*A. kurrat*）是栽培植物，缺乏对应的野生品种。它们同属于 *A. ampeloprasum*。韭葱种植于欧洲，埃及韭葱种植于中东，它的叶是埃及三角洲地区的次要作物。圣经中提及的韭葱或许就是它（Musselman，2002）。此外，值得一提的是，英文中scallion、green onion、spring onion 和 salad onion 都是 *A. cepa* 的不同表达形式。以上提及的各个品种都有许多的栽培变种（人工种植的作物或培育的园艺品种）和性质相异的子群。诸如，蒜有五个子群：*Sativum*（大蒜），*Ophioscorodon*（小蒜），*Longicuspis*（长尖叶子群），Subtropical（亚热带子群）和 Pekinense（京日子群）。大蒜子群源自地中海地区——它被全世界的耕种者广泛种植，构成了最常见的蒜类。

蒜的植物学英文命名中的"sativum"包含着耕作的意思，而事实上，人类从未发现与耕种蒜（A. sativum）相对应的野生蒜品。埃及纸草书上记载的蒜的古名为"khidjana"，古希腊称之为"skórodon"，希伯来人称之为"shûm"，西班牙人称之为"ajo"，法国人称之为"ail"，意大利人称之为"aglio"，德国人称之为"knoblauch"，而中国人称之为"suan"。中文里的"蒜"为简单的单字，这意味着它是个古老的名字，古代的人们就已经认识了它（Kiple，2000）。古希腊人非常喜欢蒜，因此一部分市场被直接称作"ta skoroda"，意思便是"蒜"（Davidson，1999）。"garlic"一词源自于"garleac"或者"gar leek"，"gar"即"矛"，因为蒜瓣与矛形似（McLean，1980），而"leac"是古英语词汇的词根，意指植物或草药。

英文中的"leek"和德文中的"Lauch"源自于"leac"。韭葱在盎克鲁-撒克逊人中十分受欢迎，因此他们的果菜园就叫作"韭葱园"（leac-tun）。希腊语中的韭葱"prason"是"ampeloprasum"一词的基础，而"ampelo"指葡萄树，这是由于这种葱属植物种植于葡萄园。此外，韭葱的拉丁文"porrum"是其法文名称"poireau"的出处。"onion"源自中世纪的英文"unyun"，而它又是来自于法文词汇"oignon"。法文的词汇追根溯源，则是来自于拉丁语"unio"，意味着单一或者单元——洋葱是生长于单鳞茎之上，不同于多瓣的蒜。在拉丁文中，洋葱叫作"cepa"或者"caepa"，因此有了它的植物学名，以及后来西班牙语中的"cebolla"、葡萄牙语的"cebola"和意大利语的"cipollo"。

1.2.2 葱属植物的植物学

葱属植物的园艺学和植物学已经得到了广泛的研究，许多书目都以此为主题（详见参考书目）。生长在某个国家或者特定地理区域的葱属植物，作为"植物群"而被人们论述。诸如《北美植物群》（Flora of North America；2002）和《美国野生花卉》（Wild Flowers of the United States；Rickett，1973）分别鉴定了96种和79种不同的当地品种。研究葱属植物的著名植物学家爱德华·雷格尔[Eduard Regel（1815—1892），图1.1；佚名，1892]是该领域的杰出代表，活跃于19世纪。他在俄罗斯圣彼得堡皇家植物园先后担任科研总监和植物园总管。雷格尔对植物学家参与俄罗斯在中亚和东亚的探险队有所助力。他从中亚引入了大量植物，记述它们，又将它们散播于俄罗斯之外的植物园与苗圃中。作为一个多产的作家，他是俄罗斯园艺学会、瑞士园艺学会的创始人，也是杂志《植物园》（Gartenflora）的创刊人。雷格尔对葱属植物颇感兴趣，他曾经写过两本相关的专著（Regel，1875，1887），描述了250多个品种。得益于对亚洲土地的探索，他的专著中首次记述了大量新鲜品种。他前后参与鉴定确认的60多

图1.1 爱德华·雷格尔（1815—1892）（承蒙俄罗斯圣彼得堡俄罗斯科学院科马洛夫研究所植物园提供）

种葱属植物，诸如雷格尔大花葱（*A. giganteum* Regel），雷格尔罗森巴氏葱（*A. rosenbachianmum* Regel），在植物的全名中都烙上了他的名字。

尽管葱属植物的发源地尚未定论，已有证据表明蒜和洋葱首先是由中亚的塔吉克斯坦、土库曼斯坦、乌兹别克斯坦、北部伊朗、阿富汗和巴基斯坦的山地地区种植的（Brewster，2008）。它们很有可能曾由马可·波罗（Marco Polo）以及其它经由丝绸之路/香料之路的远行者带往中东。近期研究表明，天山西北部地区（如吉尔吉斯斯坦、哈萨克斯坦）很有可能是蒜的中心发源地（Etoh，2002）。在"欧盟2000—2004蒜与健康项目"的推动下，人们去中亚地区采集了许多样品（图1.2；Kik，2004）。

象蒜（罗马人称之为"*Ulpicum*"：Sturtevant，1888；Mezzabotta，2000）被认为是韭葱和埃及韭葱的祖先。为了研究植物育种和将来的基因操作，蒜的野生近缘种引起了广泛的关注。曾有人推测，*A. longicuspis* 这种在基因上与 *A. sativum* 等同的物种在一万年前便由半游牧民族的狩猎采集者种植，而后由贸易通路从中

第1章 葱属植物和它们的古今栽培史

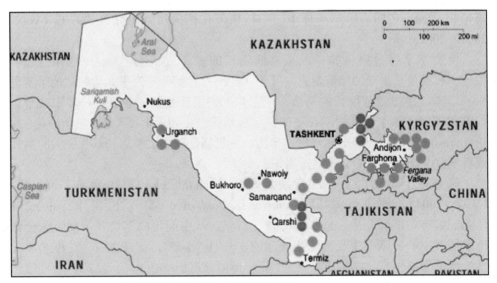

图1.2 2000—2001年欧盟蒜与健康项目中搜集的蒜样本
红色标记代表市场样本，蓝色标记代表自然植被样本（图片经授权，转载自http：//www.plant.wageningen-ur.nl/projects/garlicandhealth/Result.htm）

国传往地中海地区。此后，又由探险家和殖民者从地中海地区带到非洲撒哈拉沙漠以南地区及美洲。也有人认为，大蒜是由商人从中亚带往中国的，而日本的大蒜则从喜爱蒜的韩国传入（Etoh，2002）。曾有一种假设，认为 A. longicupis 和 A. tuncelianum 是蒜的祖先品种，然而DNA分析表明事实并非如此。目前，蒜的祖先品种依然是未解之谜（Ipek，2008）。

现代葱属植物的分类学分类如下：

纲：	单子叶植物纲
超目：	百合超目
目：	天门冬目（百合目）
科：	葱科
族：	葱族
属：	葱属

在早期的文献中，葱科包含于百合科及石蒜科中，然而如今它们被视作两个不同的科。葱属植物有750个物种，是除了兰科之外数目最为庞大的单子叶植物。葱属植物的分类学非常复杂，别名的数量至少与已知物种的数量相当。由于旧时标本已失去了许多重要的特征，研究活体植物就显得分外重要（Gregory，1998）。英国皇家植物园（英国；250个物种；http：//www.kew.org/；Mathews，1996）及纽约植物园（65个物种；http：//www.nybg.org/）中有许多现存的葱

属植物品种。它们活组织小标本的归档储藏往往采用低温储存的方式（Volk，2004，2009）。

植物学家将葱属植物描绘成"低生长的多年生植物，认为它们的根茎、根……和鳞茎是重要的储藏器官。叶子（洋葱为管状，蒜为平面状）从地下茎里生长出来，往往含有很长的鞘基，使它看上去很像是茎。韭葱便是其中一个典型的代表……除了包裹幼嫩花序的佛焰苞，花梗上没有叶子"（也叫伞形花序；Brewster，2008）。而鳞茎常常聚作一团，它包括茎的膨大基部和基片肥大的鳞叶或者基盘：一种盘状的坚硬茎干组织。

蒜有两个主要的亚种，分别是硬颈蒜（hardneck）和软颈蒜（softneck）（Volk，2004）。硬颈蒜（*Allium sativum* ssp. *ophioscorodon*）也叫作ophio或者顶蒜，它有花茎和花序，适于北方寒冬气候。从中间将鳞茎切开，硬颈蒜会显出围绕着中心的茎干生长而环成一圈的6～11个蒜瓣。花开之前，花梗（即蒜薹）朝上卷曲生长，先蜷成1～3个环，形似猪尾巴（图1.3），然后再直直地伸出去，最后它的末端会长出种子般的株芽。蒜的花梗在长成环形时可剪去，通常是在收割鳞茎之前三周，这样可以促进鳞茎的生长（据一本烹饪书籍所说，此花梗可以生食也能熟食，皆为美味）。若不剪去花梗，鳞茎的产量会降低33%左右（Stern，2009）。把软颈蒜（*Allium sativum* ssp. *Sativum*）从中间将鳞茎切开，会发现有多达24个蒜瓣（有时也会远远少于这个数目）分布于几层，环绕在一个软的中央茎干周围，大的蒜瓣分布在外围，小的则分布在中间。由于它只有短的花梗，没有花顶，因此有时又被称作短颈蒜（short-necked garlic）。软颈蒜通常比硬颈蒜具有更好的储藏能力，更容易被编成蒜辫，这是因为在收割时它的颈部

图1.3　蒜的典型"猪尾"茎干（承蒙Ted J. Meredith提供）

仍保持着柔软，硬颈蒜则更加耐寒。

美国农业部的遗传学家盖尔·沃尔克（Gayle Volk）通过DNA分析技术将蒜的不同栽培变种划归为十个主要的类别：胡蒜（Rocambole；储藏能力差，含6～11个大蒜瓣，外皮卷曲易剥）、紫纹蒜（Purple Stripe；含8～12个蒜瓣，鳞茎外皮及蒜皮上有亮紫色的条纹）、大理石紫纹蒜（Marble Purple Stripe）、釉紫纹蒜（Glazed Purple Stripe）、瓷蒜（Porcelain；鳞茎外皮光滑洁白，含4～6个大蒜瓣）、洋蓟蒜（Artichoke）、银皮蒜（Silverskin）、亚洲蒜（Asiatic）、扁大蒜（Turban）和克里奥尔蒜（Creole；图1.4；Volk，2004，2009）。软颈蒜的两个主要种类是洋蓟蒜和银皮蒜。银皮蒜含3～6个蒜瓣层，鳞茎外皮光亮。由于可以储存较长时间，它成为了商铺中最常见的蒜类。洋蓟蒜种系植物矮而宽，有较大的鳞茎。它口味温和，含3～5层蒜瓣层，每层含有12～20个蒜瓣，一片普通的蒜瓣重约1.8g。

图1.4　蒜栽培变种的多样性（承蒙Gayle Volk提供）

蒜没有果实，由蒜瓣进行无性繁殖（Shemesh，2008；Kamenestsky，2005，2007a，b）。与靠种子繁殖的作物不同，蒜的蒜瓣由鳞茎中分剥出来，于秋天种植繁衍。第二年夏季，种下的蒜瓣会长成蒜，并在地下形成新的鳞茎。蒜的驯化栽种品种与它们野生的祖先在基因构成上大相径庭。后者适应物竞天择的自然法则，以保证它们在自然环境下的生存，而前者则是人类以自身的需要而进行种植的，并不考虑它们生存能力的价值。驯化栽培时，人们热衷于选择鳞茎较大的蒜来提高繁殖能力，而不选择开花植物，造成其无法繁殖。在湿气较大的土壤中，人们也会在开花前早早地收割鳞茎来防止其腐烂，加上摘除阻碍鳞茎生长的花梗的做法，这些因素都阻碍了蒜的有性繁殖。无法进行有性繁殖限制了蒜的基因多样性，无法得到具有超强的防止害虫侵袭的品种、拥有特殊的形状、产量及质量的品种和能够适应极端恶劣温度的品种。

之前讲过，在蒜的发源地哈萨克斯坦和吉尔吉斯斯坦，发现了可以进行有性繁殖的野生蒜。因为政局不稳和武装冲突，使得采集这些品种变得困难。这些野生蒜的祖先是发展新栽培变种的唯一种子来源。这些珍稀物种的植物化学研究应该尽早提上日程，因为它们之中有一部分已处于灭绝边缘，属于濒危物种。许多不同的古老的蒜种被证实拥有超强的抗虫害及疾病的能力（Kamenetsky，2005，2007a，b）。中亚这些地区的物种的基因型拥有广泛的遗传多样性，其中包括有一些具有商业利用价值的特质，这些特质在近1万年的时间内由于人类的干预可能已逐渐丢失。它们的种子比洋葱的小（每颗3mg），也更加难以存活，需要几个月的时间才能发芽。不过这样人们却可以得到大量的真正的蒜种，以便将来进行人工栽培。通过可育植物在无昆虫环境下生长的实验，我们知道，昆虫授粉对这些大蒜物种十分重要。蒜的种子主要通过异花授粉而获得，也有一些可以自花授粉。与无性繁殖的蒜一样，这些种子可以产生普通的花和种子，也能产生在形貌及生理性质上完全不同的品种。

有性繁殖的蒜的多样性可以作为基因研究和种植工作的丰富资源，这样一来，人们就无需再费力地保存全球野外基因库中的各种克隆了。用蒜的种子进行种植可以避免目前无性繁殖存在的主要问题，比如一代一代之间害虫的残留、低传播率、鳞茎的大量储存以及腐烂或发芽。使用种子可以节省无性繁殖的花费，同时也不用再除病毒（Shemesh，2008）。只是，就目前而言，尽管蒜的基因组图业已绘制完成，且种子的生产也日渐常规（Ipek，2005），这类商业产品依然无法从外观和价格上与从中国进口的蒜相媲美。

葱属植物高矮不一，可从5～150cm。它们的鳞茎可以非常小（直径在2～3mm），也可以非常大（直径在8～10cm）。根据《吉尼斯世界纪录大全》（*Guinness Book of World Records*），最大的洋葱重4.93kg（10lb14oz，lb：磅，oz：

盎司），而最大的蒜重1.19kg（2lb10oz；McCann，2009）。有一些葱属植物的品种，诸如*A. fistulosum*（葱），长了厚重的叶基，而没有鳞茎。多数具有鳞茎的葱属植物通过在旧鳞茎周围形成小鳞茎（或"支脉"，也叫"球茎"）来繁殖，也有的通过种子进行繁殖（前文提到的只能通过鳞茎进行无性繁殖的蒜除外）。有几个品种可以在花顶形成许多球芽（小鳞茎）。有好些葱属植物品种是一些鳞翅类昆虫幼虫的食物，诸如甘蓝夜蛾（cabbage moth）、吃大蒜的蝙蝠蛾（common swift moth）、暗切夜蛾（garden dart moth）、模夜蛾（large yellow underwing moth）、旋幽夜蛾（nutmeg moth）、八字鲁夜蛾（setaceous Hebrew character moth）、黄地老虎（turnip moth）和只吃葱属植物的*Schinia rosea*。

葱属植物广泛分布于温带、暖温带和北半球海拔高于3050m的北方区，包括从墨西哥到北非、南亚北部以及热带的山地地区。蒜比洋葱更加耐寒，*A. junceum*，发现于西藏海拔3660～5000m（12000～16400ft）的地区，被当地人当作佐料。已知"它广泛生长于拉达克的高山上，供当地人食用。整株植物被碾碎至半浆状，然后作成拳头般大小的球形，再串在绳子上作为佐料在市场上销售"（Baker，1874）。葱属植物中有些物种也在智利（*A. juncifolium*）、巴西（*A. sellovianum*）和热带非洲（*A. spathaceum*）出现。只有细香葱同时在北极圈、美洲和欧亚大陆出现。在相对干燥的气候下，葱属植物喜欢宽阔、阳光充足而干燥的地区，一般而言，不会出现在植被茂密的地方，但是一些诸如熊葱（*A. ursinum*）的野生品种可在森林中生长旺盛，且三棱茎葱（*A. triquetrum*）、龙骨葱（*A. carinatum*）和鸦葱（*A. vineale*）也可以野草的形式出现在牧场上（详见章节6.2.2和图1.5）。然而，葱属植物不善于吸收阳光，因此无法跟疯长的野草竞争或在树荫下生长。熊葱能够生长在森林中是因为它大多数的叶片在早春就已生长完成，而与它一起的植物还没有开始长出叶子。

长久以来，标本室中储存干燥的葱属植物标本比较困难，然而幸运的是人们在出版的植物志（以供人识别鉴定为目的，描绘在某个区域或者某个周期内植物种属的书籍）中对葱属植物作了详尽的描绘。最早的葱属植物的植物图谱可以追溯到12世纪晚期英格兰北部绘于羊皮纸上的"Scordeon"，它出版于1462年（Pseudo-Apuleius，Herbarium；labeled as Ashmole 1462，fol. 31r），绘制的可能是学名为*A. Scorodoprasum*的一种大型的蒜或胡蒜［图1.5（a）］。第二个例子是一幅15世纪描绘人们收割蒜的场景的作品［图1.5（b）］。《德国植物志》（*Flora Germanica*）用27张彩页精致地绘出了葱属植物的77个成员。此书的作者是德伦斯顿植物园的主管路德维格·赖兴巴赫（Ludwig Reichenbach），作品发表于1848年。其内容皆复制并收录于附录2中。

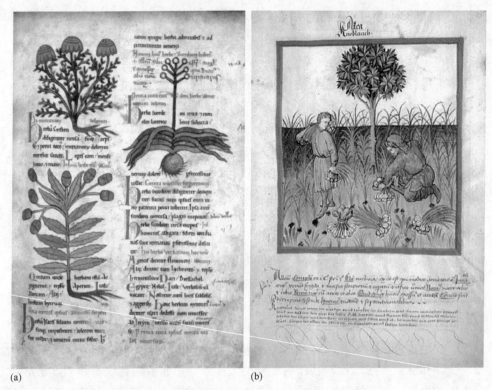

图1.5 （a）12世纪的胡蒜；（b）收割蒜（《健康全书》，15世纪）

1.2.3 葱属植物的植物化学

鉴于第3章和第4章会对葱属植物的化学特性进行专门叙述，此处先谈葱属植物化学及植物学之间的联系。植物化学是植物的化学，致力于分离和鉴定植物提取物，确定它们的性质，包括药物活性和杀虫活性。葱属植物一般是无嗅的，只有当其细胞受到挤压或遭受其它损害时才会产生特有的、挥发性的、活泼的含硫化合物。这些强烈刺激嗅觉和味觉的化合物是次生代谢产物（secondary metabolites）。不同于初生代谢产物（primary metabolites），它们并非直接产生于正常生长、发育和繁殖过程中。这些具有刺激性的次生代谢产物有两个重要的功能：它们可以防御捕食者、寄生虫和疾病，与此同时，浓烈的气味会吸引传粉媒介（细香葱和其它葱属植物散发出的清甜香味可以吸引蜜蜂，但是其中应该不含硫，因为蜜蜂似乎不喜葱属植物的含硫化合物）。第6章会对这些性质进行详细的阐述。葱属植物的次生代谢物也可以保护人体的机能，或者发展成药。这些将会是第5章涉及的内容。

由于每种葱属植物含硫化合物的种类和数量不同，对于它们的研究将有益于分类学。只有一小部分的已知葱属植物在植物化学上得到了充分的研究。植物化学分析表明，含硫化合物的比例与数量在植株的不同部位（鳞茎、茎干、叶子、花）、不同成长阶段、收割前后以及不同的储藏条件下都不尽相同。随着对一些稀有品种的研究，人们将更有可能获得一批罕见的、具有生物活性的化合物，比如最近的"drumstick alliums"[图1.7（c）和第4章的4.13节]。

1.2.4 葱属观赏植物

18世纪初期，鲜有种植葱属植物用于观赏的。1841年，简·劳登（Jane Loudon）在《女子的花园》（*Ladies' Flower-Garden*）中写道："一提到蒜，人们总联想到难闻的气味和欧式烹饪中最不入流的口味。对于具有高雅品位的人而言，这种植物令人生厌，人们很难将葱属植物的任何品种想象成观赏植物，它们不值一提。"然而，随后她又说道："恐怕没有一种鳞茎植物拥有比葱属植物更美丽的花，也没有任何属的植物比葱属植物更加别开生面，它们拥有丰富的色彩和形状，与此同时又保持着家族的相似性，如此独树一帜……将它们作为边花来栽种是很有意思的，尽管气味难耐（当它们的茎干被划伤和切割时），这却可以避免有人将它们扎成花束。它们几乎通通都是耐寒性多年生植物，可以在任何普通的土壤中自由生长，并逐渐开出繁茂的花。大多数品种，只要种下就不需要花太多心思，它们自会健康地生存多年"（Loudon，1814）。在爱德华·雷格尔（Eduard Regel）的领衔下，植物学家们在中亚的探索旅途中带回了许多华丽的品种，随后它们被引进到圣彼得堡的皇家植物园、伦敦的英国皇家植物园以及欧洲各处（Dadd，1987）。近来，观赏性的葱属植物在岩石公园和长年生边花中人气颇高，尤其是在春夏花开之时，而作为商业切花，它们同样受到青睐。

葱属植物的花，一般六瓣两圈，每圈三片花瓣，有蓝色、玫瑰色、紫罗兰色、白色或黄色。它们生长成伞状结构，被称作伞状花序，强劲茎干的顶端可以支撑繁多的小花，这些小花聚集成球形和椭球形，乍看之下，只见一根光秃秃的茎干上顶着一颗偌大的球体（图1.6、图1.7）。供观赏的葱属植物，伞状花序上有30～60朵小花，这些小花大都是铃状、杯状和星状的。葱属植物有一个特征，即每朵花含有6个雄蕊。在有些情况下，伞状花序会下垂使得植物外观看上去十分有趣（Platt，2003）。大多葱属植物会在生长季的尾声时形成一个地下的储藏鳞茎，它将会在下一季开花。劳登推荐的装饰性葱属植物（图1.6）包括 *A. caeruleum*[棱叶韭；亮蓝色花："天之蓝"；图1.7(a)]，*A. longifolium*（深栗色花），*A. moly*[黄花茖葱；图1.7(b)]，*A. bisculum*、*A. neapolitanum*（纸花葱；白色星形花；大型伞状花序松散分布），*A. triquetrum*（三棱茎葱；茎干为平坦的三棱形，故名）和 *A. gramineum*。

有些具有装饰性的葱属植物令鹿避之不及（Platt，2003），包括结实的 *A.*

图 1.6 简·劳登 1841 年作品《女子的花园》中观赏性的鳞茎植物
图中的花卉为 *A.caeruleum*, *A.longifolium*, *A.moly*, *A.bisculum*, *A.neapolitanum*, *A.triquetrum* 和 *A.gramineum*

giganteum[绣球葱；图 1.7（c）]、精致的 *A. cyaneum*（天蓝韭）、深红色的 *A. rosenbachianum*[图 1.7（d）]，气味宜人、长着红条纹的铃状白花的 *A. ramosum*[图 1.7（e）]、耐寒可食的 *A. nutans*（齿丝山韭）和华丽的 *A. cristophii*，即波斯之星（Star of Persia），从前名为 *A. albopilosum*，它顶部的球状花序如英式足球一般大小，汇聚了超过 80 朵星形、浅蓝紫色并且有金属光泽的小花。在风干的花头上，它们依然可以保持形貌，而成熟的花头就像一个硕大的圣诞树装饰品[图 1.7（f）；

图 1.7 （a）*A. caeruleum*，俄罗斯圣彼得堡植物园；（b）*A. moly*，俄罗斯圣彼得堡植物园；（c）"drumstick alliums"葱属植物，美国康涅狄格州某植物园；（d）*A. rosenbachianum*，剑桥大学植物园；（e）*A. ramosum*，俄罗斯圣彼得堡植物园；（f）*A. cristophii*，剑桥大学植物园（承蒙 Eric Block 提供）

Davies，1992]。*A. schbertii* 像燃放的烟花，每株含 200 朵小花，风干后可以陈列于室内，也可以在室外欣赏其被霜打后的风貌。*A. canadense*（英文名为 meadow leek、rose leek 或 Canada garlic）是传统美洲印第安人的一种食物。它是美国探险家马凯特（Marquette）在 1674 年经格林湾往芝加哥的旅途中的主要食物。芝加哥这个城市的名字来自于美洲印第安语"cigaga-wunj"一词，意思是"place of the wild garlic（野蒜之地）"。

荷兰是观赏性葱属植物鳞茎商品的主要生产商。目前，他们提供40个物种及培植变种。全球有200多个亚属 Melanocrommyum 的物种，它们有时也被称作"drumstick alliums"，遍布全球，主要生长在西南亚和中亚。这一亚属中的多数观赏性品种或几乎无味，或带有愉人的香味，半胱氨酸亚砜含量低（Kamenetsky, 2002），特点是切割它们的鳞茎时，会产生深橘色或深红色的溢液（Jedelska, 2008）。

在这些地方，人们将葱属植物作为传统药材的历史已经相当长，然而，大概是由于地缘政治因素，人们对于"异域"葱属植物的研究依然相当贫乏。目前，新的具有生物活性的含硫色素已经从 Melanocrommyum 中分离得到，这些植物的药用价值也有报道（见第4章和第5章）。不少具有吸引力的观赏性品种也已在网络上进行销售。

1.2.5 作为侵入性野草的葱属植物：鸦葱

野蒜（A. vineale），也称鸦葱，是一种声名狼藉的长年生野草。民间有一种说法，认为鸟类食用鸦葱后，会昏迷而被人们拾起，因此有了"鸦葱"的绰号。野蒜和北美的野洋葱（A. canadense）生长环境相同，容易混淆。前者的叶片横截面是中空的，呈椭圆或新月形，而后者的横截面则是平坦的实心。尽管与栽种的蒜有相似之处，野蒜却没有太大的价值。野蒜的叶子、鳞茎或者花被碾压时会放出十分特别的蒜味，和栽种的蒜相比，气味和口味都更重，而且后劲难耐。野蒜会将它奇特的味道传染给其它食物，乳牛场主和小麦耕作者深受其害，因为这往往导致了他们的产品质量严重下降。奶牛会在春天吃野蒜的嫩叶，而亲脂的含硫化合物会由此与奶脂结合，从而将它刺激性的味道带给奶油和黄油。因此，奶制品的质量品级和市场价值降低了。哪怕鸦葱的气味仅仅是被奶牛吸入体内，也足以污染它们产的牛奶（MacDonald, 1928）！

野蒜会给小颗粒谷类作物带来更大的麻烦。每株蒜的顶部可以产生300个遍布空中的小鳞茎。小鳞茎是它们繁衍和传播最快，同时也是最充分的方式。它们的大小与麦粒相当，而且成熟期也与之相近。在收获小麦、大麦、燕麦和黑麦时，收割机几乎不可能区分这些小鳞茎。这些野蒜的小鳞茎会使粮食有蒜的气味和味道，由此带入面粉甚至面包中（这是大蒜面包的源头么？）。这些气味会残留在粮食中，即使将它们彻底清除也无济于事。受到污染的粮食其品级和价格会极大降低。此外，野蒜比草场的草生长得快许多，一旦生长过快，在草坪上便显得十分碍眼。受到严重侵扰的草坪同样会产生蒜味，在很远的距离便能闻得出。野蒜繁衍的方式繁多，因此，它们一旦扎根，就很难被根除（Defelice, 2003）。

几乎没有其它杂草像野蒜那样引起了园丁和农场主的愤怒。曾有一个故事说一个英国女人决心清除花园里的野蒜,她花了很多年去尝试能够找到的各种方式,包括每年春天用硫酸钠、百草枯和其它除草剂浸泡,却收效甚微。她最终将那块地方的植物连根拔起,但却导致了泥石流,从而使整块山林的筑堤和道路坍塌。最终,她去世了,留下的却是一块被更多野蒜占据的坡地(Banks,1980)。

上面描述了鸦葱对于乳制品的负面影响,然而,讽刺的是,近来的研究表明蒜的提取物或许对"畜牧业"有着积极作用,它们可以降低甲烷的产生。甲烷是一种主要的温室气体,导致全球变暖。尤其值得注意的是,人们发现葱属植物的提取物可以降低瘤胃生成的甲烷而不影响瘤胃发酵(Karma,2006;Patra,2006)。

1.3 葱属植物的古今耕作

1.3.1 古埃及与地中海盆地的葱属植物

蒜、洋葱和韭葱在埃及与地中海盆地的其它区域一直是受欢迎的食物。人们认为蒜可以强身健体,对于工人、水手和军人而言是十分适宜的。它们在罗马军队中倍受喜爱,因此有人说:"人们通过绘制蒜的区域图可以追随罗马军队的进军和帝国的扩张(Parejko,2003)。"罗马军队将蒜推荐给被他们征服的人,尤其是北欧人民(Hicks,1986)。我们对古代中东民族的耕作、烹饪和药材的知识来源于对大量考古证据的研究。这些证据来源于石壁画以及出现于古抄手卷、泥版、泥模型和石刻彩绘上的象形图和其它图画,以及彩绘冥器,诸如棺盖上以及盛放木乃伊的匣子中的绘图,或者来源于随葬物品,包括全株植物本身。公元前2300年的苏美尔楔形文字刻碑描绘的苏美尔人的膳食包括了谷物、豆类、洋葱、蒜、韭葱和其它蔬菜,也包括种类繁多的鱼(Moyers,1996)。

在这些历史文献中有一件十分著名的耶鲁大学典藏的烹饪刻板(Yale culinary tablets),它来自于美索不达米亚(即古伊拉克)。公元前1700—前1600年的耶鲁巴比伦刻板(Yale Babylonian Tablet)是史上最早的编绘食谱(Bottéro,1987,2004)。这些手掌般大小的淡褐色泥版包含了350行字,大约40个十分精致的食谱,诸如小羚羊、鸽子、鹧鸪和炖羊羔,以及未发酵面团做的肉派。美索不达米亚食物的基础便是葱属植物,洋葱(susikillu)、韭葱(karsu)和蒜(hazanu)。肉排的食谱中写道"将韭葱和蒜捣碎……你需要将它们包在布中挤压",在布匹中挤压可以使其精华进入食物中。典型的食谱如下:

炖大头菜

不需要肉，煮水，加油，[加]洋葱、[一种不知名的香料植物]、胡荽、孜然和[一种豆类]。压碎韭葱和蒜，将[汁液]淋在食物中。加洋葱和薄荷。

古代美索不达米亚人对葱属植物有着无比的热情，从公元前三千年SuSu'en国王的女儿前往安山的筹备物资中便可见一斑。这些物资包括黄油、芝士、油、水果、35kg（seven talents）的蒜和几乎等量的洋葱。从吉米-马杜克（Gimil-Marduk）约公元前1700年的描述中，我们还可以知道那时蒜是如何脱水的："把蒜放在室外晒干，给我寄一篮。"食品的外观是一道菜的重要组成，耶鲁刻板中有一位厨师/作者自述道（Bottéro，2004）：

烹饪结束后，我从火上取下罐子，汤冷却前，在肉上抹蒜，然后加上绿叶蔬菜和醋。过一会儿，再喝肉汤。

考古证据表明，尽管只能辨认出来洋葱、韭葱和蒜，实际上却有五六种葱属植物被一齐捣碎以增加食物的风味。值得注意的是，食谱中蒜和韭葱总是同时被提及，这意味着古代的美食家意识到它们的味道可以互补。此外，从古代文献看来，并没有证据表明人们在食用葱属植物及其它配料时有"超自然的"、"魔力的"或者宗教因素的支配。它们仅仅被视作一种风味（Bottéro，2004）。其它的历史耕作信息和食用葱属植物的资料来源于早期希腊和罗马作家的记述，同时期的埃及农业生产中也可探寻到相关信息。埃及金字塔的前驱（公元前3000年；Täckholm，1954）：石室坟墓——带斜边的长方形平顶土砖建筑——即对劳动者食用洋葱有所描绘。更早的形象是玛哈斯纳（Ei Mahasna）墓地的蒜形泥塑（公元前3700年；Moyers，1996）。这些没有经过烘烤的模型有一个圆心，顶端按压了九个长条腊肠状泥卷，通体覆有白色涂料，外观十分自然（Ayrton，1911）。

尽管其它古代文明也有葱属植物的踪迹，然而纵观所有的古代文明，研究、记录最为透彻的却非埃及莫属。埃及的随葬物中提及了洋葱，而它也是盛宴中的高档享受。古埃及的墙雕、画作以及几处风干的样本中揭示出韭葱和洋葱作为埃及的食物产品可以追溯到公元前两千年，甚至更早。埃及阿比杜斯（Abydos）的Mentuwoser石碑（随葬饰板）[图1.8（a）；约公元前1955年；纽约大都会艺术博物馆]，纪念一个名叫Mentuwoser的官员——他坐在他的葬礼宴会上，而宴会琳琅满目的物品中出现了一篮洋葱和一些韭葱。大量的埃及墓碑上刻画了种植和灌溉洋葱的情形，尤其是自古王国时期（the Old Kingdom）以来的坟墓，诸如乌纳斯（Unas；约公元前2420年）和佩比二世（约公元前2200年）的坟墓。此外，还有一个场景总在文献中反复出现：手中拿着洋葱的神父，或者用一束精心

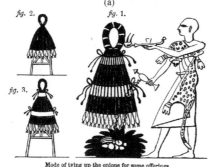

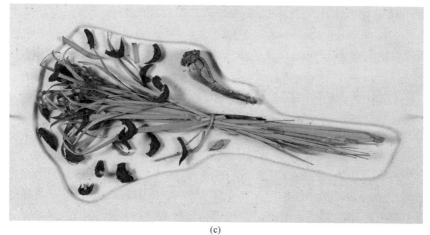

图1.8 （a）阿比杜斯的Mentuwoser石碑，约公元前1955年（承蒙纽约大都会艺术博物馆提供，www.metmuseum.org）；（b）古埃及捆扎洋葱图（Wilkinson，1878）；（c）古埃及埋葬遗物中完好的全株葱属植物（承蒙剑桥菲兹威廉博物馆提供）

捆扎的蒜叶和蒜根覆盖祭坛的神父［图1.8（b）；Wilkinson，1878］。

在木乃伊的身体中发现了洋葱的鳞茎，这或许是想通过刺激死者的嗅觉来达到起死回生的目的，毕竟蒜常用来防腐（Täckholm，1954）。图坦卡门的坟墓（公元前1325年）中发现了保存完好的蒜。蒜风干后残渣出现在第十八王朝以及之后的坟墓中［图1.8（c）］。伊拉克的泰勒埃德戴尔（Tell ed-Der）发现大量炭化的蒜瓣，时间大约在公元前2000年（Zohary，2000）。

人们通过收集海关数据、当地税收和其它记录文献的考古资料可一睹古埃及的农业生产。由此我们知道古埃及大面积种植蒜是自公元前三世纪从希腊引入后开始的，再历经了古希腊罗马时期（公元前332—公元639年）。这样的农业专业化意味着打破了从第一王朝（大约公元前3000年）开始的自给自足农业传统。

早期的文字记载表明大约在公元前257年，在埃及的农业富饶地带——开罗西南部的法尤姆（Al Fayyum），曾经卸载了300bsh（bsh：蒲式耳）的蒜鳞茎。它们是从亚历山大港口由船载而后又由驴运输而来，掰成蒜瓣，晒干，然后种植，作为当时的农业生产之用。早期资料显示，或许有过种植来自东非新品种蒜的尝试。这种蒜在尼罗河退潮期后的11月底大量种植，再于60天后的1月中进行收割。这表明他们使用了一种快速生长的品种。在亚历山大，尤其是在希腊人当中，蒜有很好的市场。从一系列的税收记录来看，在北法尤姆一个跨界区域，蒜约占1.5%的食物份额。从古代法尤姆的Oxyrhyncha村庄的土地测量和调查来看，在公元前2世纪，8%～18%的村庄土地用以种植蒜，有四个种蒜的农民和两个卖蒜的人在此工作（Crawford，1973）。

在今天的埃及，泛舟顺着尼罗河而行，依然可以看到无穷无尽的蒜和洋葱整齐地排列在富饶的河流两岸。水牛和驴拉着装满新鲜货物的货车在河边小路行进。开罗的洋葱和蒜市场，总是这样，摆满了满载蒜的驴拉推车，旁边是编制蒜的人们，一堆堆辛辣的葱蒜令人眼花缭乱，走在其间，"香气"不绝（图1.9）。看来有些埃及的农业生产5000年来始终没有改变！

1.3.2 古代印度、古代中国及中世纪欧洲的葱属植物

古代印度的葱蒜种植状况有源可溯。在《揭罗迦本集》（*Charaka-Samhita*）——已知的印度最早的阿育吠陀医学论文（约公元前400—前200年）中提及了许多葱属植物对健康的益处（Jones和Mann，1963），同样的说法也在6世纪的《鲍尔写本》（*Bower Manuscript*）中出现（详见第5章）。相反地，6世纪也有这样的说辞"洋葱和蒜［在印度］是无用的，食用者将被放逐。"（Watters，1904）。

在中国，相传为孔子编选的《诗经》（*Book of Odes*）（公元前551—前479年）中，描绘了动物和人类食用蒜，并用蒜来供奉神灵以求好运，而更早的《夏朝历法》（*Calendar of the Hsia*）（公元前2000年）中也提到了蒜的种植，这与古

图1.9 开罗的洋葱和蒜市场(承蒙Eric Block提供)

代美索不达米亚的时间相近。有人认为,一种本土的野蒜var. *pekinense*是在中国北方培育种植的,后来中国和日本种植的大蒜便是从它而来(Simoons,1991)。中国本土还有一种葱属植物,叫作韭菜(*A. tuberosum*),它在中国种植了3000

多年（Debin，2005），荞（*A. chinense*）和大葱（*A. fistulosum*）也是中国本土的葱属植物。在中国，有一些反对葱属植物的声音。人们相信这是由公元4世纪佛教徒的经本中带来的，文中禁止僧侣食用"五种有强烈味道的蔬菜"（"五荤"），包括一些葱属植物，而他们的习惯一直延续至今。不过，汉朝（公元前206—公元220年）也将洋葱和蒜系在红绳上，用以趋避害虫（Simoon，1991）。在汉朝，蒜、大葱和韭葱是常见的食物。

中国的第一本描述植化相克（植物通过释放叫作化感素的有机物而互相影响的生态现象）的农书《氾胜之书》出现在公元前1世纪（Zeng，2008）。植化相克存在于农作物和野草之间，包括前茬作物和连续作物或间种作物之间。作者氾胜之说道，葫芦科植物（黄瓜、西葫芦等）和韭葱间种可以降低黄瓜等的发病率，因为韭葱可以释放出特殊物质来遏制黄瓜等的病源。据说，韭葱在中国历史上被看作是一种可以用以控制微生物致病体的植物（Zeng，2008）。《分门琐碎录》（公元12世纪）中说道将细香葱、蒜和韭葱种植在开花植物附近可以有效地避免后者遭到麝鹿的攻击（*Moschus moschiferus*；Zeng，2008）。

在中世纪欧洲的修道院园林中，洋葱、大蒜和韭葱最受欢迎。究其原因，是因为它们易于生长，耐寒，最重要的则是味道浓烈。据说，在中世纪的欧洲，它们供不应求。这一流行持续了整个中世纪，因此那时的英国住宅中总充满了蒜味，人们用它来掩盖其它难闻的气味。在18世纪的法国，根据盗墓人命名的"四偷醋"（Vinegar of Four Thieves），一种浸泡了蒜的酒，获得了瘟疫解药的美名（Block，1985）。

1.3.3 葱属植物的现代种植

洋葱作为饮食中重要的部分或者调味品，在各大洲（除南极洲）都有销售，每年销量达5800万吨（2005），是销售量最大的葱属植物，在农产品中名列第三，居西红柿和白菜之后［联合国粮食及农业组织（Food and Agricultural Organization，FAO），2005］。在美国内战期间，尤利西斯·格兰特将军（General Ulysses S. Grant）曾紧急通知美国陆军部说："没有洋葱，不行军。"第二天，三火车的洋葱便被送往前线。格兰特同时也将洋葱汁作为药用。如今，中国俨然已经成为世界上最大的蒜和干洋葱的生产国和出口国（图1.10）。联合国粮食及农业组织2007年的统计如下：蒜——中国12088000t，印度645000t，韩国325000t，俄罗斯254000t，美国221810t，世界15686310t；干洋葱——中国20552000t，墨西哥12000000t，印度8178300t，美国3602090t，巴基斯坦2100000t，土耳其1779392t，世界64475126t（联合国粮食及农业组织，2008）。

洋葱分为两类：甜的与可储藏的，其中甜洋葱（如Bermuda、Maui、OSO Sweets，Spanish、Vidalia和Walla-Walla等地供应）的保存时间短，而后者则可

图 1.10 （a）中国山东相邻的蒜田（左）和洋葱地（右）；（b）山东金乡县正在忙于修剪、称量和包装鲜蒜的工人们（承蒙 Eric Block 提供）

以全年供应。可储藏的洋葱比甜洋葱更辛辣，常见的是黄色，口感温和的是红色或紫色，口感强烈的是白色，见于墨西哥菜肴中。洋葱生长于热带到凉温带的各种气候地带。洋葱叶的生长和鳞茎的形成取决于气温和品种对昼长的适应情况。在收割过后的两周内，洋葱需要一个风干成熟期，应放置于背阴、温暖且空气流通的环境中。在理想情况下，洋葱在使用前不应冷藏和清洗，而应该被储藏在阴凉（50℉或10℃或更低）的食品柜中，并保持良好的空气流通以及65%～70%的相对湿度（U. C. Davis，2008）。土豆不能和洋葱一起储藏，因为洋葱挥发的气味会催熟土豆。味淡质软的洋葱一般储藏不超过一个月，而辛辣质硬的品种可以储藏更长的时间。将洋葱暴露在阳光下会加速叶绿素的形成和绿变。在良好的通风中，若将洋葱挂在旧的连裤袜中，它们可以储存数月。在市场挑选洋葱时，应该选择坚硬、匀称、没有污点、表面光亮干燥的，而应避免那些手感绵软、软颈的、烂的、长了绿芽的或甚至看起来蔫的、风化的或皮质的洋葱，它们质量差或已腐烂（Cavage，1987）。

大葱是没有成熟的绿洋葱，它们往往会在完全成熟前、顶部仍然鲜嫩的时候就从地下被挖出来，可以生食同时也可将它们切成葱花来装饰汤肴、意大利面和色拉。它们容易腐烂，不清洗就装入有孔的塑料袋存入冰箱，储藏时间不应超过5天。在食用大葱前应彻底洗净并剥去外层以防止细菌和寄生虫污染。布列塔尼小葱（Cipolline Borettane）是一种小型的、成熟时是干的意大利珍珠洋葱，直径约1～3in（2.5～7.5cm，in：英寸），呈平坦的浅碟状，口味温和、甘甜。

红葱是 A. cepa 的一个园艺子群（Aggregatum）。其主要的品种（如法国红和荷兰白）有着比洋葱略小的簇生鳞茎或是拳头大小的单鳞茎。它们是公元前3世纪由亚历山大大帝征服小亚细亚时引入西方的。A. ascalonicum 的名字来源于一座古老的名叫Ascalon的城市（今以色列的Ashkelon；Moyers，1996）。红葱的鳞茎覆在棕色或紫色薄层外衣下，其内多瓣。它的味道很特别，既有洋葱味又有蒜味，但又比两者都弱，是法国菜中的精品佐料。在印度，将红葱捣碎后和辣椒或其它调味品混合来加强咖喱的辛辣味。红葱很快就会变干，应储存在阴凉的地方，不能冷藏。烹饪时，不要使红葱变成棕色，否则会有苦味（Cavage，1987；Bareham，1995）。

如今，蒜是全世界销量第二大的葱属植物，每年可以销售1400万吨（Food and Agricultural Organization，2005）。蒜的鳞茎由许多小鳞茎组成，称作蒜瓣，尽管偶尔也有一个鳞茎只含一个蒜瓣的"独头蒜"。当气候变冷时（如在北半球的秋季），蒜的鳞茎在种植的24h内就会分成一个个清楚的蒜瓣，这可以防止早熟发芽。种植时，将蒜瓣尖端朝上、根部朝下埋在地面下至少2in（5cm），每行间距至少7in（18cm）。在更暖的气候下，硬颈蒜应该储藏在7～10℃（45～50℉）的环境中大约3周，而后种植。若有需要，当最大的球芽（小鳞茎）形成后便可以种植。种植它们的好处在于球芽比蒜瓣的数量大很多，而且不与土壤直接接触，可以防止土传病害和害虫，而不利之处在于这样繁殖会花去好几年的时间才能获得合乎要求的鳞茎（http://www.garlicfarm.ca/）。

蒜和其它葱属植物对阳光和温度的周期十分敏感，当光照周期到达某个节点时，它们就会停止生长。在生长初期，蒜需要足够的湿度，但是最后几周则不需要更多湿度。当蒜的下部叶子有一半到四分之三变成棕色时（绿叶从下而上死亡）就可以收割了；样株在此时要连根拔起，以确认是否达到适合收割的状态。随后，可以在没有太阳光直射的地方进行捆扎、编制和储藏，比较理想的是在湿度低和通风良好的熟化室中，这样在10～20天内便可除去18%～20%的含水量。长期而言，商业储藏依靠氮气氛围冷藏（22℉或-5.56℃），以防止发芽。

蒜是口味最浓烈的食用葱属植物。蒜越新鲜，味道越温和。新鲜收割的蒜有时被叫作"新蒜"（green garlic），它们没有经过熟化，含水量更高，在农贸市场是十分受欢迎的品种。优质的蒜应该是坚硬的，大蒜瓣没有风干或褪色。蒜易碎，擦碰会引发化学反应而释放出大蒜素，这将在第3章讨论。蒜不能直接放在冰箱储藏，因为低温、氧气和湿气会导致它们发霉和过早发芽，而防霜冻的冰箱又会风干鳞茎。蒜适宜室温储藏在通风阴凉处。储藏蒜的最好的方式（一般在2～6周之间）是通风良好且有洞的陶土罐。尽管厨师推荐不宜大量购买蒜，在新鲜时便将其使用完，然而长期储藏蒜并非不可行。

象蒜（A. ampeloprasum）的大鳞茎和蒜很像，只是蒜瓣很少（大概4～8瓣），更容易剥开。由于它含硫量更低，因此风味更温和。植物学上认为大头蒜是韭葱的祖先。

韭葱生长在狭窄的深约4～6in（10～15cm）的垄沟底部。耕种时，垄沟会一点点被土壤填平，这使得茎干呈白色。在韭葱的基部用锄头或培土机培上沙土可以促进茎干生长，也使茎干变白。最好的韭葱是在鲜嫩时小心挖出的，因为变干的韭葱不是很理想。它们之所以被称作"穷人的芦笋"或"洋葱汤之王"是因为韭葱产量大、便宜、非常适宜于煮汤（如笔者最爱的便是韭葱土豆汤），它也是煎蛋饼、乳蛋饼、焖肉和果馅饼的佐料。作为一道独立的菜，它可以用来蒸，凉、热均可食。它比洋葱更甜，也更为温和。像大葱一样，韭葱容易腐坏，所以应该不洗即冷藏，保存在有孔的塑料袋里，五天内必须食用，同时也不能冷冻。由于其中含沙，因此食用前需要仔细清洗，除去根部和顶部大多的绿色部分（Rosso，1982）。

有两种不同的葱属植物的英文名字都是"chive"，一种是容易繁殖的、耐寒的普通"chive"（细香葱）（A. schoenoprasum），它的茎干是青绿色、管状的，和草很像，可以食用；花是淡紫的薰衣草色。另外一种是Chinese chive（韭菜）或garlic chive（A. tuberosum），花为白色星形，茎干平整，长度近1ft（1ft=0.3048m，ft：英尺）。除了普通的细香葱，北美其它所有耕作的、在经济上有重要意义的葱属植物都来自于近东地区或东亚地区。细香葱是最嫩和口味最温和的葱属植物，通常以复数形式出现（chives），这是因为很少只使用一根细香葱，它在各家的厨房窗台上便可生长。用剪刀处理细香葱可以避免挤压细胞而提早释放出味道。细香葱在奶油浓汤中是很好的装饰，和酸奶油一起淋在烤土豆上，也是煎蛋饼中的调味料。可惜的是，烹饪中它们的味道和颜色迅速消失。韭菜比细香葱更坚硬也更大，绿叶颜色很深，沾满泥土。黄韭菜（Yellow Chinese chives）生长在暗处，泥土味更重（Rosso，1982；Bareham，1995）。

许多野生的葱属植物可食用且已作为食物（如 *A. nutans* 是细香葱很好的替代品），但是只有很少的品种有经济价值。在野生品种中，熊葱不仅可作为食材也是治疗坏血症的民间妙药。在采集熊葱时需要十分小心，它常常与秋水仙混淆在一起。秋水仙（*Colchicum autumnale*），有时又名草地藏红花，叶中含有约0.5%的秋水仙碱，剧毒。秋水仙和野蒜十分相似，尤其是叶子，此外它们又同时生长于相同的地区，所以曾发生过好几桩由于植物鉴别失误而导致死亡的案例（Wehner，2006；Brvar，2004）。

北美野韭（*A. tricoccum*）不易栽种，常采摘自野外。它是多年生植物，生长在北美从佐治亚州北部到魁北克的阿巴拉契亚山脉地区。它最易通过鳞茎繁殖，因为它复杂的多休眠期使得种子繁殖很艰难。北美野韭对气候有特殊的要求，喜酸性（约pH 4.5）且湿润的肥沃土壤（Vasseur，1994）和低温。它的鳞茎生长对昼长有要求。鳞茎生长在晚春，集中在非常短的时间内，而营养生长则出现在4～5月。在6月，它停止营养生长，进入休眠，直至第二年春天。近来，北美野韭成为美国一些时尚餐馆的新宠，而这样的过度开发也会让其种群变得非常脆弱（Nault，1993；Vasseur，1994）。

第2章
葱蒜的文学、艺术与文化

可种的香料与蔬菜不一而足

有些埋于土壤，有些破土而出

纵然无奇不有

蒜居其中翘楚

——露斯·戈登《蒜的华尔兹》(*The Garlic Waltz*)(1980)

2.1 简介

1970年，在我开始研究葱属植物化学不久之后，有了一些成果可以用来发表或者进行演讲。为了将"色拉盘中的化学"讲得更加生动，我引用了相关的文学资料。如今，我搜集的关于葱属植物的材料变得十分丰富，大多得益于网络上的系统查找。我对生活中葱属植物的点点滴滴都格外留心，包括大蒜节，以蒜和洋葱为特色的餐厅、歌曲、芭蕾和电影里的葱蒜，蒜形首饰珍宝以及艺术和建筑中的葱蒜，甚至还发现有"洋葱报纸"的存在。然而，讽刺的是，《洋葱》(*The Onion*)，一个自称为"美国最佳新闻资源"的报刊，除了偶尔出现诸如"美国卫生部称美国口臭很严重"的话题和文章以外，没有任何关于葱属植物的内容。

文学作品中有大量基于葱属植物传说的典故。这些伟大的作家对人类和世界有敏锐的观察。他们在作品中用别出心裁的方式描述蒜和洋葱，着意强调它们的与众不同，时不时地打趣它们带来的生理反应以及最终的"恶果"。有时，蒜和洋葱甚至是一个故事、一首诗或者一首歌曲的核心。这一章摘录了具有代表性的作品，它们横跨了4000年，将按时间顺序一一呈现。一些与药用有关的特殊文献（如关于草药和它们在早期希腊和罗马的前身）将会在第5章进行讲述。

艺术和建筑也会用它们各自的方式去展现一个故事或者讲述一个概念。这一章中呈现的艺术品不仅仅是对它们作出植物学上的表现，而是传递出了一些更广阔的画面，包括正在出售作物的谦卑的农人，烹调蒜泥时不愉快的场景，洋葱天然透亮的外观，甚至洋葱与健康的直接关联。建筑师和工匠也在他们的作品中巧妙地应用着洋葱和蒜的形象。

2.2 文学中的葱蒜

最早的典故出现在《圣经》里描述古以色列人在沙漠中迷路时对于蒜、洋葱和韭葱的渴望。

《圣经——民数记》[11：6]："我们都还记得在埃及时吃的鱼，还有黄瓜、西瓜、韭葱、洋葱和蒜……"

稍后，在《可兰经》中有类似的记载。

《可兰经》[2.61]："[人们期待着]土地里长出的香草、黄瓜、蒜、小扁豆、洋葱。"

或许在《圣经》之前的大约公元前2500年，古美索不达米亚（现在的伊拉克）的苏美尔人的石碑上也有一些相关记述。苏美尔语是最古老的有书写证据的语言，早期的一些记叙可以在牛津大学（Oxford，2006）苏美尔文学网文本语料库（ETCSL）工程中搜得，其中有一些关于蒜和韭葱的记录和当代惊人的相似。

《杜姆扎德之梦》(《牧羊人之梦》, *Dumuzid's Dream*)[(c.1.4.3)，第c143.117行]："为国王而来的乌合之众，他们不懂食不懂饮，不吃撒下的面粉，不喝倒下的水，不接受优美的礼物，不依恋妻子的拥抱，从来不亲吻可爱的孩子，从来不咀嚼刺激的蒜，从不吃鱼，不吃韭葱。"

希腊的喜剧剧作家阿里斯托芬（Aristophanes；约公元前446—前388年）在他的剧本中频繁使用蒜的意象，这暗示着在古希腊人的食谱和日常生活中，它占有重要地位。他创作的《骑士》(*The Knights*；公元前424年)中认为蒜可以给人以力量："现在，吞下这些蒜瓣吧。""请问为什么？""吃足了蒜，你将会更有勇气投入战斗。"《阿卡奈人》(*The Acharnians*；公元前425年)中有这样的句子:"不要靠近他们,他们吃了蒜。"在《和平》(Peace;公元前420年)中,他写道:"把这个袖带按在你的头上止痛吧……哇!好痛啊,主人,你的拳头里有蒜,是不是?"这段描述说明阿里斯托芬知道蒜对伤口有刺激作用。《马蜂》(The Wasps;公元前420年)中,他同样描述了蒜对皮肤伤口的刺激作用,还有这种膏药奇怪的外观:"这是怎么了,你看上去就像沸腾的大蒜膏药。"在另一出戏《雅典女人在妇女节》(The Thesmophoriazusae;公元前411年)里,一个不贞的妻子在整夜的荒淫放纵后,早上起来便吃蒜,以消除整夜守卫在城墙下的丈夫的疑虑。研究这个剧本的学者认为一般通奸的人都会避免吃蒜。

普鲁塔克(Plutarch),著名的古希腊历史学家、传记作家、散文家,在他的作品《伊西斯和奥西里斯》(Isis and Osiris;公元100年)中记录了洋葱引起口渴和催泪的作用,以及牧师对它们敬而远之的态度,是研究古埃及宗教仪式的重要资料。他写道:"牧师不近洋葱,排斥它们,小心翼翼地远离它们,因为洋葱是唯一一种在月亏时期生长茂盛的植物。它们既不适合斋戒也不适合节日,有时它会使人口渴,分享时又令人流泪。"

乔叟(Chaucer),通过对《坎特伯雷故事集》(The Canterbury Tales)中召唤者(The Summoner)这个角色的描述,表现了食用葱蒜时的快乐[《坎特伯雷故事集》(The Canterbury Tales)的序章《召唤者》(The Summoner)(1387—1400)]。其中,他写道:"他喜欢蒜,洋葱,还有韭葱,喝烈酒,血红的酒。"还有一段与乔叟同时期无名作者的描绘:"吃韭葱,洋葱来掩盖;吃洋葱,蒜来掩盖。"

塞万提斯(Cervantes)在《堂吉诃德》(Don Quixote de la Mancha;1605/1615)中给了我们一个对葱属植物引人入胜的描述,是关于食用蒜后口腔中气味的;第二则与他同时代的威廉姆·莎士比亚(William Shakespeare)表述近乎相同。

"桑乔,我还观察到这些叛国者并不满足于改变我的达辛妮亚,但他们改变了她,将她变成了一个卑贱的、令人讨厌的人,就像那边的乡下姑娘一样。与此同时,他们还夺取了她作为一个贵妇人所该具有的品质,那些来自于香水和鲜花的芬芳与香气。我必须告诉你,桑乔,刚才我将她抱上那匹马时……我闻到了一股生蒜味,惹得我头晕。我痛心疾首。(第10章)"

"桑乔全神贯注地倾听,想要牢记他的话,就像意欲将它们作为之后做总督的准则。堂吉诃德接着说:'别吃大蒜和洋葱,以免别人嗅到乡巴佬的气息;慢点走路,讲话慎重,但别像只是说给自己一个人听似的,装模作样不好。'(第43章)"

莎士比亚也有几出戏剧提起大蒜和洋葱带来口腔异味以及洋葱的催泪作用。

《一报还一报（Measure for Measure）》（第三幕第二场，1603）
"我再告诉你吧，公爵在持斋的星期五也会偷吃羊肉。他人老心不老，看见女叫花子也会拉住亲个嘴，尽管她满嘴的黑面包和大蒜味。"

《安东尼和克里奥佩特拉（Antony and Cleopatra）》（第一幕第二场，1606）
"如果要表达对死者的悲伤，可以借助洋葱流几滴眼泪。"

《安东尼和克里奥佩特拉（Antony and Cleopatra）》（第四幕第二场，1606）
"您何必向他们说这些伤心话呢？现在他们哭了，我也竟然蠢得哭了，像沾了洋葱。请别让我们变得像娘儿们一样。"

《科里奥兰纳斯（Coriolanus）》（第四幕第六场，1607）
"你们干的好事！你和你们那群穿着围裙的家伙。你们太看重那些职业人的声调和吃大蒜人的口气。"

《冬天的故事（Winter's Tale）》（第四幕第四场，1610）
"叫毛大姐做你的情人吧，别忘了嘴里含个大蒜，这样接吻会好些。"

乔纳森·斯威夫特（Jonathan Swift；1667—1745）在他的《给水果女人的诗》（Verses for Fruitwomen）分享了情侣间如何避免洋葱惹事的秘密，在化学上是可行的：两个人同时吃洋葱就可避免在对方口气中闻到洋葱味，或者在食用前将洋葱过沸水煮一阵子，破坏掉其中产生气味的化合物：

"来，闻闻吧，这里有上好的洋葱。我保证它会带给你们益处，温暖你的血液，使你食欲大增。没有一道美味的菜肴可以离开洋葱，不过记得在食用前彻底地煮沸它，以免它破坏了你接吻时的氛围。你也可以让你的情人吃下洋葱，这样一来她什么都不会发现，始终觉得你的气味和她的一样芬芳。"

在本杰明·富兰克林（Benjamin Franklin）的《穷查理历书》（Poor Richard's Almanac；1734）一书中，有一段关于洋葱的催泪作用的幽默叙述，"洋葱可以让继承人和寡妇同时垂泪"。纳撒尼尔·霍桑（Nathaniel Hawthorne）也曾在《七个尖角的阁楼》（House of Seven Gables；1851）中写道："说到悲伤，我可以像洋葱那样引你流泪。"

伊丽莎白·芭蕾特·布朗宁（Elizabeth Barrett Browning）在《奥罗拉·李》（*Aurora Leigh*；Third Book，1884）中这样嘲笑口腔里残留的蒜味：

"我学过德语，偶尔赌博过，去过巴黎两次，但终究只有这样的爱！……你毁掉了爱，你做邪恶的事就像偷食大蒜——吃过之后，不论你再用什么食物掩盖，都会残留一股辛辣味，直到你的情人让你想到了你的洋葱！……我没好好恢复便回到家中，我对于沉于爱情有负罪感。你会说，多粗俗啊，我好像在谈论蒜吧！"

莫泊桑（Guy de Maupassant）在《隆多里姐妹》（*The Rondoli Sisters*；1884）中非常尖锐地形容蒜味：

"我在掀起酒店床上的被单时，会因作呕而颤抖。昨晚是谁在这里睡？或许是肮脏、恶心的人在这里躺下过。我的脑海里开始出现那些人挠肩的情形，那些形迹可疑的皮肤，我又想到了脚丫……我立刻又想起那些人身上令人恶心的蒜味和人味。"

托马斯·哈代（Thomas Hardy）的《德伯家的苔丝》（*Tess of the d'Urbervilles*）[第22章（1891）]中描绘了一个非常著名的由野蒜（*Allium vineale*）而非蒜本身引起的现象，即吃了少量野蒜的奶牛产了有异味的奶，以及奶农们在牧场中试图根除这些有害杂草的事：

"所有人的手里都拿了旧尖刀，一起出了门。由于长在草场里的那种有害植物平常看不见，那一定是非常细小的，因此要把它们从他们面前这片繁茂的草地里找出来，几乎是没有希望的。但是由于事关重大，他们就都过来帮忙，一起排成一排搜查……他们的眼睛盯着地面，慢慢地从草场上搜索过去，把一块地搜索完了，就再往旁边一点一点用同样的方法往回搜索过去。当他们这样搜索完以后，就没有一寸牧草能够逃过他们的眼睛了。这是一种最繁琐的事，在整个草场里，总共就发现了五六颗蒜苗；不过就是这种气味辛辣的植物，只要一头牛不巧吃了一口，就足以使当天奶牛场出产的所有牛奶变味。"

吉卜林（Rudyard Kipling）冗长韵律的诗歌《通往曼德勒之路》（*Mandalay*；1880）将蒜的浓烈芳香作为标志遥远东亚罗曼史的意象：

"远方古老的力量推搡着我

海滩上的巴士，去往曼德勒
在伦敦十年的战士告诉我：
'听见东方的呼唤，你将心无挂碍'
不，你需要大蒜辛辣的香气
阳光，棕榈树，还有庙宇里叮当作响的铃铛
在去往曼德勒的路上……"

吉卜林的《森林小王子》(Second Jungle Book)[第13章（1895）]中有一个讲莫格利使用野蒜驱避蜜蜂的故事。莫格利是一个在印第安森林中由狼抚养长大的男孩，他智取了一群贪婪的食狼印度野狗（dhole，亚洲野狗）的性命。书中提到他"知道小蜜蜂讨厌野蒜的味道，所以他抓了一把，小心翼翼地涂遍周身。"在印度野狗猛追他时，他就将它们引入了蜜蜂的领地，让那些蜜蜂去对付它们，而自己因为涂了野蒜而幸免于难。

在布莱姆·斯托克（Bram Stocker）的《德拉库拉》（Dracula；1897）中，蒜可以抵御吸血鬼。女英雄露茜的卧房用蒜装饰，而她的脖子上也环绕了一圈蒜：

"教授的行为怪异，在任何我知道的药典里都找不到根源。他先把窗户关紧再牢牢闩上，然后抓了一把[蒜]花，涂遍了窗格，让空气里充斥着蒜味。接着，他又将一小把涂在了门框的四周，上下左右，里里外外，连壁炉也不放过。在我看来实在怪诞，我说：'好吧，教授，我知道你有你做事的原因，但我实在无法理解。如果这里有诡辩家，他一定会说你正在用咒语驱赶恶魔的灵魂。'……我看到了教授在房间里所做的一切，他的目的只是放更多蒜。窗扇上散发着那种味道，范·海辛让露茜戴在脖子上的丝巾之上则是一圈充斥着相同气味的蒜花。"

美国高产短篇小说家威廉·西德尼·波特，他的笔名欧·亨利（O. Henry）更为人们熟知（1862—1910），在他意味深长的《第三种成分》(The Third Ingredient)短篇小说中，赋予了洋葱一个重要的角色。"炖煮时没有洋葱，那是比看午后场电影却没有糖果更糟糕的……比如在走廊那头我房间里的那个小姑娘，我的朋友。我们都不走运，我俩只有土豆和肉炖在锅里。这一锅缺了点什么，像没有灵魂似的。生活里总有一些东西天生就属于彼此，而牛肉、土豆加洋葱就是这样。"

有些更简短的关于蒜的句子也同样值得注意。雕塑家、作家奥古斯特（Augustus Saint-Gaudens）在《回忆录》（Reminiscences；1913）中写道："蒜之于食物，疯狂之于艺术"。弗·斯科特·菲茨杰拉德（F. Scott Fitzgerald）在《美丽与诅咒》(The Beautiful and Damned；1922)中写道："在返回纽约拥挤的列车上，后座有个气味很重的拉丁人，显然他前几顿饭吃的全是大蒜了。"卡尔·桑堡(Carl Sanburg；1878—1967)写道："生活就像洋葱，你一层层揭开，总有流泪的时候。"英国的批评家和编辑康诺利(Cyril Connolly；1903—1974)写道："粗俗是生活这盘色拉里的蒜。"此外还有一个传统的说法："硬币可以让你搭上地铁，而蒜可以让你获得一个座位。"

蒜和洋葱也出现在儿童文学和芭蕾舞剧里。《洋葱和大蒜：一个古老的故事》(Onion and Garlic：An Old Tale；Kimmel，1996)基于犹太法典传说，讲述了从商的兄弟们之间争斗的故事。一个脾气谦和的卖洋葱的商贩，在旅程中发现了一座遍地是钻石的岛屿，那里的人不知道什么是洋葱，他以洋葱换取了一百麻袋的钻石，心满意足地回到了家乡。他生性贪婪的兄弟们知道后急不可待地准备了大量的蒜也来到这个岛屿，准备换取更多的钻石。那些蒜更受到当地人的吹捧，于是他们承诺用比钻石更加珍贵的东西来交换。你或许已经想到了结局，他们得到的却是洋葱！

《洋葱头历险记》(The Adventures of the Little Onion；Il romanzo di Cipollino；Rodari，1951)是一个由意大利作家姜尼·罗大里(Gianni Rodari)编写的经典的童话，讲述的是一个洋葱男孩——洋葱头(Cipollino)的冒险故事，故事发生在一个由邪恶的番茄国王掌管的国家。经过翻译后，这个故事在德国很受欢迎，在那里它叫作《小洋葱》(Zwiebelchen)，同时，它在中国和俄罗斯也十分出名，因此成为了一部动画片的主题，成就了一出芭蕾舞剧，甚至印制了邮票。

2.3 诗歌里的葱蒜

蒜和洋葱因为它们的声望成为诗歌的主题就一点也不意外了。最早的一篇是《邪恶的蒜》(That wicked garlic！)，罗马抒情诗人贺拉斯(Horace；65-8 BCE；West，1997)抒情诗的第三节。这首讽刺诗里充满了隐喻的神话典故，与作者更加成熟的写作作品不同，它表现出一种独有的野蛮。全篇叙述了蒜为人熟知的许多特性，结尾所提及的关于食蒜后的口臭一定在现场朗诵时逗乐了当时的观众(Gowers，1993)。

　　不孝之人
　　折断父亲年迈的颈脖
　　让蒜来惩治他
　　犹胜毒芹

农人腹中必有铜肠铁胃
我胸中火辣的毒品
究竟何物?
我终受背叛
这野草在蛇蝎之血里蒸腾
在恶兽的身躯下翻滚
在举止不凡的阿尔戈英雄们中
美狄亚发现了首领詹森并施咒于他
搏斗公牛前夕
她将蒜涂遍他身躯
那里浸泡了报复他新情人的礼物
她乘上毒蛇之翼
逃之夭夭
恒星的烈焰疯狂席卷阿普里亚
赫拉克勒斯坚实的后背灼如焦炭
我狡猾的米希纳斯 若你也想玩这样的把戏
我发誓你的情人将推开你的亲吻
也将远离你入眠

还有两个当代美国的诗人精确地描绘出了这些植物,让人在行文间产生画面感,获得嗅觉、味觉乃至催泪的感受,甚至能够听见平底锅上吱吱作响。这就是一首好诗的力量!

《洋葱》(*Inside the Onion*)这首诗被收录在同名的书籍中,是美国桂冠诗人尼莫洛夫(Howard Nemerov;1920—1991)的作品,以下摘录了对洋葱层状结构贴切的描述:

切开它圆形衣冠
这个秘密之地
疏远了对称
却形态天成
为其追寻
数之解析
线索恰如嬉戏
触手可及
却无章可循
它的一切

于幸运的秋季
喂养了众生
泪水满溢
热暖咽鼻

另外一首同样愉人的诗《切蒜》(*Chopping Garlic*)摘自《白窗前》(*At the White Window*；2000)，作者是诗人大卫·杨（David Young；1936—），捕捉了烹调大蒜时的乐趣。

鳞茎是东方的宫殿
包裹在灰或紫的纸衣下
那一瓣瓣楔形居所
如喇叭，尖牙，又似巨兽指爪
我想把这辛辣的象牙　串成珠链
但终碾碎了
我爱它碎时的声响　涤去浑浊碎屑
它的气味徐徐绽放身畔
当我取出半月刀片
将它切碎在木槽
自此　它的气味袅袅徐徐
我的手指蠢蠢欲动　欲与它相融
它张开我肌肤上的每一个毛孔……
喇叭和铜鼓敲响了
当我将碎粒
放入平底锅　是的　它虔诚地扑向鼻端
香烟满室萦绕
迫不及待的人
抬头看天　一弯新月正按捺着
灼热的蒜瓣　盈盈香气
正填满神含笑的口中

2.4 电影、歌曲及芭蕾舞剧中的葱蒜

劳拉·埃斯基维尔（Laura Esquivel）的《巧克力情人》(*Like Water for Chocolate*；

书于1992年由纽约双日出版社出版；电影于1992年由米拉麦克斯影业出品，阿方索·阿雷奥导演）是"糅杂了荒诞故事、童话故事、浪漫肥皂剧、墨西哥菜谱和祖传秘籍的作品"（《旧金山纪事报》；*San Francisco Chronicle*），印了两百多万册。它的开篇提到了在厨房切洋葱时如何避免流泪，书中说必须在头上放上一片洋葱，紧接着书本描述了主人公蒂塔在厨房出生时的情形：

"蒂塔对洋葱太敏感了，每次切洋葱都哭个不停。她还在我曾祖母肚子里的时候，就哭得惊天动地，连那个半聋的厨子娜扎都能轻易听到那声音。就是她哭得太厉害，以至于导致早产吧。曾祖母还来不及说上一句话，哪怕是哼一声，蒂塔就迫不及待地出来了，就在厨房桌案上，周围都是些煨的面汤、百里香、月桂叶、香菜、沸腾着的牛奶、大蒜，当然还有洋葱。"

1980年，莱丝·布兰克（Les Blank）制作了一部纪录片《大蒜好比十个妈妈》（*Garlic is as Good as Ten Mothers*）。这部片子受到了热捧，2004年作为美国国会图书馆选中的25部影片之一，永远列入了需要永久保存的美国国家电影目录中。影片的一个亮点是那首由露丝·戈顿（Ruthie Gorton）创作的《蒜的华尔兹》（*The Garlic Waltz*）：

可种的香料与蔬菜不一而足
有些埋于土壤，有些破土而出
纵然无奇不有
蒜居其中翘楚

埃及人，腓尼基人，维京人和希腊人
巴比伦人，丹麦人和中国人
他们在旅程中带足了蒜
轻风送走了他们的敌人

创世以来地球的每个角落
蒜治愈了多少伤痛与顽疾
若能懂得这是怎样的价值
愚蠢的药丸将不值一提

保加利亚的山脉与俄罗斯那宽广的原野
长命百岁的人们
血脉里浸润了蒜的汁液
两倍大小的黄金方可换得它的妙玄

硒、锗还有大蒜素
它们战胜所有的病魔

若你感染了关节炎、肺结核或流感
就说:"替我剥开一粒蒜啰。"

在院中种蒜可以驱走蠕虫
阻止一切变坏
若你担心病菌的侵蚀
不妨将它随身携带

1973年,苏联作曲家卡仁·哈恰图良(Karen Khachaturian),阿拉姆·哈恰图良(Aram Khachaturian)的侄子,根据姜尼·罗大里(Gianni Rodari)的同名儿童读物创作了一出频频演出的三幕芭蕾舞剧《洋葱头和他的朋友》(Chipollino, The Little Onion),这同时也是苏联时期一部动画片的题材(Soyuzmultfilm, 1996;Randel,1996)。

2.5 绘画中的葱蒜

葱属植物不仅在文学中得到了重视,绘画中也常常出现它们的形象。这里有三个例子。第一幅(图2.1)是德格·维莱斯奎斯(Diego Velásquez)的帆布油画,名叫《玛利亚和玛尔大》(Kitchen Scene with Christ in the House of Martha and Mary;约1618;伦敦国家美术馆),有时又被称作《压蒜的年轻女人》(A Young Woman Crushing Garlic)。维莱斯奎斯用这样一个不寻常的静物描绘映射背景中的宗教意味。这幅画与圣经中两个姐妹的故事有关,玛利亚和玛尔大,她们住在伯大尼。耶稣时常探访她们,并在那儿歇脚。玛利亚坐在他的脚边听他的话语,而玛尔大则如圣路加设定的那样充满抱怨地来回伺候。在这幅画中,她撅起嘴,面带不快地捣着蒜。玛尔大对耶稣说:"主啊,我的妹妹留下我一个人伺候,你不在意吗?请吩咐她来帮助我"耶稣回答她说:"玛尔大,玛尔大,你为许多事思虑烦忧,但是不可少的只有一件,玛利亚已经选择了上好的福,是不能夺去的(新约全书,路加福音第十章——译者注)。"

第二幅作品是由印象派画家皮埃尔·奥古斯特·雷诺阿(Pierre-Auguste Renoir)画的《洋葱》(The Onions;图2.2),也是帆布油画(1881)。这是一幅杰出的作品,画面上是几颗黄色的洋葱,在桌面上还有一些蒜的鳞茎反衬闪闪发光的背景。它的技巧出众,那些洋葱闪烁的纸一般的外衣,仿佛触手可及。

最后一幅作品是来自于文森特·梵高(Vincent Van Gogh)的《静物:画图板、烟斗和洋葱》(Still Life with Drawing Board, Pipe and Onions),作于1889年

图2.1　维莱斯奎斯的《玛利亚和玛尔大》（承蒙伦敦国家美术馆提供）

图2.2　皮埃尔·奥古斯特·雷诺阿《洋葱》（1881）（源自维基百科）

的阿尔勒（图2.3）。这是四幅描绘洋葱和大蒜的静物绘画之一的美丽画作，另外还有他的《静物：姜罐和洋葱》（*Still Life with Ginger Jar and Onions*，1885）、《静物：烟熏鲱鱼和蒜》（*Still Life with Bloaters and Garlic*，1887）和《静物：红球甘

图2.3 文森特·梵高《静物：画图板、烟斗和洋葱》（源自维基百科）

蓝和洋葱》（*Still Life with Red Cabbages and Onions*，1887）。一本阐述了梵高对健康观点的畅销书上有图2.3。另外值得一提的还有两幅著名的关于大蒜的作品。《卖蒜人》（*Garlic Seller*），纸面油画，是法国画家让-佛朗索瓦·拉法埃利（Jean-Frasncois Raffaëlli；大约1880；波士顿美术馆）的作品，画面中一只小犬跟在一个长着胡须的卖蒜老人身后，老人拿着一篮待售的大蒜走向市场。约翰·辛格尔·萨金特（John Singer Sargent）的《威尼斯的卖洋葱人》（*Venetian Onion Seller*；1882；马德里穆西·泰森-波内米斯札美术馆）是他在威尼斯的时候绘制的。这是一幅萨金特的实验作品，它展现了更加自由的笔触并且描绘生活中常见的对象，而非上流社会肖像。

蒜不仅作为一个物象出现在绘画作品中，它本身也在创造艺术过程中起着作用。蒜或其汁液曾用作胶水，将金、银、锡等色彩黏结于绘画表面，也用在画框、手稿和家具制作上。几世纪以前用于镀金过程中的蒜，其中的硫化合物早已挥发殆尽，但是可以通过确定蒜中蛋白质的14种氨基酸特征排列而鉴定它的存在。大蒜作镀金胶水时，其蛋白质的氨基酸排序与其它常用镀金胶水，如动物胶或鸡蛋蛋白的排序完全不同，由此确定，大蒜确实曾被当作胶水（更多细节可参考章节3.11；Bonaduce，2006）。

2.6 建筑中的葱蒜：洋葱形和蒜形圆顶

洋葱形圆顶是俄国东正教教堂圆顶中的一种。这样的圆顶直径要大过楼宇主体的顶部，而且它本身的高度往往也大于宽度。鳞茎式的结构从光滑的球体慢慢变化最终到达一个点，与洋葱非常相似，因此后来命名为洋葱形圆顶。通过古老画像和雕像的分析，俄国的艺术史和建筑史专家认为洋葱形圆顶早在13世纪就出现在俄国，而不可能是从东方传来的，东方建筑中洋葱形圆顶直到15世纪才取代了球形圆顶。13世纪末，洋葱形圆顶的大量出现得益于12世纪晚期至15世纪初期，俄国对于建筑垂直特征的重视，他们总是尽力使教堂看上去更加高大。16世纪，洋葱形圆顶建筑是荷兰世俗建筑的标志，在16世纪的布拉格，洋葱形圆顶或尖顶则是当地建筑的发展形式，很快它的邻居巴伐利亚、奥地利帝国和德国南部，尤其是乡间，都采用了同样的建筑风格（Schindler，1981）。一本由17世纪的布拉格建筑师编写的建筑书籍中包含了几幅完美的洋葱尖顶建筑图（Leuthner，1677）。

每一个俄国教堂的鼓形主体上端都覆有结构特殊的穹顶，它们由金属或木材制成，镶有铁皮或瓷片，色彩鲜艳。俄国早期的洋葱形圆顶代表建筑是圣母升天大教堂（Cathedral of the Dormition；1559—1585）的金顶和蓝顶。它是伊凡四世（世称恐怖的伊凡）下令建筑的圣塞吉斯三位一体大教堂，Lavra（Lavra意味着它是主要且最重要的大教堂）。莫斯科的瓦西里升天大教堂（Saint Basil's Cathedral）有着鳞茎形状、色彩鲜艳的穹顶，自伊凡四世的儿子费奥多一世执政以来（俄国16世纪）就没有改变过。建筑大师巴托洛梅奥·拉斯特雷利（Bartolomeo Rastrelli）用富丽堂皇的巴洛克式艺术为圣彼得堡的彼得霍夫大宫殿（Peterhof Grand Palace）东边的小教堂的洋葱形圆顶镀金（约1750年）。稍晚一些，圣彼得堡的费拉基米尔教堂的黑顶（1761—1783），则表现出了巴洛克式和新古典主义的交叉形式，陀思妥耶夫斯基（Fyodor Dostovevsky）曾是那里的教区居民。瓦西里升天大教堂（图2.4）的灵感来自喋血大教堂［the Church of the Savior on Spilled Blood；1883—1907；图2.5（a）］，它的名字源于沙皇亚历山大二世曾在此遭到行刑。宝石匠们用瓷釉铺满了五座穹顶的1000m^{2}表面。

圣玛丽玛格达兰教堂（The Church of Saint Mary Magdalene）是俄罗斯正教会（东正教）在耶路撒冷的主教所在地，位于客西马尼公园（The Garden of Gethsemane）内橄榄山的山坡上，恰好在老城区外，几乎成为了耶路撒冷最明显的路标建筑［图2.5（b）］。这座突出的俄国建筑显现着莫斯科风格，七座镀金的洋葱形圆顶直指天空。俄国的沙皇亚历山大三世和他的兄弟们在1888年建造了这座教堂，用以纪念他们的母亲：女皇玛利亚·亚历山大。

图2.4 瓦西里升天大教堂，莫斯科，俄罗斯（承蒙Eric Block提供）

泰姬陵（The Taj Mahal）建于1630年，同样也是洋葱形圆顶，有时也称作波斯圆顶或石榴顶的典型。覆盖在陵墓上的大理石圆顶是它最具特色的部分，它的高度和它的地基相当，大约35m，由于位于7m高的圆柱形主体上，显得格外突出。圆顶的尖端有莲花设计，增加了它的高度。圆顶的最高尖点上镀了金，融合了伊斯兰和印度的传统装饰元素。圆形的顶被四角较小的亭式圆顶拱卫着，如众星拱月。亭式圆顶的主体部分重复了洋葱形。它们的柱体基底可以通过坟墓的顶端打开，阳光由此进入内部。这些圆顶的尖端也镀了金。

图2.5 （a）喋血大教堂，圣彼得堡，俄罗斯；（b）东正教堂，耶路撒冷；（c）皇家宫殿，布拉顿，英国（承蒙 Eric Block 提供）

或许，反复使用洋葱形圆顶建筑最具代表性的作品应该是英国皇家宫殿［图2.5（c）］，是为乔治四世建造的，建筑时间从1815年开始到1822年，由英国建筑师托马斯·纳什（Thomas Nash）设计，位于蜿蜒的布拉顿海滨盛景中。它的圆顶、立方形主体、尖塔和尖顶使得宫殿有了印度风格，颇多借鉴于泰姬陵。

在他的巴特罗之家（Casa Batlló；巴塞罗那，1905—1907），建筑师安东尼奥·高迪（Antonio Gaudí）将被称为"巴塞罗那最糟糕的公寓"变成了艺术杰作（图2.6）。高迪的想象力和创造力如此自由，让作品中包含了"流水、有机、动物乃至人类的形象"（Gill，2001）。一个游客将它与汉塞尔和格莱特的别墅相提并论，令高迪很高兴。屋顶的某些很有趣的形象藏匿在视线之外，"高迪意图产生的效果是视觉的，双关的。那肋骨般的脊背……覆盖着动物保护层的一侧就像犰狳。"（Gill，2001）屋顶左侧的塔顶冠上了一个显眼的蒜鳞茎图形的圆顶。其上就是高迪标志性的横指四方的十字，刻于塔身的这些字母隐示了神圣家庭［镀金字母JHS（Jesus），JHP（Joseph）和M（Mary）；Gill，2001］。高迪是不是在俏皮地发问："你们见过了很多洋葱形圆顶建筑，可你们见过蒜形的吗？"

(a)　　　　　　　　　　　　　　　(b)

图2.6　（a）巴特罗之家（承蒙Eric Block提供）；（b）塔部细节（源自维基百科）（巴塞罗那，西班牙）

2.7 葱蒜，无处不在：珠宝、钱币、邮票、瓷器、诸如此类

一位加勒比无名艺术家制作了一条贝壳手链，它复制了蒜瓣的形状，颜色和线条都十分和谐（图2.7）。

图2.7 加勒比手链（承蒙Eric Block提供）

1985年和1990年发行的威尔士英镑银币上是韭葱的图案（图2.8）。莱斯利·德班（Leslie Durban）设计了该硬币，韭葱装在一个小型王冠里，边文书写着："PLEIDIOL WYF I'M GWLAD"（"True am I to my Country"，"我忠于我的祖国"），源于威尔士国歌的唱词。在16世纪中叶，韭葱被认为是威尔士的象征。据说，这与公元633年的Heathfield战役有关，战役发生在一个韭葱田地，圣大卫（St. David）劝说同胞将韭葱摆在帽子上，并以此区分他们的敌人撒克逊人。莎士比亚（《亨利五世》，第四场，第七幕）演绎了这个传说："陛下说的非常真实：如果陛下还记得它，威尔士人在长满韭葱的菜园里做得非常漂亮，他们在自己的绒毛帽子里戴上了韭葱。陛下您该知道，现在它已经成为这场战役的荣誉徽章，我想陛下您不会介意人们在威尔士国庆节（圣·大卫日）上佩上韭葱。"

亨利回答道："我穿戴它来纪念伟大的荣誉。我是威尔士人，你知道吧，我的同胞。"顺便说一句，有人好奇许多古老的植物书本中声称的韭葱利嗓的说法与喜欢韭葱的威尔士人在唱歌方面的誉满世界之间是否存在关联。

图2.8 威尔士英镑银币（1985，1990）上的韭葱

"洋葱分币"在英国的方言里代表了从地下挖掘出来的罗马硬币，尤其是指希尔切斯特镇。同时，"Onion"也是一个巨人的名字（Schwabe，1917；Ward，1748）。

俄国人对洋葱的崇敬远远不止体现在建筑上。《洋葱头和他的朋友》，这个从罗大里童话故事和哈恰图良芭蕾舞剧中走出来的洋葱男孩是1992年和2004年俄罗斯国家发行的邮票中的图像（俄罗斯，1992；图2.9）。与此同时，洋葱形圆顶教堂出现在了1000卢布的钞票上、瓷器上、漆盒上乃至他们的巧克力上（图2.10）。

图2.9 俄罗斯1992年发行的邮票上的洋葱头男孩

图2.10 （a）漆盒上的俄罗斯洋葱顶建筑；（b）俄罗斯瓷器；（c）俄罗斯巧克力

2.8 不同文化中的葱蒜：公元时代的爱好者与反对者；恶魔之眼与洋葱法律

在第 1 章中，我提到过大蒜和它的同属受到人们（爱好者）的喜爱，同时也受到人们（反对者）的嫌恶。在这里，我们在众多文化中，选择烹饪来试探一下喜爱/嫌恶这两者关系背后的基础是什么。

从犹太人开始，他们就喜欢大蒜那些东西，自称"食蒜族"[《塔木德 许愿书》，31a（Negbi，2004）]。《塔木德》（Talmud）这本书是大约公元 500 年时的文字记录，有关于葱蒜的部分是犹太教教士们关于犹太法律、道德、习俗和历史的讨论记录。因此，在以斯拉（Ezra）制定的十条律令里（《塔木德 首门书》，82a）写道："周五吃蒜"，这是由于婚姻的责任（"他每周五晚上履行婚姻的责任"）。这段论述进一步谈道："蒜的五个作用：解饿、暖身、欢愉、生精、除（寄生）虫。其中还提到它会令人感到快乐，驱散嫉妒。"《塔木德》说道："Kufri 品种的洋葱对心脏很好"（《塔木德 许愿书》，26b），也提到一个去往耶路撒冷的旅行者的故事，旅行者问起这里的水是否安全，可否饮用，有人告诉他："担心什么？我们有许多的洋葱和蒜呢。"《塔木德》也不是一味地赞美大蒜——它带来的口腔异味使牧师失去了他的职位，使得后来庙宇和教堂中大蒜成为不合时宜的食物（Daiches，1936）。《塔木德》中也描绘了一个故事，讲的是犹太教的经师在讲道时闻到了蒜味，于是说道："吃蒜的，请出去。"（Graubard，1943；Greenspoon，2002；Levy，2002；Negbi，2004）。

在 19 世纪末到 20 世纪初，贫困的德系犹太人把黑面包、土豆和抹了许多大蒜、盐的青鱼当作食物（Diner，2001）。犹太人的吃蒜习俗有一个可能成立的解释说明："在英格兰和其它国家，很容易分辨出犹太人的社区，他们肺结核的死亡率远远低于其它人……他们遭受疾病的概率比周围的人群更低"（Minchin，1927）。大蒜和犹太人的关系如此紧密，以至于纳粹发放大蒜植物的小圆徽章来表明佩戴者是热情的反犹太主义者，而"只要有纳粹演说家提及大蒜就能激起疯狂的愤怒和充满敌意的咆哮"（Miller，2006）。

在罗马时代，过度使用大蒜当调味料遭到了批判，如有文章写道："……盘子里全是蒜，胜过整个长廊里的舵手。"它暗示着浑身满是蒜的恶臭的罗马苦工，它来自于古罗马著名的剧作家普劳图斯（Plautus，公元前 254—前 184 年）。就算是处理大蒜也被看作是很恐怖的："如果我碰了蒜，那么我的手将会满是臭味，"这来自于庞博尼（Pomponius，公元前 110—前 32 年）。在《阿比修斯》（Apicius）这本食谱（出版于公元 4~5 世纪）的记录里没有出现大蒜，这意味着这部书是为上流最富足的社会而写的，因为当时蒜对下层农民而言是非常普通的食物。不过，与这些态度相反，蒜在罗马人中享有毒药解毒剂的声誉，同时也是战胜邪恶思想的东西与催欲剂。根据老普林尼（Pliny the Elder；公元23—79）的说法，蒜和胡荽混在一起会激起男子的欲望，但是在禁欲的节日也食蒜，把它当作身体防护剂。有人认为"这种草药在爱情之中模棱两可，它给食用者带来欲望，对于心爱的对象来说就是春药，它给男子带来活力，但又因为气味难闻而不受欢迎"（Gowers，1993）。

很多文化中将蒜和它的同类看作不纯洁的食物。我们已经举了些例子，诸如希腊诗人贺拉斯（Horace）对蒜的怨言。另外一个是穆斯林传说，人之堕落后撒旦离开伊甸园时，蒜出现在了他左脚踏过的地方，接着是洋葱，出现在了右脚踏过的地方。在穆斯林的传统中，穆罕默德（Mohammed）不喜欢洋葱和大蒜，包括它们的气味。因此，人们不能在食用蒜之后进入清真寺。《鲍尔写本》（Bower Manuscript），这本5世纪的佛教徒医药论文中有一个故事，讲的是第一粒大蒜由恶魔的血液幻化而来。在早期的印度，婆罗门以及其它更高级的种姓是不能使用蒜和其它葱属植物的。相似的禁蒜观点也存在于佛教徒和耆那教徒之中。在当代的印度，大蒜和葱属植物是不能供奉印度教神的（Simoons，1998）。

蒜和它的同属被认为是不纯洁的，并且和阴间联系在了一起，这意味着这些植物十分适合作为阴间力量的供品，诸如邪恶的思想，寻求它们的庇护或者消除它们带来的恶灵。无论是在古代还是当代的希腊，大蒜和洋葱曾经并仍然被当作对抗邪魔附体、疾病和恶魔之眼的力量。恶魔之眼是指对于幸运之人的好运所激发出来的嫉恨会令他们厄运随行，坏运气、疾病甚至死亡都会接踵而来。民间智慧认为大蒜的保护作用与蒜强烈的刺激气味直接相关，人们相信蒜可以吸收恶魔之眼。在当代的希腊，人们在门上挂上一串大蒜的鳞茎来辟邪。希腊的产婆在产房摆上蒜，使恶魔之眼远离婴儿。婴儿的脖子上挂满了蒜，母亲的枕头下也放上了大蒜。在希腊的某些地方，人们认为只有你念出"大蒜"或者大喊"你眼中有蒜"才能抵抗住恶魔之眼，或者怀疑中邪了，也这样喊（Simoons，1998）。

在塞法迪犹太人中，如果有邻居造访，而且提及了那家孩子的近况，常常会加上一句"希望恶魔之眼不要坠落"，更好的则会说"让它到蒜里头去"。他们的房屋上挂了编织袋，由各装了一粒蒜瓣的五个指头般的小麻袋组成。这个袋子往往放在窗外，或者阳台上，如犹太教的门柱圣卷那样。犹太人或者阿拉伯人认为五指手掌，或汉萨（hamsa），可以起保护作用（蒜和汉萨符咒，图2.11）。

在古希腊斯基拉节（Greek festival of Skira）中，大蒜起着重要作用。那是一个割麦和打谷的节日，大概在五六月份，斯基拉节是雅典女人的特殊节日。这是一年中少有的她们走出闭塞房间的日子。按照古老的习俗，为使大地更为肥沃，她们聚集在一起避免性生活。她们会聚在一起吃蒜，这样就使口中充满臭气而"远离性事"，让她们越不吸引男人越好（Dillon，2003）。这个节日是阿里斯托芬（Aristophane）的喜剧《利西翠妲》（Lysistrata；公元前411）的背景设定。女人

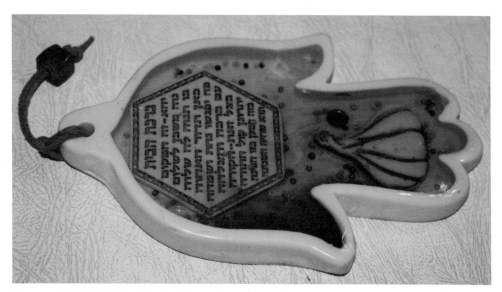

图2.11　护身符或符咒，用以远离"恶魔之眼"，其中有蒜、一粒蓝色珠子和汉萨（承蒙Eric Block提供）

们借节日的机会密谋推翻男人的统治。

　　近来，一些奇怪的法律中发现了有趣的关于洋葱的用法和食用后的后果的例子，其中有些法律至今依然有效。伊利诺伊州哈尔斯堡的影院里，将洋葱当零食是犯法的，田纳西州戴尔斯堡食生洋葱未超过4h而进入影院也是非法的。在佛蒙特州布东维尔的教堂中，吃洋葱也属违法。牧师有合法权力令违规者在角落里站着或是离开，直到礼拜结束。人们不可以在路易斯安那州的棉花谷酒店的房间里剥洋葱。在得克萨斯州的那卡多奇斯，有针对"年轻妇女"的洋葱宵禁，在下午6点之后禁止她们食用新鲜的洋葱（http：//aggie-horticulture.tamu.edu/）。

第3章
葱属植物的化学101：历史亮点、惊人事实、别样用途及烹饪中的化学

> 要是这孩子没有女人家随时淌眼泪的本领，只要用一颗胡葱包在手帕里，擦擦眼皮，眼泪就会来了。
>
> ——《驯悍记》莎士比亚

> 最要紧的，列位老板们，别吃洋葱和大蒜，因为咱们可不能把人家熏倒胃口；咱一定会听见他们说，"这是一出香甜的喜剧。"
>
> ——《仲夏夜之梦》莎士比亚

3.1 简介

在以下两章关于葱属化学的开篇引入这两段莎士比亚的剧本是非常合适的。它使我们切洋葱时的热泪满眶和吃洋葱时引发的口腔异味带有了诗意。化学在理解葱属植物特征中扮演着重要的角色。它们被切割时的特殊气味、辛辣的口感、催泪的特质还有在人类健康和环境中的生物效应都可借用化学得以解释。我们也可以通过化学研究知道葱属植物为了在恶劣的环境中存活是如何设定这些特质的。此外，厨房处处有化学，因此了解葱属植物的化学对烹饪也颇有裨益，每个厨师都在学习化学。我尽量按照时间顺序来讲述葱属植物的化学，首先用比较简单的事例，包括分离、表征和合成这些植物中的各个化合物。一些杰出的化学家，包括几位诺贝尔奖得主和他们的学生在早期工作中起着重要作用。第4章讲

述的是在完好以及切割两种情形下,葱属植物中所含混合物的分离与鉴定方法。随后,在明确了葱属植物化学中的一些主角后,我将会讨论反应机理,即化合物如何自发或者在酶促作用下进行转化。由于在葱属植物中发现的许多化合物或由之转化而成的化合物有十分特殊的性质,且葱属植物又简单易得,因此经常用葱属植物来测试新分析方法的优劣,由此,它们成了分析的"金标准"。第3、4章的板块以及章节中作者名及年代的标志可以帮助读者寻找相关的专业文献,同时我也鼓励读者利用网络资源去了解技术概念、仪器方法的相关定义和背景资料。

3.2 蒜和洋葱化学的早期历史

起初,我偶然了解了葱属植物化学历史中几次关键事件。我在巴黎一家书店浏览时,偶然翻阅了一本1856年由法国化学家奥古斯都·卡乌尔(Auguste Cahours)编写的《基础化学课程》(*Leçons de Chimie Générale Élémentaire*)。在挥发性植物油的部分,他简单提到了通过蒸馏器(alembic)分离蒜的挥发油(图3.1)的方法。这个装置通过水浴加热,将易挥发的部分同难挥发的组分分离,前者经冷水冷却的螺旋形铜管冷凝形成液体。alembic又叫stills或者retorts,大约是在公元800年由阿拉伯的炼金术士贾比尔·伊本·哈杨(Jabir ibn Hayyan)发明的。相关的蒸馏装置仍用来制造干邑白兰地。卡乌尔说,"用水一起蒸馏,

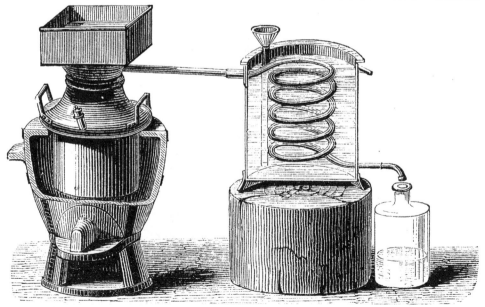

图3.1 蒸馏器(卡乌尔,1856)

大蒜（*Allium sativum*）的鳞茎会产生一种易挥发的油，它有很强的令人厌恶的气味。蒜的精油是由碳、氢和硫组成的……它很可能是一种单硫化物"。卡乌尔虽然没有直接给出文献，他讲述的很可能是德国化学家特奥多尔·沃特海姆（Theodor Wertheim）在1844年发表的一篇工作，讲述大蒜（*A. sativum*）精油的制备和表征，他将这种物质称为"烯丙硫"（allylschwefel）。

卡乌尔接下来还提到他与同事霍夫曼可以从他们二人近来发现的一种化合物丙烯醇（"alcool acrylique"）直接合成大蒜油。他们工作的全部内容于1857年发表在《伦敦皇家科学学报（*Philosophical Transactions of the Royal Society of London*）》上。这位霍夫曼正是奥古斯特·威廉·冯·霍夫曼（August Wilhelm von Hofmann）（图3.2），化学史上的一位巨匠。作为一名天资异禀的德国科学家，他被英国的阿伯特亲王任命为位于伦敦的英国皇家化学院的首位院长，如今它已经是帝国理工大学的一部分。他从1845年开始在那里工作，直到1864年，其间撰写了一本影响力巨大的有关基础化学的书，也是染料化学创始人威廉·珀金爵士（Sir William Perkin）的老师。霍夫曼1864年回到德国，创立了德国化学学会，创办了德国化学杂志《化学学报》（*Berichte*）。在他1857年发表的文章"一类新的醇的研究"里，他和卡乌尔首次报道了一种简单不饱和醇——烯丙

图3.2　奥古斯特·威廉·冯·霍夫曼教授，伦敦皇家化学学院院长，德国化学学会创始人（源自http：//www.encyclopedia.com/doc/1E1-HofmannA.html）

醇（allyl alcohol，CH$_2$=CHCH$_2$OH）以及一系列衍生物的合成。在脚注中，他们提到这个化合物的曾用名为acrylic alcohol（丙烯醇），与acrolein（丙烯醛）和acrylic acid（丙烯酸；如今是聚丙烯酸酯的一个成分）有密切的关系。而如今称为allyl alcohol则是为了与1844年沃特海姆发表的文章一致。

沃特海姆在他的论文中写到"蒜的魅力来自于其中存在一种含硫的液体，即大蒜精油。这种由大蒜（*Allium sativum*）鳞茎水蒸气蒸馏所得的纯化合物，由于当时事实素材很少，对于这个化合物知之甚少。由于对硫的成键研究很少，对于这个化合物的研究定会对科学提供有益的知识。"沃特海姆的大蒜精油，沸点为140℃，元素分析表明碳为63.33%，氢为8.80%，他称之为烯丙基硫，即后来的二烯丙基硫化物。如此，大蒜的Allium与普通化合物名称中的allyl之间的联系就此建立。

霍夫曼与卡乌尔的文章进一步在烯丙醇（如今被认为是大蒜精油和其它制剂中具有生物活性的组分）和其它衍生物的化学上展开，描述了大蒜精油中重要组分的首次合成。引用如下（Hofmann，1865；Cahours，1856；Hofmann，1857）：

烯丙基硫化物（蒜的精油）

向烯丙基碘化物中一滴滴加入硫化钾的浓乙醇溶液，反应十分剧烈，溶液变热，大量碘化钾晶体析出。操作时，烯丙基碘化物需要逐滴加入，以免放热过猛，产物溅出以至部分丢失。反应一旦结束，反应液立即与稍许过量的碘化钾混合，加入水之后，可分离浅黄色油状澄清液，带有强烈的蒜味。精馏过后，液体呈无色。该化合物沸点为140℃，元素分析表明烯丙基硫化物含63.3%的碳和8.9%的氢。

令人惊奇的是以上在150年前由沃特海姆以及由霍夫曼与卡乌尔分别得到的这种化合物的数据与今天我们所知道的二烯丙基硫化物十分吻合。二烯丙基硫化物含有六个碳、一个硫（C$_6$H$_{10}$S；沸点138℃；元素分析：63.10% C；8.83% H），由以下置换反应生成［式（1）］：

$$2CH_2=CHCH_2I+K_2S \longrightarrow CH_2=CHCH_2SCH_2CH=CH_2+2KI \quad (1)$$

我们这里讨论的沃特海姆以及霍夫曼和卡乌尔的工作，触及了至今依然沿用的有机化学实验技术：分离与纯化天然产物（如：蒜油）；分离的方法（如：蒸馏）；鉴定天然产物的分子式（如：元素分析）；以及通过化学合成的方式确认结构，通过分析合成的产物去确定与天然产物的一致性。当然，与下面将会提及的一样，在这150年间，随着知识的增长，我们更好地优化了以上技术，并且从其中的每一个步骤里获得了更多的信息。

沃特海姆、霍夫曼和卡乌尔研究葱属植物化学时正是有机化学发展初期，其实，对蒜和洋葱化学成分的研究还有更早的、不甚明确的记述。如在1762年的《西班牙植物志》（*Flora Española*）一书中就有"蒜的化学分析"，提及了它的酸性、气味和口味，描述了进一步的研究，包括在蒸馏瓶（alembic）中加热，也列出了由20～30头大蒜与其它传统组分构成的药方（Quer，1762）。对于大蒜，一本1814年的书上说："这种植物的每个部分，尤其是根部有一种强烈的、刺激性的具有渗透性和扩散性的气味，还有辛辣艰涩的口感。它的根部蓄满了澄清液体，几乎占了总重的1/4。经过干燥后，它的重量减半，但是嗅和味犹存。煎熬（在水中煮）之后，它的特性几乎完全丧失；通过蒸馏，它会产生少量黄色精油，比水重，它很大程度上包含了蒜的价值。乙醇和醋酸也能有效萃取这种物质……经醇萃取，得到油状、黏稠且使含金属溶液沉淀的液体。然而根据黑根（Hagan）的说法，活性成分是厚重、黏稠的精油，它比水重，不会超过蒜总重的1.3%，却导致了蒜的特殊气味、口感和其它重要特征"（Thornton，1814）。以上这些约200年前关于蒜和它的活性成分大蒜素的描述，对比如今的知识来看，十分准确。这本书还提到了洋葱："它的性质大体与蒜相同，只是程度稍低……通过蒸馏，洋葱的风味会消失，但是无法得到油。"

1891年，德国化学家塞姆勒（F. W. Semmler）发现从蒜中蒸馏出来的黄色油状物，占鳞茎总蒸馏物的0.09%，把它在16mmHg（1mmHg=133.322Pa）压力下蒸馏，会得到60%的二烯丙基二硫化物，一种含六个碳，两个硫的分子$C_6H_{10}S_2$，更精确地写作CH_2=$CHCH_2SSCH_2CH$=CH_2，还有较少量的二烯丙基三硫化物（$C_6H_{10}S_3$；CH_2=$CHCH_2SSSCH_2CH$=CH_2）和四硫化物（$C_6H_{10}S_4$；CH_2=$CHCH_2SSSSCH_2CH$=CH_2），可以统称为二烯丙基多硫化物，以及烯丙基丙基二硫化物。而沃特海姆报道的二烯丙基硫化物则未发现（Semmler，1891）。与沃特海姆不同，塞姆勒用真空蒸馏的方式（在16mmHg，而非760mmHg气压下进行）以降低蒸馏温度，从而避免了对温度敏感的蒜油组分遭到破坏。而沃特海姆报道的二烯丙基硫化物很有可能是二烯丙基多硫化物分解后的产物。塞姆勒也鉴定出由蒸馏得到的洋葱油的分子式为$C_6H_{12}S_2$，他并未给出结构，但他人后来建议其具体结构为1-丙烯基丙基二硫化物。为了对洋葱油的成分进行分析，水蒸气蒸馏5000kg洋葱，仅获得233g（0.005%）的油！如今，经水蒸气蒸馏后得到的蒜及洋葱的油已经是用于食物、健康及农作物中重要的商品。具体内容将会在第5章及第6章中讨论。

3.3 伦斯勒联系：从切块大蒜中分离大蒜素

五十多年后，葱属植物化学的又一次重大进展才姗姗来迟。1944年，化学家卡瓦里托（Chester J. Cavallito）（图3.3）在纽约州伦斯勒市（Rensselaer）的温斯洛普化学公司（Winthrop Chemical Company）工作，从切碎的蒜中分离了一种特殊的物质$C_6H_{10}S_2O$，结构式为$CH_2\!=\!CHCH_2S(O)SCH_2CH\!=\!CH_2$（**2**；图示3.1），称作大蒜素。不同于对切碎的蒜作蒸汽蒸馏，卡瓦里托首先用乙醇萃取蒜，然后在低于50℃的条件下用真空泵小心翼翼地将乙醇蒸干。因此，用4kg的蒜瓣，耗用5L乙醇，得到6g（产率为0.15%）最终产物：一种无色而具有刺激性的液体，这种油在蒸馏时总会分解。相对密度d_4^{25}为1.1（稍比水重），水中的溶解度为2.5%，分子量（测定为162）与元素分析均和分子式$C_6H_{10}S_2O$一致，无光学活性（其重要性稍后将会讲述）。

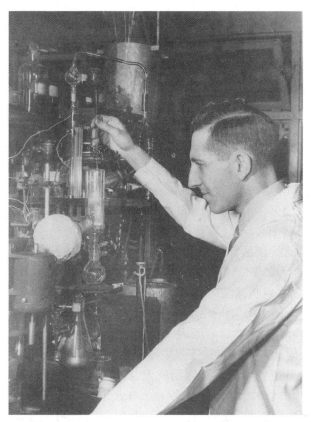

图3.3　1947年卡瓦里托教授在实验室里用特定设计的"分子蒸馏器"纯化硫代亚磺酸酯（承蒙C. J. Cavallito提供）

这个产物与塞姆勒报道的由真空蒸馏获得的二烯丙基二硫化物（**1**）和多硫化合物都不同。卡瓦里托在化合物**1**中加入过苯甲酸（$C_6H_5CO_3H$；图示3.1），将其氧化成大蒜素，即在**1**中加入一个氧原子，从而证明了大蒜素的结构。大蒜素（**2**）是一种硫代亚磺酸酯（thiosulfinate），也可以看作一个硫被氧

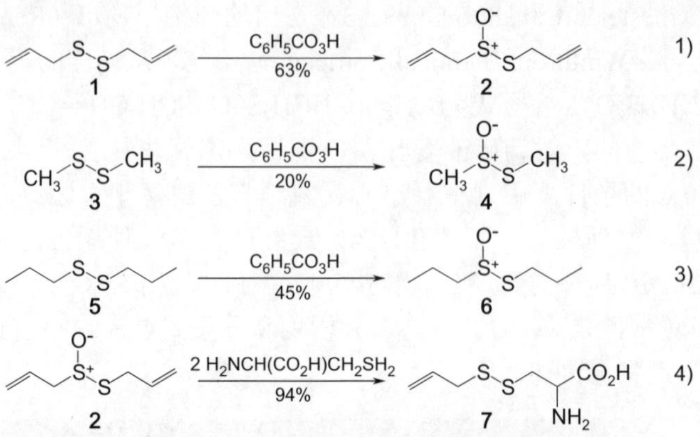

$$\text{CH}_2=\text{CHCH}_2-\text{S}-\text{S}-\text{CH}_2\text{CH}=\text{CH}_2 \xrightarrow[63\%]{\text{C}_6\text{H}_5\text{CO}_3\text{H}} \underset{\mathbf{2}}{\text{CH}_2=\text{CHCH}_2-\overset{\text{O}^-}{\underset{+}{\text{S}}}-\text{S}-\text{CH}_2\text{CH}=\text{CH}_2} \quad 1)$$

$$\underset{\mathbf{3}}{\text{CH}_3-\text{S}-\text{S}-\text{CH}_3} \xrightarrow[20\%]{\text{C}_6\text{H}_5\text{CO}_3\text{H}} \underset{\mathbf{4}}{\text{CH}_3-\overset{\text{O}^-}{\underset{+}{\text{S}}}-\text{S}-\text{CH}_3} \quad 2)$$

$$\underset{\mathbf{5}}{\text{CH}_3\text{CH}_2\text{CH}_2-\text{S}-\text{S}-\text{CH}_2\text{CH}_2\text{CH}_3} \xrightarrow[45\%]{\text{C}_6\text{H}_5\text{CO}_3\text{H}} \underset{\mathbf{6}}{\text{CH}_3\text{CH}_2\text{CH}_2-\overset{\text{O}^-}{\underset{+}{\text{S}}}-\text{S}-\text{CH}_2\text{CH}_2\text{CH}_3} \quad 3)$$

$$\underset{\mathbf{2}}{\text{allicin}} \xrightarrow[94\%]{2\,\text{H}_2\text{NCH}(\text{CO}_2\text{H})\text{CH}_2\text{SH}} \underset{\mathbf{7}}{\text{CH}_2=\text{CHCH}_2-\text{S}-\text{S}-\text{CH}_2\text{CH}(\text{NH}_2)\text{CO}_2\text{H}} \quad 4)$$

图示3.1 硫代亚磺酸酯**2**、**4**、**6**的合成；大蒜素**2**与半胱氨酸的反应生成**7**

化的二硫化物，—S(O)S—（有机硫化物的详细信息可参考作者的专著；Block，1978）。其它的二硫化物，诸如二甲基二硫化物（**3**）和二丙基二硫化物（**5**）也易于被氧化为相应的硫代亚磺酸酯**4**和**6**，它们都在葱属植物化学中扮演着重要角色。卡瓦里托发现**4**和**6**在真空下可以轻易地蒸馏获得，比大蒜素（**2**）稳定许多，因此说道："烯丙基化合物不稳定是由于双键所致"（Small，1947）。与大蒜素不同，**4**可以完全溶于水。除大蒜素外的其它硫代亚磺酸酯都在挤压蒜时产生。卡瓦里托萃取蒜的过程及合成大蒜素的方法被授予了美国专利（Cavallito，1944a，b，1945，1950，1951；Small，1947，1949）。

卡瓦里托还有另外一个非常重要的发现，即无论是天然的还是合成的大蒜素都具有显著的抗菌活性，在某些情况下与青霉素相近。这个观察证实了许多医药文献中关于蒜的"杀菌"效用。他还表明"与青霉素和其它抗菌物质一样，[大蒜素]会被半胱氨酸[氨基酸]灭活"，从而得到*S*-烯丙硫基半胱氨酸（*S*-allymercaptocysteine；**7**；图示3.1）。第5章中将会讨论大蒜素的多种生物活性。

卡瓦里托的另外一些实验表明大蒜素是完整鳞茎中的前体在酶促作用下形成的次生代谢物。因此，把蒜瓣在干冰中冷冻后粉碎，再用丙酮萃取，"丙酮蒸发后仅有极少量的残留物而没有硫化物或大蒜素，这意味着植物中没有游离的硫化物或大蒜素。[白色的]大蒜粉末没有气味，但是加了一些水之后，便能闻到气味，也可以萃取分离得到抗菌成分[大蒜素]。这证明了'蒜的精油'中的物质，无论是大蒜素还是精油中的烯丙基硫化物都不存在于完好的蒜中。当这些粉末在少量95%的乙醇中回流半小时，再在不溶的残渣里加水，则显示不出活性。然而，把少量（1mg/mL）的新鲜蒜末加入不溶于醇的残渣部分（20mg/mL）的水溶液中，最终，处理过的样品又与未处理的粉末拥有了同等活性。95%乙醇的处理抑制了前体剪切所需酶的活性，加入少量具有活性的酶又会使得剪切发生"（Cavallito，1945）。

由于"精油（essential oil）"的严格定义为"在某些芳香植物中具有挥发性的且传递植物独特气味的物质"，而葱属植物中的挥发性物质并非存在于植物中，而是在破坏植物细胞后产生的，因此，应该更适合地称之为"蒜的蒸馏油"而不是"精油"。在新鲜切碎或者碾碎的蒜中，大蒜素占湿重的0.4%，而占全部硫代亚磺酸酯的70%。室温下，纯大蒜素的半衰期（50%分解所需时间）为2.5天；在水中，23℃条件下，浓度从0.01%～0.1%的半衰期为一个月，而在-70℃条件下，大蒜素是长期稳定的（Lawson，1998）。近期的研究发现，0.1%～0.2%的大蒜素水溶液在4℃时的半衰期为一年，15℃时为32天，37℃时则仅为一天。研究还指出，大蒜烯（ajoene，详见第4章）是大蒜素分解得到的主要产物（Fujisawa，2008a，b）。简言之，水这样的溶剂可以与大蒜素中的氧形成氢键，从而延缓分解（Vaidya，2008）。

从碾碎蒜里的大量碳水化合物和蛋白质中分离得到纯净的大蒜素以及其它硫代亚磺酸酯的最好方法之一是超临界流体萃取（SFE），即在低于35℃的情况下，于压力容器中用液态二氧化碳进行（Rybak，2004）。

为了更好理解本章的内容，在此用图示3.2表示了蒜和洋葱被切割时发生的过程。更详细的讨论将会在第4章中论述。如图示3.2所示，蒜中的前体"蒜氨酸"（alliin）以及洋葱中的前体"异蒜氨酸"（isoalliin，与alliin的双键位置不同）被葱属蒜酶（Allium allinase enzymes）剪切，这种酶促剪切反应在两种情况下都产生了非常短寿命的化学物质（中间体），而后通过不同的化学过程，分别产生了蒜中的大蒜素和洋葱中的催泪因子（lachrymatory factor；LF）。大蒜素的进一步反应又得到了蒜油中发现的二烯丙基多硫化物。同样地，催泪因子和相关的化合物的进一步反应得到了洋葱油中特征的多硫化合物。

若要从蒜瓣中最大限度地获取大蒜素，需要一些特别的条件。首先，要手工将蒜瓣很好地切碎，而后用组织研磨器进行处理，以保证最高的酶促反应产率，也使得植物组织充分地浸透和匀浆。此外，组织研磨器需要事先以及在研磨进行时于冰浴中冷却，以避免蒜酶的过热。通过这种方式，从象蒜（Allium ampeloprasum）中得到了0.073%的大蒜素，约为普通蒜中的1/4。

通过专业的质谱仪，我们可以在常压而不是通常的高真空度的条件下检测到新鲜切割蒜中的大蒜素和中间体2-丙烯基次磺酸。在4.5.4.1节中将会对此作详细讨论。

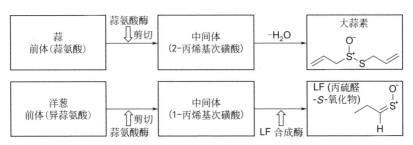

图示3.2　切割大蒜和洋葱时的化学过程

3.4 葱属组分衍生物的抗菌原理

为了了解葱属植物作为抗生素时的化学过程，我们需要认真考虑卡瓦里托（Cavallito）的原创性研究。他发现大蒜素和半胱氨酸迅速反应生成 S-烯丙硫基半胱氨酸 [CH_2=$CHCH_2SSCH_2CH(NH_2)CO_2H$；7]，即半胱氨酸与大蒜素的烯丙巯基（分子式黑体部分）相连，在4.5.4.2节还会进一步讨论该反应。卡瓦里托进一步探索蒜的抗菌性质的原理，"巯基一直被认作是一个专门促进细胞增殖的物质。由于大蒜素在相当程度上是在抑制细菌生长而非杀菌，也许是通过破坏对细菌增殖具有重要意义的—SH基团而产生抑制作用的"（Cavallito，1944b，c；Small，1947）。大蒜素的抗菌活性是青霉素的1%，然而，不同于青霉素，它对革兰氏阳性菌和革兰氏阴性菌有相同的功效，而青霉素对后者无实际效用（Cavallito，1944a，1946）。卡瓦里托为像大蒜素这样的抗生素假设了两个包含—SH的解释：（a）这个化合物和包含—SH的细菌酶反应；（b）化合物和含有—SH基团的半胱氨酸残基反应，这些残基出现在蛋白质合成代谢中多肽链的末端。通过这样的方式，抗生素得以通过制造半胱氨酸"死胡同"而阻碍链上蛋白质的进一步生长。由于扩散性和吸附性，大蒜素几乎可以与所有邻近的—SH基团快速反应。近来，大蒜素和硫醇的反应已发展成了一种分析方法——利用不同的硫醇，与大蒜素反应得到混合的双硫化物，而混合的双硫化物可以通过紫外光谱仪轻易检测（Miron，2002）。

青霉素与—SH的反应慢，然而抗菌活性和特异性较与—SH反应快的大蒜素更强，这也许是因为大蒜素水解时损失较大，且与其它结构蛋白中非主要的—SH反应（Cavallito，1946）。大蒜素对细胞膜的强渗透性可加强其与细胞内的硫醇作用（Miron，2000）。大蒜素，以及含有甲基、丙基的对称硫代亚磺酸在微摩尔浓度下可以阻碍多种细菌和酵母的生长（Small，1947）。卡拉里托同时也合成了硫代磺酸盐（包括$CH_3SO_2SCH_3$，甲基硫代磺酸甲酯，较硫代亚磺酯多一个氧），这种物质与相应的硫代亚磺酸酯具有相似的抗菌性，而两者与半胱氨酸反应难易程度也十分相似（Small，1949）。大蒜素与硫铵素（维生素B_1）反应生成蒜硫胺素，它比维生素B_1更容易被肠道吸收（Fujiwara，1958）。

3.5 切割葱属植物时产生刺激性的原理

片状的生蒜与舌头或嘴唇接触时会产生灼痛的触感。生洋葱片、辣椒、辣根、姜、芥末、wasabi（日式芥末酱）、肉桂和其它辣味食品都会产生相似的刺激。

切生大蒜会使皮肤、角膜和黏膜受到刺激、产生灼烧感乃至炎症。那么，产生以上作用的原理是什么呢？

痛觉受体（nociceptor；noci- 来自于拉丁文，意思是"伤害"）是对痛苦刺激发出回应的神经元。当它们被损伤刺激时，诸如切割后蒜产生的灼热和刺激性的化学物质，它们会发出信号，引发炎症，令人感到疼痛。痛觉受体是静止受体，不接受普通刺激，只有当受到具有威胁的刺激时才会引起反射。哺乳动物中，痛觉受体遍布周身，可以从外部（皮肤、角膜和黏膜）也可以从内部（消化道）感知疼痛。化学痛觉受体利用的是瞬时受体电位（TRP）离子通道蛋白，诸如TRPA1和TRPV1，它们都可以被日常烹饪所用的多种辛辣品激活。被激活的TRPA1调控钙流进入特定的神经元末端，这些神经元通常存于口腔和皮肤。离子流刺激神经元，导致局部炎症及疼痛。尽管很多化学物质通过快速的可逆结合来激活离子通道，从蒜、洋葱、芥末和其它刺激性食物得到的化合物却可与通道蛋白上半胱氨酸残基的硫醇基团形成共价键（Caterina，2007；Brône，2008；Salazar，2008）。环境刺激物，如丙烯醛，一种汽车尾气和空气污染物产生的刺激物，也有相似的效应。催泪弹气这种即刻刺激眼睛导致长时间流泪的物质也同样如此。

许多刺激TRPA1的分子都带有正电荷或者带有部分正电荷，被称为"亲电试剂"（electrophiles；字面理解为电子"爱人"）。洋葱的催泪因子和蒜的大蒜素都是这样的物质。它们与硫醇，诸如半胱氨酸反应活泼（Yagami，1980；Bautista，2005，2006；Hinman，2006）。TRP家族的另外一种物质叫作TRPV1，它同样会与大蒜素、新鲜大蒜和洋葱的提取物发生反应。对转基因的TRPA1和TRPV1缺失的小鼠进行研究，证实了以上观点（Salazar，2008）。尽管在检测中发现TPRA1和TPRV1这两个离子通道之间的差异在不同检测方法下有所变化，依然可以得出TRPA1对蒜和大蒜素的活性比TPRV1至少高出十倍。在这些检测方法中，尽管活性略低于大蒜素，二烯丙基二硫化物和其它多硫化物是有效的，而二丙基二硫化物、二烯丙基硫化物、蒜氨酸（大蒜素前体）以及烘烤后的蒜（大蒜素分解）都无效（Bautista，2005；Macpherson，2005；Bandell，2007）。报道中，二烯丙基二硫化物和二丙基二硫化物（Bautista，2005）之间的活性差异令人十分惊讶，因为这两者中硫的亲电性十分相近。实验中二烯丙基二硫化物的反应性很可能实际上反映了在商品二烯丙基二硫化物中含有二烯丙基三硫化物以及多硫化物杂质的情况。实际上，近来有报道指出，激活TRPA1所需的二烯丙基硫化物浓度为254μmol/L，二烯丙基二硫化物为7.55μmol/L，二烯丙基三硫化物为0.49μmol/L，芥末组分中的异硫氰酸烯丙酯（$CH_2=CHCH_2N=C=S$）则为1.47μmol/L（Koizumi，2009）。因此，二烯丙基三硫化物对TRPA1的活性比二烯丙基二硫化物高出15倍，比异硫氰酸烯丙酯高出3倍。硫醇倾向于进攻异硫氰酸烯丙酯中异硫氰上的碳（结构中加粗的"**C**"），鉴于与它的相似结构，洋葱的催泪因子（$C_2H_5CH=S=O$）与

TRPA1的反应也很可能与之相似（C=S基团为反应位点）。

蒜的提取物也能通过激活TRPA1舒张血管。这一机制是否可以让蒜在体内降低系统血压上作出贡献（Bautista，2005）还有待证实。TRPA1在动物王国具有较高的保守性，其同源基因从人类到线虫类生物中都存在。这意味着这个通道的远祖角色很可能一直存在于物种的感官中（García-Añoveros，2007）。蒜及其它葱属植物的刺激性与次生代谢物有关，如大蒜素、硫代亚磺酸酯和洋葱的催泪物质。它们的刺激性很有可能是植物为保护鳞茎免受食草动物的侵害进化而来的，只是关于这个假设的严格证明尚且匮乏。然而许多物种，包括欧洲椋鸟、蜱虫、蚊子和线虫对大蒜的排斥恰恰体现了葱属植物代谢物的防御作用这个思想（Macpherson，2005）。

3.6 切割葱属植物时产生强烈气味的原理

对于葱属植物，几乎全球都有"切割时气味很大"的描述。这种气味总是强烈的、挥之不去的，且经过大量稀释，依然也能被检测到。人类并非灵长目动物中唯一的对切割葱属植物时产生的小分子硫化物气味敏感的物种。蜘蛛猿对乙硫醇和丙硫醇的灵敏度分别达到万亿分之一和十亿分之一。有人分辩说，既然"硫醇……[和胺]是蛋白质被微生物降解即腐烂过程中产生的主要物质，往往伴随着毒素的产生，因而可以合理假设灵长目动物对这种物质分外敏感，以避免中毒（Laska，2007）。"还有一种假设认为金属离子与含硫化合物、含氮化合物有较高的亲和力，可能以金属蛋白的方式存在于嗅觉受体中（Day，1978；Wang，2003）。

说到金属对硫化物的亲和力，有些厨房产品目录上会出售一种类似不锈钢块儿的小玩意儿，用这个装置来摩擦你的双手，就可除去其上原有的蒜味和洋葱味。然而，在美国公共广播电台（National Public Radio）的要求下，一个化学家用它做了一个非正规的测试，结果显示这种不锈钢装置并没有广告中的效用（NPR，2006）。

3.7 洋葱何以令我们流泪，而我们又该如何应对

催泪因子是如何导致流泪的？一种说法认为它活化了角膜顶层"痛感纤维"

的神经末梢（Dostrovsky，2002）。当它被活化时，纤维会将信号传递给大脑，导致疼痛感，与此同时，向泪腺传递流泪的信号。当眼睛接触到沐浴露和柠檬汁时，也会产生相同的效应。这样的疼痛可以令我们避免与刺激物的进一步接触，眼泪同时也可以清洗刺激物。"疼痛感知"的分子机制中或许包含了TRPA1和TRPV1离子通道蛋白（参见3.5节）。

在许多"无知老妇的传说"中有在切洋葱时避免流泪的建议，诸如：点燃火柴或蜡烛（据说可以烧掉催泪因子），或者用牙齿咬住未燃的火柴（这个胡说的理论是说火柴头中的硫会吸引含硫的催泪因子）；用牙齿咬上木勺或者一块面包，或者用嘴呼吸。一些小公司会售卖配有泡沫密封剂的洋葱护目镜，并断言可以避免催泪因子对眼睛的刺激。有人声称隐形眼镜也有助于防止流泪。然而，就算是呼吸到催泪因子的蒸气也能导致流泪，因为鼻子通过眼睑末端的管道直接连接眼睛。更合理的方式包括冷却洋葱［以抑制催泪因子的挥发性，同时降低催泪因子合成酶（LFS）的活性］；将它放入一锅沸水5～10s（足够长的时间以供表面松弛，同时降低催泪因子合成酶的活性）；在水中或在一锅充满蒸汽的沸水附近进行切割（在催泪因子形成时，将高度水溶性的催泪因子溶于水中），又或者在厨房通风橱或电扇后面切割（将催泪因子吹开或吸走），同时选用锋利的刀具（钝器会碾压洋葱的细胞，并混合催泪因子的前体和酶）。

有些美国专利是利用洋葱衍生的催泪因子来湿润眼部，治疗"干眼病"（Stiff，2001a，b）。在糖尿病研究中，研究人员让参与者切割洋葱引发眼泪来检测眼泪中葡萄糖水平（Taormina，2007）。

3.8 新西兰：基因改造的"无泪"洋葱

洋葱硫化物的化学是十分复杂的。这是由于洋葱催泪因子和它的前体——中间体1-丙烯基次磺酸（图示3.2），都形成于切割时，而且这两个小分子又会进行多样反应。在正常情况下，异蒜氨酸前体在蒜氨酸酶作用下产生的1-丙烯基次磺酸含量很低，因为它很快就在催泪因子合成酶的作用下转化为催泪因子。然而，新西兰的研究人员发现可以通过分子生物学的方法令催泪因子合成酶基因沉默，从而制造出无泪的洋葱（Eady，2008）。这个发现使得对1-丙烯基次磺酸单一反应的体内研究得以实现，如很快地自缩合为大蒜素异构体：1-丙烯基硫代亚磺酸1-丙烯酯［$CH_3CH=CHS(O)SCH=CHCH_3$］，它又能继续进行一系列非酶促的串联反应。这些反应就是在研究合成的硫代亚磺酸酯的过程中提出的一些假设的反应类型，详细讨论见第4章（Block，1996）。

目前"无泪"洋葱的变种,如:维达利亚洋葱(Vidalia),可以通过减少摄取或隔离硫,又或通过在硫贫瘠的土壤上栽种而获得。这类洋葱的鳞茎中含有的含硫次生代谢物较少,使得洋葱"味甜",却又"比刺激性的高硫洋葱品种降低了感官和健康品质"(Eady,2008)。基因工程提供了另外一个制造"无泪"洋葱的方式,不会降低有益的硫化物含量。通过使用RNAi沉默(RNAi silencing)技术,六种不同的洋葱变种中的催泪因子合成酶基因得到了抑制,使得叶子、尤其是鳞茎(催泪因子合成酶丰度最高的部位)中的催泪因子合成酶活性大大地降低。在那些催泪因子合成酶活性减弱的植物中,异蒜氨酸和蒜氨酸酶的含量都维持在正常范围(4～13mg/g,异蒜氨酸干重;Eady,2008)。根据GC-MS分析,催泪因子合成酶灭活的植物的叶子和鳞茎中,催泪因子含量降低到大约1/30,二丙基二硫化物也显著降低,而大量特征的含硫化物有所增加。改良后的洋葱感官评估显示,与非转基因产品相比,其香味刺激性更小且更甜,不刺痛眼睛,也不会引发流泪(Eady,2008)。

3.9 确定葱属植物的地理源产地

海关、监管部门以及法鉴专家一直在寻找实验方法确定农产品的源产国家,其中便包括大蒜和洋葱。其中一个方法是通过确定农产品中微量金属的图谱,然后与已建立的数据库中不同国家该产品中的微量金属数据进行对比。通过感应耦合等离子体-质谱(ICP-MS)分析18种元素,可以精确地判定大蒜鳞茎的源产国家。2002年,美国海关和边境保护部门启动了"大蒜干预"政策。当进口大蒜的分析源产地与入境证件地址不同时,进口者需要承担最高达376%的反倾销税,这个数额往往高达百万美元(Smith,2005)。洋葱(Ariyama,2007)和威尔士大葱(*Allium fistulosum*;Ariyama,2004)的源产地也是通过相似的方法得以确定的。

3.10 葱属植物组分的新陈代谢:大蒜口气、汗中的蒜味、黑斑洋娃娃、臭牛奶和古老的生育性实验

提到大蒜,威廉·伍德维尔医生(William Woodville,M.D.)在1793年写的

《医用植物学》(*Medical Botany*)——当时英文著作中药用植物的最佳作品中说道:"它的每一部分,尤其是根部有强烈的刺激辛辣口味和强烈的刺鼻气味。这种气味具有很强的穿透性和扩散性,当它们的根部进入人的胃中,蒜味会侵润整个身体系统,并且会在各种排泄物中出现……尿液、汗液、乳汁"(Woodville, 1793)。早在一个世纪前,英国的草本植物学家约翰•帕切(John Pechey)发现:"如果蒜涂抹于脚底,呼吸中也会有它的臭味……分子颗粒便由此混入血液,流进肺部,再通过呼吸释放"(Pechey, 1694)。下一节将会对这些感官现象作出现代解释。

3.10.1 葱属化合物的新陈代谢

摄取大蒜后,蒜的化合物就会进行代谢降解。那么,葱蒜中的硫化物在代谢过程中会发生怎样的变化呢?相关信息对于了解原始化合物在杀菌和药用方面的效应上有着重要作用。在那些最早的代谢研究中发现,占大蒜蒸馏油25%的二烯丙基二硫化物在短柄帚霉(*Scopulariopsis brevicaulis*)作用下会转化成2-丙烯基硫醇和烯丙基甲基硫化物(Challenger, 1949),估计这里是还原至硫醇后再甲基化 [式(2)]。在后来的研究中,白鼠口服了单剂为200mg/kg的二烯丙基二硫化物,并在15天之中一直跟踪检测其有机硫化物的浓度。数据表明,此后它转化成了2-丙烯基硫醇、烯丙基甲基硫化物、亚砜和砜 [式(3);Germain, 2002, 2003]。同样的,200mg/kg的二丙基二硫化物在白鼠体内很快就被肝脏代谢(半衰期为8h)成为丙基硫醇、甲基丙基硫化物、亚砜和砜 [式(4);Germain, 2008]。二丙基二硫化物被白鼠的肝脏细胞转化成了丙基硫代亚磺酸酯,PrSS(O)Pr,其过程主要是细胞色素P450酶的氧化反应 [式(5);Teyssier, 2000]。同样地,人体中的肝脏微粒体细胞色素P-450会将二烯丙基二硫化物转化成大蒜素 [式(6);Teyssier, 1999]。

$$CH_2=CHCH_2SSCH_2CH=CH_2 \rightarrow CH_2=CHCH_2SH \rightarrow CH_2=CHCH_2SCH_3 \quad (2)$$

$$CH_2=CHCH_2SSCH_2CH=CH_2 \rightarrow CH_2=CHCH_2SH \rightarrow$$
$$CH_2=CHCH_2SO_nCH_3 \ (n=0, 1, 2) \quad (3)$$

$$CH_3CH_2CH_2SSCH_2CH_2CH_3 \rightarrow CH_3CH_2CH_2SH \rightarrow$$
$$CH_3CH_2CH_2SO_nCH_3 \ (n=0, 1, 2) \quad (4)$$

$$CH_3CH_2CH_2SSCH_2CH_2CH_3 \rightarrow CH_3CH_2CH_2S(O)SCH_2CH_2CH_3 \quad (5)$$

$$CH_2=CHCH_2SSCH_2CH=CH_2 \rightarrow CH_2=CHCH_2S(O)SCH_2CH=CH_2 \quad (6)$$

3.10.2 大蒜口气

对吃蒜后硫化物的确认与源头(如:口腔或者胃部)曾经有过详尽的研

究（Suarez，1999；Hasler，1999；Blankenhorn，1936）。研究发现："一旦吃了蒜，会瞬时产生高浓度的甲硫醇和烯丙基硫醇（2-丙烯基硫醇），以及较低浓度的烯丙基甲基硫化物（AMS）、烯丙基甲基二硫化物和二烯丙基二硫化物。除了AMS，所有气体在口腔中的浓度都大大高于在肺泡中的，由此可以推测为口源性。AMS是唯一肠源性的气体，因为它在口腔、肺泡及尿液中的分压相似。3h后，呼出的含硫气体中AMS占据主导。AMS在肠中的特殊源头可以归因于和其它气体相比，肝脏和大肠对它的新陈代谢较慢。"另外还有研究表明，如果只是咀嚼却不吞咽蒜的话，AMS排出肺泡的时间不会被延长。由此可见，大肠的吸收对于持久稳定呼出AMS［食用大蒜后＞30h（Taucher，1996）］的重要作用。此外，食用大蒜后，积极的口腔护理也无法防止呼出AMS。

对以上研究作一个小结：吃蒜后，呼吸的气味最初来源于口腔，然后是肠道。这个结论也经过了其它研究的反复验证，例如，对食用生蒜或是脱水的蒜粒后呼吸气中有机硫化的鉴定也得到了该结论（Laakso，1989；Cai，1995；Taucher，1996；Tamaki，1999，2008；Rosen，2000，2001；Lawson，2005；Chen，2007）。大蒜素和二烯丙基多硫化物很有可能是被血浆谷胱甘肽转化成了2-丙烯基硫醇，而这种物质则会被甲基转移酶和 *S*-腺苷甲硫氨酸（SAM）转化为AMS。当蒜被吸收后，由于血脂的代谢加快，呼吸气中产生了丙酮（Taucher，1996；Lawson，2005）。食用生蒜后，还发现呼吸气中含有微量的有机硒化物，包括二甲基硒（CH_3SeCH_3）和烯丙基甲基硒（$CH_2=CHCH_2SeCH_3$）（Cai，1995）。此外，服用老蒜制剂后还在人体血浆中发现了 *S*-烯丙基半胱氨酸（Rosen，2000），在尿液中发现了 *N*-乙酰-*S*-烯丙基半胱氨酸（de Rooij，1996）。人体口腔唾液中的细菌可以将没有气味的半胱氨酸-*S*-共轭酸，如 *S*-（1-丙基）-L-半胱氨酸变为挥发性的、有强烈气味的硫醇，如1-丙基硫醇。由此可以得到食用葱属类后口腔中葱属植物的一种降解机理，也可以解释口腔中硫化合物味久久不散的缘由（Starkenmann，2008）。大蒜素可以轻易地通过皮肤，这能解释生蒜涂在脚底时，口中却有了蒜味。

3.10.3 硫化氢：且臭且生

红细胞将二烯丙基二硫化物和三硫化物转化成硫化氢（H_2S）。H_2S本是一种有毒的恶臭气体，然而人体中微量的、多由半胱氨酸由酶降解而成的H_2S在帮助细胞间相互交流信息中扮演着重要的角色（Jacob，2008a）。在血管中，它也是令血管扩张的必需物，可以使血管内膜细胞松弛，从而扩张血管（图3.4）。由此，可以降低血压，使血液将更多的氧气携带到重要的器官，减轻心脏的负担。蒜中的硫化氢（新鲜大蒜好过加工过的大蒜）在心脏病发作时有助于保护心脏免受严重的伤害（Chuah，2007；Elrod，2007；Mukherjee，2009）。在小鼠模型实验中,研究者发现大蒜的提取物通过产生H_2S可以降低血管张力达72%(Benevides,2007;Lefer,2007)。H_2S的形成过程可做如下证明:新鲜压榨的大蒜汁与人体红细胞悬浮液混合,这里蒜汁的量相当于正常成人血液量(5L)中含有两片蒜瓣,再通过非常灵敏的H_2S极谱传感器,可以即刻发现有实质性的H_2S产生,而且主要集中在红细胞的细胞膜表面。吃蒜后,体内H_2S产生的程度则没有那么清晰了。因为有研究发现当吃蒜后,"H_2S的浓度在口腔中可由50ppb(1ppb=10^{-9})增加至150ppb,而呼吸气和尿液中则基本不变"(Suarez,1999)。

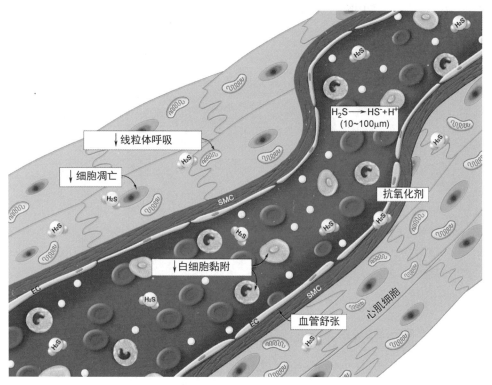

图3.4 硫化氢防止心血管疾病的生理作用过程:抗氧化剂;诱导血管舒张;白细胞-内皮细胞相互作用、细胞凋亡及线粒体呼吸的抑制剂(引自Lefer,2007)

细胞中大量的三肽硫醇谷胱甘肽(GSH;胞浆中浓度达到11mmol/L;Valko,2006)在还原蒜源硫化合物转化为H_2S的过程中起着重要作用。谷胱甘肽诱发形成的H_2S大部分是从二烯丙基三硫化物而来,小半来自于二烯丙基二硫化物,另外还有很少量源于二烯丙基硫化物、烯丙基甲基硫化物或者二丙基二硫化物(Benevides,2007)。研究人员还在与生理水平相当的氧气环境下,将大鼠完整的主动脉环作为血管模型,与二烯丙基多硫化物接触,H_2S再一次即刻产生。此外,蒜的提取物可以降低血管张力,且该行为具有剂量依赖性。其实,植物中,除了蒜以外,几乎极少是含有烯丙基取代的硫化物的,而蒜和它相关的葱属植物是唯一作为食物使用的（Benevides，2007）。

食用鲜蒜后，呼气中的硫化氢浓度是平时的两倍。烯丙基甲基二硫化物、二烯丙基硫化物和二甲基二硫化物都存在于"食蒜后的汗液"中。食蒜者汗液中的气味在那些少有的有代谢缺陷的个体身上更浓，因为他们无法在排泄前将硫化物氧化。在食用大蒜30min后取样，一种特殊的质谱仪器可以检测出呼吸中的大蒜素、烯丙基甲基硫化物和甲基乙烯基硫化物，且不需任何预处理（见章节4.5.4.3；Chen，2007）。同样值得注意的是，在洋葱的挥发物中发现洋葱的LF分解时也会产生H_2S（Block，1992）。

3.10.4 黑斑洋娃娃

在《柳叶刀》（*The Lancet*）杂志上和某医学院毕业致辞中提到的一个病例可能会让福尔摩斯（Sherlock Holmes）发笑（Harris，1986a，b）。一个做仿古瓷娃娃的病人抱怨说当她在绘画时，无论她碰到洋娃娃头部的哪个位置，在烤瓷后总会出现黑斑。最终，她不得不将那些脑袋去掉。经过检测，这是因为黏土中含有高浓度的铁，这些斑点中有铁的硫化物，自然是女主人吃了太多的蒜工作中又出汗，她的汗水毁掉了她的瓷娃娃。她的汗水样品中检测出了烯丙基甲基二硫化物、二烯丙基硫化物和二甲基二硫化物。进一步的研究表明，这个病人属于那些少数无法将吸收的硫化物氧化成没有气味的氧化的含硫化合物再排出体外的人群中的一员（Scadding，1988）。挥发性的硫化物从她的汗液中排出，因此这一谜团最终有一个非常简单的解决方式：禁食蒜类或者使用橡胶手套。

3.10.5 天然物品与大蒜口气的斗争：叶绿素作为大蒜除臭剂

目前已知有几个以食物为基础来解决食用葱属类植物后口臭的机理（Negishi，2002）。通过硫醇与邻醌的结合，"酶促除臭"作用可以去除硫醇。邻醌是由天然多酚类在酚氧化酶和过氧化酶的作用下形成的，咀嚼新鲜水果、生的蔬菜、草种植物（茄子、罗勒）和蘑菇可以形成该类物质（Tamaki，2007）。天然的还原酶可以将二硫化物降解成硫醇，然后以上的过程除去。新鲜食物中，猕猴桃、菠菜、香芹和罗勒都能有效捕捉二硫化物。煮熟的米饭、牛奶和鸡蛋也有这样的作用。挥发性硫化物与食物间的物理或化学作用有它对脂质等疏水物质的亲和作用，又或者是它被食物中的多孔聚合物所吸附。如果大蒜和那些具有除味活性的生食同时食用，不仅可以去除口腔中的硫醇和二硫化物，连同肠源的烯丙基甲基硫化物含量也会减少。

有人声称叶绿素也可以有效中和大蒜产生的气味，然而在实验科学与临床研究中并未得到证实。在叶绿素去除大蒜气味及各个单独的含硫化物和其它气味的实验中，得到了以下结论：水溶性的叶绿素并不能去除溶液中的臭味，即使暴露一个月或数月时间，依然如此（Brocklehurst，1953）。

3.10.6 呼吸气息中蒜味的诊断意义：蒜类气味的法医学意义

中毒患者的一口蒜味可曾给出任何有用的医学信息？又或空气中的蒜味能否提供有用的法医证据呢？呼吸中的蒜味可以指示二甲基亚砜的摄入，通过代谢还原得到二甲基硫化物，也能指示含砷、碲或硒的化合物，代谢后分别会得到一甲和二甲砷酸、二甲基碲化物或二甲基硒化物，它们通通有一股蒜味。有机磷化物杀虫剂毒死蜱（chlorpyrifos）[ROP(S)(OEt)$_2$；R=3,5,6-三氯-2-吡啶基]的急性中毒会引起蒜味口气（Solomon，2007）。当人与含碲化合物接触后，其呼吸、汗液与尿液中的蒜味会持续数月之久。通过电感耦合等离子体质谱（ICP-MS）检测食用者的样本，可以确证以上元素的存在（Yarema，2005）。芥子气（双-2-氯乙基硫化物，一种含硫的化学毒剂）也有蒜味（Meyers，2007）。磷化氢（PH$_3$）和砷化氢（AsH$_3$）也以类葱属的味道著称（Bentley，2002）。

3.10.7 臭牛奶

曾经认为当牛吃了野生大蒜后，牛奶里就会有一股臭味，不仅如此，就算是在田野里呼吸到了压榨蒜株产生的带有蒜味的气体，这种气体也会传递到牛奶中（MacDonald，1982）。人们通过抽真空去除牛奶里的蒜味（Granroth，1970）。尽管牛奶气味有这样的弊端，刻意地喂食奶牛和其它反刍动物（牛、绵羊、山羊、水牛、鹿等）蒜的提取物并非完全无益。蒜可以在不影响动物瘤胃发酵和消化的情况下，减少甲烷（温室效应的主要气体，引起全球变暖）的产生（Karma，2006；Patra，2006）。

3.10.8 古老的生育性实验

古希腊与古埃及人曾经用呼出的蒜味气体来指示可生育性。希波克拉底（Hippocrates）讲述了一个来推测怀孕可能性的测试"……将一头蒜彻底清洗干净，剪去它的头部，然后塞入女人的子宫，次日观察她的口中是否有股蒜味。如果有，她就能怀孕，如果没有，就不可以"（Longrigg，1998）。在埃及的医学中，也采用了相似的程序。如今看来，这与能否生育毫无干系，但多数情况下会出现阳性结果，因为在切割大蒜时产生的大蒜素会通过与她身体的接触进入她的血液，最终通过呼吸检测出来。

3.11 葱属植物与艺术：洋葱皮染色；镀金中的大蒜胶水

古时候，干燥而轻薄如纸的洋葱外皮被人们称为"膜（tunics）"，它被用来给纺织品和复活节彩蛋染上黄色（Cannon，2003；Slimestad，2007）。洋葱皮或许是最为人熟知的天然染料，使用方便，只要在沸水（用醋酸化一下就更加完美了）中焖煮短暂的一阵，便会释放颜色，而染料作用在纤维上20min便完工了（图3.5）。颜色的深浅主要取决于洋葱皮的使用量，若想获得最深的颜色，则需要使用大量的洋葱外皮。羊毛与洋葱皮以1∶2的质量比混合，不需媒染剂（与染料和纤维相结合的化学物质）可以得到粉棕色，若加入二氯化锡和明矾（硫酸铝钾或硫酸铝铵）会得到亮橙色，加入重铬酸钾得到橙褐色，加入硫酸铜得到深棕色。浓度减少到1/5可以得到浅色系：没有媒染剂时是浅黄色，加入明矾为亮黄色，加入氯化亚锡为橙黄色，加入重铬酸钾为浅卡其色，加入硫酸铜是棕色。若在制作时混入了洋葱的绿色部分，羊毛就会沾上难以去除的臭味（Cannon，2003）。

图3.5 白皮洋葱和红皮洋葱染成的什锦纱（引自Rudkin，2007）

在白皮洋葱中加入红皮洋葱可以制造更深更红的颜色，若用靛蓝、菘蓝和苏木染料来套染，可以制出迷人的绿色。洋葱皮在干燥、黑暗中可以保存相当长的时间，并且始终保有染料的作用（Rudkin，2007）。此外，还有人建议在肉汤或炖肉里放入洋葱皮，可以增添一分诱人的金黄色。

一个古老的复活节彩蛋的制作方法如下：在鸡蛋的外面包上干的洋葱鳞茎皮，然后用绳子固定，放入水中煮沸，便会得到"深浅不一的棕色、橙色和黄色的大理石或斑驳杂色的图案。"这个老法子激发了威廉•珀金爵士（Sir William Perkin）的儿子——化学家亚瑟•乔治•珀金（Arthur George Perkin），他在1896年时研究了洋葱表皮色素的本质（Perkin，1896）。珀金提到，洋葱鳞茎外皮的棕黄色"作为染料已有悠久历史……羊毛制品、亚麻制品和棉制品……[对于棉制品] 铝的醋酸盐使它们呈肉桂棕色，氧化铝和铁使它们呈土黄色，铁盐使它们呈灰色，其它不同的添加剂可以赋予更多的层次和颜色。"金属盐是媒染剂。珀金认为，在鸡蛋上，蛋壳中的石灰质充当媒染剂。在丝制品和棉材料使用不同的媒染剂似乎收效甚微，然而在羊毛制品中，媒染剂则会大大影响色彩（Rudkin，2007）。

珀金描述了他的实验来确认洋葱皮中含有色素，并且做了提取工作："一块普通的加入媒染剂的条状印染布在含有洋葱皮的沸水中进行染色10min，加入铝的媒染剂完全呈亮黄色，铁的媒染剂是深绿橄榄色。羊毛材料用铬、铝、锡和铁[盐]作媒染剂，而后也用洋葱皮染色，得到的颜色分别是偏棕的橄榄色、黄色、亮橙色和青橄榄色。"分离这种色素的步骤包括"将500g的洋葱皮放入9L蒸馏水，煮沸1h。而后，得到一种黄色液体，通过白棉布过滤后，冷却过夜，这种混合的含有颜色的物质沉淀为浅橄榄色的固体……平均产率为1.3%。最后得到亮黄色针状物质"，分子式为$C_{15}H_{10}O_7$，鉴定为栎精（quercetin）。

已知洋葱皮中的栎精（图示3.3）和其它色素为黄酮醇，即存在于所有陆生植物中的复合碳水化合物，它们蓄积在暴露在阳光中的外部细胞层，保护植物免受紫外线和过氧化氢的伤害（Hofenk de Graaff，2004），与此同时，它们也是保护性的抗真菌物质的来源。成熟后，洋葱的鳞茎会有1～3片外层干涸的鳞皮，是坏死组织，在有色的栽培中，它含有最多的色素。栎精发现于最外层的干涸棕色鳞皮中，而它的两个葡萄糖苷衍生物（类黄酮；flavonoids）——栎精（quercetin）的4'-O-葡萄糖苷和3,4'-O-双葡萄糖苷，却在下面的几层。栎精和它的葡萄糖苷的最高浓度出现在鳞茎外层，在不断朝里的过程中，递减迅速。干涸的棕色鳞皮中，栎精是由这两种葡萄糖苷在将干和已干的棕色区域边界经过去糖基化而产生的。

棕色鳞皮中的栎精进一步氧化，生成3,4-二羟基苯甲酸（亦称原儿茶酸），这是一种抗真菌物质（图示3.3）。过氧化酶促使了这一步的氧化，较内层而言，这种酶在鳞皮外层活性最高。该酶倾向于氧化栎精，而优先于栎精葡萄糖苷（Takahama，2000）。洋葱鳞茎的褐变对于它抵抗葱炭疽刺盘孢菌（*Collectotrichum circinans*）有重要作用（Walker，1955）。因此，如果将棕色鳞皮去除，肉质鳞片暴露在葱炭疽刺盘孢菌下，会遭到入侵和寄生感染。此外，那些无法合成类黄

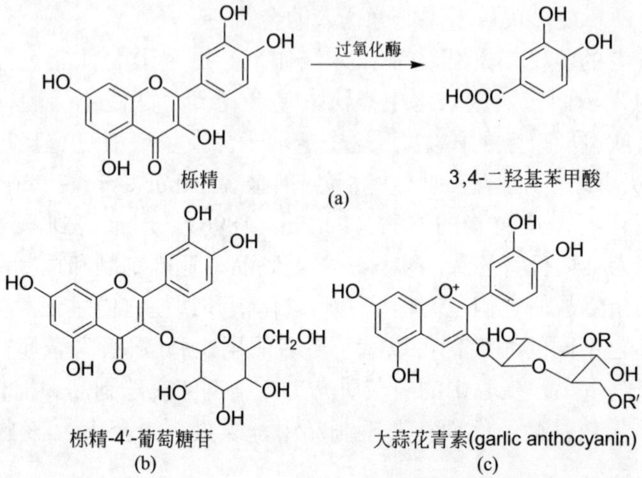

图示3.3 栎精转化为3,4-二羟基苯甲酸（a）；栎精-4′-葡萄糖苷的结构（b）和大蒜花青素苷结构（c）

酮的洋葱变种在外层干燥的鳞皮上没有色素，它们白色的鳞茎很容易遭到葱炭疽刺盘孢菌的侵害（Walker, 1955）。总之，洋葱皮变干变褐色的过程是一个十分成熟的酶促过程，形成了保护物质以抵抗真菌的入侵，其中包括将栎精葡萄糖苷变为3,4-二羟基苯甲酸。花青素苷色素在结构上与洋葱中的红色色素相似（图3.6），形成了蒜内层的红色，而蒜瓣中则无黄酮醇（Fossen, 1997）。既然如之前所述，金属盐在洋葱皮染色的过程中可以作为媒染剂，那么存在于洋葱、土豆和其它水果中的花黄色素类可以与厨房用具的金属离子反应，继而得到红色、绿色和棕色的含有铁或铝的配合物就不稀奇了。这就是为什么碳钢刀会使蔬菜褪色，继而用不锈钢刀取而代之了（McGee, 1984）。

栎精和山萘酚可以从古织物中提取而出，从而证实了洋葱皮曾用作染料。提取时用温和试剂，如甲酸和EDTA小心处理，以免破坏掉葡萄糖苷，紧接着使用二极管阵列作检测器的HPLC或者LC-MS来鉴定其中的有色物质，比如用来染丝巾的物质（Zhang, 2005）。洋葱皮中含有天然的抗氧化剂，其中的成分已经在日本作为健康产品销售。蒜衣中也含有抗氧化剂，包括香豆酸和阿魏酸 [(E)-ArCH=CHCO$_2$H, 香豆酸 Ar=4-羟基苯基，阿魏酸 Ar=4-羟基-3-甲氧基苯基]（Ichikawa, 2003）。从蒜中分离得来（Kodera, 1989；Nishino, 1990）的一种取代四氢吡喃酮（allixin），已完成了人工合成。研究它的药代动力学及它在长期储存的蒜中的积累，发现蒜瓣储藏两年后，它的积累量大约是蒜瓣干重的1%（Kodera, 2002a, b）。

此外，葱属植物在艺术方面的应用还包括一种以蒜为基质的胶水。13～17世纪，人们将这种胶水用以绘画、相框、手稿及家具上的金、银和锡的镀制。在蒜的蛋白质中的氨基酸具有十分特征的模式，它们不易挥发，十分稳定。利用灵敏的氨基酸检测方法以及统计学的方式分析数据对蒜氨酸酶和其它蛋白质中氨

图 3.6 半切的红皮洋葱（承蒙 Gustoimages/Science Photo Library 提供）

基酸成分的比例加以研究，可以得出一个结论，即在数世纪之前，人们不是用动物胶水或鸡蛋蛋白来镀金，而是蒜（Bonaduce，2006）。水解蒜的蛋白质后得到的氨基酸硅烷化，然后通过 GC-MS 检测发现，其中的氨基酸成分为：谷氨酸（Glu；29%）；天冬氨酸（Asp；17%）；丝氨酸（Ser；11%）；丙氨酸，甘氨酸，缬氨酸，亮氨酸，赖氨酸和苯丙氨酸（Ala, Gly, Val, Leu, Lys, Phe；5%～6%）；异亮氨酸，脯氨酸，酪氨酸（Ile, Pro, Tyr；2%～3%）；蛋氨酸和羟脯氨酸（Met, Hyp；0.5%）（Bonaduce，2006）。

3.12 厨房里的葱属植物：香辛料、香草和食物

> 蒜，如此独一无二。
> ——亚瑟·贝尔（Arthur Baer）

3.12.1 简介

塑造历史的过程中，香辛料（spices）和香草（herbs）有着古老而有趣的故

事，而蒜和其它葱属植物的位置尤为显赫。调味料或许可以定义为"任何干燥的、有芳香味或刺激性的蔬菜或植物。它们可以以整株、碎块或粉末形式利用，带给食物新的风味，主要当作佐料而非提供营养，它们给食物和饮料带来美味和辣味。"（Farrell，1990）基于这个定义，"香辛料"称不上植物学术语，而是一个烹饪的专用词汇。香草的定义就与植物学关系更加密切了，它是一种植物"或多或少具备软而多汁的性质，大多数源于种子的生长，不会生长出木质般耐磨的组织……通常而言，人们趁新鲜时食用，认为新鲜时风味更好。"（Loewenfeld and Back，1974）葱属植物广泛用于佐料，因此尽管洋葱和韭葱也可以作为主要菜品，它们也可以被归为调味料和香料。

有人说，人类使用香辛料是为了"利用赋予它味道的植物次生化合物的抑菌作用……通过去除病原菌，食辛辣者的健康有望，得以生存和繁殖。"炎热气候地区，传染病菌容易在未冷藏的食物中滋生，因此当地的人们偏爱辣味（Billings，1998；McGee，1998）。这些达尔文主义的结论是通过对36个不同国家的93本烹饪书籍中的4500份肉食食谱的广泛研究而得来的。这些作者反对其对立假说——香辛料是用来掩盖变质食物的臭气和口味。一份分析这些食谱的研究表明，最为人们广泛使用的香辛料是洋葱、胡椒和蒜（分别为65%、63%和36%），而那些处于炎热气候的国家比寒冷地区的国家更常使用这些香辛料。因此，洋葱和大蒜被认为是最能抗菌的香辛料，更加频繁地出现在年平均温度较高地区的食谱中，诸如印度尼西亚和以色列（分别为26.8℃和19.1℃；蒜的最高人均销量出现在韩国和泰国），而非平均温度较低的国家，如挪威和匈牙利（分别为2.8℃和9.6℃）。有假设说"香辛料的价值就在于它们的抗菌性质。次生代谢物和其中的精油给了它们刺激性的味道，而这些物质是进化来对抗生物界的敌人，如食草昆虫、脊椎动物、真菌、病原体和寄生虫……如果香辛料可以杀掉这些微生物或阻止它们产生毒素，则香辛料的使用就能降低食物传染疾病和食物中毒的发生率"（Billings，1998）。第二个关于这个抗菌假说的预见是"在食物变质最快的地方香辛料使用更多。"这反映出随着温度的升高，细菌滋生率也会显著升高。

亨利·佩兰夫人在《英国的开花植物》（Perrin，1914）中提起葱属植物，"尽管它们大受欢迎，尤其在南部的拉丁种族中，品味高雅的人依然会敬而远之。"相似的记载出现在美国最早的烹饪书籍（1796）上，它嘲讽食用大蒜的法国人："就算法国人使用蒜，也该用于药物，而非食物"（Simmons，1958）。

当代反对在烹饪中使用蒜的人则抱怨说蒜掩盖了那些更加清淡的香料和美味。它是久远时代留下来的遗俗，只用来遮掩食物中不愉快的气味。另外，食用蒜后的口气在社交上也是令人讨厌的。一个餐馆老板发现，"人们对于蒜有许多偏见，认为那些吃蒜的和有蒜味的人是二流的、落后的和头脑简单的。对于很多人来说，这是关乎社会地位的事。"一个参与反大蒜运动中的意大利批评家甚至还出版了一本无蒜餐厅的指南,这个反大蒜运动还得到了前总理贝卢斯科尼的支持。意大利这个在2006年大蒜消耗达到一亿零八百万磅的国家将会如何被这样的指南所影响,目前还不得而知。反对大蒜运动的报告高调宣传"蒜的丑闻",还引用了支持者的说法,"我们该吃些什么,难道是葱么?它会令我们更加优雅,或者更像个法国人?"

3.12.2 厨房里的洋葱:烹饪温度的影响

在普通的烹饪书籍和专门的含葱属植物的食谱(见参考书目)中,蒜、洋葱、韭葱和其它的葱属植物有多种应用,并且在食谱中也有详尽的叙述。已故的烹饪书籍作者茱莉亚·蔡尔德(Julia Child)写道:"很难想象文明社会可以脱离洋葱;它们以不同的形式融入了几乎所有的菜肴,除了甜点"(Child,1966)。我们将会看到,正确的切割和烹饪洋葱和其它葱属植物关乎科学。高温和延长烹饪时间将会带出洋葱那些最糟糕的特质,同时却也要求有足够的烹饪时间,以防止它"反咬一口"(刺激味)。操作前,将洋葱丢进盐水中煮沸5min,可以使洋葱浓烈的刺激性变淡。切割洋葱时(用不锈钢取代含碳的钢材,以免掉色),大块的洋葱比小块的更能保留原汁原味,也更具刺激性,因为当更多的细胞结构破裂时,有更多催泪组分得以相互混合反应。白煮洋葱(浇汁或嫩煎洋葱)是将洋葱与液态黄油和佐料放在一起慢慢地加热(文火慢炖)和轻轻地搅拌40~50min,直到它们变成嫩而不焦的半透明状。煎洋葱时只需要很少的油或黄油。

棕煨洋葱(煎得更透的)需要更高的温度和更多的黄油或油。在长柄锅里轻轻搅拌10min,会得到棕色均匀的洋葱。接着再用文火炖一炖,即使只有几分钟也可以使它软化,使它香味变柔和,也能减少生洋葱的刺激性。在这里,油既有导热的用处,又可以调节风味。洋葱褐变的过程是一个使洋葱中的糖分焦糖化的过程(热解并且氧化),最佳温度在160℃(320℉)。当然,可以在洋葱变成金黄色时便停止加热,也可以一直加热到棕色。在更高的温度,洋葱中的糖会烧焦,变苦。为了防止烧焦,只能精确地控制温度,因此油炸洋葱时,诸如制作洋葱圈时,需先在洋葱外层裹上面糊。与温度较低的慢火煮食不同,高温迅速处理洋葱和其它葱属植物,会保留它们部分的辛辣风味和质地(Parsons,2001)。

洋葱中的栎精和其它的类黄酮是抗氧化剂,自由基的清道夫,它们有抗癌、抗血栓的作用,也被认为可以抗心血管疾病(Williamson,1996)。它们可以与铜、铁和锌离子螯合,从而解释它们的抗氧化活性(见章节4.9)。栎精4′-O-葡糖糖苷和3,4′-O-双葡萄糖苷在普通品种洋葱的所有类黄酮类中占了超过85%,其它的17种类黄酮加起来为剩余的15%(Price,1997)。而类黄酮的总含量与不同的洋葱品种有很大的关系,互相之间差别很大,如白洋葱含量很低,仅7mg/kg,而红皮洋葱和黄皮洋葱中则有600~700mg/kg,其中红皮洋葱略高于黄皮洋葱（Havey，1999）。葱的类黄酮含量水平更高，大约在1000～1200mg/kg之间（Bonaccorsi，2008），像绿洋葱这样的"即食洋葱"也是这样。类黄酮在洋葱的鳞茎中含量水平不同，外层含量最高，向内部逐渐递减。收割后的田间干燥可以提高洋葱的类黄酮水平（Lee，2008）。

洋葱是极好的类黄酮膳食来源，其加工方式对食用时其中的类黄酮含量起决定性的作用。大多数商品化的脱水洋葱制品所含类黄酮量极低，甚至为零，这是由于干燥时加热导致的。冷冻干燥的商品中类黄酮含量较普通洋葱制品中要高一些。烹饪方式也会导致类黄酮流失，炸损失33%；煎21%，煮14%～20%，蒸14%，微波4%，烘烤0%（Lee，2008）。

3.12.3　厨房里的大蒜：碾碎、烘烤、烧煮、煎炸、腌制、干燥

许多厨师会坚持选用新鲜大蒜，而不是用蒜粉、干蒜片、蒜盐或蒜汁等加工过的蒜，它们十分贫乏无味。长期以来，人们知道，要从蒜瓣上面获得最好的风味应该将它彻底压碎，这样可以有效混合香味前体蒜氨酸和蒜氨酸酶。压碎的蒜应该放在一边等上10min再入锅，这样可以给予它足够的时间进行酶促反应（Song，2001）。使用压蒜器比普通剁碎和切碎大蒜的作用要强三倍，有人赞赏它（Cavage，1987），也有人反对它（Kreitzman，1984）。后者认为，如果使用普通的刀具，细致地对蒜瓣进行切割和剁碎，可以呈现出更好的风味来。

美国有超过300个的压蒜器的发明和专利，这项技术可以追溯到4300年前。压蒜器可以高效地粉碎蒜瓣，一般情况下，将蒜放入固定的容器中，然后通过推动活塞使它们通过一个格栅（图3.7；Walker，2006）。许多压蒜机都有与网格配套的钝头针，用来清理格栅。与普通的厨房用刀相比，压蒜器处理大蒜的方法很方便，因为即使不剥皮，大蒜也能通过机器而使蒜皮留在机器内，挤出蒜泥。也有一种说法认为连着皮一起压蒜，可以使压蒜器更易清洗。使用压蒜器切碎的蒜和普通切碎的蒜有着不同的味道，因为更多的细胞结构在这个过程中被破坏，并释放了更多的味道强烈的化合物。

烘烤和油炸后的蒜和新鲜切割的蒜的香味和口味都不同，后者具有很强刺激性，而且芳香味很浓。将蒜淋上橄榄油，然后在400℉（204℃）烘烤45min，会有一种甜的、芳醇的、带果仁味的焦糖风味。大厨们推荐"烹饪前，将蒜片放在肉上……将一瓣蒜串入烤肉棒，和着调味料或者炖汤一起做……将没有剥皮的蒜瓣丢入沸水。煮上2min，去水，剥皮，在黄油中炖上15min。捣碎这脱皮的沾满黄油的蒜，加入调味料中"（Rombauer，1975）。实验研究揭示了对蒜味非常重要的成分，也揭示了加热大蒜时发生了什么。

若要在色拉里巧妙地掺入蒜味，最好的方式是将色拉碗用切开的蒜瓣擦上一遍，让碗晾晒几分钟，而后再放入色拉。把生蒜被压碎，再干煸到棕色，就会变

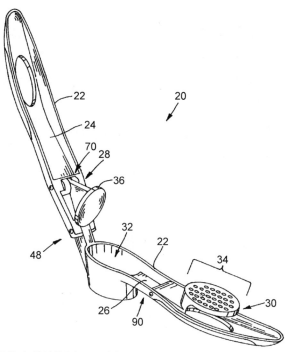

图 3.7　某压蒜器的专利结构图示（引自 Walker，2006）
　　上半部分（24）包括了一个活塞（36），下半部分（90）包括一个格栅（30），在压蒜时转到腔内（32），清洗时又转回原处

得苦涩，难以下咽，应该是小心地等它变得有一点金黄色就好。然而，如若将整头大蒜的蒜瓣丢入沸水一小会儿，便可安心将其煎至褐色发焦。把整头蒜在蒜衣里包着烧烤后，它们会像栗子一样，味甜、有黄油味。蒜也可以腌制，以甜菜汁腌制而成的亮红色的大蒜头在俄罗斯是一道美味（图3.8）。风味强烈的绿色腊八蒜是中国新年时的菜品（见章节4.13）。需要注意的是，经油处理的以及剥皮后的蒜瓣需要用醋或者酒进行酸化，当pH值低于4.5时才可以进行保存，以防肉毒中毒（Morse，1990）。

　　蒜中含有大量非还原的水溶性果糖多聚糖（fructopolysaccharide），叫作果聚糖（fructan）。它可以短暂地储存碳水化合物，保护植物抵抗冰冻胁迫。果聚糖不能被水解和消化，因此它是一种低热量的甜味剂，对人体的作用类似膳食纤维。在结肠中，果聚糖在微生物群的作用下进行发酵，可以防止沙门菌定植。它同时也能辅助贫血者复原。蒜中缺乏淀粉和单糖，果聚糖和蔗糖占了非结构性碳水化合物的96%和4%。果糖和葡萄糖的比例为15∶1。基于蒜瓣中糖的总浓度为125～235mg/g（净重），其实糖含量相当"高"（Losso，1997）。相反地，蒜氨酸的含量大约只有5～10mg/g（Kubec，1999）。

　　糖在葱蒜风味形成中扮演着重要的角色，它通过称为美拉德反应（根据20

图3.8 俄罗斯圣彼得堡的库兹耐克尼市场上用甜菜汁腌制的蒜（承蒙Eric Block提供）

世纪早期发现它的法国化学家路易斯•卡米尔•美拉德命名）的过程得以实现。美拉德在20世纪初期发现这个反应，它是氨基酸和还原糖之间的化学反应，通常需要加热才能得以进行，是一种非酶褐变。干燥以及加热洋葱或蒜可以促进美拉德反应，导致风味流失和颜色变化（Cardelle-Cobas，2005）。

蒜中的蒜氨酸酶在加热时会变性，导致了大蒜素参与的那部分风味的流失。因此，商业上干燥大蒜时，最好是将蒜片（最佳厚度为10mm）放于空气中或真空下，环境温度不能超过50℃（Rahman，2009）。研究加热蒜氨酸和脱氧蒜氨酸的效应可以模拟烘烤、煮沸和煎炸大蒜时所发生的事。蒜氨酸分解的主要产物是烯丙醇，很有可能通过蒜氨酸的重排得到一种次磺酸酯，而后再水解得到最终产物（Yu，1994a）。脱氧蒜氨酸（S-烯丙基半胱氨酸）比蒜氨酸热稳定性好得多。在更高的温度下，蒜氨酸和脱氧蒜氨酸分解成二烯丙基多硫化物和许多成环状或非环的多硫的化合物，就如此前加热二烯丙基二硫化物时一样（Block，1988）。

蒜瓣，氽水20min后切片，再在180℃的大豆油中煎炸20min或者在180℃下烘烤20～25min。氽水的蒜会有一种"爆米花味——甜中带有一点微微的刺激性的蒜味"，而煎炸后则是"没有生蒜刺激性口味的典型的煎炸蒜味"（Yu，1994c）。吡嗪，一种通常在煮熟和烘烤过的食物中存在的含氮的杂环化合物，是加热的蒜中存在的不含硫的挥发物的一种。在加热蒜氨酸和葡萄糖时发现了噻唑，一种硫氮杂环化合物。美拉德反应是产生吡嗪的主要途径。噻唑有一种烤肉香、坚果麦品和爆米花的气味。

第4章
色拉盘中的化学：葱属植物的化学与生物化学

让洋葱的原子潜伏在色拉盘中
默默无闻，却盘活一切
　　　　——西德尼·史密斯（Sydney Smith；1771—1845）
　　　　　　　《色拉制法》（*Recipe for Salad*）

4.1　连线巴塞尔：大蒜中的蒜氨酸，大蒜素的前体

如第3章所讲的那样，现代"葱属植物化学"始于卡瓦里托对大蒜素（**2**）的重要发现。他发现二烯丙基二硫化物（**1**）容易发生氧化形成大蒜素。与此相似的反应也可发生在二甲基二硫化物（**3**）和二丙基二硫化物（**5**）上，得到甲基硫代亚磺酸甲酯（**4**）和丙基硫代亚磺酸丙酯（**6**）。大蒜素又会很快与两当量半胱氨酸反应，获得二硫化物（**7**；图示3.1）。葱属植物化学的另外一个重大进展发生在瑞士的巴塞尔，山德士公司（Sandoz Ltd.）在瑞士的实验室，如今它是诺华公司（Novartis）的一个部门。阿瑟·斯托尔（Arthur Stoll；1887—1971；图4.1）是制药部门的第一任主管以及后来山德士的主席，同时也是慕尼黑大学的教授，他在博士期间跟随1915年诺贝尔化学奖得主理查德·维尔斯泰特（Richard Willstätter）做叶绿素化学。在1947—1949年间，与爱瓦尔德·塞贝克（Ewald Seebeck）一起工作，斯托尔的兴趣渐渐转向大蒜，他鉴定了卡瓦里托发现的白色粉末的前体，那是一种非蛋白质氨基酸：S-烯丙基-L-半胱氨酸亚砜［$CH_2=CHCH_2S(O)CH_2CH(NH_2)CO_2H$；**10**；图示4.1］。斯托尔和塞贝克将这种物质叫作"蒜氨酸"

（alliin），这沿用了卡尔·伦德奎斯特（Carl Rundqvist）引入的名称，伦德奎斯特错误地认为大蒜油的前体是一种葡萄糖苷（Rundqvist，1909）。

Peter Heman, Basel 摄

图4.1　阿瑟·斯托尔博士（引自Ruzicka，1971）

这种前体容易发生酶解反应，断裂后得到的产物是大蒜素，因此提取时要格外注意不能发生裂解，"大蒜鳞茎经深度冷冻……在冷冻状态下将其切成小块……用甲醇或乙醇提取……［浓缩后］低温下操作，用乙醚萃取，使糖浆似的液体不含油脂杂质……最后，用乙醇进行分段沉淀……这样，可以得到纯度很高的蒜氨酸，在浓缩的水溶液中加入甲醇可以得到无色的针状晶体。最后，在丙酮水溶液中进行重结晶，完成最后的纯化"（Stoll，1948；Stoll，1951b）。斯托尔和塞贝克研究称，从1kg新鲜的蒜鳞茎中可以得到810mg蒜氨酸的细针状晶体，熔点为163.5℃，比旋光度为$[\alpha]_D^{21} = +63°$。因此，产率为0.81 mg/g（鲜重的0.081%）。近来的工作使用了改进的技术，可获得5～14mg/g（鲜重的0.5%～1.4%）（Lawson，1996）。塞贝克获得了蒜氨酸的美国专利（Seekbeck，1953）。

除了通过元素分析鉴定蒜氨酸的结构之外，斯托尔和塞贝克还通过简单的前体完成了它的合成。合成以常见的手性半胱氨酸（−)-L-半胱氨酸作原料，与烯丙基氯反应生成（−）-*S*-烯丙基-L-半胱氨酸（**8**；脱氧蒜氨酸），这也是一个天然产物。名称中"*S*"代表了烯丙基基团取代在硫S上，而非其它位点。斯托尔和塞贝克希望借鉴卡瓦里托合成大蒜素的方法（从二烯丙基二硫化物出发），通过过氧化氢将硫氧化成亚磺基或亚砜［S(O)，S═O，S⁺—O⁻］，却惊讶地发现，尽管得到的化合物与蒜氨酸分子式相同，然而物理性质却迥异，其熔点在146～148℃，比旋光度为 $[\alpha]_D^{20}=-12°$。

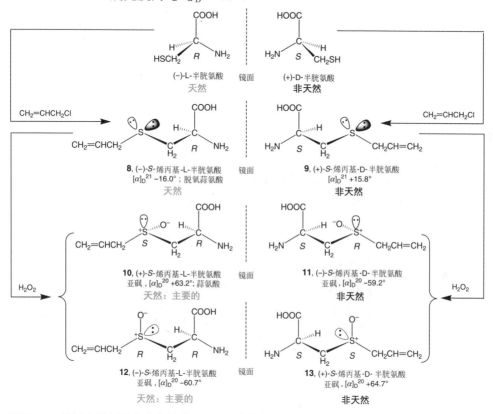

图示4.1 通过半胱氨酸合成蒜氨酸（**10**）和它的立体异构体（**11**～**13**）
碳和硫手性中心的立体构型用"*R*"或"*S*"来表示，以CIP顺序规则为准

为了解释其中的差异，我们需要考虑立体化学的影响。如图示4.1所述，*S*-烯丙基-D-半胱氨酸（**9**）和（−）-L-半胱氨酸的立体化学特征相同，只有在烯丙基取代二价硫上的氢原子时才产生了区别。氧化后**8**中的二价硫成为三价，当三价硫周围被三个不同的基团包围，诸如一个氧和两个取代基不同的碳原子，它就成为了一个手性中心，可以形成两个互为镜像的结构，即对映异构体。当化合物**8**被一个非手性的氧化剂，如过氧化氢氧化时，氧可以从硫的两个方向任意进攻，从而得到两个混合物**10**和**12**。在**10**和**12**中，手性碳具有相同的构型，而硫原子则恰好相反，因此两者互为非对映异构体（非互为镜像的立体异构体）。

由于 **10** 和 **12** 是不同的两个化合物，并非镜像关系，因此可以通过物理和化学的方式进行分离。相似地，过氧化氢氧化通过 D-半胱氨酸合成的 *S*-烯丙基-D-半胱氨酸（*S*-allyl-D-cysteine；**9**），可以得到 **11** 和 **13** 两个异构体，这两个化合物也可以进行分离。这四个化合物 **10**～**13**，**10** 和 **11** 是一对对映异构体，**12** 和 **13** 也是一对。由于化合物 **10** 和 **12** 的旋光度为已知值，我们可以知道，斯托尔和塞贝克氧化 **8** 得到的旋光度为 $-12°$ 的化合物实际上是 48% **10** 和 52% **12** 的混合物。

斯托尔和塞贝克纯化了大蒜的蒜氨酸酶，在它的作用下蒜氨酸会转化为大蒜素。经过实验发现，四种亚砜 **10**～**13** 当中，天然产物 **10** 反应速率最高，在短短 2min 内就完成了 80% 的转化（Stoll，1949）。在大蒜当中的含量较少的异构体 **12**（Yamazaki，2005），反应速率较慢（根据近期研究表明，速率仅为前者的 1/4，Krest，1999），**11** 和 **13** 则完全不反应。他们得出了如下结论，蒜氨酸酶只与天然氨基酸 L-半胱氨酸的衍生物反应，与非天然的 D-半胱氨酸的衍生物不发生反应（Stoll，1951），如此高度的立体化学选择性是酶的一个重要性质。我们将看到，蒜氨酸酶拥有一个非常利于立体化学选择性的空穴，以容纳天然的（+）-和（−）-alliin（蒜氨酸），但是无法容纳非天然的 D-半胱氨酸的衍生物。这个酶促过程就像握手：右手握右手很合适，而不与左手相握（图4.2）。

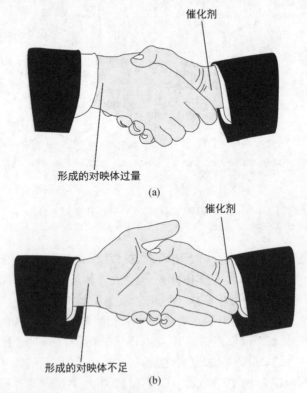

图4.2 右边的手代表催化剂，左边的手代表产物
　　图（a）中它们十分契合（能量更低），而图（b）则不然（承蒙诺贝尔基金会2001年诺贝尔化学奖提供，公共信息，2001年10月）

由上述的结论，可以得到更多的信息。蒜氨酸是自然界发现的第一个在碳上和硫上都具有手性的分子。斯托尔和塞贝克用不同烷基取代的硫合成了它的类似物，然而它们在碳原子和硫原子上的立体化学构型都与蒜氨酸相同，如 S-丙基-L-半胱氨酸亚砜 [$CH_3CH_2CH_2S(O)CH_2CH(NH_2)CO_2H$；**14**]。这个化合物名叫丙蒜氨酸（propiin），在其它葱属植物中也发现了这个天然物质（Stoll，1951）。通过X光单晶衍射进行分析，蒜氨酸的另外一个近似物甲蒜氨酸（methiin），(+)-S-甲基-L-半胱氨酸亚砜 [$CH_3S(O)CH_2CH(NH_2)CO_2H$，**15**；Morris，1956]，它的立体构型如图4.3所示（Hine，1962）。如今已经确认，蒜氨酸的绝对构型正如图示4.1中的 **10**，(+)-丙蒜氨酸（**14**）和 (+)-甲蒜氨酸（**15**）在硫原子上的绝对构型是一样的（Carson，1961b；Gaffield，1965）。化合物 **10**～**15** 也可以称作"硫氧化物（S-oxides）"，与"亚砜"意思相同。此章中，我们采用"亚砜"来命名（Bentley，2005）。

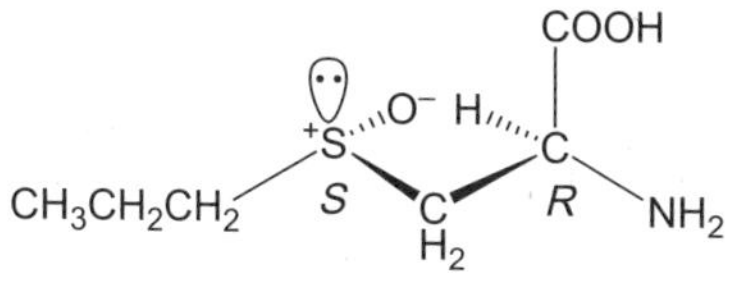

图4.3 甲蒜氨酸的绝对构型，(R_CR_S)-(+)-S-methyl-L-cysteine sulfoxide（**15**），通过X射线鉴定结构；丙蒜氨酸的构型，(R_CR_S)-(+)-S-propyl-L-cysteine sulfoxide（**14**）

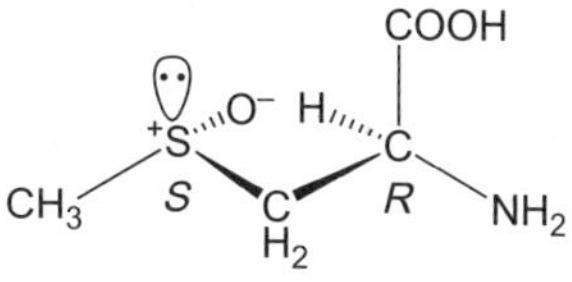

斯托尔和塞贝克发现，蒜氨酸的类似物，如 **14**，在硫原子和碳原子上有相同的立体构型，也可以被蒜氨酸酶剪切（Stoll，1951）。化合物 **14** 和 **15** 被剪切后可分别得到卡瓦里托此前合成的PrS(O)SPr（**6**）和MeS(O)SMe（**4**）（图示3.1）。蒜氨酸的类似物，在酶促剪切的反应中速率有快有慢，下面将予讨论。蒜氨酸（**10**）在蒜氨酸酶的催化下生成大蒜素（**2**）和 α-氨基丙烯酸（**17**），而后它又水解成氨和丙酮酸（图示4.2）。为了解释这个过程，斯托尔和塞贝克假设了一个"烯丙基次磺酸（allylsulfenic acid）"的中间体，更确切地应该称作"2-丙烯基次磺酸"，两分子的该化合物失去一分子水就可以得到大蒜素。他们将这种化合物中的硫描述为三价，$CH_2=CHCH_2S(O)H$（**16a**），而非二价：$CH_2=CHCH_2S-O-H$（**16**）（Stoll，1951b）。然而，可惜的是，他们的假设并不正确，这部分内容将会在本章稍后讨论。

图示4.1中以"R"和"S"的Cahn-Ingold-Prelog（CIP）系统表达方式来描述手性碳和手性硫的绝对立体化学（Cahn，1966）。当需要定义含硫化合物的手性时，需要小心使用"S"，以避免下述两种情况的混淆，当"S"指的是连接在硫中心上的集团时（S为斜体，不在括号内），与此前表达构型时不同。表达构型应用的是"(S)"，同样为斜体，书写在括号内。在CIP系统中，L-和D-半胱

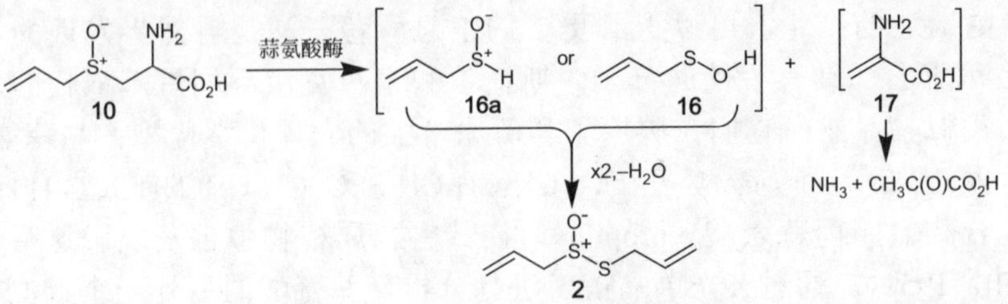

图示4.2 对蒜氨酸（**10**）通过2-丙烯基次磺酸（**16**）或**16a**转化至大蒜素（**2**）的假设

氨酸叫作（R）-和（S）-半胱氨酸。在甲蒜氨酸（**15**）中，手性碳被相似地定义为"R"构型。X射线晶体结构表明，三价硫有"S"的立体构型。**15**的全称是（$R_C S_S$）-(+)-S-甲基半胱氨酸亚砜。所有从天然产物中分离的S-烷基(烯基)-L-半胱氨酸亚砜都有"R"碳，大多数的硫具有"S"手性。

4.2 连线赫尔辛基：洋葱的催泪因子及它的前体异蒜氨酸

4.2.1 异蒜氨酸——洋葱催泪因子的前体

　　大蒜化学的核心部分浮出水面，继卡瓦里托和斯托尔的开创性研究之后，芬兰生物化学家维尔塔宁（Artturi I. Virtanen；图4.4）于20世纪50年代期间专注于洋葱的化学，特别致力于对洋葱催泪因子LF和它的前体LP的结构鉴别。作为一位智慧的科学家，维尔塔宁因他在农业与营养化学的工作，早在1945年就获得了诺贝尔奖，此后他才开始了对洋葱的研究。

　　维尔塔宁曾写道："通过一些初步的实验探索，可以明确，LF是非常难以分离和表征的，这是因为它不稳定，可能有强的反应性；也因为存在于洋葱的挥发物中，并与多种挥发物共存，而它在其中却是少量。因此，作为一种工作假说认为LF是在洋葱被切割或挤压时，由一种非挥发且基本稳定的前体经过酶促过程而得到的。"为了分离和纯化这个前体，维尔塔宁设计了一个非常简单的实验，混合洋葱酶的溶液以及被认为是富集前体的溶液，将它们放入小瓶中，"紧紧拿住，但不对眼部造成压力。根据不同的浓度，催泪效应可在15～45s后感受到，此后再过5s，就会变得令人难耐了"（Spåre，1963）。

　　在维尔塔宁做研究的时代，他获得了比前人更强有力的仪器方法来辅助其研究，诸如质谱（MS）和红外光谱（IR），还有离子交换及纸色谱法。质谱可以用来确定少量样品的分子量和元素组成，而红外光谱可以用来辅助确认原子

图4.4 诺贝尔奖得主维尔塔宁（1895—1973；右）与他的同事拉塔尼（Niilo Rautanen）（承蒙维里奥公司提供，赫尔辛基，芬兰）

之间的组合方式，诸如亚磺酰基团的结构，也可以区分"$CH_3CH=CH-$"和"$CH_2=CHCH_2-$"基团。色谱在分离氨基酸混合物时大有作为，尤其是分离与蒜氨酸有相似结构的物质。这种技术是基于不同的物质在柱子上的迁移速率不同，或者通过毛细作用在纸上的迁移速度不同（纸色谱法）进而进行分离。离子交换色谱法中，根据离子化后不同的氨基酸迁移速度不同，从而进行分离。

1961年，维尔塔宁成功地分离和鉴定了异蒜氨酸（isoalliin；**18**；图示4.3），将这种晶体状物质作为洋葱催泪物质的前体，并且进行了鉴定，其熔点为146～148℃，比旋光度为$[\alpha]_D^{25}=+74°$（Spåre，1963）。维尔塔宁从5kg的新鲜洋葱里分离出了129mg的该种物质，分离产率为0.026mg/g鲜重。维尔塔宁未能成功地合成异蒜氨酸。它和蒜氨酸的结构有着微妙的不同，这是值得我们注意的。它们拥有相同的经验式（即元素组成相同），都是$C_6H_{11}NO_3$，在异蒜氨酸中，C=C键直接与S(O)相连，而在蒜氨酸中，两者被一个CH_2分开了。C=C键与S(O)的连接使得C=C键易于被富电子的基团进攻，如含氮的基团。异蒜氨酸（**18**）自动成环，形成环蒜氨酸（**19**），正说明这一特征。洋葱中，曾分离得到过环蒜氨酸（Virtanen，1959a）。蒜氨酸的全名是（R_CS_S）-(+)-S-(2-丙烯基)半胱氨酸亚砜（2-丙烯基是烯丙基allyl更为准确的化学用语），而异蒜氨酸则是（R_CR_S）-(+)-S-(1-丙烯基)半胱氨酸亚砜。在异蒜氨酸、蒜氨酸和甲蒜氨酸中，硫的构型是相同的，然而顺序规则导致了异蒜氨酸的硫表示为[R_S]，恰好和蒜氨酸和甲蒜氨酸的[S_S]相反。

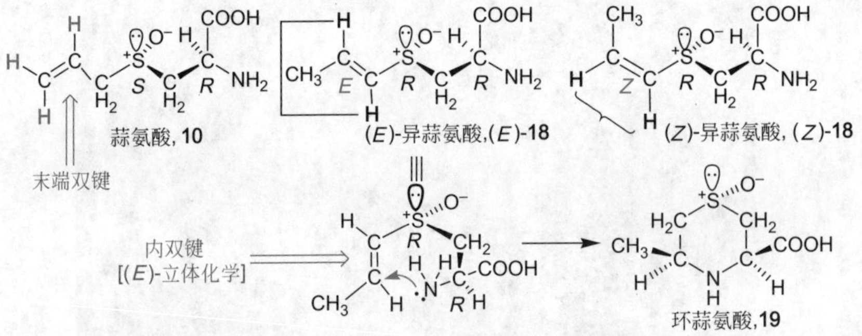

图示4.3 蒜氨酸（**10**）、（E）-和（Z）-异蒜氨酸（**18**）以及环蒜氨酸（**19**）的形成

在讨论维尔塔宁关于LF的工作前，还需要多提几句异蒜氨酸的结构以及它与蒜氨酸有何不同。1966年，美国农业部的科学家卡尔森（J. F. Carson）发现在维尔塔宁表征异蒜氨酸的工作中，并未对C=C双键的构型进行确定。从图示4.3中可以知道，蒜氨酸（**10**）三碳链有一个"末端"双键。而异蒜氨酸（**18**）的双键在中间，它有两个明确的几何异构体，"E"或"Z"。此外，异蒜氨酸的C=C双键直接与亚砜的硫相连，加强了双键的反应性。卡尔森重复了维尔塔宁的工作，从2kg的脱水洋葱粉末中分离了3g的异蒜氨酸，分离产率为1.5mg/g干重（0.15%）。在红外光谱图中，1025cm^{-1}和1037cm^{-1}有两组峰，代表了异蒜氨酸的亚砜基团，967cm^{-1}处是（E）-双键（与蒜氨酸的双键920cm^{-1}可进行比较）。C=C双键的立体化学还经过了核磁共振谱（NMR）的鉴定，这种技术可以指认不同类型的质子，或者其它的原子核，以及它们的联结关系。NMR分析指出，异蒜氨酸C=C双键上的两个氢原子耦合常数为J=16Hz，更加确定了它的构型为E型，如（E）-**18**所示，因为（Z）-**18**的耦合常数J=8~9Hz（Carson，1963，1966）。

近来才出现了对于异蒜氨酸的实验室合成报道，是由保护的半胱氨酸与（E）-1-溴-1-丙烯作为原料，在钯的催化下偶联，而后去除"Boc"和"Et"基团的保护，最后再进行氧化而得到的[反应式（1）；Namyslo，2006]。

CH_3CH=$CHBr + HSCH_2CH(NHBoc)CO_2Et + Pd(0) \longrightarrow$

CH_3CH=$CHSCH_2CH(NHBoc)CO_2Et$

$$CH_3CH=CHSCH_2CH(NHBoc)CO_2Et + LiOH, 然后+酸 \longrightarrow$$
$$CH_3CH=CHSCH_2CH(NH_2)CO_2H$$
$$CH_3CH=CHSCH_2CH(NH_2)CO_2H + H_2O_2 \longrightarrow CH_3CH=CHS(O)CH_2CH(NH_2)CO_2H \quad (1)$$

4.2.2 洋葱的催泪物质

维尔塔宁描述了一个巧妙的获得LF的方法并通过质谱对其做出了鉴定，纯异蒜氨酸和洋葱酶制剂被小心翼翼地从挥发性的低分子量的杂质中分离出来："1mg的异蒜氨酸，4mg酶，通常四滴脱空气的水，三者放入一个小的'指状'玻璃管，随后立即将它塞上，在-80℃冷冻。在这个温度下，玻璃管与质谱的泵相连，抽真空3min，而后关上真空阀，将玻璃管在30℃下加热3min。然后打开连接测试仪的阀门，此时不连接压力保护装置，因此大量的样品就会进入质谱仪"（Spåre，1963）。1min后，质谱上出现了一个分子式为C_3H_6SO的化合物。由于C_3H_6SO可有无数的结构，但鉴于此前斯托尔和塞贝克对于大蒜素形成的研究工作，维尔塔宁认定LF是"丙烯基次磺酸"，写作：$CH_3CH=CHS(O)H$（**20a**；图示4.4）。他发现，"没有其它脂肪族的次磺酸曾被报道过"（Spåre，1963）。维尔塔宁并非第一个利用质谱获得LF分子量为90，且分子式为C_3H_6SO的人。这样的文献早在1956年就出现了（Niegisch，1956），然而他们假设的结构根据洋葱化学的知识来看并不合理。

维尔塔宁通过对氘同位素交换的研究，提供了额外的证据证明了这样的结构：$CH_3CH=CHS(O)H$。在用上述方法产生LF的过程中，以氘水替代普通水，会发现LF的分子量增加了1，为91，即分子式为C_3H_5DSO。这样一来，有一个氢原子与氘原子发生了交换。由于之前已经认定LF为次磺酸的结构，那么这个被交换的氢应该是酸上的H^+，从而得到$CH_3CH=CHS(O)D$（**20a-d_1**；见图示 4.4，氘代部分标记红色；Virtanen，1962c，1965）。

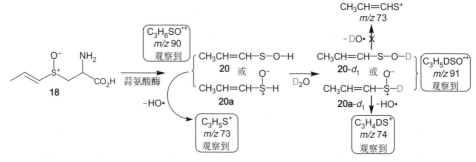

图示4.4 通过氘交换实验，维尔塔宁建议的LF结构（**20a**）

没有氘代的LF在质谱的 m/z 73显示出了一个重要的碎片，而氘代的LF也显示出了相应的碎片 m/z 74。维尔塔宁争论道："在两个例子中，碎片[如，m/z 90～73 和 91～74]失去的都是 OH 而非 OD……由此可以看出，在分子中没有预先生成的 OH 存在，因为羟基基团中的 H 会从氘水中拿到 D"（Spåre，1963）。这就是说，如果 LF 的结构是 $CH_3CH=CHS-O-H$（**20**），与 D_2O 交换后，会得到 $CH_3CH=CHS-O-D$（**20-d_1**），然后它会掉去 OD，得到 $CH_3CH=CHS^+$，m/z 73，这与前者掉去一个 OH 是一样的。这样的情况并未发生，因而氧上的氢应该来自分子的其它部分，这就如二甲基亚砜[$CH_3S(O)CH_3$]那样，尽管它也没有羟基 OH 基团，在质谱中它依然掉了一个 OH。

维尔塔宁另外一个证明 LF 结构是 $CH_3CH=CHS(O)H$（**20a**）的证据是洋葱蒸气中丙醛 $CH_3CH_2CH=O$（**21**）的形成，这个其它人也报道过（Kohman，1947），以及它自身醛醇缩合的产物 2-甲基-2-戊烯醛（**22**，图示 4.5；Spåre，1963）。维尔塔宁还提出了 $CH_3CH=CHS(O)H$ 分解成为 $CH_3CH=CHOH$ [容易重排成为丙醛（**21**）] 和 $H_2S=O$。后者近来被制备并鉴定为 $H-S-O-H$，而非 $H_2S=O$（Winnewisser，2003）。在洋葱的挥发物中发现了含硫化合物 H_2S 和 SO_2，也可能是 HSOH 的分解产物。维尔塔宁还报道了异蒜氨酸的合成近似物，S-乙烯-L-半胱氨酸亚砜（S-ethenyl-L-cysteine sulfoxide；**23**）和 S-(1-丁烯)-L-半胱氨酸亚砜 [S-(buten-1-yl)-L-cysteine sulfoxide；**24**]，它们在酶促反应下，各自断裂为乙烯基次磺酸 [$CH_2=CHS(O)H$，**25a**] 和 1-丁烯基次磺酸 [$CH_3CH_2CH=CHS(O)H$，**26a**]（Daebritz，1964；Mueller，1966）。由于近来在装饰植物 *Allium siculum* 中发现了一个挥发性的催泪物质，与 **26a** 分子式相同的化合物 C_4H_8SO，并认为它是由 **24** 而来，因此方才提及的工作便具有更加重要的意义（Kubec，2010）。

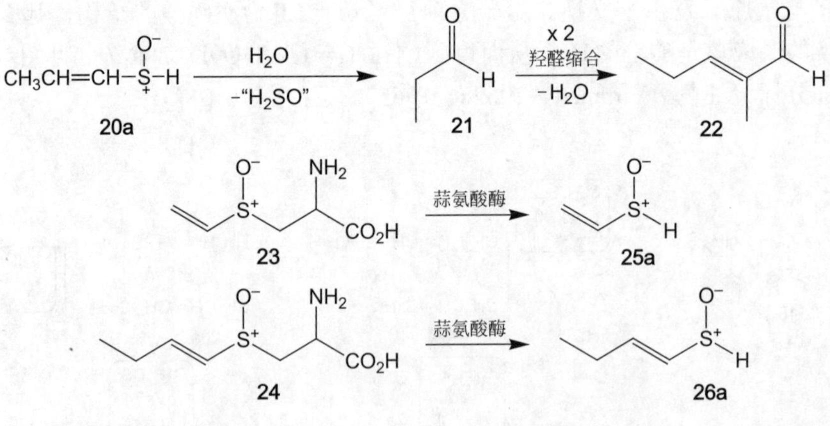

图示4.5 LF（此处表示为 **20a**）产生丙醛（**21**），以及它的醛醇缩合产物（**22**）；亚砜 **23** 和 **24** 转化为 **25a** 和 **26a**

在他关于 LF 的文章中，维尔塔宁论述了大蒜中蒜氨酸的酶促作用与洋葱中的异蒜氨酸酶促作用的区别："在LP（洋葱LF前体异蒜氨酸）中，没有像大蒜素似的'双分子'形成，"即没有$CH_3CH=CHS(O)SCH=CHCH_3$的出现（1-丙烯基硫代亚磺酸1-丙烯酯；**27**；Spåre，1963）。它的关键之处将会在此后论述。

当维尔塔宁进行实验时，一位康奈尔大学的博士研究生威尔肯斯（W. F. Wilkens）发表了关于洋葱LF的毕业论文（Wilkens，1961）。威尔肯斯认为LF是"丙硫醛-S-氧化物"，$CH_3CH_2CH=S=O$（丙硫醛-S-氧化物；**28**；图示4.6），有一个线性的$C=S=O$键。在更早时候，没有谱学证据，LF被认为是丙硫醛（$CH_3CH_2CH=S$；Kohman，1947）。支持结构**28**的证据包括：①在红外光谱中，1113 cm^{-1}和1144 cm^{-1}的地方出现了强烈的吸收带（$S=O$区），同时缺乏S—H，O—H，或C=C的振动带；②LF容易经过3-乙基氧硫杂环丙烷（3-ethyloxathiirane；**29**）分解得到丙醛（**21**），并同时形成了另外一个化合物。后者在红外光谱中，有1140 cm^{-1}和1330 cm^{-1}的振动吸收，结构为2,4-二乙基-1,3-二硫杂环丁烷-1,3-二氧化物（2,4-diethyl-1,3-dithietane 1,3-dioxide；**30**）。

1963年和1964年，分别首次合成得到硫醛和硫酮的硫氧化物（称为锍化物sulfine）。它们是由亚磺酰氯脱氯化氢后得到的（Sheppard，1964）。弯曲的C—S—O键有如下证明：在$Me_2C=S^+—O^-$在NMR中，两个甲基不等同。在1971年，国际香料和香精（International Flavors and Fragrances）公司的布罗德尼兹（Brodnitz）和帕斯凯尔（Pascale）指出，丙硫醛-S-氧化物（**28**）由丙基亚磺酰氯n-PrS(O)Cl（**31**）合成，并由气相色谱法GC进行分离，最终由IR、^{1}H-NMR和MS鉴定，发现与LF是同一物质（Brodnitz，1971a）。这些作者假设了形成LF的机理，武断地认为它们是（E）-异构体[（E）-**28**]，由已知的前体**18**而来，如图示4.7所示。它们同时也通过乙基亚磺酰氯（**32**）合成了锍化物$MeCH=S^+O^-$（**33**），由丁基亚磺酰氯（**34**）合成了n-$PrCH=S^+—O^-$（**35**）。根据催泪物质的性质和**33**和**35**的质谱，他们认为维尔塔宁所说的乙烯基次磺酸[**25a**；$CH_2=CHS(O)H$；图示4.5]和1-丁烯基次磺酸[**26a**；$CH_3CH_2CH=CHS(O)H$]实际上是（E）-**33**和（E）-**35**。下面将提及最近在压碎*Allium siculum*时发现的**35**（Kubec，2010）。

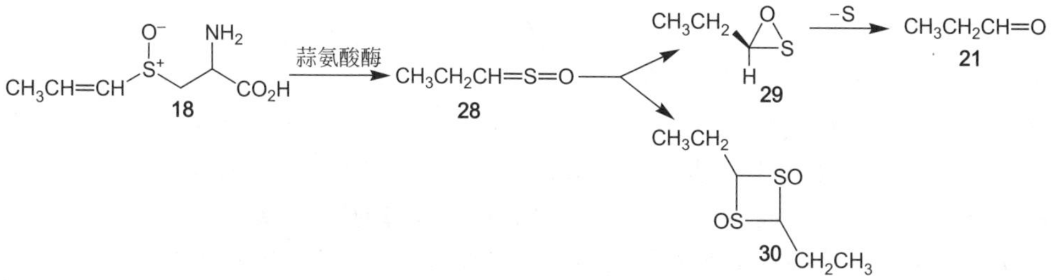

图示4.6 威尔肯斯提出的洋葱LF（**28**）和它的二聚体（**30**）的结构

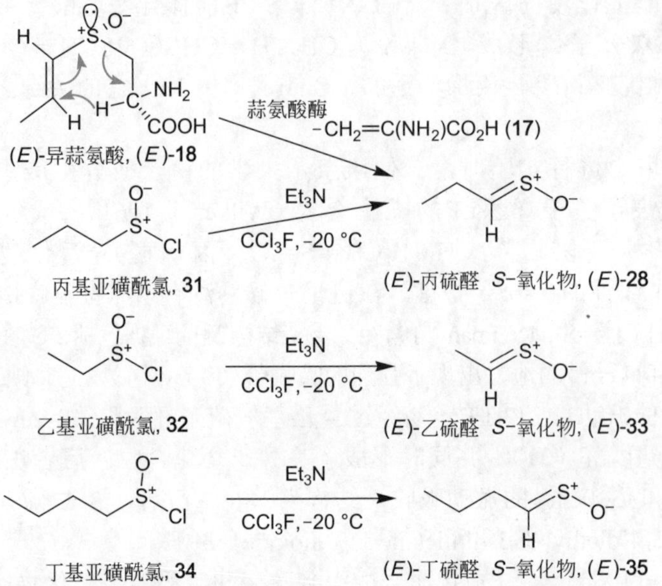

图示 4.7　布罗德尼兹提出的洋葱LF结构［(E)-28］，以及形成该物质的机理

4.3　连线圣路易和奥尔巴尼：次磺酸、洋葱LF及其二聚体的结构的修正

直到现在，我们的讨论集中在洋葱和大蒜化学中一些关键物质的分离和鉴定（或者试图鉴定）的历史过程，这些物质包括大蒜素、蒜氨酸、异蒜氨酸、甲蒜氨酸和洋葱的LF。随着对化学键和化学反应的知识积累越来越多，现在有可能来讨论机理的一些问题，即化学反应是如何进行的？更确切地说，我们可以去理解转化过程中化学键断裂和形成的每一步细节和顺序，诸如蒜氨酸是如何变成大蒜素的。当我们认识到这个转化是由蒜氨酸酶启动的，斯托尔和塞贝克提出酶的作用仅仅在于将蒜氨酸转化为另外一个化合物：CH_2=$CHCH_2S(O)H$（**16a**；2-丙烯基次磺酸），然后它自身缩合成为大蒜素。维尔塔宁通过类比提出洋葱的蒜氨酸酶将异蒜氨酸转化为CH_3CH=$CHS(O)H$（**20a**），他将其命名为"丙烯基次磺酸"，或者更加准确地讲是"1-丙烯基次磺酸"。维尔塔宁声称这个化合物是首次分离的次磺酸，他同时表达了自己的惊讶，说与斯托尔和塞贝克所谓的2-丙烯基次磺酸不同，他的次磺酸并不倾向于自身缩合得到大蒜素类的产物。

在讨论上述问题和机理时，我谈一点个人的经历。将我引入对大蒜和洋葱的化学研究的，正是以上机理问题的讨论。尽管在1944年已鉴定了大蒜素是大蒜中的活性成分，当我1970年在密苏里大学圣路易斯分校开始自己的研究时，关于"烷基硫代亚磺酸烷基酯"[RS(O)SR]这类化合物的系统化学讯息十分匮乏，大蒜素正是其中之一，这或许是因为它味道难闻，又不稳定（Moore，1966）。我从这类化合物最基础的成员甲基硫代亚磺酸甲酯[$CH_3S(O)SCH_3$；**4**；图示3.1]开始了研究。这个物质首先由卡瓦里托在1947年完成了合成，后来又由摩尔（Moore）和奥康纳（O'Connor；Small，1947；Moore，1966）完成了合成。**4**是通过小心地氧化二甲基二硫化物（**3**；Murray，1971）而成的，如它的名声一样，它确实气味难闻，活泼，且不稳定，刺激皮肤。它很容易吸附在衣服和头发上，令人生厌。在氧化过程中一定要十分小心，因为过度的氧化会导致化合物**40**（图示4.8）的生成。

　　幸运的是，**4**中蕴藏着丰富的化学。我们最初发现**4**容易分解变作甲烷次磺酸（**36**）和硫代甲醛（**37**），在100℃以下歧化形成**3**和**40**（Block，1972）。**4**上的绿色弯箭头表示电子推移方向，有机化学家经常用这样的方式来阐述机理。**4**中的氧利用自身的负电荷夺取甲基中质子形式的氢。质子留下的两个电子转移到碳硫键，形成硫代甲醛（$CH_2\!=\!S$；**37**）。这个过程一旦形成，硫硫键断裂，各个原子上的电子数目才会正确。硫硫键上的一对电子变成了甲基次磺酸中硫的孤对电子。绿色箭头表示的过程里的每一个步骤都认为是在单一的平滑步骤中同时完成的。虽然反应的过程无法"看见"，但是这个机理中键是易于形成和断裂的，与理论计算一致，该过程的低能垒仅为21.3kcal/mol（Cubbage，2001）。

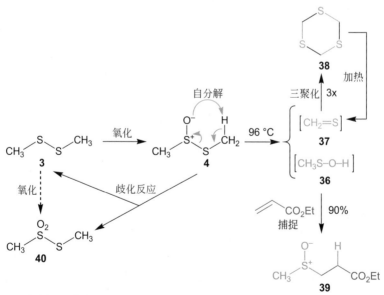

图示4.8　甲基硫代亚磺酸甲酯（**4**）的自分解，形成甲基次磺酸（**36**）和硫代甲醛（**37**），丙烯酸乙酯捕捉**36**，得到**39**，**37**三聚形成1,3,5-三硫杂环己烷（**38**）。**4**歧化为**3**和甲基磺酸甲酯（**40**）

　　4：SO IR 吸收带为1093cm^{-1}；**40**：SO_2 IR 吸收带为1141cm^{-1}和1343cm^{-1}

二硫化物 **3** 转化为硫代亚磺酸酯 **4**，明显地削减了 S—S 的键能，从约 70kcal/mol 到 34.8kcal/mol（Okada，2008），这十分利于反应的发生。化合物 **36** 和 **37** 写在方括号中，意味着两者都无法分离得到，反应活性十分高。在大过量的丙烯酸乙酯（CH_2=$CHCO_2Et$）存在下，**4** 分解，高产率地得到了 **39**。我们通过这个"捕捉反应"确定了 **36** 的存在，但并不能将其直接分离。**37** 的存在则是通过分离它的三聚物 1，3，5-三硫杂环己烷（**38**）而佐证的。这样的实验并不能确定甲基次磺酸的结构是 $CH_3S(O)H$ 还是 CH_3S—O—H，而是暗示了硫代亚磺酸酯 **4** 非常易于分解为 **36** 和 **37**。

硫代甲醛（CH_2=S；**37**）这一反应活性非常高的分子十分值得关注。它的结构由微波谱鉴定（Johnson，1970）。分子在气态下经历多种符合量子力学规则的旋转过程，微波谱研究其在微波区的电磁波谱吸收和发射信息。由这种技术可以确定分子结构，它的精确度很高，与 X 射线确定固态分子的晶体结构可以互补，这种技术还要归功于第二次世界大战时为了雷达而发展的微波技术。这种微波光谱技术可以用于射电天文学中对星际空间中分子的探测和鉴定。硫代甲醛的各种旋转波段在实验室得到了确证后不久，在星际空间中也发现了相同的分子（Sinclair，1973），由此成为了星际空间中超过 125 个获得鉴定的分子中的一员！

只是，硫代甲醛（**37**）反应活性很高，它如何存在于星际空间呢？硫代甲醛的高反应性是因为它易于与自身其它分子反应形成 1，3，5-三硫杂环己烷（**38**）而体现出来的。但是，由于星际空间是真空的，几乎没有什么物质，每一个硫代甲醛都相去甚远，因此无法产生反应，而且星际空间中温度也十分低，无法促使自分解。通过瞬间真空热解（FVP）技术，星际空间稳定 **37** 的条件可以在实验室中模拟。与此同时，FVP 设备（图 4.5）可以令稳定的前体如 **38** 在高温、高真空度的情形下短暂停留（瞬间，flash）而产生热诱导的分解（热解），形成 **37**。实际操作是：前体在短于百分之一秒的时间内经过 FVP 设备的高温部分，这个时间足够的长使它获得所希望的 **37**，而不足以过长使其进一步分解。FVP 的设计很简单：一个样品容器，一段可以耐高温的石英玻璃，一个如同烘烤面包的配有镍铬电阻丝的加热器（量热计），一个嵌入式的测温仪器。在图 4.5 这套仪器中，加热的试管直接与高真空下的微波光谱测试器相连。其它的仪器，如质谱，也可以用以监测反应。

最初用 FVP-微波仪器做研究，是 1977 年在密苏里大学圣路易斯分校与罗伯特·潘（Robert Penn）合作时，研究表明 1，3，5-三硫杂环己烷经受高温时，会在微波图谱中显示出 **37** 的特征微波谱（与前人图谱做了比对）。接着，甲基硫代亚磺酸酯（**4**）在 250℃时，在 FVP 的微波图谱中得到了 **37**，同时还有甲基次磺酸（**36**），结构为 MeS—O—H，含一个二价硫。据推测，它的异构体 MeS(O)H，含三价硫，在微波图谱中应该和已观测的图谱有完全不同的结果。通过第二个相连的或后续的试管炉，加热至 750℃时，**36** 失去了水，变为 **37**。在微波测试仪

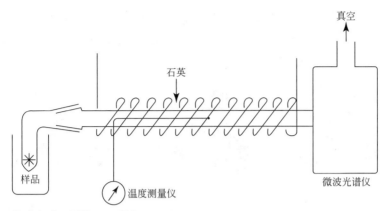

图4.5 微波光谱配置的FVP设备

中加入少量的氘水D_2O，发现**36**上的酸性氢被氘代，得到MeS—O—D（**36**-d_1；Penn，1987）。用液氮冷凝至-178℃，加热抽真空后，微波谱图上也不会再出现**36**，主要产物是甲基硫代亚磺酸甲酯（**4**）和水。即使真空度达到0.1Torr（1 Torr=1mmHg=1/760 atm），在25℃时，**36**的半衰期也只有1min，比起报道中硫代甲醛（**37**；Johnson，1971）的8min半衰期要短。用其它各式**36**的热解前体也只能得到相似的结果，如叔丁基甲基亚砜（**41**；图示 4.9），它在250℃时开始分解为**36**和异丁烯（**42**），后者的微波图谱是已知的。

图示4.9 通过瞬间真空热解（FVP）将叔丁基甲基亚砜（**41**）分解成甲基次磺酸（**36**）和异丁烯（**42**）

次磺酸的独特性质是值得探讨的，因为它在葱属植物化学中扮演了重要的角色。甲基次磺酸可以与另外两个由甲硫醇（CH_3SH）氧化而来的含氧酸进行对比，它们是甲基亚磺酸（CH_3SO_2H）和甲基磺酸（CH_3SO_3H）。图4.6显示了这三种酸的球棍模型。甲基磺酸是一个重要的化学品商品，是强酸，pK_a=1.75，甲基亚磺酸则是相对稳定的试剂，pK_a=3.13。甲基次磺酸是一种弱酸，根据相关化合物的数据，推测其pK_a=10～11（Okuyama，1992），它是S-甲基半胱氨酸亚砜，甲蒜氨酸（methiin）在蒜氨酸酶作用下，或在FVP中由很多前体形成的短暂中间体。相比较而言，甲基次磺酸比醋酸和苯酚（pK_a=4.8和9.9）酸性弱，仅仅只比过氧化氢（pK_a=11.7）酸性强一点。

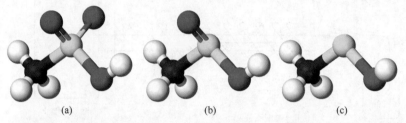

图4.6　甲基磺酸（a）、甲基亚磺酸（b）、甲基次磺酸（c）（●=氧，●=硫，●=碳，●=氢）（源自维基百科）

其它的研究人员已经从实验和计算确认，甲基次磺酸中的硫为二价，而非三价（Lacombe，1996；Alkorta，2004a，b；Turecek，1988）。它有一个参差构象或"邻位交叉"的三维立体结构（∠CSOH=94°），和过氧化氢H—O—O—H（90.3°）及H—S—O—H（91.3°；Winnewisser，2003）类似，最大限度地减少相邻孤对电子间的排斥力。和磺酸、亚磺酸不同，简单的次磺酸非常快地进行自身反应，得到硫代亚磺酸酯。次磺酸的缩合是酸催化的，且认为经过了一个三角双锥几何构型，如图示4.10所示（Okuyama，1992）。如果次磺酸的自缩合因为立体位阻而不能进行时，比如，在连着SOH的碳上连上一个大基团，或者将SOH置入一个碗状分子空穴，次磺酸是可以被分离得到的。在这些情况下，这些受阻的次磺酸通过X射线晶体结构和反应的研究而确定了结构（Goto，1997；Ishii，1996）。近来发现并已证明可以直接观察2-丙烯基次磺酸和丙酮酸的形成，在挤压大蒜时立即借助一个叫作实时直接分析（DART）质谱的技术检测挥发性酸而得以完成（Block，2010a，b，2011）。

图示4.10　从甲基次磺酸（36）得到4的自缩合反应的中间态

以上的研究帮助我们确定了母体烷基次磺酸36的性质。与罗伯特·潘合作的第二部分工作确定了母体锍化物，如硫代甲醛S-氧化物（$CH_2\!\!=\!\!S^+\!\!-\!\!O^-$；43）的结构。通过同样的FVP微波光谱仪器，1,3-二硫杂环丁烷-S-氧化物（44；图示

4.11）热解，自300℃开始，**44**完全分解成了硫代甲醛（**37**）和另外一个新的分子，鉴定为硫代甲醛氧化物或又称锍化物（**43**），是弯曲型，HCH角度为122°，CSO角度为115°，C—S键长为1.610，S—O键长为1.469 Å（1Å = 10^{-10}m）。这些数据与硫代甲醛可以进行比较，它HCH角度为117°，C—S键长为1.611 Å，也可与二甲基亚砜（Me_2S^+—O^-）比较，S—O键长为1.678 Å。锍化物的红外光谱显示，它在1170cm^{-1}和760cm^{-1}有两个吸收带。气态锍化物在室温、0.1Torr的条件下，半衰期大概为1h（Block，1976）。**44**进行氧化，得到顺式和反式的1,3-二硫杂环丁烷-1,3-二氧化物（**45**），后者在FVP，于480℃条件下会形成纯的锍化物（**43**）（Block，1982）。

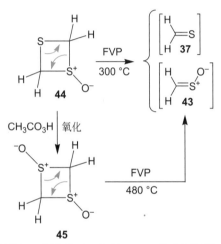

图示 4.11 1,3-二硫杂环丁烷-1-氧化物（**44**）和1,3-二硫杂环丁烷-1,3-二氧化物（**45**）通过FVP形成锍化物（**43**）

第三项工作是和罗伯特·潘一起建立洋葱LF及它的低级同系物（分子式C_2H_4SO）的结构和形成机理。（E）-和（Z）-叔丁基丙烯基亚砜（**46**）在FVP微波光谱仪中250℃得到（Z）-丙硫醛-S-氧化物［(Z)-**28**；图示 4.12］。而叔丁基乙烯基亚砜（**47**）在FVP中于250℃得到的则是（Z）-乙硫醛-S-氧化物［(Z)-**33**；图示 4.13］。在两种情形下，都没有在微波光谱中得到相应的（E）-锍化物、(E)-烯丙基硫醛-S-氧化物［(E)-**28**］和（E）-乙硫醛-S-氧化物［(E)-**33**］。

在微波光谱分析由洋葱分离得到的LF时，唯一可见的锍化物是（Z）-丙硫醛-S-氧化物［(Z)-**28**］。与母体锍化物CH_2=SO和甲基次磺酸不同，气态（Z）-丙硫醛-S-氧化物和（Z）-乙硫醛-S-氧化物在室温及0.05 Torr条件下是稳定的。100℃情况下，亚砜（**47**）在丙炔酸甲酯（**48**）存在下得到捕获次磺酸的加合物**49**。这个结果要求中间形成乙烯基次磺酸（CH_2=CHSOH；**25**），而它最初是由**47**分解得到的。FVP温度在650～750℃间，前体**47**分解得到乙烯硫酮（CH_2=C=S；**50**）和乙醛（CH_3CH=O；**51**）。**50**的形成可以解释为乙烯基次磺酸脱水而来，和高温下甲基次磺酸脱水形成硫代甲醛的过程十分相似。乙醛（**51**）则很有可能是由（Z）-乙硫醛-S-氧化物［(Z)-**33**］失去一个硫而形成，并可能是经过一个氧硫杂三元环结构（**52**）。

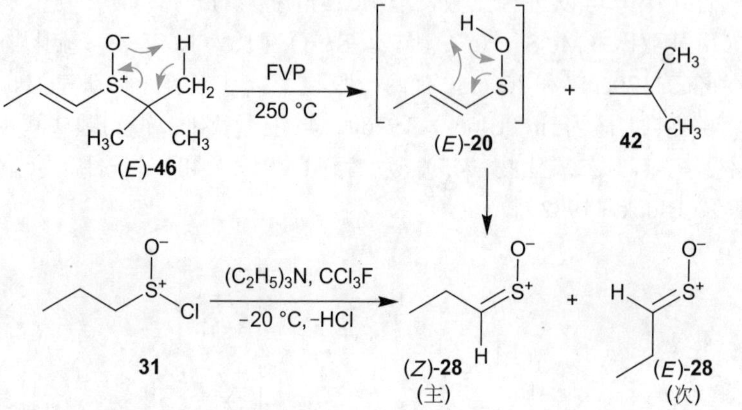

图示 4.12 通过FVP的方法产生洋葱LF，(Z)-丙硫醛-S-氧化物［(Z)-**28**］

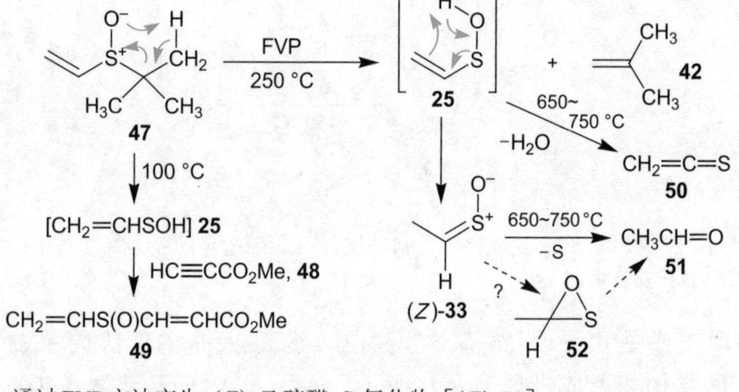

图示 4.13 通过FVP方法产生(Z)-乙硫醛-S-氧化物［(Z)-**33**］

其它的工作由NMR谱学研究完成。将新鲜白洋葱去皮后分作四份，用干冰冷冻，再用锤子敲碎，在冷却的情况下，在食品加工机中碾碎成粉末，然后立刻用挥发性强的溶剂（氟里昂-11；$CFCl_3$）萃取。溶剂此后与固体分离，干燥后于-78℃条件下浓缩。浓缩的油在-20℃高真空条件下进行"阱对阱"蒸馏（见图4.7），得到LF，为无色强烈刺激泪腺的液体，在 ^1H NMR谱图中显示出了高纯度。此后的分析表明，在其它的特征外，位移 $\delta=8.19$ ppm处有一个低场的三重峰，耦合常数为 $J=7.81$ Hz，与(Z)-丙硫醛-S-氧化物［(Z)-**28**］HC=SO质子吻合（三重峰源自HC=SO中质子与相邻 CH_2 基团中两个氢相互作用）。然而，在更低场的位置出现了一个更小的三重峰，$\delta=8.87$ ppm，耦合常数 $J=8.79$ Hz。这个更小的三重峰，耦合常数与之前有微小的差别，与主要的三重峰相比，它的积分仅为其5%，属于（E）-丙硫醛-S-氧化物［(E)-**28**］。另外一个小的三重峰，δ=9.79ppm，耦合常数J=1.4Hz，来自于丙醛（**21**），它是洋葱LF分解后的一个已知产物。30℃条件下经过5h，LF峰的强度下降，丙醛的峰增高。

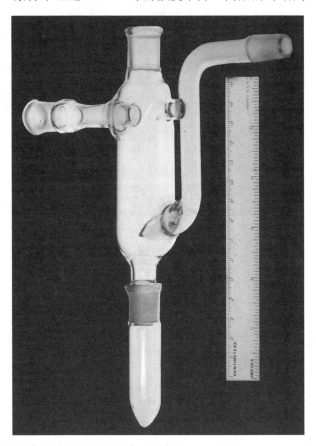

图4.7 用以纯化和分离LF的"闪蒸"设备（引自Block，1999）
  顶部的接头是密封的，样品放在一个瓶子里，将它与左上方的接头相连，右边的管子与高真空系统相连。当LF被冷冻时，整个设备抽成真空，左边接头以下的部分用液氮浸泡。当LF渐渐回温至-20℃时，它收集在非常冷的管壁上。当蒸馏结束，装备从真空系统分离，LF融化，存入下端的管子里。标尺显示长度为15cm（6in）

  通过前体**46**在FVP上得到的丙硫醛-S-氧化物也可由丙基亚磺酰氯（**31**；图示4.14；Block，1980）脱氯化氢得到，在NMR上也观察到相似的现象。此外，(Z)-乙硫醛-S-氧化物［(Z)-**33**］和（E)-乙硫醛-S-氧化物［(E)-**33**］中的主要和次要HC=SO的质子是可以观察到的，分别为δ=8.31ppm（J=7.33Hz）和δ=8.88 ppm（J=8.79Hz），比例为$Z:E$=97∶3。这里的HC=SO中，质子是四重峰，因为与之相连的是CH_3基团，有三个等同的H。其它的烷基硫醛-S-氧化物给出了相似的结果。(E)-**28**和（E)-**33**的浓度很低，无法用微波光谱进行分析。制备的一个更有趣的锍化物是2,2-二甲基丙硫醛-S-氧化物，$(CH_3)_3CCH=SO$，$HC=SO$为单峰（因为没有相邻的氢存在），(Z)-异构体δ=7.62ppm，(E)-异构体δ=9.00ppm。$Z:E$=75:25，这意味着在硫化物邻近碳上的氢被甲基逐步取代，优先生成(Z)-异构体的倾向也在减小。此外，值得注意的是，2,2-二甲基丙硫醛-S-氧化物没有**催泪活性**！这个发现说明2,2-二甲基丙硫醛-S-氧化物上大的叔丁基基团阻碍了与催泪感应蛋白质中的硫醇基团的相互作用（见章节3.5；Day，1978）。

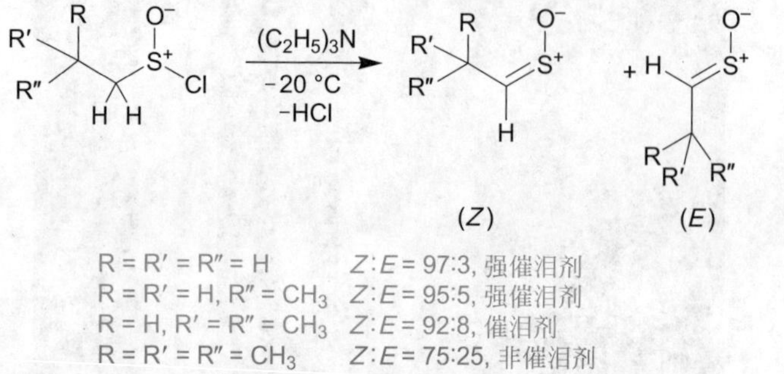

R = R' = R'' = H $Z:E$ = 97:3, 强催泪剂
R = R' = H, R'' = CH₃ $Z:E$ = 95:5, 强催泪剂
R = H, R' = R'' = CH₃ $Z:E$ = 92:8, 催泪剂
R = R' = R'' = CH₃ $Z:E$ = 75:25, 非催泪剂

图示 4.14 一系列锍化物的$Z:E$的比例及催泪强度的变化

一般而言，(E)-异构体比(Z)-异构体稳定。为何洋葱LF和它的同系物却并非这样？为了回答这个问题，迪特·克里莫（Dieter Cremer）做了计算研究，去检验(E)-和(Z)-乙硫醛-S-氧化物[(E)-**33**和(Z)-**33**]的相对稳定性。他发现，(Z)-异构体比(E)-异构体稳定1.7 kcal/mol（图示4.15）。几种不同的O和H间的吸引作用对该结果有重要的影响。由于位阻效应，当氢被甲基取代后，这种效应会被位阻效应抵消，而在$(CH_3)_3CCH=SO$中，$Z:E$的比例减小也反映出了这样的效应。这种吸引作用在(Z)-或"syn"异构体中是熟知的，被称作同侧效应（"syn-effect"）（Block，1981）。

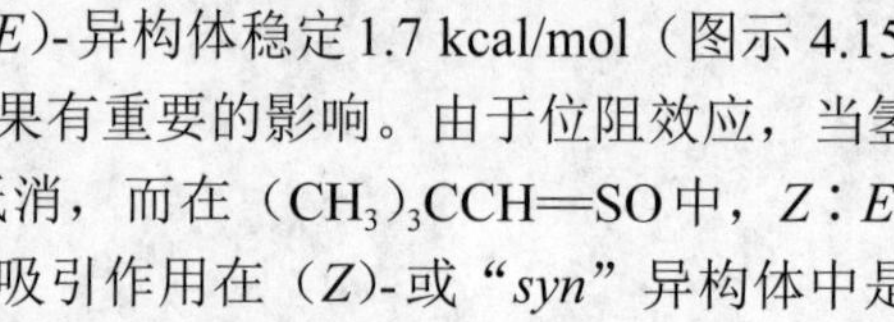

(Z)-**33**   (E)-**33**
1.7 kcal·mol⁻¹ 更稳定

图示 4.15 计算得到的(Z)-**33**和(E)-**33**相对稳定性

以上描述的微波研究是密苏里大学圣路易斯分校在1976—1979年间进行的，用的是"斯塔克调频"微波吸收波谱技术。20世纪80年代，在纽约州立大学奥尔巴尼分校，我开始了与查尔斯（Charles）和詹妮弗·吉利斯（Jennifer Gillies）的合作，使用的是更新的"脉冲傅里叶变换微波光谱"技术，以此来延伸和完善我们之前的微波研究。伦斯勒理工学院（Rensselaer Polytechnic Institute；纽约

州特洛伊市）提供的设备有许多优于吸收微波光谱的方法来研究寿命短的化学物质，如洋葱LF。脉冲束设备利用电磁阀来制造气相样品"脉冲"，它们以超声速扩散进入真空腔体，然后急速降温至极低温。低温延长了化合物的寿命，加强了信号分辨率，在计算上由于傅里叶变换技术，使信号分辨率进一步得到了加强。

新设备允许我们去重复维尔塔宁的实验，包括将氘水加入1-丙烯基次磺酸来确定最终通过重排后得到的氘标记的最终位置。使用脉冲微波分析，新鲜准备的洋葱在氘水存在的情况下经碾碎和压榨，确切无疑地鉴定了 (Z)-**28**-d_1，而氘则出现在了第二个碳原子上，观察到的构象如图 4.16 中所示。在含有氘水的气流下，前体 **46**（图示 4.12）热解得到了十分近似的结果。这些结果与图示 4.16 中灰箭头标记的氘加入LF的机理符合，由于氢从1号原子（氧）转移到了4号原子（碳）上，构成1,4-重排。那么，为何维尔塔宁在质谱碎片中发现了"OH"而非"OD"，也一目了然。由于C—D键比C—H键更强——"氘同位素效应"——氧更倾向于拿一个氢，失去OH，而非拿一个氘，失去OD。

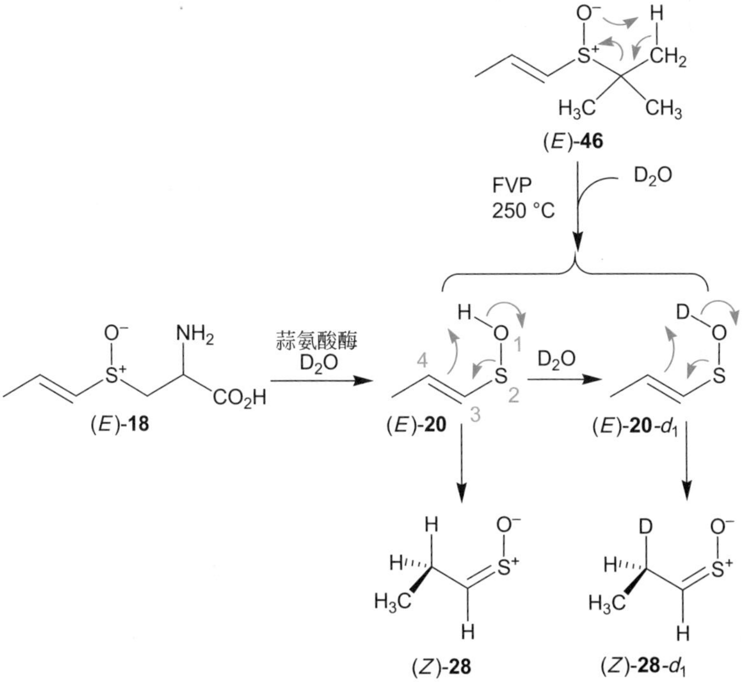

图示 4.16 通过洋葱-D_2O混合物确定LF氘代位置

用乙醚萃取新鲜的洋葱汁，在温和的条件下，萃取液的浓缩物通过气相色谱-质谱（GC-MS）分析仪器进行分析，洋葱的LF是最先流出主要产物（图 4.8）。随着GC柱温度增加，一些小峰相继出现，对应于硫代亚磺酸酯和洋葱烷（**A**和**D**；Block，1992c）。一个简单的可快速确定洋葱中LF水平的方法的原型由此形成（Schmidt，1996；Mondy，2002）。因此，将洋葱切割压碎，用烧杯收集它的汁液，在室温下摆放少于2min的时间，让它完成酶促转化。此后，将它用氯化钠饱和后，用等体积的含有惰性内标物的二氯甲烷萃取。萃取物通过离心机，压缩空气浓缩，冷却至0℃，立刻注射入GC，GC要求是短柱（5m），低柱温，低进样口温度大约60℃。

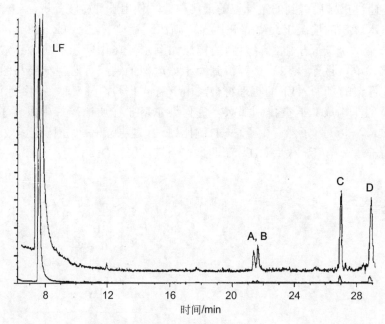

图4.8　GC-MS检测白洋葱压榨物的乙醚萃取物
　　　主产物为LF（Z）-丙硫醛-S-氧化物（**28**），同时还有硫代亚磺酸酯（**A**，**B**）和洋葱烷（**C**，**D**），使用叠加10倍衰减信号以放大**A**～**D**的出峰（30m×0.53mm大口径毛细管柱；以每分钟5℃的速率，自0℃加热至200℃）（引自Block，1992c）

通过这个方法，我们发现成熟的洋葱汁中平均含有2～10mmol/L的LF，对于最具刺激性的洋葱，LF的浓度为22mmol/L［也有5%～7%的RS(O)SR′形成；Schmidt，1996］。这样的LF水平，相当于洋葱鲜重的0.02%～0.2%，与丙酮酸酯在洋葱汁中含量为12mmol/L相符合。如前所述，当LF的前体（E）-1-丙烯基次磺酸（**20**）形成时，丙酮酸酯也由异蒜氨酸在酶促作用下释放，在新鲜洋葱中含有高至20μmol/g的水平。洋葱的刺激性通常是由测量洋葱汁中丙酮酸酯来确定的（Abayomi，2006；Marcos，2004；Anthon，2003）。其它的GC研究表明，LF的同分异构体（Z）-和（E）-丙硫醛-S-氧化物（**28**）可以清晰地分开来，两峰的比例为$Z:E=9:5$（Arnault，2000）。如4.5.4节中所述，通过特定的在常压下取样的质谱仪器，可以在新鲜切割的洋葱表面测量洋葱的LF（Ratcliffe，2007；Block，2010a，b，2011）。

1,4-重排（图示4.12，图示4.13，图示4.16）的能量可以通过计算的方法进行探讨。但如图4.9所示，结果有些出乎意料：(Z)-乙硫醛-S-氧化物［(Z)-33］，比乙烯基次磺酸（25）更为稳定，能量低3kcal/mol，而且完成转化所需要的活化能垒比想象中高，为33kcal/mol（Turecek，1990），比图示4.8计算得到的甲基硫代亚磺酸甲酯（4）分解为甲基次磺酸（36）的能量21.3kcal/mol高。

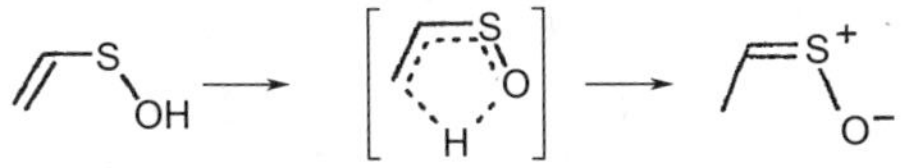

$$\overset{25}{\diagup\!\!\!\diagdown_{S_{OH}}} \longrightarrow \left[\overset{\text{活化能垒 33 kcal·mol}^{-1}}{\boxed{}}\right] \longrightarrow \overset{(Z)\text{-}33}{\diagup\!\!\!\diagdown_{S^+_{O^-}}}$$

图4.9　乙烯基次磺酸（25）转化为(Z)-乙硫醛-S-氧化物［(Z)-33］

至少，这样的能垒反映出平面的过渡态构型并不理想，它迫使硫和氧上的电子对相互平行，导致了电子-电子之间的排斥，而相互垂直则会减少这样的斥力以稳定电子间的相互作用。FVP中使用了高温，提供了远远大于1,4-重排所需的足够的能量。令人疑惑的是1,4-重排为LF为什么在室温及室温以下也能进行，而且又是如此高效地与形成自身的或者交叉的缩合反应得到硫代亚磺酸酯RS(O)SR的反应相竞争。下一节我们将聚焦在与酶有关的形成和转化为葱属植物次磺酸的反应上，这会为我们揭示这个答案。

首先，另一个关于洋葱的疑惑将在此讨论。上面提到，威尔肯斯说到洋葱LF的两个分子在静置后即能结合形成一种称为1,3-二硫杂环丁烷-1,3-二氧化物的化合物。威尔肯斯在论文中也提供了红外图谱，清楚地显示了有砜，—SO_2—，的存在，而非他的结构所示，是两个亚砜。IR谱图中**30**显示典型的"砜的伸缩振动的吸收带"与预料的二亚砜结构**30**有所不同，威尔肯斯将结构**30**与红外光谱的不一致性解释为"在一个张力的环状结构中，两个面对面的亚磺酰基十分接近……这导致了一个假的砜基的IR吸收，这样的结构其吸收强度远远小于一个真正的砜"（Wilkens，1964）。然而，如图示4.11所讲的那样，顺/反-1,3-二硫杂环丁烷-1,3-二氧化物（**45**），作为锍化物的合成原料，它的晶体却在IR谱图中显示出了完全普通的亚砜的吸收带（Block，1982）。

在重复威尔康斯的工作时，对于从洋葱中分离到的或可以通过前述的丙基亚磺酰氯合成到的(Z)-丙硫醛-S-氧化物［(Z)-**28**］，经纯化后溶解在两倍于自身体积的干燥苯溶剂中，置于5℃的暗处，保存7天。最后，所得到的浅黄色的，对泪腺无刺激的溶液通过真空浓缩，得到了一个实际无色、清澈的液体，有强烈的洋葱样气味。通过GC-MS可以知道它是一个双聚的结构，表明是单一化合物的 m/z 为180，恰为洋葱LF（m/z 90）质量的两倍，确定了分子式 $C_6H_{12}O_2S_2$。通过对 ^1H、^{13}C、^{17}O NMR的分析可知，其降解得到的 d,l-3,4-己二硫醇与独立合成的一致（**55**；图示4.17）。LF二聚体的结构由此证实是反式-3,4,-二乙基-1,2-二硫杂环丁烷-1,1-二氧化合物（**54**）（Block，1980）。

化合物 **54** 是发现的第一个饱和的 1,2-二硫杂环丁烷衍生物。我认为洋葱 LF [(*Z*)-**28**] 是通过一个五元环的中间体（**53**）重排得到双聚体 **54** 的。它与已知的反应，如 1,3-偶极环加成相似。母体锍化物（**43**）二聚的机理已经通过密度泛函理论进行了模拟，显示最初克服了 12.3kcal/mol（Arnaud，1999）的活化势垒，形成了五元环。其它的关于硫醛-*S*-氧化物通过二聚形成 1,2-二硫杂环丁烷-1,1-二氧化合物的例子自此也有几次报道（Block，1988a；Hasserodt，1995；Baudin，1996）。值得注意的是，LF 的二聚不同于 1-丙烯基次磺酸的自身缩合，那样的话得到的产物应该是 *m/z* 178，由于丢了一分子水，就像 2-丙烯基亚磺酸（*m/z* 90）转化为大蒜素（*m/z* 178）一样。LF 的自发二聚值得注意，而更为显著的是相关的形成"洋葱烷（zwiebelanes）"的过程，接下来会进行叙述。丙硫醛-*S*-氧化物 **28** 不是葱属植物形成的唯一的硫醛-*S*-氧化物。作者和合作者近来发现在切割 *Allium siculum* 的叶子、茎干和鳞茎时，会形成相当量的催泪剂（*Z*）-丁硫醛-*S*-氧化物 [(*Z*)-**35**]（Kubec，2010）。这个锍化物通过 GC-MS 和 NMR 分析植物提取物后得到鉴定 [^{1}H NMR：δ=8.12（*t*, 94%），8.59（*t*, 6%）]，数据与已知的标准符合得很好（图示 4.7），新鲜切割的植物通过 DART 质谱分析亦然（详见下述）。

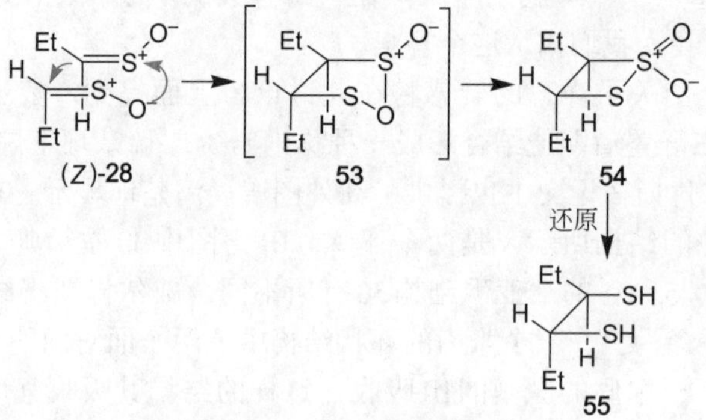

图示 4.17 洋葱 LF [(*Z*)-**28**] 形成的二聚体 **54** 及其结构

4.4 双酶记——蒜氨酸酶（蒜氨酸生产的细胞流水线）和 LF 合成酶（使慢反应快速进行）

4.4.1 来自蒜氨酸的大蒜素：为什么大蒜的大蒜素是外消旋的

在蒜细胞中，蒜氨酸是与蒜氨酸酶分开的：酶存在于微隔室，与蒜氨酸中隔了一层薄膜。当大蒜鳞茎受到挤压或损害时，如遭到捕食者或病菌攻击时，微隔室破损，蒜氨酸和蒜氨酸酶互相接触，瞬间每两分子的2-丙烯基次磺酸缩合而产生大蒜素。这种转化的速度非常快（30s之内转化率＞97%），因为细胞内的蒜氨酸和蒜氨酸酶含量水平相当。值得注意的是，蒜氨酸酶占据了蒜瓣蛋白的10%以上。蒜的蒜氨酸酶（EC 4.4.1.4）属于糖蛋白家族，包括6%的碳水化合物，而且已经通过了X射线晶体衍射鉴定，它是由两个单元形成的二聚体，每一个单元有448个氨基酸，总分子量为103000Da（Shimon，2007；Keuttner，2002）。

大蒜、洋葱和 *A. tuberosum* 中的蒜氨酸酶存在于环绕着叶脉的维管束鞘细胞内，而蒜氨酸和相关的半胱氨酸衍生物则集中分布在具有储藏作用的大量的叶肉细胞中（Ellmore，1994；Yamazaki，2002；Manabe，1998；Lancaster，1981）。蒜氨酸酶通过产生硫代亚磺酸酯和其它刺激性、排斥性的硫化物来对植物起到化学防护作用，维管束鞘细胞又处在十分特别的部位，微生物和小的食草动物若沿着叶脉到叶肉细胞，就能起到防止入侵的作用。

根据以色列雷霍沃特的威兹曼研究所科学家们通过X射线做出的研究，我们能够很好地理解当蒜氨酸和蒜氨酸酶相遇时会发生什么。首先，蒜氨酸酶被一个辅助因子，5′-磷酸吡哆醛（pyridoxal-5′-phosphate）或"PLP"激活。在没有发挥作用时，它以内部的醛亚胺复合物形式存在，包含第251号氨基酸（赖氨酸251）。由于它特殊的三维立体结构，蒜氨酸能够很好地嵌入酶腔，一旦接触，通过取代赖氨酸251，形成外部的醛亚胺。蒜氨酸一旦激活成为醛亚胺，它会于酶的碱性位点上丢掉一个质子。在丢掉一个质子的同时，蒜氨酸在氨基酸那一端的C—S键断裂（α,β-消除反应），得到2-丙烯基次磺酸，留下一个PLP-氨基丙烯醛基的中间体。蒜氨酸酶因此又叫作C—S裂解酶，"裂解"意味着"断裂"。断裂的中间产物2-丙烯基次磺酸（有时也叫作烯丙基次磺酸），写作$CH_2=CHCH_2S—O—H$，与其它次磺酸结构研究一致。次磺酸被叫作"中间体"是因为它从来没有被分离得到过，即使是非常低温的条件下亦然。它很快地自身缩合，丢掉水，形成大蒜素，如图示4.18那样。近来，已经证明直接观察到2-丙烯基次磺酸的短暂形成是可能的，这需要通过一个特别的质谱方法，接下来将会讨论（Block，2010a，b，2011）。

PLP-连接的氨基丙烯酸酯很快水解成丙酮酸酯和氨，赖氨酸251又重新装上。这个系统功能就像非常有效的组装线，蒜氨酸走向一端，大蒜素、氨和丙酮酸酯则从另一端走出，而蒜氨酸酶留下没有变化。整个过程非常迅速，通过混合前体和酶，大蒜素飞快地产生。如果我们执意要计算从蒜氨酸到大蒜素中原子的个数和种类，当我们考虑蒜和洋葱中其它成分时，这是一个有用的练习。我们从蒜氨酸提供的三个碳、一个硫和一个氧开始，进入到大蒜素含有的六个碳、两个硫和一个氧。失去的氧则算入产生的一分子水中。

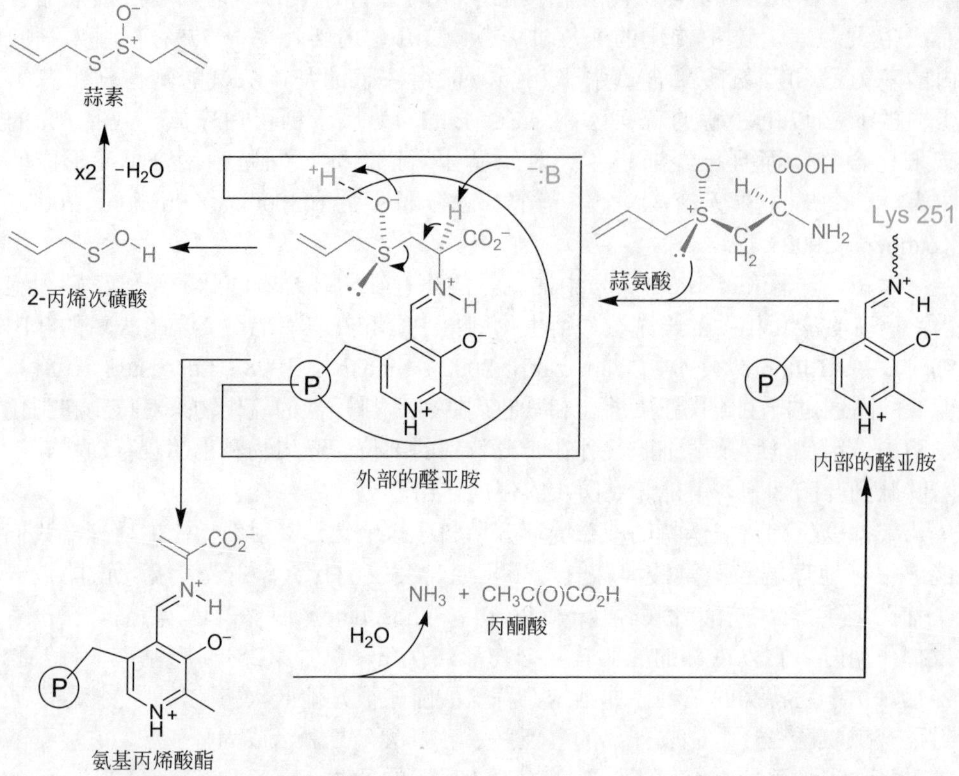

图示4.18 蒜氨酸与蒜氨酸酶的反应

反应步骤中的关键中间体已做了标记。在它的休眠状态，缺少底物时，酶与赖氨酸251形成共价键（席夫碱），即内部的醛亚胺。底物蒜氨酸存在时，它与PLP以共价键结合，形成外部的醛亚胺。C—S键断裂，释放2-丙烯基次磺酸。两分子2-丙烯基次磺酸结合形成大蒜素，留下与PLP连接的氨基丙烯酸酯。在最后一步中，这个氨基丙烯酸酯从PLP上断裂，水解，形成丙酮酸和氨。PLP得到释放，重新与赖氨酸251形成内部的醛亚胺

  有了这样的解释，我们能更好理解卡瓦里托观察的重要性。通常来说，酶只有在水存在下才会发挥作用。通过在干冰中冷却蒜瓣，然后用丙酮进行粉碎和除水，蒜氨酸酶和前体化合物蒜氨酸都处于完整的白色粉末状态。室温下，在粉末上加入水，酶促反应就会进行，形成如上所说的大蒜素。但是，如果这些粉末首先在乙醇中煮沸，蒜氨酸酶被破坏（变性失活），再加水，大蒜素的气味便不会出现了。煮沸不会影响化学上更加稳定的前体蒜氨酸，因此加入一点少量之前的粉末，不在乙醇中加热，就会诱发大蒜素的形成。这也解释了为什么蒜瓣一般没有什么气味，只有在压碎时气味才大很多。在第5章中，我们将会了解到在加工蒜相关的健康食品时，蒜氨酸酶对变性的敏感性是十分重要的。

  通过图示4.18蒜氨酸转化为大蒜素的机理，我们可以理解卡瓦里托的发现，尽管三价硫手性中心连接了三个不同基团，碳、硫和氧，但是它没有旋光性。实

际上，很多实验都可以支持硫代亚磺酸酯中亚磺酰基的硫具有手性本质，并且可以通过HPLC的手性柱分离硫代亚磺酸酯两个对映异构体（Bauer，1991），而且手性的硫代亚磺酸酯当具有叔丁基基团时，可以防止分解反应导致的消旋，而这种物质易于制备，且是很有用的试剂（Cogan，1998；Bulm，2003；Colonna，2005）。然而，从未发现葱属植物中的硫代亚磺酸酯具有手性。如图示4.18所示，蒜氨酸在蒜氨酸酶作用下断裂，首先形成次磺酸（$CH_2=CHCH_2S-O-H$），是非手性的。因此，蒜氨酸的手性在生成次磺酸中间体过程中失去了，次磺酸与自身结合只能形成消旋的大蒜素。有假设认为，两分子次磺酸结合是没有酶的参与的，这非常合理，因为化学反应生成的次磺酸的缩合是十分迅速的。

图4.10为合成的S-烷(烯)基-半胱氨酸亚砜和大蒜中天然的(+)-蒜氨酸与大蒜中分离到的蒜氨酸酶的相对反应性（Stoll，1951）。表4.1比较了相同的底物在蒜和 A. ursinum 的蒜氨酸酶下断裂的反应（Schmitt，2005）。在分析图4.10的数据时，斯托尔注意到"蒜氨酸与相近的化合物在酶促断裂反应中速率差别非常大"，与蒜氨酸相比，后者非常慢（Stoll，1951）。A. ursinum蒜氨酸酶看上去比大蒜的蒜氨酸酶选择性差。在1951年发表的工作中，斯托尔发现："蒜氨酸和蒜氨酸酶的反应非常快，这与一切割大蒜就立刻散发出刺激性非常吻合。"蒜氨酸酶的反应活性在37℃时最好；室温1min，50%的蒜氨酸被蒜氨酸酶分裂，而在零摄氏度两分钟则有20%的转化（Stoll，1951）。更近的工作表明，蒜氨酸断裂的反应，无论在零摄氏度还是室温下都要比斯托尔报道的快至少十倍（Lawson，1992；Block，2010a，b，2011）。蒜氨酸酶即使在低温下也能发挥功效，这说明在低温时大蒜也需要抵御入侵。由于微生物，如枯草杆菌和大肠杆菌等存在于我们的肠道中，我们的体内只有温和的蒜氨酸酶活动（Murkami，1960）。基于对人体服用蒜氨酸酶失活的蒜补充剂的研究，发现细菌蒜氨酸酶活性大约是大蒜蒜氨酸酶的3%（Lawson，2006）。

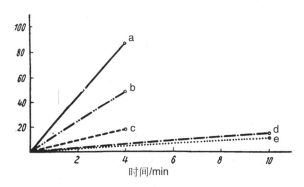

图4.10　S-烷(烯)基-半胱氨酸亚砜与大蒜中蒜氨酸酶的反应性（引自Stoll，1951）
　　a—（+）蒜氨酸（蒜）；b—合成的（±）-蒜氨酸；c—乙蒜氨酸，（±）-ethiin；d—丙蒜氨酸，（±）-propiin；e—丁蒜氨酸，（±）-butiin

表4.1 *S-*烷（烯）基-半胱氨酸亚砜与从大蒜和以熊葱得到的粗蒜氨酸酶的反应性

名称	A. sativum	A. ursinum	名称	A. sativum	A. ursinum
（±）-蒜氨酸	100	100	（+）-甲蒜氨酸	7	27
（+）-蒜氨酸	122	128	（±）-乙蒜氨酸	24	58
（−）-蒜氨酸	20	57	（+）-丙蒜氨酸	8	35
（+）-异蒜氨酸	123	125	（±）-丁蒜氨酸	13	31

注：（±）-蒜氨酸的反应性设为100（Schmitt, 2005）。

大蒜的蒜氨酸酶单体中包含十个半胱氨酸残基。其中八个形成了四个二硫键，剩下两个是自由的巯醇。由于酶的活性或者蛋白结构不会被这两个巯醇的化学修饰所影响，因此巯基可以作为化学把手使蒜氨酸酶连接低或高分子量的化合物，诸如生物素和它的链霉亲和素的复合物，但不影响酶促产物大蒜素的有效形成（Weiner, 2009）。蒜氨酸酶可以通过化学的方式固定在玻璃管里的载体上，然后用蒜氨酸的溶液经过此柱（Miron, 2006）。这样一来可以得到纯的大蒜素水溶液，而不需要重新充填蒜氨酸酶。有研究表明，尽管游离的巯基存在在蒜氨酸酶中，并且与产物大蒜素相连，却不会影响酶的活性，这一点也再一次证实了蒜氨酸酶中游离的巯基在酶促反应中并不重要（Weiner, 2009）。

如卡瓦里托报道的那样，图示3.1也提及，大蒜素与游离的巯基（RSH）反应很快，如血浆中的谷光氨肽，并且很容易渗透生物膜，注射后很快就在循环中消失了。因此，大蒜素强有力的抗菌活性和细胞毒性只限制在体外的应用。威茨曼的研究小组发展了一种新技术以规避这种限制，通过在靶向细胞上即时产生大蒜素以进行抗肿瘤治疗。通过将酶联结到一个可以特异性地导向肿瘤的表面抗原的单克隆抗体（mAb）载体上，将蒜氨酸酶靶向置于肿瘤组织。蒜氨酸接着被引入体循环，使具有细胞毒性的大蒜素只产生在蒜氨酸酶所在的肿瘤细胞表面。这个药物输送策略基于抗体导向的酶前药疗法的概念（ADEPT；Miron, 2003）。活体实验中，导向生成大蒜素的方法曾在体内用于消灭人体淋巴细胞性白血病肿瘤细胞（Arditti, 2005）。

4.4.2 LF合成酶

2002年，《自然》杂志上发表了一篇非常值得关注的文章，该文声称发现了一种新的洋葱酶，"催泪因子合成酶（lachrymatory factor synthase, LFS）"，或"LF合成酶"，它将1-丙烯基次磺酸转化为（Z）-丙硫醛-S-氧化物，即洋葱LF（Imai, 2002）。东京好侍食品公司的今井（Imai）和他的同事们发现在异蒜氨酸里加入粗制的大蒜蒜氨酸酶会导致异蒜氨酸的酶促断裂，而不会形成LF，这与用粗制洋葱的蒜氨酸酶反应结果相悖。他们总结认为，洋葱蒜氨酸酶一定还含有另外一个成分。粗制的洋葱蒜氨酸酶经过柱色谱分离后，得到了之前不为人知的LFS。只有当三种物质：纯的蒜氨酸酶、LFS和异蒜氨酸同时存在时，LF才会产生。我们之前提到过

(E)-1-丙烯基次磺酸很快重排成了LF，而我们的实验是在高温气态下进行的。当洋葱蒜氨酸酶在异蒜氨酸的水溶液中产生（E）-1-丙烯基次磺酸,（在没有第二分子LFS的情况下）可能强的氢键会阻碍重排，曾经预测因为过渡态不利的几何构型（图4.10）重排会很慢。也许在洋葱的酶系统里，(E)-1-丙烯基次磺酸从起初蒜氨酸酶的位点很快移动到LFS酶的位置，以防次磺酸进入介质而发生自身缩合（图示4.19）。

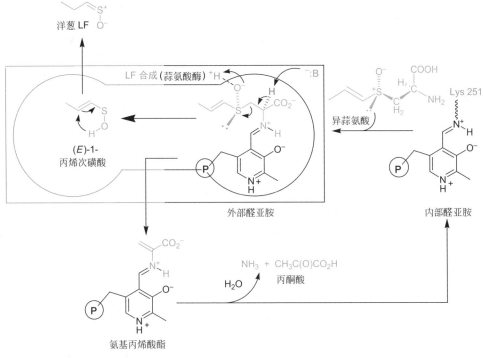

图示4.19 异蒜氨酸（18）通过蒜氨酸酶-LF合成酶偶合转化为洋葱LF（28）的机理假设

LFS会迫使次磺酸平面化成为U形构象。在解释微波光谱研究特定的氘代标记实验时，包括在氘水中压榨洋葱，LFS酶这样的控制是必要的。如果我们接受LF是洋葱抵御外界以求生存的重要武器的前提，那么自然在洋葱化学每一步过程中的参与将比我们此前想象的要更加深入和周密。

4.5 葱属植物的芳香与口味：风味前体的多样性

4.5.1 薄层色谱和纸色谱分析

葱属植物的芳香和风味是它们最大的特征，这源于大量含硫化合物。像之前所讲的可归纳为，当切割或挤压蒜瓣时，前体化合物蒜氨酸与蒜氨酸酶混合，引发了硫代亚磺酸酯大蒜素的迅速形成。大蒜素是由两分子反应活性很高的2-丙烯基次磺酸自身缩合而得到的。19世纪，沃特海姆和塞姆勒首先通过蒸馏新鲜切割的大蒜，得到了大蒜的蒸馏油，他们报道其中含有二烯丙基硫化物、二烯丙基二硫化物和相关的多硫化物，这些都有蒜的气味。在室温下，当大蒜素存放了几天后，也会形成相似的多硫化物的混合物。大蒜素和二烯丙基多硫化物告诉我们的舌和鼻，这就是大蒜。相似地，切割洋葱时，使蒜氨酸酶与异蒜氨酸前体混合形成（E）-1-丙烯基次磺酸，转而又通过LFS酶，一种与洋葱异蒜氨酸相处很近的物质，形成洋葱LF，（Z）-丙硫醛-S-氧化物。

之前所说的这些化合物并不是给予洋葱和大蒜风味物质的全部。在20世纪50年代，通过纸色谱的方法，京都大学的化学家检测了大蒜 *A. sativum*、*A. chinense*、*A. tuberosum*、*A. victorialis* 及洋葱 *A. cepa*、*A. fistulosum* 和 *A. schoenoprasum* 在酶促断裂之前和之后的含硫化合物。在酶促断裂之前，所有的葱属植物检测中都发现了甲蒜氨酸，在 *A. chinense* 和 *A. tuberosum* 中含量最高。蒜氨酸只发现于 *A. sativum*、*A. tuberosum* 和 *A. victorialis* 中，丙蒜氨酸在洋葱、*A. fistulosum* 和 *A. schoenoprasum* 中得到发现，大蒜中也有痕量（Fujiwara，1958）。几乎同时，维尔塔宁也报道了洋葱中甲蒜氨酸和丙蒜氨酸的存在（Virtanen，1959b）。以硅胶附着于玻璃板上的薄层色谱（TLC）的方法鉴定了洋葱中的异蒜氨酸（Granroth，1968）。

切割和碾压葱属植物后经过纸色谱分析，发现大蒜的众多化合物中，大蒜素［AllS(O)SAll；All=烯丙基］是主要成分，还有MeS(O)SMe（少量成分；Me=甲基）、MeS(O)SAll（中等数量）、MeS(O)SPr（少量产物；Pr=正丙基）和AllS(O)SPr（中等数量）；*A. victorialis*，主要含有MeS(O)SMe和较少的大蒜素、MeS(O)SAll；洋葱和 *A. fistulosum*，产生PrS(O)SPr和少量MeS(O)SMe；*A. chinense* 给出的主要产物是MeS(O)SMe，中等量的MeS(O)SAll，还有少量的MeS(O)SPr、大蒜素、AllS(O)SPr和PrS(O)SPr（Fujiwara，1955）；*A. rosenbachianum* 产生MeS(O)SMe（Matsukawa，1953）。几位研究人员报道，洋葱蒜氨酸酶将甲蒜氨酸和丙蒜氨酸转化为相应的硫代亚磺酸酯、MeS(O)SMe 和 PrS(O)SPr（Schwimmer，1960；Tsuno，1960）。在以上的研究中，通过相对的色谱迁移率来推断特定的硫代亚磺酸酯的存在。迁移用 R_F 值定量（或前沿比例），即物质在纸上移动的距离除以溶剂在纸上的移动距离（溶剂前沿）。合成的标准物，每个硫代亚磺酸酯都用半胱氨酸萃取下来（大蒜素与半胱氨酸的反应见图示3.1）并用以校正这个方法。无色产物通过化学喷雾或其它方式可以显色。

上面的结果有利于我们了解葱属植物风味的复杂性。我们用通式列举一下形成葱属植物风味的前体吧，蒜氨酸、异蒜氨酸、甲蒜氨酸和丙蒜氨酸［或 S-烷（烯）基-L-半胱氨酸亚砜（ACSOs）］被称作 **A**S(O)CH$_2$CH(NH$_2$)CO$_2$H、**B**S(O)CH$_2$CH(NH$_2$)CO$_2$H、**C**S(O)CH$_2$CH(NH$_2$)CO$_2$H 和 **D**S(O)CH$_2$CH(NH$_2$)CO$_2$H。如

果 AS(O)CH₂CH(NH₂)CO₂H 和 BS(O)CH₂CH(NH₂)CO₂H 同时存在，然后与蒜氨酸酶结合，ASOH 和 BSOH 会形成，并伴有 AS(O)SA、AS(O)SB、ASS(O)B 和 BS(O)SB 的形成，也就是由两个次磺酸和半胱氨酸亚砜前体而来的四个不同的硫代亚磺酸酯。如果 AS(O)CH₂CH(NH₂)CO₂H、BS(O)CH₂CH(NH₂)CO₂H 和 CS(O)CH₂CH(NH₂)CO₂H 都存在，那么 ASOH、BSOH 和 CSOH 就会形成，并且结合成为 AS(O)SA、AS(O)SB、ASS(O)B、AS(O)SC、ASS(O)C、BS(O)SB、BS(O)SC、BSS(O)C 和 CS(O)SC，也就是说三种次磺酸和半胱氨酸亚砜前体形成了九种不同的硫代亚磺酸酯。如果四个 ACSO 都存在，这种情况很少，但一旦发生，蒜氨酸酶促使的断裂将会得到十六种不同的硫代亚磺酸酯。

因此，特定的硫代亚磺酸酯 RS(O)SR′ 的总数应是 ACSO 数的平方。不同硫代亚磺酸酯的比例最终由 ACSO 的比例、蒜氨酸酶的断裂速率（断裂速率有实质上的差异）、室温下硫代亚磺酸酯的稳定性和其它将在下面进行讨论的有关因素决定。我们讨论了四种 ACSO，实际上已有七种 ACSO 是被人们所知的（图 4.11）；更少见的 ACSO 将会在下面讨论（Kubec 2000, 2002, 2010）。此外，(+)-S-(E)-3-戊烯基-L-半胱氨酸亚砜曾从红洋葱的种子里分离得出（Dini, 2008），而同时含有一个连接硫的吡咯环的半胱氨酸亚砜在"鼓槌"葱属植物里得到了确定。后一亚砜将会在此后讨论（Jedelská, 2008）。葱属植物中 3/4 的硫以 ACSO 和 γ-谷氨酰衍生物（Lundegardh, 2008）的形式存在。在葱属植物中，ACSO 的自然存在形式主要是（+）-L-对映异构体。图 4.11 中的部分 ACSO，还有它们新颖的结构也在其它植物种属中发现，且有时可能没有与之对应的蒜氨酸酶。

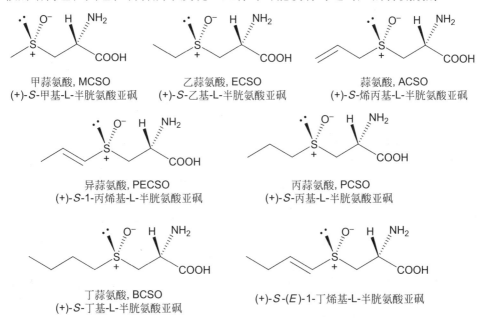

图 4.11　葱属植物中七种风味前体的结构和名字

4.5.2 应用高效液相色谱和液相色谱-质谱分析

纸色谱已被室温高效液相色谱（HPLC）分离方法所取代。HPLC由填满了色谱填充物的柱子（固定相）、使溶液（移动相或洗脱液）流过柱子的泵、检测标绘仪器组成。不同化合物与固定相和流动相的相互作用不同，因此最终的保留时间也不同。固定相有两种：①"正相"HPLC的固定相对于极性化合物的结合力更强，因此它们的洗脱时间比相对极性弱的化合物长，并使用有机溶剂作洗脱液；②反相（RP）HPLC中，极性化合物在非极性化合物的前先洗脱，以混合的水相溶液作为洗脱剂。

HPLC可以与质谱仪相连（LC-MS是HPLC-MS的简便写法），可以直接给出分离化合物的质谱图。在LC-MS中，反相柱更受青睐，因为含水的溶液在MS技术中比纯的有机溶剂更常见。LC-MS是"联用技术"的一个例子。制备级的HPLC可以用来严格精确地分离样品。分析葱属植物前，蒜氨酸酶可以先失活，如用 O-羧甲基羟氨半盐酸盐处理，使得蒜氨酸、异蒜氨酸、甲蒜氨酸和丙蒜氨酸在HPLC中精确定量。如果取代的半胱氨酸转化成相应的邻苯二甲醛/2-甲基-2-丙硫醇（OPA）或FMOC衍生物，HPLC分离将会更加有利（Thomas，1994；Mutsch-Eckner，1992；Ziegler，1989a，b）。如附录1的表A.1所示，在不同的葱属植物中，每一种风味前体的含量和比例都不尽相同，这些植物还包括第1章及附录2所涉及的。这个表格更正了之前在纸色谱工作中对丙基基团的错误指定，改为1-丙烯基基团。表A.1也列举了一些葱属植物相关的蒜氨酸酶活性，也包括直接冷集的挥发性硫代亚磺酸酯的比例（Ferary，1997）。

HPLC分析显示蒜中蒜氨酸、甲蒜氨酸和异蒜氨酸的比例是50：2：5。蒜氨酸酶将它们分别转化为三种次磺酸：$CH_2{=}CHCH_2SOH$、CH_3SOH和（E)-$CH_3CH{=}CHSOH$（后者如缺乏LFS酶将不会重排成LF）。如之前讨论的那样，这三种次磺酸会结合成九种不同的硫代亚磺酸酯，$RS(O)SR'$（R和R′代表烯丙基、甲基和1-丙烯基基团）。讨论用LC-MS分析大蒜和北美野韭时的实际操作是十分有必要的。最常见的是使用乙醚作为溶剂萃取均质化的葱属植物，而用液态二氧化碳作为溶剂，配合超临界流体萃取（SFE）技术时呈现出很多的优点。SFE避免使用有毒的或者易燃的溶剂，同时也避免了乳化的形成，乳化会使得水性植物匀浆从有机溶剂分离时变得麻烦。蒜和北美野韭（$A.\ tricoccum$）的匀浆分别在以下萃取条件中得到了分离：SFE条件下，240atm，每克植物40g液体CO_2，最终产物溶解在甲醇里再用RP HPLC的LC-MS分析。

图4.12是LC-MS的分析图像。每个分析小于15min，但硫代亚磺酸酯的分离并不完全。使用普通相的HPLC能够更好地分离硫代亚磺酸酯（图4.13），但不能使用LC-MS。表4.2显示了每个样品中硫代亚磺酸酯摩尔比例。表格中

的数据与乙醚萃取的蒜和熊葱在HPLC中（UV检测仪，使用纯的每一个硫代亚磺酸酯校正）的分离分析十分吻合（Calvey，1997；Block，1992a；Block，1996）。

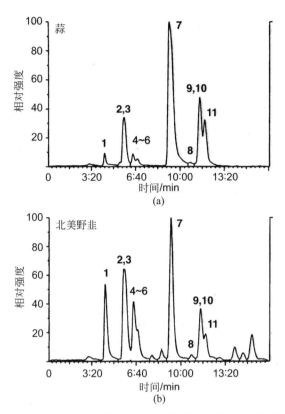

图4.12 蒜（a）和北美野韭（b）提取物的离子色谱全图（使用反相柱进行LC-MS分析），所有成分列于表4.2中（引自Calvey，1997）

当使用UV检测仪时，由于每个化合物的信号密度与UV的摩尔消光系数有密切的关系，而该系数又取决于不同化合物的共轭性质，因而每个化合物的系数又是不同的，因此，需要校正。其它组也曾报道过用相似的方法分析大蒜的提取物（Iberl，1990a；Jansen，1987；Lawson，1991a，b）。

在两种植物提取物中，大蒜素俨然是最主要的硫代亚磺酸酯。这并不令人感到意外，因为在两种植物中，蒜氨酸都是最主要的前体，在大蒜新鲜的鳞茎里，其浓度达到1.4%（Koch，1996），干重的浓度达到2.6%（Yamazaki，2005）。提取物中硫代亚磺酸酯的比例反映出了前体蒜氨酸、甲蒜氨酸和异蒜氨酸的丰度。因此，大蒜素在统计学上看也是最有利的。在卡瓦里托的分离过程中，其它次要硫代亚磺酸酯可能被遗漏了。值得注意的是野韭中含甲基基团的硫代亚磺酸酯含量远远高于大蒜，正因如此，它的口味要比大蒜浓得多。

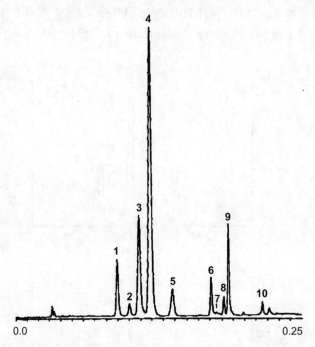

图4.13 HPLC分析大蒜提取物（引自Block，1992）

条件（苄醇作内标）：Rainen Microsorb硅胶（250×4.6μm）柱，10min内，2-丙醇：戊烷=2∶98～20∶60，梯度洗脱，UV于254 nm检测。出峰指认：**1**，(E)-AllSS(O)CH═CHMe；**2**，(Z)-AllS(O)SCH═CHMe；**3**，(E)-AllS(O)SCH═CHMe；**4**，大蒜素；**5**，苄醇（内标）；**6**，AllS(O)SMe；**7**，(Z)-MeS(O)SCH═CHMe；**8**，(E)-MeS(O)SCH═CHMe；**9**，MeS(O)SAll；**10**，MeS(O)SMe

表4.2 蒜和北美野韭提取物中硫代亚磺酸酯出峰面积百分比（图4.12）

序号	化合物	蒜	北美野韭
1	MeS(O)SMe	1.8	15.1
2,3	MeS(O)SAll, MeSS(O)All	18.0	17.2
4,5,6	MeS(O)SCH═CHMe-(E,Z), MeSS(O)CH═CHMe-(E)	7.2	25.3
7	AllS(O)SAll	53.4	26.7
8	n-PrS(O)SAll	痕量	1.2
9,10,11	AllS(O)SCH═CHMe-(E,Z), AllSS(O)CH═CHMe-(E)	19.7	14.5

图4.12中的化合物，极性相对较大的甲基硫代亚磺酸酯较快洗脱，而二烯丙基和烯丙基丙基取代的则较慢，这符合RP-HPLC的特性。每种硫代亚磺酸酯RS(O)SR′有不同的气味和口味。这些硫代亚磺酸酯，以及通过加热或烹饪使硫代亚磺酸酯分解得到的多硫化物，都赋予了新鲜切割大蒜所有的气味。如果我们跟踪非氢原子，硫代亚磺酸酯有两个、四个或者六个碳，两个硫和一个氧，碳数反映出的是含有一个碳的甲基和三个碳的丙基或者丙烯基基团。大蒜和北美野韭的萃取物中，通过LC-MS可以发现痕量的丙基硫代亚磺酸酯。

为了确认几种1-丙烯基硫代亚磺酸酯，同时为应用UV检测器的HPLC作校正标准，对所有可能存在的混合硫代亚磺酸酯RS(O)SR′（无论R或R′，1-丙烯基作为第一个基团，烯丙基、甲基或正丙基作为第二个基团）进行了立体定向合成，见图示4.20。$CH_3CH=CHS(O)SCH=CHCH_3$的异构体的合成与化学将会单独叙述。合成从烷基1-丙炔基-硫化物开始，它有一个碳碳三键，可以选择性地还原成（E）或者（Z）-1-丙烯基硫化物，如图示4.20所示。还原产物的预期的立体化学经过了NMR分析确认。因此，（E）-和（Z）-烯键的耦合常数分别为15.5Hz和9Hz。C—S键选择性断裂，断裂发生在较弱的与丙基相连的C—S键，而不在与1-丙烯基相连的较强的C—S键，从而获得（E）-和（Z）-MeCH=CHSLi的锂盐。在烯键构型不变的情况下，它们可以转化成相应的二硫化物。最后一步是对非对称二硫化物的单一氧化。可以预见会形成不等量的一对硫代亚磺酸酯异构体，因为连接在吸电子的1-丙烯基上的硫和缺电子的氧化剂的反应与连接在供电子的饱和烷基基团上的硫相比较，反应活性是较低的。NMR分析单一混合物（E）-MeCH=CHS(O)SR/（E）-MeCH=CHSS(O)R和（Z）-MeCH=CHS(O)SR/（Z）-MeCH=CHSS(O)R，发现在氧化过程中，双键并没有发生异构化。

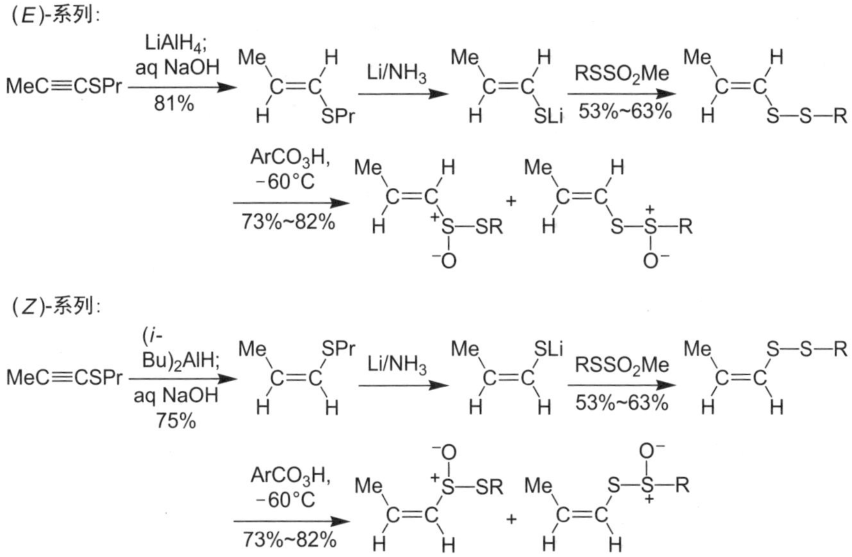

图示4.20 1-丙烯基硫代亚磺酸酯的立体定向合成

制备级的HPLC和TLC可以用来分离上述合成的异构体混合物。经过色谱柱分离的纯（E）-或者（Z）-MeCH=CHS(O)SR构型稳定，双键不会异构化。色谱柱分离的MeCH=CHSS(O)R，亚磺酰基与1-丙烯基远离，只能以（E）-MeCH=CHSS(O)R：（Z）-MeCH=CHSS(O)R（8∶5）的混合物存在。其它的研究表明，室温下，MeCH=CHSS(O)R快速地进行着E/Z异构化，可能以图示

4.21所示的方式进行。作为异构化的结果，在大蒜和北美野韭的提取物中，(E/Z)-MeCH=CHSS(O)R 以 8∶5 的比例存在，并伴有（E）-MeCH=CHS(O)SR。由于所有合成的硫代亚磺酸酯的详细 NMR 图谱是可以得到的，NMR 分析用来确认 HPLC 和 LC-MS 检测的大蒜提取物中不同硫代亚磺酸酯的比例，提供了更有利的证据。这些发现强调了合成和研究混合物中重要组分的反应性的重要性。

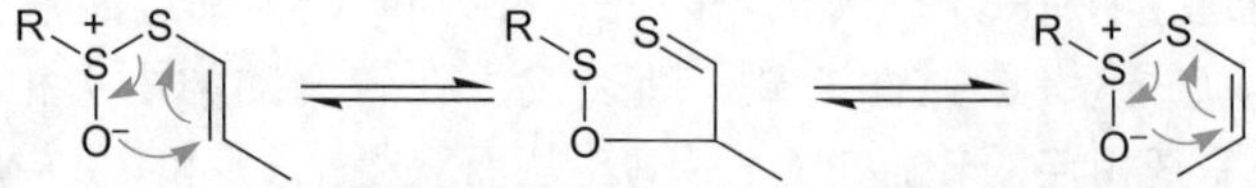

图示 4.21 RS(O)SCH=CHMe 中 E/Z 异构化的建议机理

异蒜氨酸 [$R_C R_S$-(+)-S-1-丙烯基-L-半胱氨酸亚砜；$CH_3CH=CHS(O)$-$CH_2CH(NH_2)CO_2H$] 是酶促断裂前洋葱中含有的最主要的含硫前体化合物。在黄洋葱中，异蒜氨酸占前体组分总量的 82%，HPLC 中显示总体的含量（鲜重 0.13%）比在蒜中（1.4%）少了许多（Wang，2007）。洋葱中第二丰度较高的前体（14%）是甲蒜氨酸 [($R_C R_S$)-(+)-S-甲基-L-半胱氨酸亚砜；CH_3S-$(O)CH_2CH(NH_2)CO_2H$]，也有少量的蒜氨酸（2.5%）存在，这与之前所说的洋葱里烯丙基化合物含量低相吻合（Calvey，1997）。丙蒜氨酸不存在其中（Thomas，1994；Yoo，1998），或者含量极其稀少（在洋葱粉末中，丙蒜氨酸的重量占干重的 0.00018%；Starkenmann，2008；也见 Resemann，2004）。这十分奇怪，因为 ^{1}H NMR 显示，蒸馏的洋葱油当中，丙基多硫化物是主要的成分（Wang，2013）。丙基化合物可能是由 1-丙烯基衍生物或者洋葱 LF 还原得到的。

韭葱的主要挥发物中含有丙基基团（Nielsen，2004）。尽管早期的研究表明，丙蒜氨酸在新鲜植物中的含量水平很低（附录 1 的表 A.1），近来的工作却认为这可能并不正确。因此，多伦分析了新鲜韭葱的鳞茎、假茎和叶子（Tadorna 培育种；单位 mg/g 鲜重）：鳞茎，(+)-甲蒜氨酸，3.56；(−)-甲蒜氨酸，0.71；(+)-乙蒜氨酸，0.50；(−)-乙蒜氨酸，0.34；(+)-丙蒜氨酸，3.78；(+)-异蒜氨酸，0.69；半胱氨酸亚砜总量，9.58；叶子（绿色，光合组织），(+)-甲蒜氨酸，1.17；(−)-甲蒜氨酸，0.35；(+)-乙蒜氨酸，0.53；(−)-乙蒜氨酸，0.44；(+)-甲蒜氨酸，2.4；(+)-异蒜氨酸，1.54；半胱氨酸亚砜总量，6.44；假茎，(+)-甲蒜氨酸，0.70；(−)-甲蒜氨酸，0.45；(+)-乙蒜氨酸，0.45；(−)-乙蒜氨酸，0.45；(+)-丙蒜氨酸，5.55；(+)-异蒜氨酸，1.12；半胱氨酸亚砜总量，8.78。这个工作中值得注意的是丙蒜氨酸和乙蒜氨酸含量很高，甲蒜氨酸和乙蒜氨酸的非对映异构体同时存在，而以 (+)-异构体为主。众多研究中，多伦的表现突出，因为他使用保留时间长的 HPLC，并在十分温和的条件下萃取，优化了峰的分离（Doran，2007）。

其它的葱属植物中，蒜氨酸、甲蒜氨酸、异蒜氨酸的比例不尽相同，也有少量的香味前体丙蒜氨酸，有时也有极其稀少的乙蒜氨酸、丁蒜氨酸、S-1-丁烯基半胱氨酸亚砜（Kubec，2000，2002，2010）和 S-3-戊烯基半胱氨酸亚砜（Dini，2008）。每一种前体，蒜氨酸、甲蒜氨酸和异蒜氨酸对已发现的硫代亚磺酸酯［RS(O)SR′］的混合物，以及多硫化物分解产物（RS$_n$R′）都有所贡献。RS(O)-SR′和RS$_n$R′的独特混合导致了每一种葱属植物的最终风味。最后，每个葱属植物的独特的风味都取决于其中ACSO的比例和数量。调查55个种类的葱属植物中（Fritsch，2006；Keusgen，2002；Storsberg，2003），发现有几个品种可以通过包含风味前体的主要的含硫化合物以及味道来进行区分。前体甲蒜氨酸在食用的葱属植物中，细香葱和韭菜里占据主要成分。很多观赏性的葱属植物里，甲蒜氨酸也是主要的ACSO。前体异蒜氨酸则在"洋葱类"葱属植物中占据主导，如洋葱、细香葱和株芽圆葱、日本丛生洋葱、大葱和韭葱。在温和的洋葱及极端刺激的脱水洋葱里，异蒜氨酸含量差别非常大。蒜氨酸主导着"蒜类"植物，包括大蒜、象蒜、南欧蒜（野韭葱 *A. obliquum*）和胡蒜（沙韭葱 *A. scorodoprasum*）。韭葱家族中的较温和的象蒜含有的蒜氨酸比普通大蒜要少。蒜氨酸和异蒜氨酸很少同时占有主导地位，只有韭菜（*A. tuberosum*）里出现这种情况。蒜氨酸和甲蒜氨酸在 *A. victorialis* 中含量相当。熊葱（*A. ursinum*）中，甲蒜氨酸、蒜氨酸和异蒜氨酸以等量的三元混合物存在。

在人们很少食用的葱属植物品种中，甲蒜氨酸占据主导成分，由于甲基衍生物气味太过难闻，难以忍受。少见的丁蒜氨酸和 S-1-丁烯基半胱氨酸亚砜（Kubec，2010）同时存在于 *A. siculum* 中（也称为Nectaroscordum，西西里蜜蒜或地中海钟蒜），切割时产生一种强烈的、天然气的气味。这种植物在保加利亚作为调料，据说，鹿非常不喜欢它（Kubec，2010）。S-3-戊烯基半胱氨酸亚砜最近在 *A. cepa* var. *tropeana*（红洋葱）种子中鉴定了出来（Dini，2008）。在很多用于蔬菜和药用的葱属植物（韭葱、大蒜、洋葱、*A. galanthum*、*A. proliferum* 和韭菜）中，甲蒜氨酸以相对较低（<20%前体总量）的含量存在。高含量的半胱氨酸亚砜会有非常强烈的辛辣味（硫代亚磺酸酯），大概是为了抵御食草动物的关系。蒜氨酸、甲蒜氨酸、异蒜氨酸和丙蒜氨酸四种前体化合物在鉴别不同葱属植物种属时是非常有用的。用化学标志物对植物进行分类叫作化学分类学。不同条件下生长的同种植物鳞茎，其风味前体的含量和比例也有不同，例如以色列的葱属植物与荷兰的不同（Kamenetsky，2005）；同时，也检验了不同植株部位（叶、茎干、鳞茎）前体化合物的区别。

4.5.3　气相色谱分析葱属植物蒸馏油和假象

挥发物采用气相色谱（GC）分析由来已久，葱属植物的分析也是如此。

GC是将少量样品打入加热的进气口，它会在氢气的带动下经过一个内壁有固定相涂层的玻璃柱。化合物以不同的速率经过这根柱子，速度取决于化合物的沸点以及和固定相的相互作用。使用GC-MS可以由MS来确认每个峰。如果化合物在气相相对稳定，制备级的色谱柱可以用来纯化化合物，就像洋葱LF和它的同族化合物一样（Brodnitz，1971a）。GC技术的优点是操作简单，分离效果佳（可以分离非常相似的化合物），而且在质谱的帮助下，可以方便地确定化合物。

4.5.3.1 蒸馏洋葱油

新鲜切割的洋葱，放置几小时后开始蒸馏，通常会得到平均0.015%产率的洋葱油。一磅洋葱油与两吨新鲜洋葱的味道一样重（Shaath，1998）。早期的GC-MS分析商品洋葱油，鉴定出的主要成分（按丰度递减排列）为：PrSSPr、PrSSSPr、MeSSPr、MeSSSPr、(E,Z)-MeCH=CHSSSPr、(E,Z)-MeCH=CHSSMe、3,4-二甲基噻吩、MeSSSMe和MeSSMe，还有痕量的（E,Z)-MeCH=CHSSSPr、(E,Z)-MeCH=CHSSSMe、AllSSMe和AllSSPr（Brodnitz，1969；Carson，1961a）。这样的结果与近来的分析相吻合，正丙基多硫化物是丰度最大的化合物。布罗德尼兹认为各种二价硫化物是由含有烷基或烯基的硫代亚磺酸酯分解而成的；他没有讨论到3,4-二甲基噻吩的形成，这会在以后讨论。他发表的关于用HPLC确认新鲜洋葱提取物中有1-丙烯基硫代亚磺酸酯的存在，且伴有低浓度的相应烯丙基化合物的文章要比他人的工作早很多年。使用GC-MS检测，超临界CO_2的洋葱萃取物中，正丙基硫化物的含量远远低于洋葱蒸馏油中的含量（Sinha，1992）。

用GC-MS确定洋葱油的精确成分有重要意义，因为纯洋葱油是一种昂贵的调味品，会出现掺假行为。不含硫的化合物2-正己基-5-甲基-3($2H$)-呋喃酮在蒸馏洋葱油里丰度很高，可以通过红外光谱进行鉴定，在检查疑似假货中很有用（Losing，1999）。利用GC-MS对洋葱的研究工作带出了84个化合物的鉴定，包括RSCH（Et）SSR′类，其结构与洋葱烯（cepaenes）相关（见章节4.10；Farkas，1992；Shaath，1998；Kuo，1990，1992a）。

4.5.3.2 假象的形成

为了更快地将注入的样品挥发，GC进样口的温度往往达到250℃。不幸的是，许多葱属植物中的化合物都会在这样的高温分解。例如，布罗德尼兹将新鲜得到的大蒜萃取物注入GC-MS，在m/z 144（$C_6H_8S_2$）出现了两个主要的未知峰。合成的大蒜素同样也能给出这样两个峰，当时认为是大蒜素脱水后的产物（Brodnitz，1971b）。然而，当合成的大蒜素在20℃经过20h完全分解后，这两个峰又没有出现，得到的只有二烯丙基硫化物、二硫化物和三硫化物，还有二氧化硫。重要的是，布罗德尼兹认为m/z 144处的两个峰是"二烯丙基硫代亚磺酸酯（大蒜素）在气相色谱过程中热的分解产物，而非大蒜的组成成分"，也就是说它们是假象（Block，1993，1994a）。

第二个在GC条件下热敏感的化合物分解的例子来自奥格（Auger）与同事在鉴定压碎的韭葱（*A. porrum*）时散发气味的、最吸引葱谷蛾*Acrolepiopsis assectella*的物质（Auger，1989）。使用非常短（2.5m而非通常的25m）的柱子，70℃的较低进样口温度（而非250℃）条件下，切割韭葱时主要的挥发物（＞90%）是PrS(O)SPr，对于葱谷蛾来说，它比GC中发现的次要成分二丙基二硫化物（PrSSPr）更具吸引力。在25m的柱子中，PrS(O)SPr分解成PrSH、PrSSPr和PrSSSPr以及其它物质。奥格注意到PrS(O)Pr在气态下是稳定的，在环境中可以持久存在（Auger，1990）。

奥格总结道："通过GC-MS鉴定葱属植物中多数的含硫挥发物都是在使用分离和色谱过程中产生的假象"（Auger，1989）。笔者也得出相似的结论，在GC的高温条件下，硫代亚磺酸酯会分解得到多硫化物（Block，1992b）。为了避免这些实验假象，最好是用已知的标准物测试GC性质，并且将分析结果与不需要加热的分析结果如HPLC的结果，进行比较。实际上，室温下，使用HPLC-APCI-MS直接分析葱属植物产生气味的物质，证实存在硫代亚磺酸酯，且没有二硫化物或多硫化物以及它们的重排产物（Ferary，1996a，b）。如果在GC条件下，化合物不稳定，若想得到更为理想的结果，应该降低进样口的温度，甚至使用低温进样条件，或者减少柱子的长度，增加气流速率，这样一来，样品在柱子中的时间会减少，又或者可以使用更厚（4μm）的固定相（Arnault，2000）。

在不同条件下检测大蒜素分解的产物表明布罗德尼兹最初发现并认为可能是大蒜素脱氢产物的*m/z* 144事实上却是硫代丙烯醛的DA二聚产物，2-乙烯基-4*H*-1,2-二硫杂环己烯（**57a**；次要）和3-乙烯基-4*H*-1,3-二硫杂环己烯（**57b**；主要）（图示4.22；Block，1984，1986）。布罗德尼兹错误地将*m/z* 144的次要化合物认为是3-乙烯基-6*H*-1,2-二硫杂环己烯。硫代丙烯醛的形成和硫代甲醛类似，而弱的烯丙基SC—H键进一步促进了它的产生（BDE 85.5kcal/mol；Okada，2005，2006；图示4.8）。硫代丙烯醛也可以由二烯丙基硫化物在400℃时用FVP产生（**58**；Bock，1982），使用图4.5中的装置进行热解，并于图4.7的闪蒸装置连接。使用液氮冷冻后，硫代丙烯醛是宝石蓝色的，加热后，**57a**和**57b**以1:4.4的比例形成，与室温下从大蒜素中分离的混合物比例相同。乙烯基二硫杂环己烯**57a**和**57b**存在于一些大蒜健康补品中。生物测试发现**57a**和**57b**的生物活性非常有趣，这将会在第5章中进行讲述。大蒜素（**2**）分解成2-丙烯基次磺酸（**16**）和硫代丙烯醛（**56**），如图示4.22所示，这解释了为什么大蒜素在像水这样可提供氢键的溶液中更加稳定（Vaidya，2008）——氢键束缚了氧上的孤对电子，遏制了它的抓氢能力。

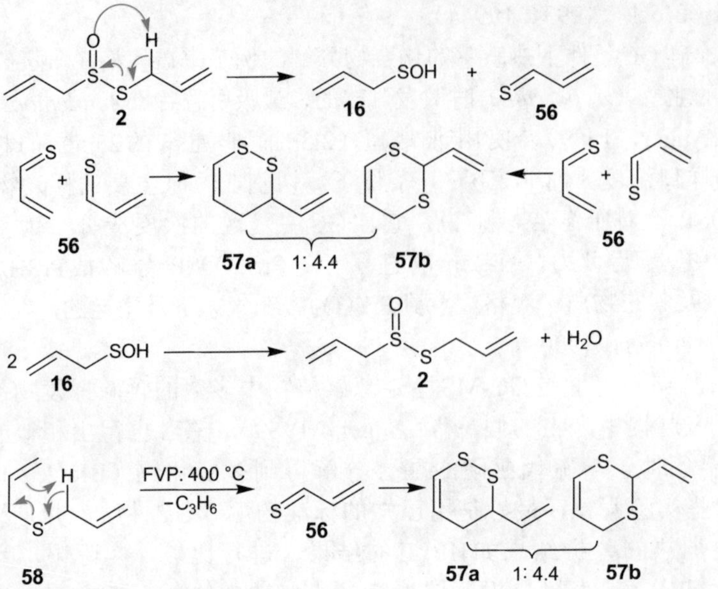

图示4.22 大蒜素形成硫代丙烯醛（**56**）和FVP中的二烯丙基硫化物（**58**），二聚后得到乙烯基二硫杂环己烯（**57a**，**57b**）

不饱和杂环硫代丙烯醛双聚物**57a**和**57b**，由单分子的大蒜素分解而成，第一次发现它是在GC-MS分析大蒜萃取物时得到了峰 m/z 144。GC-MS在有些大蒜制品中还发现了一个峰是 m/z 104，鉴定为杂环 $3H$-1, 2-二硫杂环戊烯（**60**；图示4.23；Kim，1995；Dittman，2000）。在形成**60**的机理未能理清之前，猜测可能先是大蒜素（**2**）重排成硫代次硫酸酯（**59**），这个过程与硫代亚磺酸酯（**61**）和硫代次硫酸酯（**62**；Baldwin，1971）的平衡类似，接着**59**分解成**60**和烯丙基醇，后者的含量和**60**相近（Kim，1995）。由于与热解含硫化合物有关其它的GC-MS显示的假象，接下来会进行讨论。

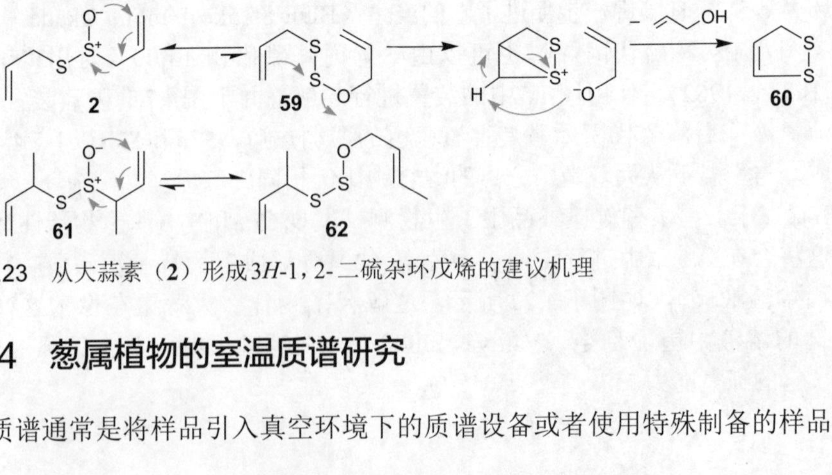

图示4.23 从大蒜素（**2**）形成 $3H$-1, 2-二硫杂环戊烯的建议机理

4.5.4 葱属植物的室温质谱研究

质谱通常是将样品引入真空环境下的质谱设备或者使用特殊制备的样品而得

到的。质谱家族的新成员，室温质谱则是在自然条件下直接得到质谱数据，而不再需要在质谱设备之外产生离子而进行样品制备或者分离（Cook，2006）。这些技术包括脱附电喷离子化（DESI；Takats，2004）、实时直接分析（DART；Cody，2005）、等电子体辅助解吸/电离（PADI；Ratcliffe，2007）以及电喷雾萃取离子化（EESI；Chen，2007）技术。图4.14描述了DESI和DART技术，所有这些技术都可用来检验葱属植物化学。

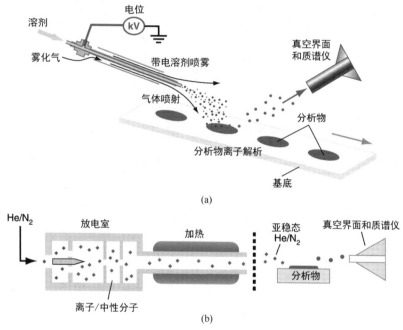

图4.14　DESI（a）和DART（b）分析图解（引自Cooks，2006）

4.5.4.1　实时直接分析：直接观察2-丙烯基次磺酸、丙硫醛S-氧化物、大蒜素和其它葱属植物活性硫化物的一种质谱方法

质谱DART技术可以在常压和基态条件下分析样品，只需将样品放在DART离子源和质谱仪器之间（图4.14；Cody，2005）。当用玻璃毛细管磨蚀洋葱后，在正离子（PI）DART条件下，洋葱的LF显示出了十分强烈的信号：与质子加合物信号（m/z 91，$[C_3H_6SO+H]^+$），加铵离子加合物信号（m/z 108，$[C_3H_6SO+NH_4]^+$；氨大概是由于氨基酸分解而形成的），此外还有两分子LF形成的化合物加质子的信号 $[m/z$ 181，$2(C_3H_6SO)+H]^+$；图4.15（a）]。另外还观察到一些小峰相对于质子化的洋葱烷（**84a**、**84b**，见4.11.1节；m/z 163，$[C_6H_{10}S_2O+H]^+$），质子化的硫代亚磺酸酯MeCH=CHS(O)SPr-n、MeCH=CHSS(O)Pr-n（m/z 165，$[C_6H_{12}S_2O+H]^+$）和 n-PrS(O)SPr-n（m/z 167，$[C_6H_{14}S_2O+H]^+$）和质子化的双锍化物O=S=CHCH(Me)CH(Me)CH=S=O（**92**，参见图示4.38；

m/z 179，$[C_6H_{10}S_2O_2+H]^+$）。当蒜瓣做成了样品，PI-DART中显示的相应的强信号是大蒜素，质子化信号 $[m/z$ 163，$[C_6H_{10}S_2O+H]^+$；图4.15（b）]和与NH_4^+结合的信号，一个质子化的二聚物信号（m/z 325，$[2(C_6H_{10}S_2O)+H]^+$），较弱的是质子化烯丙基甲基硫代亚磺酸酯（丰度5%；m/z 137，$[C_4H_8S_2O+H]^+$）和质子化的烯丙醇（m/z 59），以及非常微弱的信号，来自于质子化的二烯丙基三硫化物S-氧化物（**72**，m/z 195；图示4.26），以及它的加NH_4^+信号（m/z 212）。以上所有的峰都经过高分辨质谱确认（与R. B. Cody，A. J. Dane，JEOL USA合作；Kubec，2010）。一如预期，没有多硫化物的信号，因为它们并不是在切割洋葱或大蒜时的原生产物。

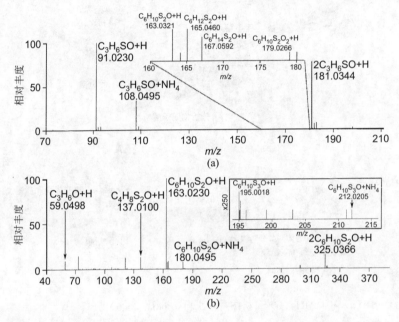

图4.15　（a）切割洋葱时产生挥发物的PI-DART质谱图（包括LF）；（b）切割大蒜产生挥发物的PI-DART质谱图（包括大蒜素、烯丙基甲基硫代亚磺酸酯）（引自Kubec，2010）
所有正离子以质子化和加铵的加合物出现，皆通过高分辨质谱确认

用NI（负电子）-DART方法，除了丙酮酸离子$CH_3C(O)CO_2^-$，在洋葱挥发物里检测到的主要物质是SO_2[图4.16（a）]。这跟维尔塔宁预测（图示4.5）的洋葱LF通过丢掉一个"H_2SO"进行解离相吻合。LF水解（图示4.24），非常好地说明了H_2S、SO_2和三硫杂环戊烷**63**的形成（Kuo，1992a，b），它们都出现在了洋葱的提取物和蒸馏物中。在NI-DART条件下分析大蒜挥发物[图4.16（b）]时，发现了与SO_2和丙酮酸负离子相吻合的显著信号，同时也有下列酸的负离子：2-丙烯基次磺酸CH_2=$CHCH_2SO^-$、2-丙烯基亚磺酸CH_2=$CHCH_2SO_2^-$和一个分子式为CH_2=$CHCH_2SO_3^-$的物种。在同样的条件下，一个可信的大蒜素样品只产生了2-丙烯基亚磺酸负离子和CH_2=$CHCH_2SO_3^-$的信号。次磺酸质谱信号的寿

命非常短，它在1s之内就会消失。这是第一次直接观察到在切割葱属植物时产生次磺酸的例子，同时也是第一次在大蒜中看到2-丙烯基亚磺酸的出现。SO_2大概是在2-丙烯基亚磺酸分解时产生的（**67**；图示4.26），另外一部分形成了丙烯，在测试中也检测到了微量的该物质（Kubec，2010）。

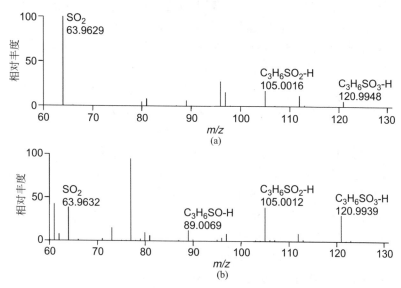

图4.16 （a）切割洋葱时产生的挥发物的NI-DART质谱图；（b）切割蒜产生的挥发物的NI-DART质谱图（其中有2-丙烯基次磺酸离子）。通过酸去质子化得到的所有阴离子都通过高分辨质谱确认（引自Kubec，2010）

图示4.24 洋葱LF水解形成异构3,5-二乙基-1,2,4-三硫杂环戊烷（*cis*-**63**和*trans*-**63**）的建议机理

当新鲜切割的大蒜在PI-DART，24℃条件下进行检测时，总的丙烯基甲基硫代亚磺酸酯（*m/z* 136）跟大蒜素和异构化的硫代亚磺酸酯（*m/z* 162）总的比

例为5∶100 [图4.15（b）]。当温度为40℃时，这个比例升高到6.8∶100。24℃下的比例和甲蒜氨酸、蒜氨酸和异蒜氨酸的比例吻合得非常好。在DART中，甲基硫代亚磺酸酯的比例稍高可反映出它的挥发性比大蒜素要好一些。随着温度的增加，该比例也增加，与预测相符，因为甲蒜氨酸比蒜氨酸断裂得更慢（Schmitt，2005），相比于24℃，在40℃取样时，有更多的甲蒜氨酸发生了反应。因此，通过劳森（Lawson）的工作，异构化的甲基硫代亚磺酸酯 m/z 136达到50%的时间在23℃时是0.6min，而37℃时则减少为0.2min，而大蒜素在这两种温度下都是瞬时形成的（Lawson，1992）。

甲蒜氨酸的酶促反应速率比蒜氨酸更慢，这值得进一步讨论。如果甲蒜氨酸比蒜氨酸断裂慢了十倍，那么甲蒜氨酸断裂后应该没有多余的蒜氨酸可以再通过反应式（2）形成混合的烯丙基甲基硫代亚磺酸酯。为了使混合的烯丙基甲基硫代亚磺酸酯的形成看上去更加合理，这里猜测甲基次磺酸与大蒜素很快进行交换而形成MeS(O)SAll，见反应式（3），它所形成的AllSOH与MeSOH结合如反应式（2）。事实上，劳森发表过如下观点：①大蒜素的生成在30s内达到最高值，接下来慢慢减少，直到5min时混合的烯丙基甲基硫代亚磺酸酯产生；②每1mol的大蒜素消失，会有1.9mol的混合烯丙基甲基硫代亚磺酸酯形成。这个预测要求MeS(O)SAll比AllS(O)SMe过量，于大蒜而言，事实上也正是如此（比例≈2∶1；Block，1974b，1992b；Lawson，1992；Shen，2000，2002）。当蒜末加入过量的MeS(O)SMe水溶液中时，主要产物是AllS(O)SMe，这也与上述的假设相符合 [反应式（4）；Block，1992b]。

$$AllSOH + MeSOH \longrightarrow MeS(O)SAll + AllS(O)SMe \quad (2)$$

$$AllS(O)SAll + MeSOH \longrightarrow MeS(O)SAll + AllSOH \quad (3)$$

$$MeS(O)SMe + AllS(O)CH_2CH(NH_2)CO_2H + 蒜氨酸酶 \longrightarrow AllS(O)SMe（主）\quad (4)$$

4.5.4.2 脱附电喷离子化

该技术中，带电荷的液滴以细喷雾的方式撞击样品的表面，它撞出分子，将它们离子化，并送入质谱测试。通过这个新的方法，新鲜切割大蒜得到的大蒜素和半胱氨酸喷雾液一起进入质谱检测。于是，质子化的大蒜素分子（m/z 163）和氨结合大蒜素（m/z 180）的信号都可以检测到。它的意义还在于可以检测到大蒜素-半胱氨酸化合物（m/z 284=162+121+1）的信号，它比 S-烯丙基硫基半胱氨酸先形成（7；图示3.1；Zhou，2008）。

4.5.4.3 电喷雾萃取离子化

用这项技术研究了志愿者食用大蒜30min后的呼吸分析，他们吹出的气通过气体转移管输送到电喷雾电离源（ESI），那里的温度维持在80℃。质子化的大蒜素（m/z 163），甚至 γ-谷氨酰-S-甲基半胱氨酸（m/z 265）都可以直接从呼吸中检测到，同时伴有许多其它的信号。然而，这个谱图中并没有显示出相应的非极性的有机硫化物。为此，使用了硝酸银的水溶液作为喷雾剂。这个方法对于硫化物有很好的选择性，非极性的烯丙基甲基硫化物和一个被认为是甲基烯基硫化物的物质，以及极化的大蒜素，γ-谷氨酰基-S-甲基半胱氨酸，它们在此表现为 ^{107}Ag 和 ^{109}Ag 的加合物，信号强度增强了十倍（Chen，2007）。作者并没有给出任何证据证明 m/z 74 是甲基烯基硫化物，也无法排除是异构化的 2-丙烯硫醇，后者也曾被证实是食用大蒜后呼出气体中所含的物质，因此，解释该峰时，后者可能是更好的选择。

4.5.4.4 等离子体辅助解吸电离质谱

这个技术使用的是非加热（"冷"）射频促使的常压等离子体技术，可以直接射向分析物的表面，不需带电荷，也不需要加热样品。洋葱LF的峰十分明显，跟DART测试结果不同，大蒜素只有很微弱的 [M+H]$^+$ 峰，m/z 163（Radcliffe，2009）。

4.5.5　洋葱细胞的X射线吸收光谱成像

怎样才能对葱属植物的活体组织进行检测呢？比如如何得到细胞中不同位置的不同含硫化合物，例如LF前体异蒜氨酸的即时信息？传统的分析方法基于湿式化学技术，它会破坏细胞，导致蒜氨酸酶和异蒜氨酸之间的快速反应，改变含硫化合物的成分。对非破坏性的含硫化合物的分析是十分困难的，因为作为一个元素，硫缺乏完善的谱学探针，因此常被称为谱学上的"沉默"元素。葱属植物和其它植物中的硫形态可以通过非破坏性的硫的K-边X射线吸收光谱成像技术（XAS；Sneeden，2004）和X射线荧光成像技术（XFI）而获取有用的信息。XAS需要将光子能量调整到可以激发束缚电子的能量范围（0.1～100keV光子能量），通常使用有强的可调的X射线光束的同步辐射装置，当将这一技术用于含硫体系时，X射线吸收谱图的近边部分主要由偶极允许跃进至具有重要p轨道性质的轨道所决定。XAS对电子结构十分敏感，尤其对硫而言是很好的探针，因为不同化合物在谱图上的辨识度很高。不同有机硫的基团（硫醇、硫醚、亚砜、砜等；图4.17）都可以定性或者定量分析。用显微镜进行这样的研究，即用微焦聚X射线进行的显微光谱学，有可能直接观察到植物组织，如：洋葱细胞中不同化学形式的硫的分布。

在斯坦福同步辐射实验室（Stanford Synchrotron Radiation Laboratory），用完整的和匀化的洋葱、大蒜和韭菜 $A.\ tuberosum$ 样品得到了K-近边X射线吸收光谱。对于这三种植物的完整组织，图谱中清晰地显示出亚砜前体的存在（大约2473.5eV），以及更为还原的硫的形式，包括硫醇、二硫化合物和硫化物

(2469～2472eV)，也有小部分硫酸酯（2479.6eV）。X射线吸收光谱显示，随着细胞破裂，洋葱的LF和硫代亚磺酸酯含量增加，而亚砜（LF前体；大约2473.5eV）的含量则随之降低（图4.17；Pickering，2009）。在完整的细胞中，X射线荧光成像技术显示在细胞溶质里亚砜的含量增高，还原的含硫化合物在中央传输管和维管束鞘细胞中含量增高。

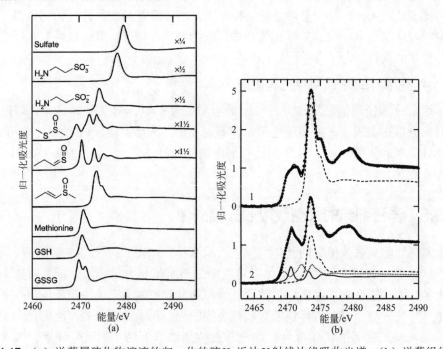

图4.17 （a）洋葱属硫化物溶液的归一化的硫K-近边X射线边缘吸收光谱；（b）洋葱组织的硫K-近边X射线吸收光谱（引自Pickering，2009）
1—细胞摩擦破损前；2—细胞磨损后。数据以点表示，而后以实线连接。在1和2中，亚砜化合物用虚线表示，在2中，硫代亚磺酸酯用点线表示；LF，Z-丙硫醛-S-氧化物，用实线表示

4.5.6 其它分离和分析的方法：超临界流体色谱法、毛细管电泳和半胱氨酸亚砜专一的生物传感器

用超临界二氧化碳进行色谱分析，再配合质谱，这一方法曾用以表征新鲜切割大蒜中的大蒜素。在低温烤炉（50℃）和限束针尖温度（115℃）下，才能获得化学电离（CI）的大蒜素的质谱，质子化的分子离子 m/z 163 为主要离子，如图4.15（b）所示（Calvey，1994）。毛细管电泳在一个小的毛细管内通过质荷比差异而进行分离，毛细管中充满了电解液和分析物。在电场影响下，分析物在导电性液体介质中移动。毛细管电泳技术分辨率很高，选择性很好，可以分辨物理性质差别十分微小的物质。毛细管电泳用来分离不同葱属植物中蒜氨酸、异蒜氨

酸、甲蒜氨酸和丙蒜氨酸中的FMOC衍生物（Kubec，2008）。新鲜的葱属植物用90%的甲醇水溶液萃取，10mmol/L的盐酸进行酸化（使蒜氨酸酶变性），然后与芴甲基氯甲酸酯反应，得到FMOC衍生物，S-异丁基半胱氨酸亚砜作为内标。蒜、洋葱、火葱、韭葱和细香葱的分析数据总结于附录1的表A.1中，其中也包含了霍里（Horie）早前测量的毛细管电泳数据（2006）。

科伊斯根（Keusgen）和他的合作者研发了一种半胱氨酸亚砜专一的生物传感器，它是基于固定化的蒜氨酸酶和氨气电极的结合。酶可以放置于小的柱内或者固定于电极表面，直接接触，检测限分别为0.37μmol/L和0.59μmol/L（Keusgen，2003）。

4.6 前体的前体：蒜氨酸、异蒜氨酸、甲蒜氨酸——葱属植物硫化合物的生物合成源

我们一直将焦点放在葱属植物风味前体化合物中最为重要的蒜氨酸、异蒜氨酸和甲蒜氨酸上。然而，大多数它们的γ-谷氨酰基衍生物，无论硫上是否有氧（图4.18），也在葱属植物中得到了分离和表征。这些结果在1960—1962年由维尔塔宁（Virtanen，1960，1961，1962）和京都大学的化学家（Suzuki，1961）使用了纸色谱和离子交换色谱柱，以及其它技术而获得。使用阳离子交换柱的HPLC，对于标准物可以得到很好的分离效果（图4.20）。在图4.18中所有化合物都在蒜氨酸酶失活的鲜蒜萃取物中都检测到了（图4.19），而N-(γ-谷氨酰基)-S-(甲基)-L-半胱氨酸亚砜则例外，它在其它的葱属植物萃取物中已被发现（Yamazaki，2005）。各个组分占干重的平均百分比如下：蒜氨酸，2.62；(−)-S-(2-丙烯基)-L-半胱氨酸亚砜（"别-蒜氨酸，*allo* alliin"），0.06；S-(2-丙烯基)-L-半胱氨酸（脱氧蒜氨酸），0.02；甲蒜氨酸，0.36；异蒜氨酸，0.13；环蒜氨酸，0.16；Glu-MC，0.43；Glu-AC，2.34；Glu-PEC，2.13；Glu-ACSO，0.16；Glu-PECSO，痕量［缩写见图4.11和图4.18，(−)-S-(2-丙烯基)-L-半胱氨酸亚砜（**12**）和环蒜氨酸（cycloallin，**19**）的结构分别见图示4.1和图示4.3］。

在新鲜的蒜鳞茎中，Glu-AC和Glu-PEC的丰度几乎与蒜氨酸相当。正相HPLC也得到了相同的结果，由于源产地、品种多样性、栽培种植和储藏条件不同，其化合物的含量变化很大（Ichikwa，2006）。当切割新鲜的蒜时，γ-谷氨酰-S-2-丙烯基半胱氨酸（Glu-AC）释放出来，大蒜素和其它的硫代亚磺酸酯很快形成。基于脱水蒜粉的大蒜补充剂片剂，在被压碎后与水混合，表现出了相似的性质。Kyolic大蒜补充剂形成S-2-丙烯基半胱氨酸和γ-谷氨酰-S-2-丙烯基半胱

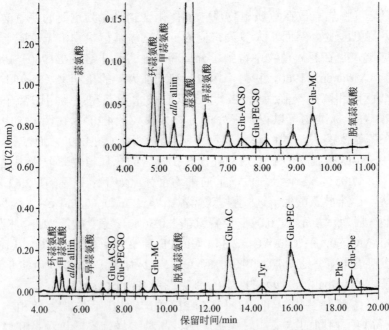

图4.18 葱属植物中分离的 γ-谷氨酰基-S-烷（烯）基-L-半胱氨酸

图4.19 蒜氨酸酶失活后蒜提取物的HPLC分析（引自Yamazaki，2005）

氨酸，而没有大蒜素，如表4.3总结的那样（Lawson，2005，1991c）。与之相比，在LF之外，洋葱释放出 γ-谷氨酰-S-(E)-1-丙烯基半胱氨酸亚砜（Glu-PECSO），以及少量的其它含硫化合物（Lawson，1991c）。

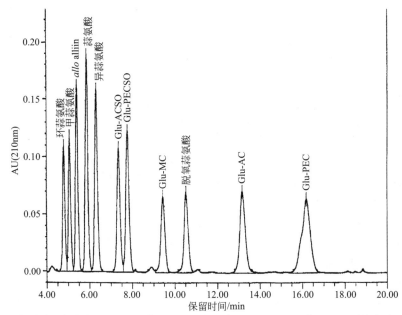

图4.20 各种标准物的HPLC图谱（UV测试于210nm，pH 2.5的KH_2PO_4缓冲液）（引自Yamazaki，2005）

表4.3 切割的大蒜、大蒜补充剂磨碎后与水混合（Lawson，2005）以及切碎的洋葱所产生的主要含硫化合物（Lawson，1991c）

化合物	含量/(mg/g)	鲜重或片剂
压碎的新鲜大蒜		
大蒜素	3.1±0.11；范围：2.3～6.6	
甲基-2-烯丙基硫代亚磺酸酯[①]	1.2±0.05；范围：0.4～2.1	
γ-谷氨酰-2-丙烯基半胱氨酸	5.0±0.30；范围：0.9～6.8	
γ-谷氨酰-S-(E, Z)-1-丙烯基半胱氨酸	(E)-异构体：3.6±0.15; (Z)-异构体：0.06	
S-2-丙烯基半胱氨酸	0.06	
大蒜素（大蒜补充剂）		
大蒜素[②]	5.2±0.3	
烯丙基甲基硫代亚磺酸酯	1.2±0.1	
γ-谷氨酰-S-2-丙烯基半胱氨酸	3.3±1.2	
Kyolic 100（大蒜补充剂）		
S-2-丙烯基半胱氨酸	0.60±0.11	
γ-谷氨酰-S-2-丙烯基半胱氨酸	0.82±1.0	
新鲜的煮洋葱（黄洋葱）		
谷氨酰-S-(E)-1-丙烯基半胱氨酸	0.27±0.10	
谷氨酰-S-(E)-1-丙烯基半胱氨酸亚砜	4.0±1.9	
新鲜的黄洋葱		
γ-谷氨酰-S-(E)-1-丙烯基半胱氨酸	0.08±0.03	
γ-谷氨酰-S-(E)-1-丙烯基半胱氨酸亚砜	0.53±0.24	

①也有约0.4mg/g鲜重（1mg/g干重）的烯丙基-(E)-1-丙烯基硫代亚磺酸酯。
②＞95%大蒜素释放溶解。

研究者通过对植物注射硫-35（$^{35}SO_4^{2-}$）进行标记，从植物最终的无机硫源，硫酸盐（SO_4^{2-}），确定了蒜氨酸、异蒜氨酸、甲蒜氨酸和丙蒜氨酸形成的机理（即它们的生物合成）（Ettala, 1962；Suzuki, 1961）。这样的同位素标记实验结果分离得到了18种不同的含有^{35}S的化合物。硫酸盐大都存在于土壤中，也即地球土壤源，H_2S和SO_2在土壤中的含量虽少，但是作为大气中的硫源，它们可通过叶子被吸收。葱属植物和其它的植物一样，可以"固定"硫酸盐中的硫，将它转化为氨基酸半胱氨酸，接着又转化为一系列的储存硫的化合物，和谷氨酸结合，形成γ-谷氨酰基（Jones, 2007）。我们知道，蒜中的蒜氨酸浓度随着土壤中的硫肥浓度增加而增加，直到达到某个最高值（超过200kg/ha的硫肥，蒜氨酸浓度将不再增加；Arnault, 2003）。硫酸盐的固定是由特定的硫酸酯转运蛋白主导的。

硫酸根的还原主要发生在植物的枝芽上，步骤如下：①土壤中的硫酸盐被根吸收，传输到枝芽；②枝芽中的硫酸根活化成腺苷5'-磷酰硫酸（APS）；③APS被APS还原酶还原至亚硫酸盐SO_3^{2-}；④亚硫酸盐被亚硫酸还原酶还原成硫化物S^{2-}；⑤硫化物通过一个酶导向的反应与O-乙酰丝氨酸[$CH_3C(O)OCH_2CH$-$(CO_2H)NH_2$；Leusteck, 1999；Durenkamp, 2004, 2007]反应引入半胱氨酸。接下来发生的反应取决于植物的生长阶段、温度和其它的环境因素。在叶子中，半胱氨酸，以γ-谷氨酰基半胱氨酸或者谷胱甘肽（一个包含了半胱氨酸、甘氨酸和谷氨酸的三肽）的形式存在，它们会通过如γ-谷氨酰-S-(β-羧丙基)半胱氨酰-甘氨酸（**64**；图示4.25）的形式转化为相应的S-烷基或者S-烷(烯)基衍生物。随着植物的生长，这些化合物进入鳞茎和蒜瓣，它们便有了硫或者氮化物的储存功能。化合物**64**脱羧形成S-1-丙烯基化合物的机理通过同位素标记得到了建立（Parry, 1989, 1991）。

有几个过程目前还并不十分确定，包括烯丙基的来源，以及氧化形成亚砜的过程（Jone, 2004, 2007；Hughes, 2005）。2-丙烯基硫醇（**65**，烯丙基硫醇）的生物合成途径是未知的，目前认为它与O-乙酰丝氨酸反应生成S-烯丙基半胱氨酸，然后再转化成γ-谷氨酰基衍生物作为储存物。实际上，在洋葱根部的培养中，和丝氨酸一起加入2-丙烯基硫醇、丙基硫醇或者乙基硫醇，形成了相当量的丙烯基、丙基或者乙基的烷(烯)基半胱氨酸亚砜，而通常在洋葱中是没有这些物质的（Prince, 1997）。当植物接近成熟时，或者鳞茎经历低温，会产生两个连续的过程：①许多存储的硫化物通过氧化酶的立体选择性的氧化过程，得到手性亚砜基团，形成蒜氨酸、异蒜氨酸和甲蒜氨酸；②γ-谷氨酰基转肽酶对肽链水解。

许多蒜氨酸、甲蒜氨酸和异蒜氨酸的不同前体已被分离、鉴定及合成，有些化合物具有十分有趣的生物活性，此后会一一叙述。蒜氨酸的一种氨基酸糖苷从蒜的叶子中分离得到（Mütsch-Eckner, 1993）。甲蒜氨酸也在所有的甘蓝（*brassica oleracea* L.）蔬菜中得到了鉴定（花菜、白菜、西兰花；Jones, 2004）。和蒜氨酸、甲蒜氨酸类似的化合物以及它们的酶促降解产物也在其它的物种中

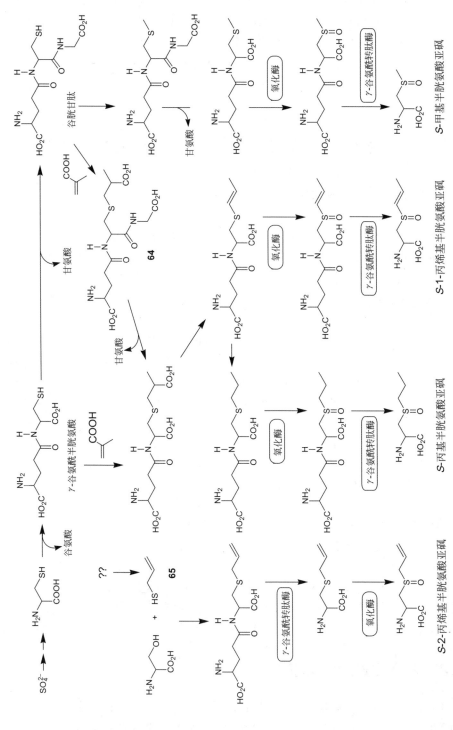

图示4.25 S-烷(烯)基半胱氨酸亚砜的生物合成

得到了分离，如：热带野草 *Petiveria alliacea* L.（Kubec，2001，2005），树木铁青树科（*Scorodocarpus borneensis* Becc.），也叫作树蒜"wood garlic"（Kubota，1998），*Marasmius alliaceus* 和相关的蘑菇（Gmelin，1976），紫娇花（*Tulbaghia violacea*），也叫作社会蒜"society garlic"（Kubec，2002a），以及观赏植物 *Leucoryne*（Lancaster，2000），等等。

4.7 大蒜素的转化，第一部分：重探蒜油

4.7.1 大蒜素的奇妙世界

大蒜素是蒜的要素——它微甜，有新鲜切割蒜瓣的辛辣的芳香味，使舌头刺激、兴奋。对于那些喜欢蒜的人来说，大蒜素的快感稍纵即逝，芳香物质随时间流逝而不断产生微妙的变化，直到烹饪得到大蒜的二烯丙基二硫化物。作为化学物质，大蒜素不稳定，反应性强。这两点并不是缺点——正如我们看见的那样，它们恰好满足了大蒜素显而易见的高活性，至少在体外，可以作为抗生素、抗氧化剂和抗癌物质！大蒜素只有在冰冻的水溶液中能够保存上一段时间。如图示4.22所示的那样，单一的大蒜素（**2**）分子经历自身缩合得到硫代丙烯醛（**56**）和2-丙烯基次磺酸（**16**）。前者活性很高，即刻二聚成为乙烯基二硫杂环己烯**57a**、**57b**。当2-丙烯基次磺酸自身缩合时，再次产生大蒜素，在缩合之前，它呈现出非常有用的抗氧化作用（章节4.9）。

在室温和加热的情况下，通过完全不同的两种途径，大蒜素可以在温和的酸催化下与自身反应。第一种途径是这一节的主题，它形成了二烯丙基二硫化物、三硫化物和更高的多硫化物，同时也产生烯丙基醇、丙烯和二氧化硫（Brodnitz，1971b；Yu，1989a，b）。这样的过程也发生在蒜瓣切割后与水一起煮并收集馏出物之时，如同沃特海姆和塞姆勒在19世纪制备蒜油时所为。第二个过程，是4.8节的重点，形成了九个碳、三个硫、一个氧被叫作大蒜烯（ajoene）的化合物。所有这些反应都是由于大蒜素中心的S—S键的弱化而得到加速的，这种弱化是由于S—S上连有一个氧，氧可以与氢键合，从而驱动反应，氢可以是分子内的（图示4.22），也可以来自外部（图示4.26）。一个简单的分子，如大蒜素，能够进行如此众多不寻常的转化，实在是非常奇妙的。

4.7.2 大蒜素水解后形成的蒜油

图示4.26显示了大蒜素（**2**）在水中分解所形成的产物。在众多产物中，也有丙烯和二氧化硫。在某些研究中，也分离得到痕量的2-丙烯基硫代磺酸2-丙

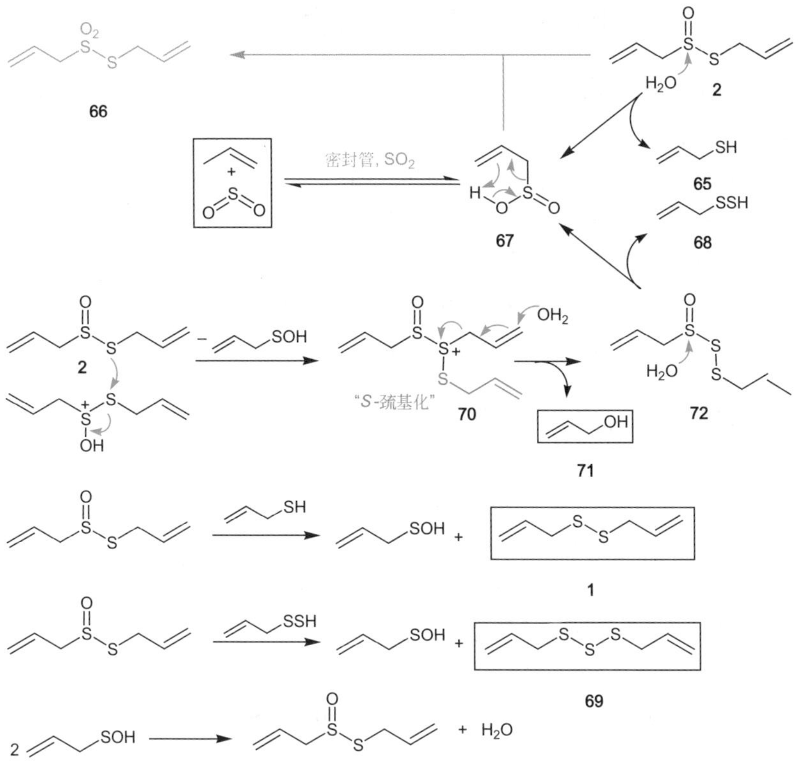

图示 4.26 大蒜素（**2**）在室温下水中分解的推荐机理

烯酯（**66**；又叫作假蒜素pseudoallicin；Belous，1950）（Hu，2002）。当纯的甲基硫代亚磺酸甲酯（**4**）分解形成显著量的甲基硫代磺酸甲酯（**40**；图示4.8）时，却只有痕量的**66**产生，这是因为其假设的前体 2-丙烯基亚磺酸（**67**）并不稳定，如图示的那样，它很快就分解成了丙烯和二氧化硫（$\Delta H^\ddagger$=11kcal/mol；Hiscock，1995）。然而，如果将大蒜素封闭在一个含有过量二氧化硫液体的玻璃瓶中以增加**67**的量，**66**就成为了主要产物（Block；1992）。假大蒜素**66**的首次合成是在1950年通过其它方式完成的，同时发现它与大蒜素有着相似的生物活性（Belous，1950）。

大蒜素分解的主要产物二烯丙基三硫化物（**69**）是由一系列的化学转化而形成的，首先是来自于大蒜素的硫醇化，得到中间体**70**。**70**的水解得到烯丙醇（**71**），同时产生第二个中间体**72**，**72**自身水解形成**67**和2-丙烯基-1-(硫代次磺酸)（**68**），**68**为多硫醇的一员，大蒜素的直接水解可以得到2-丙烯基硫醇（**65**）和**67**。通过使用DART质谱分析，在切割大蒜时，已经证实可以直接测试到中间体**67**和**72**，并且还有烯丙醇、SO_2和丙烯（Kubec，2010）。

4.7.3 分析方法的讨论；配位离子喷雾质谱

图示4.26简化了在蒜油中实际得到的物质以及形成它们的机理。在制备蒜油的过程中，有值得注意的一系列的直链和环状的含硫化合物产生，或者，仅仅是延长加热二烯丙基二硫化物的时间也可得到它们。当然，在切割蒜时产生了含有烯丙基基团的，以及另外的甲基和1-丙烯基基团的硫代亚磺酸酯。因此，在蒸馏的蒜油里，得到的多硫化物也包含了甲基，1-丙烯基以及烯丙基基团［反应式（5）和反应式（6）；"n"为一系列数值最高可到9；1-丙烯基化合物不在此列］。作为具有生物活性的材料，蒜油的有用的性质将会在第5章和第6章进行讨论。

$$CH_2=CHCH_2S(O)SCH_2CH=CH_2（水煮）\longrightarrow CH_2=CHCH_2S_nCH_2CH=CH_2 \quad (5)$$

$$CH_3S(O)SCH_2CH=CH_2 和 CH_2=CHCH_2S(O)SCH_3（水煮）\longrightarrow$$

$$CH_3S_nCH_2CH=CH_2 \quad (6)$$

气相色谱具有出色的分辨率和与质谱仪的联用功能，是表征蒜油的常用工具。最早的GC研究证实了蒜油和蒜的顶空气体中有二烯丙基和二甲基硫化物、二硫化物以及三硫化物的存在，同时也有混合的烯丙基甲基多硫化物（Oak，1964；Schultz，1965）。近来的一个GC研究则获得了大量的蒜油信息。新鲜去皮和切割的埃及大蒜蒜瓣经过蒸汽蒸馏后，获得了2%的蒸馏油，蒸馏后，所得的蒸馏油立即进行GC分析（30m×0.32mm 柱子使用0.25μm膜厚）表明有2.5%的All_2S、3.2%的All_2S_2、2.1%的$AllS_3Me$、29.7%的All_2S_3、4.4%的All_2S_4，还有少量的$AllSMe$、n-Pr_2S、$MeS_2CH=CHMe$、Me_2S_3、$AllS_2Pr$-n、$MeS_3CH=CHMe$、$AllS_3CH=CHMe$、$AllS_4Me$和$AllS_4CH=CHMe$，（All表示$CH_2=CHCH_2$）。样品中二烯丙基三硫化物的超高含量引人注意，同样，蒸馏油产率也比1891年塞姆勒的0.09%高出了许多。也检测到了硫元素，但并不是蒜油里的真实成分。事实上，它是在进样口高温分解而得到的，因为硫的含量随着进样口的温度升高而增加，进样口温度为100℃时是1.3%，200℃时是12%（Jirovetz，1992）。

在本章的前面，我们介绍了一些维尔塔宁和他的团队在芬兰做出的关于葱属植物中含硫化合物化学的开创性研究。1970年，维尔塔宁的合作者本特·格伦斯（Bengt Granroth）在蒜油方面发表的工作值得注意。格伦斯发现，纯的无色二烯丙基二硫化物在100℃时发生分解，通过气相色谱柱，"形成非常复杂的系列产物"。此外，二烯丙基二硫化物本身并没有明显的抗生活性，而二烯丙基二硫化物在分解的过程中所形成的二烯丙基多硫化物则显示出了"很高"的活性。比如，4mg/L的二烯丙基四硫化物对金黄色葡菌球菌（*Staphylococcus aureus*）有很好的抑制作用。格伦斯告诫说："考虑到烷基二硫化物的热解，尤其是All_2S_2，许多已报道的关于蒜的组成分析都有可能是，或部分是研究了假象。"格伦斯进一步精确地预测了双（1-丙烯基）二硫化物会比烯丙基的异构体更加不稳定（Granroth，1970）。笔者受到格伦斯的启发，对二烯丙基二硫化物和异构体双（1-丙烯基）

二硫化物进行了详细的热分解反应的研究。令人振奋的研究结果将会在下面介绍，接下来也会对硫的键合作用这关键性质进行讨论，另外还有分析多硫化物（polysulfide，又名polysulfane）所需要的特定的分析方法也会予以介绍。

蒜油描述了元素硫的一种关键的性质——成链能力（ability to catenate），比如，它可以反复地与自身以共价键形式成链或者成环（catena是"链"的拉丁文）。硫本身在自然界中以八元环形式存在，这就是环八硫，S_8（图4.21）。多硫化物一旦在链上超过四个硫原子，便是热不稳定的。因此，蒜油里的高级多硫化物最好如Granroth所建议的使用室温的色谱技术，如HPLC进行分析，而非GC。GC检测需要加热，致其分解。HPLC在分析蒜油时使用的是非极性柱（"C-18"），流动相为甲醇-水，在这样的条件下，得到了一组多硫化物家族（二硫化物、三硫化物、四硫化物等），随着硫原子数的增加（亲油性/疏水性增加），它们形成间隔均等的峰。在蒜油里发现的特定的化合物包括All_2S-All_2S_6、$AllSMe$-$AllS_6Me$和Me_2S_2-Me_2S_6，还有五硫化物和六硫化物，分别占所有硫化物的4.2%和0.8%。此外，还有痕量的七硫化物和八硫化物（Miething，1998；Lawson，1991；O'Gara，2000）。其中很多的化合物先前在GC中都未曾检测到。

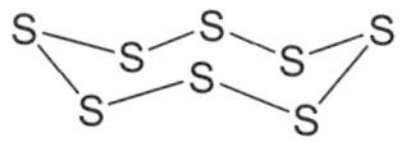

图4.21　元素硫S_8的"冠状"构象（显示了S—S键的成键）

如果检测器已经经过了合适的校正，从HPLC中检测混合物中各种组分并鉴定每个组分以及含量是可行的，只是峰之间的重叠以及鉴定组分时的不确定性使得这个工作变得复杂。LC-MS使用电喷雾离子化质谱（ESI-MS），因为大蒜素和洋葱LF的DART研究（图4.14），对于非极性的多硫化物均不适用，这是由于它们具有很低的质子亲和力。然而，由于银离子能够跟二烯丙基多硫化物很好地配位（Oliinik，1997，1998；Goreshnik，1997，1999；Salivon，2006，2007），分离后注入银盐，再与电喷雾质谱结合，能够大大地增强灵敏度。这种方法叫作配位离子喷雾质谱（CIS-MS）或者萃取性电喷雾离子化质谱（EESI-MS），使用它对人们吃蒜后的呼吸进行检测时（如章节4.5.4.3），硫的峰明显增高（Chen，2007）。利用该方法对蒜粉末进行检测，发现二烯丙基多硫化物具有最多六个连续的硫原子，表现出如下的峰（以All_2S_n，$m/z\,[M]^+$，$m/z\,[M+Ag]^{+107}Ag/^{109}Ag$同位素的形式表达）：$All_2S_2$，146，253/255；$All_2S_3$，178，285/287；$All_2S_4$，210，317/319；$All_2S_5$，242，349/351；$All_2S_6$，274，381/383（Li，2006）。为了定量，此前测定中曾以为所有的二烯丙基多硫化物都有"相似的摩尔吸收系数"，然而它们并不正确，这是由于链上硫原子的总数不同，二烯丙基多硫化物与银离子的配位也都不同（Wang，2013）。因此，对于通过Ag^+-CIS-MS（Li，2006）得到的结果——蒜油样品中二烯丙基四硫化物是主要的多硫化物，应持怀疑的态度。

使用超高效液相色谱柱（UPLC）可以改进峰的分离，并缩短样品的出峰时间，HPLC则不可以。这项技术使用的色谱填充物的颗粒远远比HPLC小，并且使用更高的流动相速度和压力及更短的柱子，因此，比HPLC的分离时间短，且得到更窄而高的峰。一般而言，保存同样的分离效率下，UPLC的柱子若为HPLC的1/3，且流速为HPLC的三倍，因此总体而言，分析用时为其1/9。此外，UPLC的操作条件对离子喷雾质谱的快速数据采集是十分完美的。进一步改善分离方法可以通过选择性的离子检测技术而获得，使用特定的离子，或者离子家族。这项技术对于不同化合物共洗脱而言（即过柱速度相同）十分有效。

UPLC-(Ag^+)CIS-MS技术在蒜油中的应用，与罗伯特·谢里丹（Robert Sheridan）合作得到的图谱如图4.22所示（Wang, 2013）。在这个工作中，色谱分离后，紧接着在液态样品中加入了四氟硼酸银（$AgBF_4$）溶液。此时，看到的离子是以$[M+Ag]^+$形式存在。我们选择$AgBF_4$而非$AgNO_3$是因为后者在某些环境下会引起氧化的过程。此外，前者也是比后者更强的路易斯酸。选择性的离子技术获得的图4.22只显示了含有两个丙烯基基团的多硫化物，而不显示混合物的其它化合物。此后还会讨论通过液体硫处理而使混合物加强。

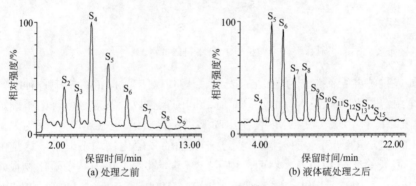

图4.22　UPLC-(Ag^+)CIS-MS对于蒜油中二烯丙基多硫化物的分析（引自Wang, 2013）

4.7.4　蒜油的核磁共振分析图谱

在我们的工作和李的工作中，通过UPLC-(Ag^+)CIS-MS技术得到的结果是蒜油中二烯丙基四硫化物数量最多，而李（2006）应用HPLC-GC研究蒜油也得到同样结果。为了在不加热的条件下，用其它设备也能获得更多的蒜油中组分的定量数据，我们用氢谱分析了在MS测试中同样的蒜油样品（Hile, 2004）。尽管是天然衍生的产物，而且是一个复杂的混合物，但蒜油的氢谱却相对比较简单（图4.23）。它包括：从3.1ppm到3.7ppm一系列裂分很清晰的双峰（**a～e**）（每个双峰的耦合常数为J=7.3Hz），是与硫相连的烯丙基的氢（$CH_2=CHCH_2S$）；

相似的易于分开的系列是（**f～i**）的单峰，从2.0ppm到2.7ppm，是与硫相连的甲基氢（CH_3S）；此外一个微弱但特征的峰是两组双峰（**j**），中心在1.8ppm（$J≈7$和$J=1$），分别是（E）-和（Z）-1-丙烯基上的甲基氢（$E∶Z$的值为2∶1；$CH_3CH=CHS$）；还有在5～6ppm的烯基的多重峰（未显示）。实质上，在0～1.8ppm、2.7～3.1ppm或者3.7～5.0ppm没有信号。

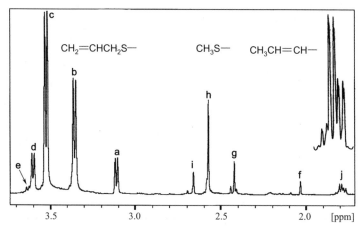

图4.23 一个代表性的蒜油商品样品的 ^1H NMR谱（1.8～3.7ppm区域）（500 MHz；$CDCl_3$）（引自Hile，2004）

　　a～e峰分别为All_2S、All_2S_2、All_2S_3、All_2S_4和All_2S_5烯丙基的CH_2S的质子（双峰）；**f～i**峰为MeSAll、MeS_2All、MeS_3All和MeS_4All中CH_3S的质子（单峰）；多重峰**j**（已放大；两组双峰），是（E,Z）-$CH_3CH=CHS$基团的CH_3质子

非常重要的是，四个单峰（**f, g, h, i**）跟主要的双峰（**a, b, c, d**）几乎精确地平行。这与这些峰反映了相应的二烯丙基化合物家族序列和甲基/烯丙基化合物家族序列的观点一致，这些二烯丙基硫化物为AllSAll（**a**）、AllSSAll（**b**）、AllSSSAll（**c**）、AllSSSSAll（**d**）；甲基/烯丙基化合物为MeSAll（**f**）、MeSSAll（**g**）、MeSSSAll（**h**）和MeSSSSAll（**i**）。进一步对谱图进行仔细分析，可以得到相似但非常细微的峰，是属于三个主要的二甲基多硫化物的，分别为：MeSSMe（中等强度）、MeSSSMe（高强度）和MeSSSSMe（低强度），出现为各峰左边（低场）的小肩峰，各峰依次为MeSSAll、MeSSSAll和MeSSSSAll。与硫相连的烯丙基亚甲基质子（$CH_2=CHCH_2S_n$）和甲硫基质子（CH_3S_n）随着n的增加而有更强的去屏蔽效应，而当$n≥6$时，这个效应消失（Wang，2013）。在大多数情况下，通过合成或者制备级HPLC从混合物里分离得到的权威样品用以确认氢谱中的峰的指认，峰的指认也通过单一成分和蒜油的^{13}C NMR得到支持。^{13}C NMR提供了^1H NMR上无法显示的关于烯烃（C=C）区域峰的分隔的信息（Hile，2004）。

　　蒜油中成分的相对摩尔分数和质量分数总结在表4.4中，对于含有五个硫以下的化合物，可以通过峰面积的积分计算获取该信息。此数据表明，二烯丙基三硫化物是蒜油中的主要产物，这与GC-MS数据吻合。在UPLC-(Ag^+)CIS-MS分析中，二烯丙基四硫化物占主导，说明它与银配位的能力比三硫化物强，正如用标准样品确认的那样（Wang，2013）。因此，UPLC-(Ag^+)CIS-MS的方法不能用来做定量分析，除非此前用标准样品做了校正。NMR方法的优势是简单，实际上，这是一个直接获取每个组分物质的量的绝对方法，而且使用这个方法可以检测掺假成分，因为会出现一个在纯的标准蒜油样品中所没有的新峰。NMR的局限是它没有办法区分连续相连超过六个硫的多硫化物，这是因为在超过六个硫原子时化学位移都聚集一起。幸运的是，HPLC可以用来"看见"实际上含有任何数目硫原子的多硫化物。NMR方法应用于洋葱油的分析中，可以看到典型的样品包括37%的二丙基二硫化物[$(CH_3CH_2CH_2S)_2$；CH_2S 2.66ppm]、24%三硫化物（CH_2S 2.84ppm）、17%四硫化物（CH_2S 2.97ppm）、14%五硫化物（CH_2S 2.96ppm）和7%六硫化物（CH_2S 2.97ppm）还有少部分的甲基多硫化物（Wang，2013）。

表4.4　500MHz ^1H NMR的蒜油数据（Hile，2004）

σ_H^1	多重性(J)，基团	摩尔分数（质量分数）	化合物
3.67	d (7.3)，CH_2S	痕量	All_2S_6
3.63	d (7.3)，CH_2S	1 (1)	All_2S_5
3.60	d (7.3)，CH_2S	6 (8)	All_2S_4
3.52	d (7.3)，CH_2S	33 (37)	All_2S_3
3.36	d (7.3)，CH_2S	26 (23)	All_2S_2
3.11	d (7.3)，CH_2S	7 (5)	All_2S
2.70	s，CH_3	痕量	MeS_5All
2.67	s，CH_3	痕量	Me_2S_4
2.66	s，CH_3	2 (3)	MeS_4All
2.59	s，CH_3	1 (1)	Me_2S_3
2.58	s，CH_3	11 (10)	MeS_3All
2.44	s，CH_3	0.4 (0.2)	Me_2S_2
2.42	s，CH_3	5 (4)	MeS_2All
2.04	s，CH_3	2 (1)	$MeSAll$
1.80	dd(6.5，0.9)，CH_3	4 (5)	(E)-MeCH=CHS_nAll
1.77	dd (6.9，1.1)，CH_3	2 (2)	(Z)-MeCH=CHS_nAll

4.7.5　对称和非对称的三硫化物以及更重的多硫化物的合成

合成单独的多硫化物，尤其是含有不同烷（烯）基时，需要十分注意，因为烯丙基的C═C键代表了一种反应活性中心。合成蒜油成分烯丙基甲基三硫化物（产率60%）的有效方法在反应式（7）和反应式（8）里。N-甲基吗啉这样的胺催化剂可用以脱除HCl（Mott，1984）。非对称的二硫化物可以通过亚磺酰基硫代碳酸酯引入巯基而实现（Brois，1970）。对称的多硫化物含有3～5个硫原子，如反应式（9）所示，可以通过大卫·哈珀（David Harpp）和他的合作者（Hou，2001，2000；Rys，2000；Jacob，2008）提出的方法得以实现。

$$CH_3OC(O)SSCl+CH_3SH \longrightarrow CH_3OC(O)SSSCH_3 \quad (7)$$

$$CH_3OC(O)SSSCH_3+CH_2=CHCH_2SH+R_3N \longrightarrow CH_2=CHCH_2SSSCH_3+R_3NHCl \quad (8)$$

$$2CH_2=CHCH_2SH+S_2Cl_2+吡啶/醚/-78℃ \longrightarrow CH_2=CHCH_2SSSSCH_2CH=CH_2 \quad (9)$$

在大量的生物研究（第5章及第6章中将会讨论）中发现，二烯丙基多硫化物的活性随着硫原子数目的增加而增加，至少四个硫以下规律如此，一般来说，活性顺序为：四硫化物＞三硫化物＞二硫化物。二烯丙基多硫化物在链中含有多于四个硫的化合物虽然在蒜油中天然存在，却很少研究，因为在冗长的分离步骤后也只能得到很少量的此类物质。为了探究二烯丙基二硫化物（**1**）的新的性质，将它加热至与二烯丙基硫代亚砜达到平衡（**73**；图示4.27；Barnard，1969；Höfle，1971；Baechler，1973），就可以以这种极性的"价键异构体"与液硫（环八硫）在它的熔点115～120℃左右进行简单的反应，有可能会导致直接制备富含更高的多硫化物混合物，如二烯丙基十硫化物，而此反应可以从蒜油得到或从合成的二烯丙基二硫化物开始（图4.22；Wang，2013）。在此反应前，二硫化物和液硫以两相存在。然而，在115～120℃加热不到3min，反应发生了，溶液也立即变成了均相。在这一反应条件下，二烯丙基十硫化物进一步转化为多硫化物，即含更高或者更少的相连的硫原子数。

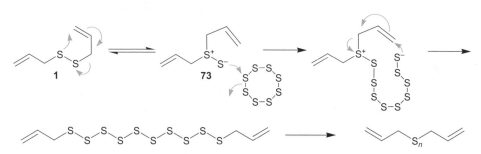

图示4.27 二烯丙基二硫化物（**1**）与液硫反应生成二烯丙基多硫化物家族

在此条件下，通过HPLC分析发现，制备多硫化物时最高可以达到含有22个连续硫的链（图4.24）。这一过程使得对于自然存在的包含5～9个硫的二烯丙基多硫化物样品，或者合成之前尚未在自然界检测到的包含10或以上的二烯丙基多硫化物样品进行分析和生物测试成为了可能。

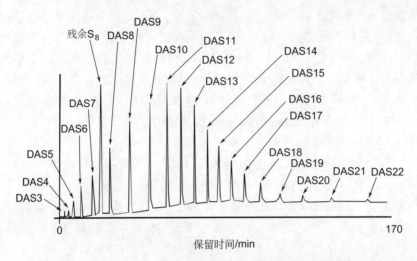

图4.24 对于液体S_8+二烯丙基二硫化物反应产物进行追踪的C-18 HPLC分析(Wang, 2013)
单独的二烯丙基多硫化物缩写成"DAS_n","n"代表了硫链上连续的硫的数目。更稳定的多硫化物可以通过制备级的HPLC进行分离

在讨论相关机理之前,在此对几个与生物相关的二烯丙基多硫化物化学的一些问题进行总结。当大蒜素分解变成二烯丙基多硫化物时,如此前提到的那样,它们也可以通过蒜氨酸酶对蒜氨酸(**10**)与半胱氨酸的混合物(**75**;Keusgen, 2008;Lancaster, 2000)进行酶促作用而形成。蒜氨酸酶可能是将半胱氨酸变成过硫化氢(HSSH),接着与由蒜氨酸而来的2-丙烯基次磺酸(**16**)和/或大蒜素(**2**)反应,形成二烯丙基四硫化物(**74**)以及其它的多硫化物(图示4.28)。

二烯丙基二硫化物可以中和氰化物的毒性。二烯丙基硫代亚砜(**73**)在此过程中具有重要的作用:硫烷作为硫供体给氰基离子,将它转化为毒性更小的硫氰酸盐(见第5章5.11节;Iciek, 2005)。二烯丙基多硫化物具有螯合作用,在银和铜的情况下,螯合作用包括硫原子和C═C双键,这可能也解释了为何二烯丙基四硫化物可以保护细胞免受镉的毒害(Pari, 2007)。二烯丙基多硫化物的多种生物活性也可以来自于它们的亲油性和渗透生物膜的能力,还有它们相对的S—S键强度。后者及这些键与生物巯基基团的反应能力有关,将会在下面讨论。

图示4.28 从胱氨酸(**75**)、蒜氨酸(**10**)与蒜氨酸酶直接形成二烯丙基四硫化物(**74**)

4.7.6 机理研究

如4.7.3节描述的那样，当加热二烯丙基二硫化物（**1**）时，它分解为复杂的混合物（Granroth，1970）。和研究生拉吉·艾耶（Raji Iyer）一起，我们研究了加热对纯的样品**1**的影响，希望能够鉴识这一有趣反应的产物。通过GC-MS，我们发现了一系列含有九个碳的多硫化物。这很可能是由1.5个分子的**1**（图4.25；Block，1988）形成的。在蒜油里有痕量的相同化合物存在。将**1**或者蒜油加热至80℃，随着加热时间的延长，该物质的浓度增加。通过UPLC-（Ag^+）CIS-MS的方法使用选定的离子检测分析蒜油，确认了几个家族的化合物，像二烯丙基多硫化物一样，也出现了含有5个或者7个碳原子的化合物（图4.26；Wang，2013）。

对于所有这些化合物形成的详细机理已经发表（图示4.29和图示4.30；Block，1988）。在**1**中，C—S键（46kcal/mol）比S—S键（62kcal/mol；Block，1988；Gholami，2004）键能小16kcal/mol。二烯丙基二硫化物（**1**）中C—S键的断裂后有一系列的反应发生，这些反应由烯丙基二硫自由基（AllSS·）引发的对**1**的加成，最终得到图4.25所示的一些化合物。为了解释这些化合物的源头，笔者提出了一个机理，其中存在自由基对不对称C=C罕见的加成方式。通常自由基加到取代较少的碳上，形成更加稳定的自由基中间体，这个过程叫作反马氏规则（anti-Markovnikov）加成，如 $X\cdot + CH_2=CHR \longrightarrow X—CH_2—CHR\cdot$。然而，

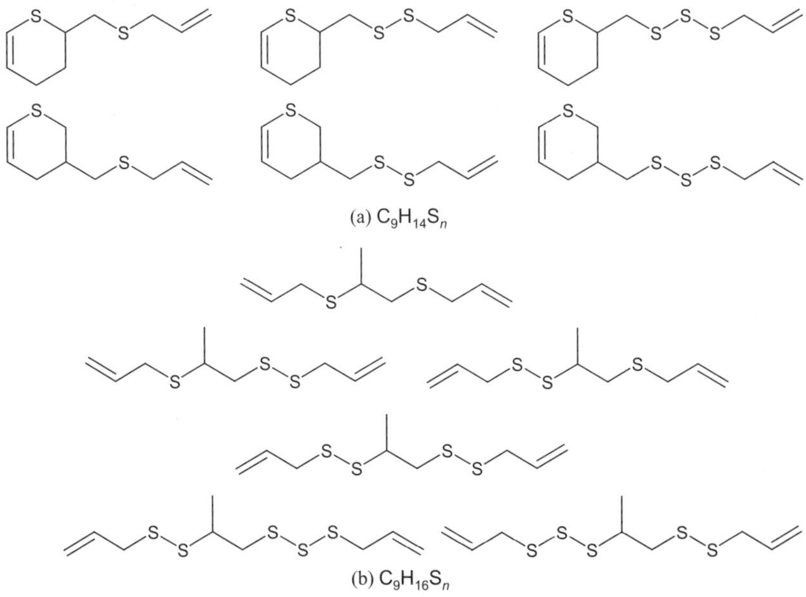

(a) $C_9H_{14}S_n$

(b) $C_9H_{16}S_n$

图4.25 蒜油中直接获得或者加热二烯丙基二硫化物形成的九个碳的硫化物家族
与图（b）对应的相关化合物家族（$C_7H_{14}S_n$和$C_5H_{12}S_n$）是烯丙基被一个甲基取代，或两个烯丙基全被甲基取代的产物

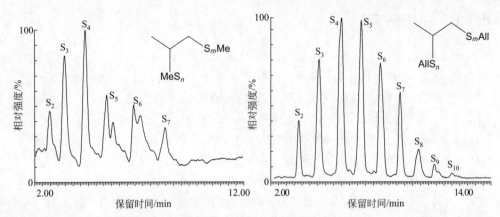

图4.26 UPLC-(Ag^+)CIS-MS和选择性离子化方式分析蒜油,得到的(a)$C_5H_{12}S_{2\sim7}$化合物系列以及(b)$C_9H_{16}S_{2\sim10}$系列(引自Wang,2013)
图(a)极小的双峰是拥有相同硫原子数但是结构不同的化合物

当烯丙基二硫的自由基加到**1**上时,反马氏加成很快就会由中间体的β-断裂后引起的重排,重新产生起初的自由基和**1**,这是"等同反应"的过程,在有些同位素的标记实验中,它们容易被人忽略。

马氏加成会产生一个稳定性较差的一级碳自由基,$RCH_2 \cdot$正好处于很易攫氢的位置,捕获临近的二硫化物里硫旁边的氢原子。此过程会导致脱除一个硫代丙烯醛(**56**),形成新的以硫为中心的自由基$CH_2=CHCH_2S_nCH_2CH(CH_3)S-$(图示4.29)。这个硫自由基最终可形成含有$CH_2=CHCH_2S_nCH_2CH(CH_3)S-$基团的诸多化合物。硫代丙烯醛跟大量的二烯丙基二硫化物和三硫化物反应,通过对烯丙基双键的DA加成反应形成成环的化合物家族(图示4.30)。这很好地解释了为什么在二烯丙基二硫化物加热时,会产生如此众多的不寻常的有机硫化物。

含硫更多(更高)的二烯丙基多硫化物可以跟硫代亚砜进行可逆的异构化,这样硫会转移到其它的分子上。通过这样的方式,不同硫原子数的多硫化物得以形成和分解。更高的多硫化物,如纯的二烯丙基四硫化物,在加热、光照和多种催化剂条件下,可以歧化得到含硫更多或者更少的多硫化物,如:二烯丙基三硫化物和五硫化物。二烯丙基三硫化物和其它更高的多硫化物相比,并不倾向于进行这样的反应过程。分辨S—S键的键强有助于理解它的化学,它断裂的难易程度跟与它相连的其它硫原子的数目有关,如:二硫化物的S—S键键能为62kcal/mol,三硫化物是45kcal/mol,四硫化物中间的S—S键为35kcal/mol。在S—S上再增加一个硫可以稳定断裂后形成的自由基,如四硫化物中间的键断裂后形成的$RSS \cdot$。这样就会促进键的断裂。

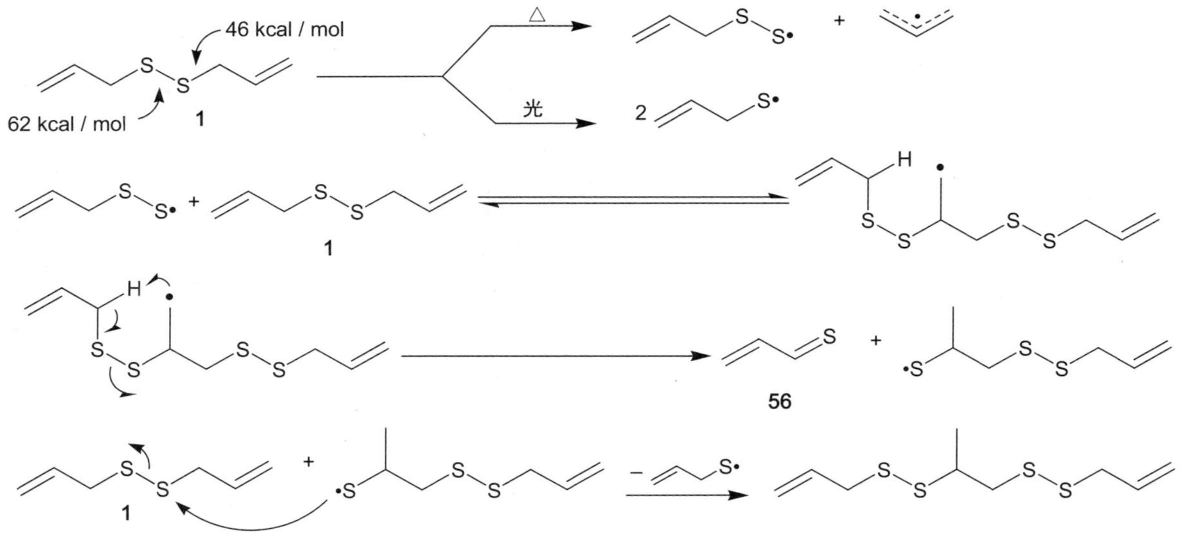

图示 4.29　二烯丙基二硫化物（**1**）分解形成 $C_9H_{16}S_4$ 的机理

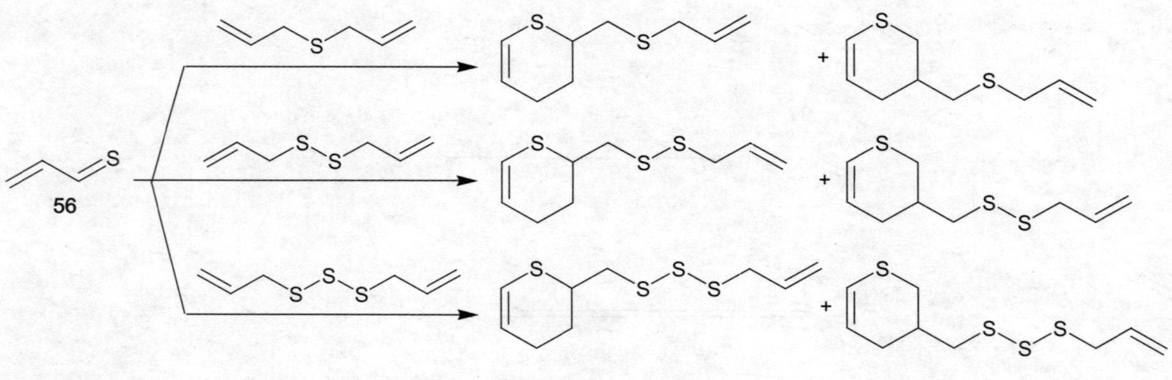

图示 4.30 硫代丙烯醛（**56**）与二烯丙基硫化物、二硫化物和三硫化物反应，在蒜油中形成环状的含 9 个碳的化合物（$C_9H_{14}S_{2\sim4}$）

4.8　大蒜素的转化，第二部分：大蒜烯的发现

　　如前所述，当蒜在水中加热时会产生"蒜油"混合物，而当大蒜素直接水解时，溶液中会产生另外一个重要的过程，得到一些混合物（Block，1984，1986）。作者跟同事马亨德拉·简（Mahendra K. Jain；特拉华大学）和拉斐尔·阿匹资-卡斯特罗（Rafael Apitz-Castro；加拉加斯，委内瑞拉）亲密合作，寻找马亨德拉和拉斐尔关注到的某个具有抗血液凝结的大蒜未知成分，它有抗凝血剂作用，我们于1984年首先发现了这个过程。实验研究表明这些活性物质是两个乙烯基取代的二硫杂环己烯 **57a**、**57b**（图示4.22），还有一个分子式为 $C_9H_{14}S_3O$ 的化合物，我们命名它为大蒜烯［ajoene；ajo在西班牙语中是蒜的意思；CH_2=$CHCH_2S(O)CH_2CH$=$CHSSCH_2CH$=CH_2；**76**］。

　　大蒜烯有几个值得关注的特征。就如加热二烯丙基二硫化物产生的主要化合物 $C_9H_{14}S_3$ 一样，大蒜烯有九个碳和三个硫原子，所以它像是由1.5个分子的大蒜素而形成的。第二个结构上的重要特征是它的中心的双键可以形成 E 和 Z 两种构型。（E）-和（Z）-大蒜烯都能形成。有趣的是，（E）-和（Z）-的生物活性略有差别。第三个重要的特征是它跟蒜氨酸一样，有亚磺酰基S(O)，这个基团有两种立体构型。对于（E）-大蒜烯来说，有（R）-（E）-和（S）-（E）-大蒜烯，（Z）-大蒜烯也是如此，有（R）-（Z）-和（S）-（Z）-大蒜烯之分。R-和 S-异构体的分离比起 E/Z 构型来说，分离难度大许多，在生物活性上预期它们也会不同。如今给予大蒜烯相当的关注是因为它的抗癌活性和抗真菌活性。在自然资源中可以获得的（E）-和（Z）-大蒜烯的最优产率分别为大蒜中的172μg/g和476μg/g，是使用新鲜制备的日本蒜和稻米油在80℃一起加热而得到的。（Z）-大蒜烯比（E）-大蒜烯的热稳定性差（Naznin，2008）。大蒜素在水中也能形成大蒜烯（Fujisawa，2008）。

　　由大蒜素形成（E/Z）-大蒜烯可以用简单但可能会误导大家的形式来表达［反应式（10）］。这个方程式跟笔者在1974年发现的一个非常奇特的反应有惊人的相似之处，它包含甲基硫代亚磺酸甲酯［**4**；反应式（11）］转化成2,3,5-三硫杂己烷5-氧化物（**79**；Block，1974）。除了相同的化学计量（三分子的硫代亚磺酸酯得到两分子的产物和一分子的水），另一相似之处是两者原料里的亚磺酰基都同时跟硫和碳成键，而两者产物中则只与碳键相连。通过红外光谱可以跟踪两者：**4**和大蒜素中特征的硫代亚磺酸酯［SS(O)C］的硫-氧吸收带在1078cm^{-1}，反应后都移至1044cm^{-1}，即**79**和大蒜烯中的亚砜吸收带。

$$3CH_2=CHCH_2S(O)SCH_2CH=CH_2 \longrightarrow$$
$$2CH_2=CHCH_2S(O)CH_2CH=CHSSCH_2CH=CH_2+H_2O \quad (10)$$
$$3CH_3S(O)SCH_3 \longrightarrow 2CH_3S(O)CH_2SSCH_3 \ (79) +H_2O \quad (11)$$

在讨论大蒜素如何形成大蒜烯（图示4.32）之前，先讨论图示4.31里反应式（11）的机理可以获得许多信息。约翰·凯斯（John Kice）对二芳基硫代亚磺酸酯进行了大量研究（Kice，1980），两分子的**4**在酸催化下，相互反应，通过 S-巯基化，并同时失去一分子的甲基次磺酸（CH_3SOH；**36**），形成硫代锍离子中间体（thiosulfonium ion intermediate；**77**）。离子（**77**）接着消除一分子的**36**，与图示4.8中的过程类似，但得到的是一个活性高的 α-二硫化物的碳正离子（**78**；Block，1974c），而非硫代甲醛。在一个奇特的扭曲后，甲基次磺酸加到了碳正离子（**78**）的碳上，从而得到**79**，并重新产生了催化的质子。如所见那样，最终的产物由硫代锍离子1,2-重排产生：甲基亚硫酰基团从硫上迁移到临近的碳原子上。在大蒜素转化为大蒜烯的过程中，相似的过程也很可能出现，S-巯基化得到硫代锍（**70**），接着失去2-丙烯基次磺酸（**16**），得到离子**80**。因为这个离子含有共轭双键，硫上的正电荷转移到末端碳上，使得**16**对**80**的"γ-进攻"或者"插烯加成"可以进行，得到（E）/（Z）-大蒜烯（**76**）。

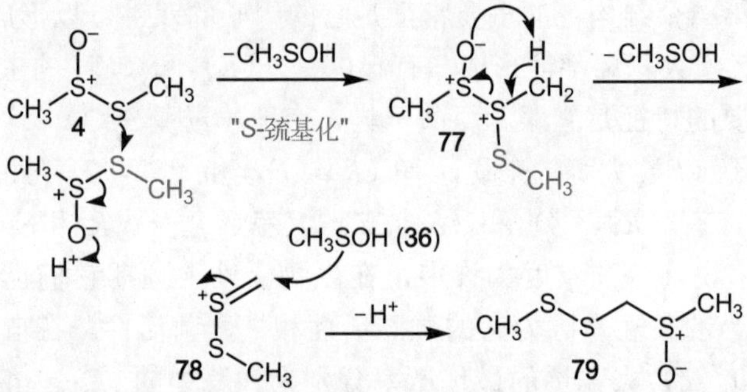

图示4.31 自甲基硫代亚磺酸甲酯（**4**）形成2,3,5-三硫杂己烷-5-氧化物（**79**）[其间经由 S-巯基化至**77**，继而甲基次磺酸（**36**）对离子**78**的加成]

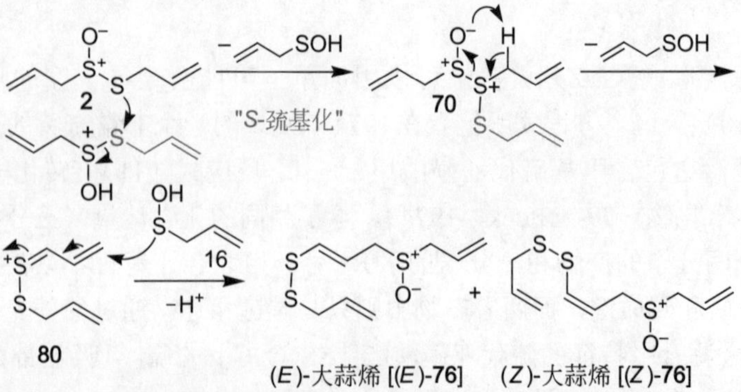

图示4.32 通过离子**70**和**80**，由大蒜素（**2**）形成（E/Z）-大蒜烯（**76**）

从大蒜中发现大蒜烯后,熊葱(A. ursinum)的鳞茎匀质萃取物中得到了含七个和五个碳的大蒜烯的同系物,分别为:"(E/Z)-甲基大蒜烯"[$CH_3S(O)CH_2CH=CHSSCH_2CH=CH_2$]和"(E/Z)-二甲基大蒜烯"[$CH_3S(O)CH_2CH=CHSSCH_3$]。这两种化合物也在大蒜的萃取物种中发现,含量很少。在体外实验中具有胆固醇合成抑制剂以及5-脂氧酶和环氧化酶抑制剂的作用(Sendl,1991,1992a,b)。甲基大蒜烯的形成可以用熊葱中含量很高的甲基硫代亚磺酸2-丙烯酯[$CH_3S(O)SCH_2CH=CH_2$]的反应来解释,它的反应与对大蒜素的预测类似。

4.9 葱属植物化合物的抗氧化性和助氧化活性

具有反应活性的氧物种(ROS),包括过氧化氢(H_2O_2),超氧自由基($O_2^-\cdot$),羟基自由基($HO\cdot$)和过氧亚硝基($ONOO^-$)对细胞的核酸、蛋白质和脂肪有损害作用,也被认为是许多疾病的起因,尤其是癌症、慢性炎症和心血管病。抗氧化剂是那些能够减缓或者阻止被ROS氧化为其它分子的物质。氧化反应可以产生自由基,从而启动损坏细胞的连锁反应。抗氧化剂通过移除自由基中间体,从而终止这一类的连锁反应,也通过自身被氧化而阻止其它的氧化反应发生。蒜中的化合物,如大蒜素,包括它们与谷胱甘肽和硫醇的反应产物通常也被认为是抗氧化剂(Rabinkov,1998,2000)。

大蒜素能够有效地捕捉过氧自由基,是由于易于形成2-丙烯基次磺酸(Vaidya,2008)。事实上,2-甲基-2-丙基次磺酸与过氧自由基的反应常数 $> 10^7 L/(mol\cdot s)$,属扩散控制,使得次磺酸成为捕获过氧自由基最强的物质(Koelewijn,1972;Vaidyaa,2008)。在氢键供体的溶剂中,如六氟异丙醇,减缓了大蒜素向次磺酸的转化,大蒜素的抗氧化性会因而减弱。次磺酸捕捉自由基的效率主要归功于弱的O—H键。因此,甲基次磺酸(CH_3SO—H)中其计算的键分解焓(BDE)为68.4kcal/mol(1kcal=4.2kJ),甲基过氧化氢(CH_3OO—H)的BDE值则为86.2kcal/mol。在已知的数据里,甲基次磺酸O—H的BDE值最低,这归于硫能够稳定O—H断裂后形成的亚磺酰基自由基,$RSO\cdot$,电子几乎是均等地离域在氧和硫上。与之相比,$ROO\cdot$上只有30%的未配对电子自旋密度离域在非末端氧上(Vaidya,2008)。和大蒜素相比,二烯丙基二硫化物不是抗氧化剂(Amorati,2008),因为它不能形成次磺酸。

第二个具有争议的诠释葱属植物作为抗氧化剂的机理,叫作金属配位。细胞中,氧代谢产生的过氧化氢可以被金属离子,如Fe(Ⅱ)或者Cu(Ⅰ)通过芬顿(Fenton)类的反应还原,得到羟基自由基。含硫的抗氧化剂跟Cu络合,通过阻止芬顿类化学而达到保护细胞免受损害的作用。比如，分子氧或者过氧化物的自旋禁阻还原至超氧化物或者羟基自由基（Battin，2008）。虽然有证据表明二烯丙基多硫化物、亚砜和硫代亚磺酸酯都能够和Cu^{2+}结合，有报道却认为大蒜的抗氧化能力"与Cu^{2+}的螯合无关"（Pedraza-Chaverri，2004）。黄酮醇，如槲皮素（又称栎精），代表了又一类洋葱中含量特别高的物质（章节3.11）。在某些DNA链会发生断裂的条件下，多元酚，如栎精可以通过跟铁离子的结合而阻止羟基自由基的形成或释放而保护DNA。栎精在DNA损坏抑制的测试中，IC_{50}为10.7μmol/L（Perron，2008）。蒜和其它葱属植物中，有机硒的化合物也是有效的抗氧化剂（章节4.14）。一个新型的杂环抗氧化剂，2,4-二羟基-2,5-二甲基噻吩-3-酮（thiacremonone）也在加热大蒜样品时成功分离（Hwang，2007）。

实际上，葱属植物中的硫化物和金属在氧化还原过程中扮演的角色比上面叙述的更为复杂，因为这些硫化物不仅可以作为抗氧化物而存在，同时也能作为助氧化物。助氧化物通过产生ROS或者阻碍抗氧化系统而引起氧化应激。这些化学物质引起的氧化应激会破坏癌细胞，因而提供化学治疗的基础。有些葱属植物的有机硫化物可以作为抗氧化剂或者助氧化剂，这取决于特定的一组条件，如：氧气和过渡金属是否存在。二烯丙基三硫化物通过铁蛋白降解而增加不稳定的铁离子，从而引发产生ROS，它被认为是该物质具有抗癌活性的元素（Antosiewicz，2006）。二烯丙基三硫化物可以被谷光甘肽（GSH）转化为多硫醇，如：烯丙基硫代次磺酸（$CH_2=CHCH_2SSH$；**69**；图示4.26），跟相应的硫醇相比，它的酸性更强（Everett，1994），会更大程度地离子化为阴离子$CH_2=CHCH_2SS^-$，见反应式（12）和反应式（13）。后者很快会在Fe^{3+}的存在下经历一个单电子氧化过程，生成一个稳定的、离域的过硫自由基，$CH_2=CHCH_2SS·$（见之前对于RSO·自由基离域的讨论）。过硫自由基接着跟谷光甘肽反应，形成多硫化物的自由基阴离子，$[CH_2=CHCH_2SSG]·^-$，它又会还原分子氧，得到活性的氧化种ROS，见反应式（14）～反应式（16）。总的来说，二烯丙基三硫化物，通过还原成为多硫醇，可以在铁或者其它过渡金属离子存在时，在生理条件下与分子氧反应，产生ROS（H_2O_2，HO·，$O_2·$）。多硫化物和多硫醇的氧化还原反应已被细致地总结（Iciek，2009；Jacob，2008b；Filomeni，2008；Antosiexicz，2008；Munday，2003；Sahu，2002；Everett，1995）。

$$GSH + CH_2=CHCH_2SSSCH_2CH=CH_2 \longrightarrow GSSR + CH_2=CHCH_2SSH \quad (12)$$

$$CH_2=CHCH_2SSH \longrightarrow CH_2=CHCH_2SS^- + H^+ \quad (13)$$

$$CH_2=CHCH_2SS^- + Fe^{3+} \longrightarrow CH_2=CHCH_2SS· + Fe^{2+} \quad (14)$$

$$CH_2=CHCH_2SS· + GSH \longrightarrow [CH_2=CHCH_2SSSG]·^- \quad (15)$$

$$[CH_2=CHCH_2SSSG]·^- + O_2 \longrightarrow CH_2=CHCH_2SSSG + O_2·^- \quad (16)$$

4.10 连线慕尼黑/名古屋：洋葱烯，洋葱中九个碳、三个硫、一个氧的分子

前节描述了在1985年怎样使用非常精细的分析来研究经切割后大蒜制品的成分，由此大蒜烯（**76**）的结构得到阐明，它是一种含有九个碳和三个硫，分子式为$C_9H_{14}S_3O$的物质，还有相关的含有七个碳和五个碳的化合物。在1988年，通过相似的方式对新鲜洋葱汁进行研究，发现了相关的物质，分子式分别为$C_9H_{16}S_3O$和$C_9H_{18}S_3O$，含有九个碳、三个硫和一个氧，以及$C_5H_{12}S_3O$，包含五个碳、三个硫和一个氧。这些化合物名字叫洋葱烯（cepaenes），来自于洋葱的植物学名称，是这类植物繁琐的正式名称，1-［烷(烯)基亚磺酰基］丙基烷(烯)基二硫化物的缩写。就像科研界经常发生的那样，两个课题组基本同时在医学杂志《柳叶刀》The Lancet发表了关于洋葱烯的发现，1988年8月Kawakishi和Morimitsu于日本名古屋获得$C_5H_{12}S_3O$，1988年10月拜耳（Bayer）、瓦格内（Wagner）等于德国慕尼黑获得$C_9H_{16}S_3O$。名古屋的团队测试了色谱柱分离的由15kg洋葱得到的匀质的成分，使用的是人体血液血小板聚集抑制的检验方法。$C_5H_{12}S_3O$的半数抑制浓度为67.6μmol/L，只比阿司匹林这种已知的抑制剂的41.2μmol/L稍高一点点，这一物质鉴定为MeS(O)CHEtSSMe［甲基1-(甲基亚磺酰基)丙基二硫化物；**81**］，它的结构与α-亚磺酰基二硫化物（**79**；图示4.31）相似，但乙基取代了α-碳上的氢。名古屋团队认为**81**是通过甲基次磺酸（**36**）对洋葱LF即丙硫醛S-氧化物（**28**；图示4.33；Kawakishi，1988）的"亲碳"加成而实现的。

慕尼黑的团队通过洋葱烯对羊精液微粒体环氧化酶和5-脂氧合酶（5-LO）的抑制活性的检验，鉴定了洋葱烯$C_9H_{16}S_3O$和$C_9H_{18}S_3O$，同时也确定了二者的结构分别是：MeCH=CHS(O)CHEtSSCH=CHMe［**82**；1-丙烯基-1-(1-丙烯亚磺酰基)丙基二硫化物］和MeCH=CHS(O)CHEtSSPr［丙基-1-(1-丙烯基亚磺酰基)丙基二硫化物；Bayer，1988a，1988b，1989；Dorsch，1990；Wagner，1990］，它们都以非对映异构体的形式存在。环氧化酶和脂氧合酶是形成白三烯、前列腺素、血栓素和其它在气喘病中扮演重要角色的调控化合物的重要的酶。此外，名古屋和慕尼黑课题组还鉴定了从洋葱汁中得到的抗炎洋葱烯家族的结构，通式为RS(O)CHEtSSR′，包括MeS(O)CHEtSSPr和MeS(O)-CHEtSSCH=CHMe（Morimitsu，1990，1992；Bayer 1988b，1989；Dorsch，1990）。

由于亚磺酰基（S^+—O^-）和连接乙基的碳都是手性中心，每一个立体构型有（R）或（S），那么就有四种异构体，（RR），（SS），（RS）和（SR）。此外，当双键存在时，又有（E）-和（Z）-异构体存在，因此将MeCH=CHS-(O)CHEtSSPr

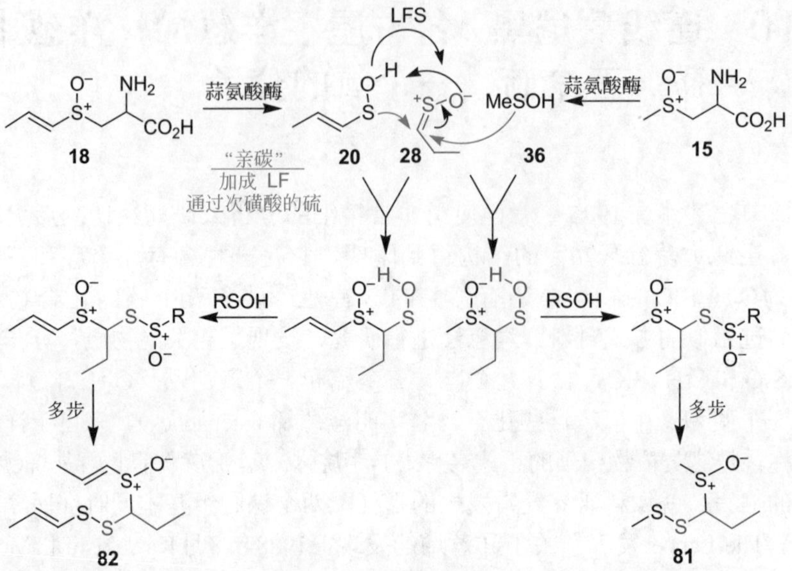

图示 4.33 洋葱烯 **82** 和 **81** 形成的建议机理：次磺酸 **20** 和 **36** 分别对丙硫醛 S-氧化物的"亲碳"加成并相继进行多步反应而得到 **82** 和 **81**

的异构体个数变为 **8**，MeCH═CHS(O)CHEtSSCH═CHMe 则为 **16**。单独的一对对映异构体［镜面异构体，如 (E)-(RR)/(E)-(SS)］使用制备级的 HPLC 得以分离，应用 NMR、IR（S^+—O^- 在 1040～1055 cm^{-1}，与硫代亚磺酸酯上 S^+—O^- 大约是 1088 cm^{-1} 不同）和 MS 加以鉴定；接着，测试生物活性。硫代亚磺酸酯［RS(O)SR］也有一个手性亚磺酰基，但由于 S—S 十分易变，异构化非常迅速，不能以单独的具有手性活性的对映异构体而存在。与之不同，洋葱烯对映异构体十分稳定。通过手性 HPLC 柱，确实有可能分离得到它的对映异构体。此后就可以通过圆二色谱（CD）对单独的对映异构体进行辨别，不过，绝对构型依然无法确定。人体血小板聚集抑制效应对每一个非对映异构体 MeS(O)CHEtSSCH═CHMe 的两个对映异构体得出的 IC$_{50}$ 值（与空白样相比，达到 50% 抑制作用的浓度）分别为 49.7 μmol/L 和 23.7 μmol/L（第一个非对映异构体），以及 9.1 μmol/L 和 22.9 μmol/L（第二个非对映异构体）。因为抑制过程可能存在酶促反应，包括立体定向识别，对映异构体和非对映异构体的活性差别也就不足为奇了（Morimitsu，1991）。

简单合成洋葱烯的方法在奥尔巴尼建立起来（Block，1992a，1997；Calvey，1998）。与美国食品药品监督管理局的伊丽莎白·凯尔威（Elizabeth Calvey）合作，直接分析洋葱烯和相关化合物的方法也通过 LC-MS 联用和跟超临界流体色谱-质谱连用（Calvey，1997）而建立。奥格（Auger）和他的同事在法国用相关的分析方式鉴定了葱属植物的萃取物（Ferary，1996；Mondy，2002）。

4.11 从慕尼黑到奥尔巴尼:"洋葱烷"和双锍化物——一个化学谜题的解答

4.11.1 洋葱烷的发现

1963年,维尔塔宁指出了蒜中蒜氨酸和洋葱中异蒜氨酸的酶促反应的不同。在蒜中,蒜氨酸酶断裂蒜氨酸得到2-丙烯基次磺酸(**16**;CH₂=CHCH₂SOH;C₃H₆SO),而后自身缩合,失去一分子水,得到大蒜素(**2**;C₆H₁₀S₂O)。于洋葱,蒜氨酸酶断裂异蒜氨酸得到1-丙烯基次磺酸(**20**;CH₃CH=CHSOH;C₃H₆SO),这种物质被维尔塔宁鉴定为洋葱的LF,但其实我们现在知道1-丙烯基次磺酸只是LF的直接前体,维尔塔宁惊讶地表示"次磺酸**20**中没有大蒜素那样的'双分子'形成"(Spåre,1963)。像我们看到的那样,许多年后这样的谜题得到了解答。

在20世纪80年代末期,笔者跟慕尼黑大学药物生物学研究所(Institute of Pharmaceutical Biology)的希尔德伯特·瓦格纳教授(Hildebert Wagner)和他的博士生托马斯·拜耳(Thomas Bayer)合作。我们共同的兴趣在于一对分子式是C₆H₁₀S₂O的化合物,它们是拜耳在慕尼黑寻找洋葱烯和其它平喘药物(章节4.10)时从新鲜切割的洋葱里获得的。我们奥尔巴尼的课题组从双(1-丙烯基)二硫化物(**83**;CH₃CH=CHSSCH=CHCH₃)的氧化中分离了相同的化合物,那时他们正在试图得到维尔塔宁难以捉摸的"类似大蒜素那样的双分子"CH₃CH=CHS-(O)SCH=CHCH₃(1-丙烯基硫代亚磺酸1-丙烯酯;**27**)。C₆H₁₀S₂O异构体的分离是非常令人振奋的,因为它们的经验式跟大蒜素和**27**一模一样。和大蒜素相同,这些新的化合物在IR图谱里显示出了亚磺酰基团。但是,大蒜素在氢谱和碳谱上有预期烯基的谱带(¹H NMR:多重峰,δ 6.07~5.37ppm;¹³C NMR:δ 135.98ppm,128.03ppm,127.85ppm,121.97ppm),而新的洋葱化合物的氢谱中只有饱和的碳原子而碳谱位移向高场,分别至δ 4.3ppm和δ 80ppm。

随着和核磁专家Andras Neszmelyi的合作,以及拜耳到奥尔巴尼来作博士后,新的化合物得到了鉴定,为2,3-二甲基-5,6-二硫杂双环[2.1.1]己烷5-氧化物**84a**和**84b**,并给了一个简单的名字Z-和E-洋葱烷(*cis*和*trans*-zwiebelane,"Zwiebel"是洋葱的德文)(图4.27)。通过更加细致的谱学研究、化学反应研究和衍生物的晶体结构,结构得到了确认。

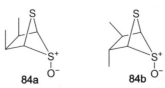

图4.27 Z-和E-洋葱烷(**84a**和**84b**)

Z-洋葱烷可以与E-洋葱烷分辨开来，因为前者有一个对称面（包括氧原子和硫原子的面），在^{13}C NMR上只有三个特征峰，而后者有六个。此外，E-洋葱烷具有手性，而Z-洋葱烷没有。从切割的洋葱里提取的天然E-洋葱烷，通过手性的GC柱进行分离，（是可以拆分对映异构体的），但结果是——完全消旋。如下所述，这个发现跟E-洋葱烷是从消旋的硫代亚磺酸酯而来是一致的，后者又由非手性的1-丙烯基次磺酸在没有酶存在的条件下缩合而来。这些化合物展现出了一个新的，此前所不知道的天然产物的环体系（Bayer，1989）。洋葱烷非常稳定，能够很容易从GC上观察到或分离。近来，第三种洋葱烷在洋葱提取物中发现了，只是，它完全的结构尚未得到鉴定（Mondy，2002）。想要完全地描述两种洋葱烷异构体的结构，将求助于一系列的立体化学的描述符号，以表达氧和甲基的相对位置。因此，**84a**为（1α,2α,3α,4α,5β）-而**84b**则为（±）-(1α,2α,3β,4α,5β)-2,3-二甲基-5,6-二硫杂双环[2.1.1]己烷-5-氧化物。

双（1-丙烯基）二硫化物，（E,E）-**83**、（Z,Z）-**83**和（E,Z）-**83**的单一纯异构体的合成如图示4.34所示。在考虑异构体**83**氧化成为**27**以及随后的一系列重排之前，我们先讨论**83**到3,4-二甲基噻吩（**87**）的相关重排过程，后者是一种在洋葱油里熟知的次要组分。这样的讨论顺序是有益的。当单一的异构体（E,E）-**83**、（Z,Z）-**83**和（E,Z）-**83**在苯中以85℃加热，得到一个1∶1的混合物cis∶trans-2-巯基-3,4-二甲基-2,3-二氢噻吩（**88a**∶**88b**）并伴随有**87**（图示4.35）。延长加热混合物的时间，**87**会成为主要产物。看上去，似乎**83**经历了[3,3]-σ迁移重排，得到了双硫醛（**85**）。这个过程的出现与以下事实相符：如果**83**的立体异构体（E,E）-**83**、（Z,Z）-**83**和（E,Z）-**83**分别加热，没有互相之间的转化，从而排除了自由基机理。

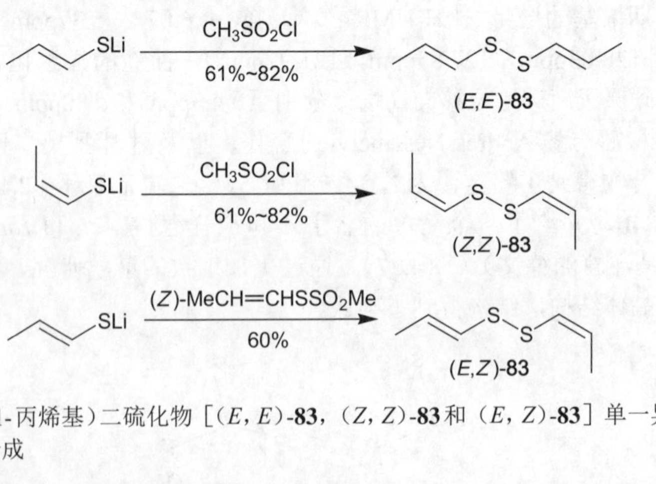

图示4.34 双(1-丙烯基)二硫化物[（E,E）-**83**，（Z,Z）-**83**和（E,Z）-**83**]单一异构体的选择性合成

85重排成**86**，然后关环，解释了**88**的形成，它可以丢掉H_2S，得到非常稳

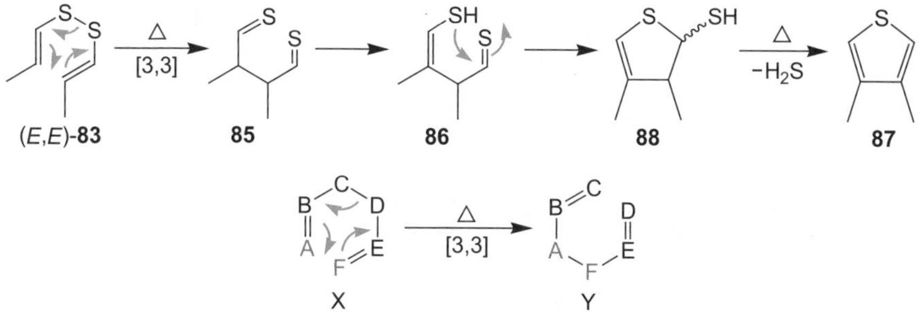

图示4.35 双(1-丙烯基)二硫化物（**83**）加热重排到**87**和**88**（[3,3]-σ迁移重排的通式）

定的3,4-二甲基噻吩（**87**；Block 1990b，1996a）。因此，**87**是另外一个在葱属植物蒸馏油中发现的假象。它是由热不稳定的化合物在GC进样口分解而来（本例中是**83**）。[3,3]-σ迁移重排（用X→Y通式描述，图示4.35）是伍德沃德-霍夫曼规则里一个非常著名的协同反应类型，一个六原子的两端含有双键的直链，两端的双键靠近，形成一个新的单键，而后第三个和第四个原子之间的键断裂，形成两个新的双键（Woodward, 1970）。这个六个原子的直链只能是碳链或者含碳的链，如：含有硫和碳的这个例子。该重排的难易程度取决于键断裂的难易程度，如：X中的C—D键和**83**里的S—S键。

在-60℃操作，最终分别从双(1-丙烯基)二硫化物的异构体合成1-丙烯基硫代亚磺酸1-丙烯酯（**27**）的每一个立体异构体的消旋体，而且通过低温的 ^{1}H NMR和 ^{13}C NMR表征了此前未知的物质（Block, 1996a）。化合物（*E, E*）-**83**、（*Z,Z*）-**83**和（*E,Z*）-**83**分别在-60℃下，用冷却的氧化剂间氯过苯甲酸（MCPBA）在干燥的碳酸钠存在下处理（图示4.36），5min后，反应混合物在-60℃条件下用NMR分析。从 ^{1}H和 ^{13}C NMR数据上，我们可以看到对每个异构体的单独的氧化得到硫代亚磺酸酯MeCH=CHS(O)SCH=CHMe（**27**）的异构体，每个例子均保留了双键的立体构型。非对称的（*E,Z*）-**83**给出了2∶1比例的（*E,Z*）-**27**∶（*Z,E*）-**27**。氧化反应的相对的速率是（*E,E*）-**83**＞（*E,Z*）-**83**＞（*Z,Z*）-**83**，这和预测相符，是由于Z式双键在接近过氧酸时的位阻而导致的。**27**的几个异构体十分不稳定，-15℃条件下的半衰期是17min。为了检测加热**27**所得产物，将**83**在-40℃条件下用过氧酸氧化，而后再加热到8℃并很快处理产物，以防不稳定的化合物分解。用这样的操作，发现（*E,Z*）-**27**形成*Z*-洋葱烷（**84a**），而（*Z,Z*）-**27**得到*E*-洋葱烷（**84b**）。每个**27**的异构体还会同时形成含有不同双环化合物的异构体。例如，（*Z,Z*）-**27**的氧化，得到较少的**90a**和**90b**异构体（图示4.37）。这两种异构体，像*E*-洋葱烷一样，都有反式二甲基基团，但不像洋葱烷，因为它们含有C—O键。

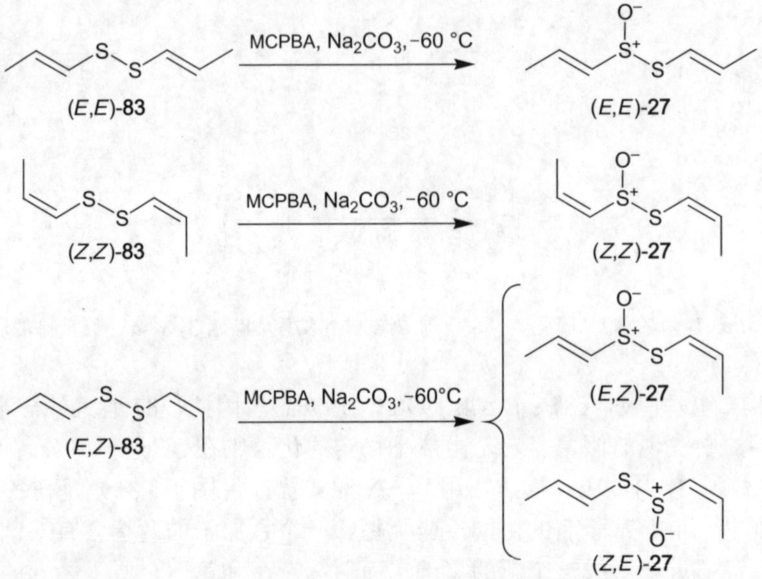

图示 4.36 双（1-丙烯基）二硫化物，(E,E)-**83**、(Z,Z)-**83** 和 (E,Z)-**83** 的氧化反应，得到单独的异构体 (E,E)-**27**、(Z,Z)-**27** 和 (E,Z)-**27** 与 (Z,E)-**27**

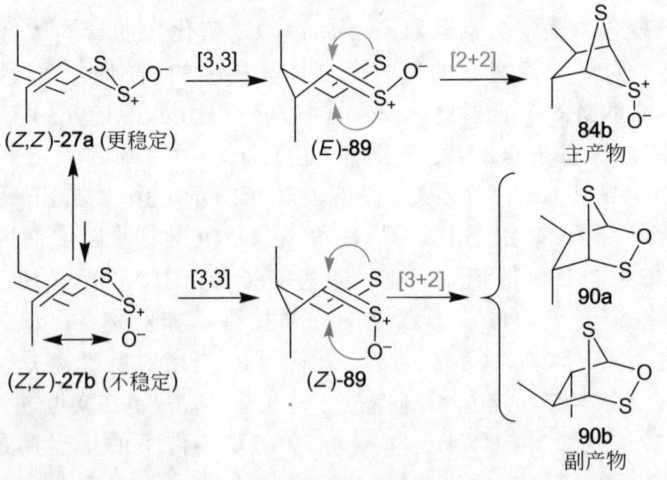

图示 4.37 (Z,Z)-**27** 的环化，形成 E-洋葱烷（**84b**）以及化合物 **90a** 和 **90b**

正如在图示 4.35 看到的那样，(E,E)-双（1-丙烯基）二硫化物 [(E,E)-**83**] 经过 [3,3]-σ 迁移重排，得到双硫醛（**85**），因此 (Z,Z)-**27** 也应该可以进行这样的重排。图示 4.35 中六个原子的链是平面的，但如果六个原子被画作类似环己烷的椅式结构（缺了一根键），即"假椅式结构"，会更好地理解重排的立体化学特点。从图示 4.37 里可以看到，假椅式结构中，硫上的氧可以占据两个不同的位置，平伏键（Z,Z）-**27a**，或者假直立键型（Z,Z）-**27b**。这两种形式在能量上不同，因为氧原子和相近的甲基基团（双向箭头所示）具有相斥作用。在活性很高的[3,3]重排硫醇/硫醇 S-氧化物中间体（E）-**89**中，对面的硫和碳可以成键（见箭头），即通过一个叫作分子内[2+2]环加成而得到了 E-洋葱烷（**84b**）。而另外一边，在（Z）-**89**中，假直立键向氧参与一个叫作分子内[3+2]环加成（见箭头）的过程，得到**90a**和**90b**。而洋葱提取物中**90a**和**90b**这两种反应活性非常高的物质的最终命运目前还不得而知。**83**的每一个异构体也会发生类似的过程，而洋葱烷和**90**型的化合物的分布，则取决于两个假椅式构型的平衡的位置。**83**的异构体的重排比此处所讲的更为复杂，要知其中细节详情，请参考已发表的文章（Block，1996a）。

4.11.2 双锍化物的发现

当我们继续深入"剥开"洋葱时，发现自然界留给奥尔巴尼团队另一个惊喜。用色谱柱从洋葱萃取物分离 Z-洋葱烷时，拜耳发现了第二个相当不同的化合物，低熔点，无色固体，分子式为 $C_6H_{10}S_2O_2$，比洋葱烷多一个氧原子。这个化合物通过谱学技术研究，鉴定为（Z,Z）-d, l-2,3-二甲基-1,4-丁二硫醛-1,4-二氧化物[$O=S=CHCH(Me)CH(Me)CH=S=O$；**92**]，这是自然界发现的第一个双（硫醛-S-氧化物）。为了确定**92**的立体构型为 d, l，而非内消旋，**92**经过了臭氧分解继而用氧化性处理和费歇尔酯化反应。最后产物是 d, l-2,3-二甲基丁二酸双甲基酯，也就确定了相应的**92**中甲基的相对立体化学（Block，1990a，1996a）。

由于**92**跟预测的形成洋葱烷的中间体之间密切的关联，我们猜测**92**是由双亚砜（**91**；图示4.38）经过[3,3]-σ迁移重排而来。**91**中亚磺酰基基团的双重直立键排列是 α-双亚砜能量最小的形式（Freeman，1984；Ishii，2006），可预期会导致 $CH=S=O$ 的 Z-几何构型。实际上，用两当量的过酸，于-60℃条件下氧化（E, E）-双(1-丙烯)二硫化物，（E, E）-**83**，可以得到34%纯的**92**。

根据对合成的二丙基双亚砜分解形成丙硫醛 S-氧化物（图示4.39；Freeman，1984）的观察，这个反应的逆向反应包括1-丙烯基次磺酸（**20**）对丙硫醛-S-氧化物的"亲硫加成"，应该得到 α-双亚砜，接着跟第二分子的**20**反应，得到**91**（LF的"亲碳加成"见图示4.33）。在低温下对（E, E）-**83**的双氧化或者对（E, E）-**27**的单氧化，利用低温NMR不能检测到双亚砜的中间体，这说明双亚砜（**91**）到双锍化物（**92**）重排的能垒非常低。这一研究跟计算的 α-双亚砜的 $S(O)—S(O)$ 键的键能低于20kcal/mol相符，这俨然是已知的单键中最微弱的例子之一（Gregory，2003）。

总结以上工作（图示4.40），二硫化物（**83**）的单氧化形成硫代亚磺酸酯（**27**），后者经过快速、连续的 [3,3]-σ 迁移重排，得到中间体 **89**，接着是 [2+2] 和 [3+2] 分子内环加成反应，最终得到的分别是洋葱烷 **84** 和化合物 **90**。最初的 [3,3]-σ 迁移重排对 **27** 来说远远比 **83** 快，因为 **27** 中的 S—S 键很弱（47kcal/mol；Gregory，2003），而 **83** 中则相对更强（74kcal/mol；Gregory，2003），此外还有 **27** 中亚砜偶极子的加速效应（Hwu，1986，1991）。对于硫代亚磺酸酯（**27**）的进一步氧化得到相应的寿命更短的双亚砜（**91**），它极快地通过 [3,3]-σ 迁移重排得到双巯化物（**92**）。双亚砜极其迅速的重排是由 S(O)—S(O) 键的极弱（<20kcal/mol）和两个亚砜偶极子的强加速效应共同导致的。

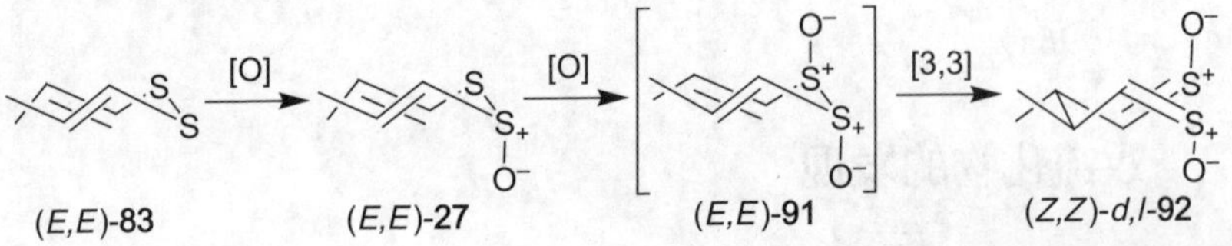

图示 4.38 （E,E）-双（1-丙烯基）二硫化合物 [（E,E）-**83**] 的双氧化至双(硫醛-S-氧化物)（**92**）

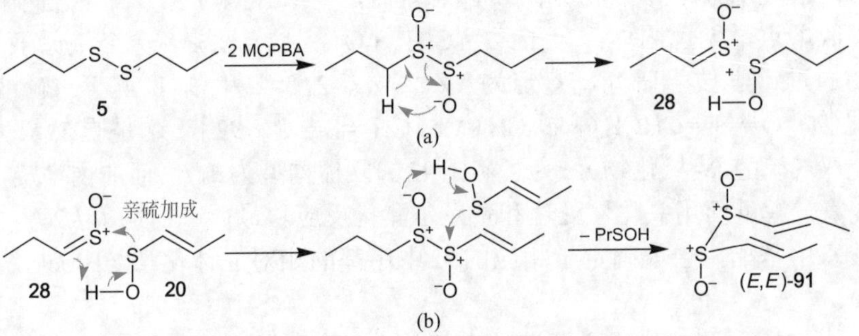

图示 4.39 （a）二正丙基 α-双亚砜分解成为 LF 和丙基次磺酸；（b）通过 **20** 对 LF（**28**）的"亲硫加成"，形成 α-双亚砜（E,E）-**91** 的建议机理

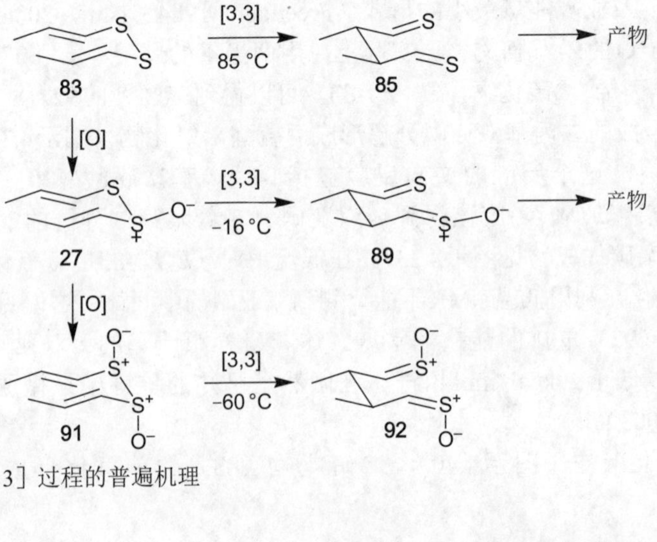

图示 4.40 [3,3] 过程的普遍机理

4.11.3 超级臭味的洋葱化合物

这里，还有一个和慕尼黑有关的故事值得一提。彼得•希贝尔利（Peter Schieberle）和他在慕尼黑工业大学的团队利用一个稳定的同位素稀释分析过程确定了洋葱和与洋葱相似的葱属植物中的一个有机硫化物，3-巯基-2-甲基戊-1-醇［$CH_3CH_2CH(SH)CH(CH_3)CH_2OH$］，它有极度低的嗅觉阈值，大约1ng/L（Granvogl，2004）。将这个数字展开一下，即将0.08mg的该物质放到一个标准泳池（16ft×32ft）中，就可以检测到气味。这个化合物被认为是通过硫化氢对2-甲基-2-戊烯醛的加成，而后还原得到的（Widder，2000）。制备的$CH_3CH_2CH(SH)CH(CH_3)CD_2OH$用于非常灵敏的同位素稀释技术，它跟不含同位素的化合物在GC上保留时间相同，但质量不同，两种化合物同时出现时，易于定量。

硫代亚磺酸酯歧化得到二硫化物和硫代磺酸酯是脂肪族和芳香族的硫代亚磺酸酯中常见的反应［反应式（17）；Barnard，1957；Block，1947b］，而对于葱属植物中的硫代亚磺酸酯来说，却并非如此，因为还有更具竞争力的其它路径供其选择。然而，痕量的硫代磺酸酯（$MeSO_2SMe$、$MeSO_2SPr$和$PrSO_2SPr$）也存在于新鲜的洋葱萃取物中（Boelens，1971）。另外经过超临界CO_2的洋葱萃取物（Sinha，1992），以及青葱和大葱的萃取物中，都发现了硫代磺酸酯（Nakamura，1996；Kuo，1992b）。由于这些硫代磺酸酯的气味阈值（1.5～1.7ppb）比它们所含浓度要低了几百倍，因此它们对洋葱的总体风味有重要贡献。

$$2RS(O)SR \longrightarrow RSSR + RSO_2SR \tag{17}$$

4.12　基因沉默改变天然产物化学：无泪洋葱

洋葱化学里的两项研究说明对洋葱烷和双锍化物的发现具有广泛重要性，第一项研究是本节讨论的无泪洋葱，第二项研究是4.13节将要讨论的粉红色洋葱。洋葱硫化学的复杂性主要源于洋葱LF和它的前体1-丙烯基次磺酸，它们都是在切割洋葱时形成的，而这两个小分子都可以进行多种反应。在通常情况下，1-丙烯基次磺酸的含量会很低，因为它很快就会通过催泪因子合成酶LFS转化成洋葱LF。然而，新西兰的研究人员发现通过分子生物学方法可以使得LFS基因"沉默"，制造出无泪洋葱（Eady，2008）。这个发现使得对于洋葱提取物中1-丙烯基次磺酸反应的单一研究变成可能，它通常会缩合成为1-丙烯基硫代亚磺酸1-丙烯酯［**27**；$CH_3CH=CHS(O)SCH=CHCH_3$］，而该物质又会进一步进行一系列的非酶促反应，反应类型是根据此前对合成的硫代亚磺酸酯研究而预测的（4.11

节；Block，1996a）。

目前的"无泪"洋葱耕种变种，如维达利亚（Vidalia），是通过对硫的隔离和减少吸收，或者在缺乏硫的土壤里培养出来的。这样的洋葱在鳞茎中产生的硫次生代谢物较少，得到"感官甜的洋葱，但与更具刺激性的高硫化物的品种相比，感官品质与健康品质都有所下降。"（Eady，2008）。基因工程提供了另外一种获得"无泪"洋葱的方法，且不需要减少有益的硫化物。因此，通过RNAi沉默技术，LFS基因在六种不同的洋葱变种里得到了抑制，结果是叶子，尤其是鳞茎（LFS原来含量最高的地方）中LFS的活性大大降低。在这些抑制LFS的植物中，异蒜氨酸和蒜氨酸酶的含量都在正常水平中（4～13mg/g干重，异蒜氨酸；Eady，2008）。通过GC-MS测试其叶子和鳞茎中LF的水平，则降低了30倍。

减少LFS水平后的化学结果是惊人的：①通过GC分析，洋葱烷和1-丙烯基丙基二硫化物、双（1-丙烯基）二硫化物和2-巯基-3,4-二甲基-2,3-二氢噻吩的含量大大增加；②甘氨酸与甲醛处理后，LFS减少的洋葱会呈现粉红色；③二丙基二硫化物的含量大大降低。根据这些观察，洋葱烷是1-丙烯基次磺酸自我缩合的产物，而1-丙烯基硫代亚磺酸1-丙烯酯用甲醛和甘氨酸处理后也呈现粉红色（4.13节）。1-丙烯基次磺酸和甲基次磺酸缩合产物的浓度增加会间接反映为包含1-丙烯基基团的二硫化物的GC比例增加。2-巯基-3,4-二甲基-2,3-二氢噻吩是双（1-丙烯基）二硫化物GC热分解的主要产物（图示4.35）。尽管并不很好理解，丙基多硫化物很可能是由洋葱LF还原形成的，它的浓度在缺乏LFS的洋葱中有所降低。最后，改良后洋葱的感官评价显示它的香味比没有转基因的品种刺激性小，更加甜，不会催泪，也不刺激泪腺（Eady，2008）。

4.13 蒜的绿变、洋葱的粉红色化和"鼓槌"葱属植物中的新型红色吡咯色素

在科学领域的杂志中，关于蒜制品变绿或蓝绿，以及洋葱和韭葱变成粉色的趋势的讨论已经有50年（Joslyn，1958；Shannon，1976a，b）。有时盘中的蒜泥或者洋葱泥会变成翠蓝色，又或者酵母蒜蓉面包长出蓝绿色的斑点，这会让厨师们有所警惕。至今，其中的缘由仍是未解之谜。有化学背景的厨师会担心他们的蒜或者洋葱是否被如铜或镉等有毒的金属盐污染了（Kubec，2007）。要将细节呈现出来，这个过程会显得分外复杂。由于这些色素的形成会使食物的风味消失，更重要的是，会减少产品的商业价值，对于即食剥皮的蒜或者切块的蒜，更是如

此。因此，人们投入了大量的精力试图揭示这个现象。

这一现象中发生了一系列复杂的化学过程（总结于图示4.41中），涉及了许多在4.12节中提及的含硫化合物（Imai，2006a；Block，2007；Li，2008；Wang，2008；Cho，2009）：①γ-谷氨酰基转肽酶（EC 2.3.2.2）从γ-谷氨酰基烷（烯）基半胱氨酸亚砜上断裂γ-谷氨酰基｛低温储存时倾向这个过程，也易于形成异蒜氨酸［trans-（+）-S-（1-丙烯基）-L-半胱氨酸亚砜；1-PeCSO］；Lukes，1986；Lawson，1991c｝；②蒜氨酸酶催化作用于异蒜氨酸形成S-1-丙烯基硫代亚磺酸1-丙烯酯［**27**；$CH_3CH=CHS(O)SCH=CHCH_3$］；③后者重排成硫醛-硫醛-S-氧化物$S=CHCH(CH_3)CH(CH_3)CH=S=O$（**89**），或者一个双硫醛-S-氧化物（**92**）；④后面这两个硫代羰基化合物和几种普通的氨基酸缩合形成吡咯——含氮的杂环色素前体；⑤蒜氨酸酶对蒜氨酸（S-烯丙基-L-半胱氨酸亚砜；2-PeCSO）的催化作用形成大蒜素；⑥硫代丙烯醛的硫代羰基和吡咯的DA反应形成亲电的吡咯类化合物（笔者预测的机理）；⑦然后色素的前体和亲电吡咯类化合物连接形成深色的多吡咯化合物。

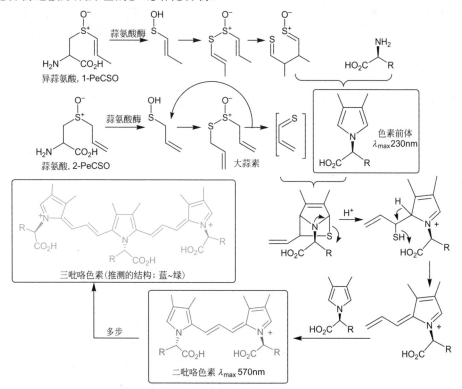

图示4.41 洋葱变成粉红色及蒜变成绿色的过程中推测会涉及的化学步骤

二吡咯的化合物是红色的（在粉色洋葱泥里吸收出现在528nm，与之相符；Joslyn，1958），三吡咯化合物是蓝色（多见于洋葱和蒜的混合物），四吡咯的分子是绿色（跟结构相关的叶绿素十分相似）。蒜的色变是因为8个不同的蓝色和绿色色素的生成，它们源于不同的氨基酸（图4.28）。蓝色色素的最强紫外吸收在580nm，绿色色素是由黄色色素（λ_{max}在440nm）和蓝色色素混合而成（Cho，2009）。

图4.28　混合蒜和洋葱硫代亚磺酸酯与各个氨基酸的反应，得到丰富的颜色变化（Cho提供，2009）

根据氨基酸缩写排序如下：1—Cys；2—Phe；3—Gly；4—Met；5—Arg；6—Val；7—Ile；8—Pro；9—Lys；10—Ser；11—Trp；12—h-Pro；13—Ala；14—Asp；15—His；16—Thr；17—Leu；18—Asn；19—Gln；20—Cyt；21—Glu；22—Tyr；23—未知

叶绿素也含有四个吡咯环，它们以"大环"的形式呈现，而非直链。葱属植物的吡咯色素浓度非常低，食用绝对安全。在制备蒜蓉时，在里面加入1%半胱氨酸可以防止蒜的绿变（Acquilar，2007）。蒜的绿变还由中国北方的厨师们继续开拓，他们制成深绿色的腊八蒜，用大蒜头腌制几个月，然后将蒜瓣浸入醋里放置一周。在春节时腊八蒜和水饺一起食用（Bai，2005；由Kubec引用，2007）。

"鼓槌洋葱"作为观赏型葱属植物，是 *melanocrommyum* 的子属品种，如 *A. giganteum*、*A. macleanni*、*A. rosenbachianum* 和 *A. rosenorum*，通过对它们的加热或者破坏，得到一种深红色（λ_{max}在519nm）的具有生物活性的三环3,3′-二硫-2,2′-二吡咯色素（**98**；约0.01%鲜重；图4.29）。**98**的形成可以解释如下：假设不同寻常的L(+)-S-(3-吡咯基)半胱氨酸亚砜前体（**93**）通过蒜氨酸酶引起的断裂得到次磺酸（**94**），次磺酸自身缩合形成硫代亚磺酸酯（**95**）。后者接着进行[3,3]-σ迁移重排，得到96，紧接着硫烯醇化作用和次磺酸/硫醇（97）的分子内成键，失掉一分子水，得到色素98（图示4.42；Jedelska，2008）。前体93显然集中在鳞茎的外层，环绕植物的传输营养物的管道细胞中浓度最高。细胞破坏后形成的98似乎有保护传输管道的作用。源自植物的色素98可用在传统药物中。这种色素类似硫杂鲁布林（thiarubrines），它是一种宝石红色的、光敏感的1,2-dithiin（1,2-二噻英）色素，发现于植物黑眼苏珊中，也用作传统药物（图4.30；Block；1994b）。

图4.29 切割 *A. macleanni* 的鳞茎后形成红色染料的时间依赖性（引自Jedelska，2008）

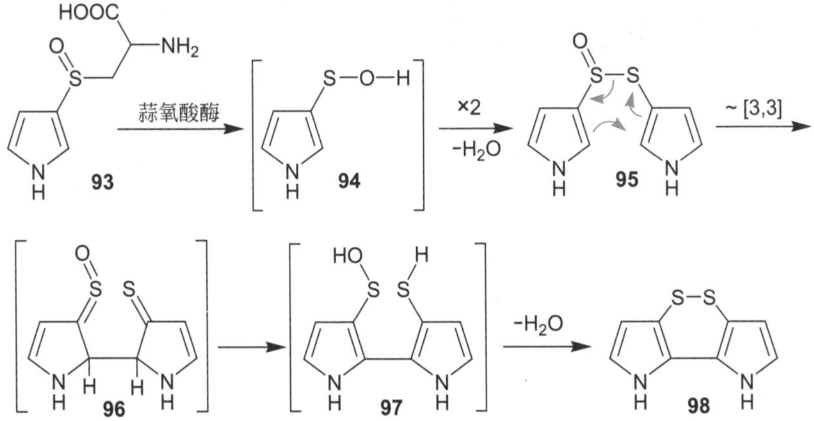

图示4.42 建议的3,3'-二硫-2,2'-联吡咯（98）的生源发生过程

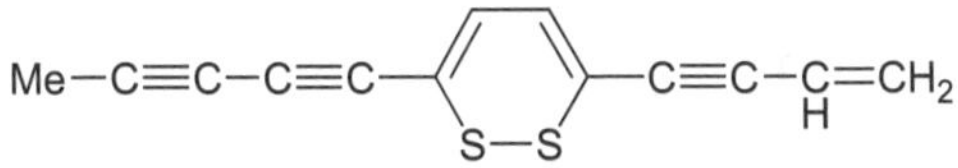

图4.30 大猪草（*Ambrosia trifida*）中的硫杂鲁布林B

鼓槌葱 A. stipitatum 是另外一种"鼓槌洋葱",有气味鲜甜的丁香紫或者白色的花,来自于中亚海拔较高的天山。1881年的爱德华·雷格尔（Eduard Regel）鉴定了这个物种,现在园艺工作者都能方便地拥有这个品种（图4.31）。浸泡过后的鳞茎经过色谱分离会得到一系列的二硫吡啶 N-氧化物（图4.32）,产率大约在0.01%,这种物质在0.1μg/mL的浓度下,可以对抗结核杆菌（Mycobacterium tuberculosis）,这一系列 N-氧化物包括2-(甲基二硫)-吡啶-N-氧化物（**99**）、2-[(甲硫基甲基)-二硫]吡啶-N-氧化物（**100**）和2,2'-二硫-双-吡啶-N-氧化物（**101**；O'Donnell,2009）。寻找**99**~**101**的 S-半胱氨酸亚砜的前体还有 A. stipitatum 中相关的硫代亚磺酸酯是十分有意义的（Block,2011）。

图4.31 鼓槌葱 A. stipitatum,一种新奇的吡啶-N-氧化物二硫化物的来源

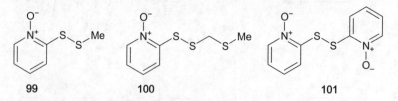

图4.32 鼓槌葱萃取物中的吡啶-N-氧化物二硫化物

4.14 葱属植物中的硒化合物

硒（Se）在元素周期表中与硫同一主族,刚好处在硫的下面,有许多相同的

性质，在生物中扮演着重要的角色。很长时间以来它都被认为是人体必需的微量营养素，食物中一旦缺乏硒会引起骨骼肌和心肌功能失调。硒可以帮助免疫系统正常工作，帮助细胞防御氧化损害，也可能在预防癌症和过早老化的过程中扮演重要角色。大多数已知的依赖硒的酶包含硒代半胱氨酸（图4.33），是硒取代了半胱氨酸中的硫的物质。硒代半胱氨酸被称作第21种氨基酸，对于核糖体导向的蛋白质合成有重要作用，它通过密码子UGA导向的tRNA引入蛋白质中（Axley，1991；Hatfield，2006）。至今，已有超过25种含硒蛋白质为人们所知（Papp，2007）。

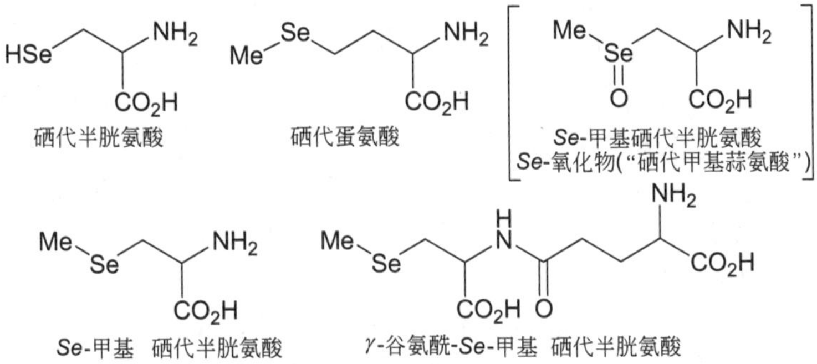

硒代半胱氨酸　　　硒代蛋氨酸　　　Se-甲基硒代半胱氨酸
　　　　　　　　　　　　　　　　　Se-氧化物（"硒代甲基蒜氨酸"）

Se-甲基　硒代半胱氨酸　　　γ-谷氨酰-Se-甲基　硒代半胱氨酸

(a)

MeSeMe　MeSeSMe　MeSeSeMe　MeSeSSeMe　MeSeSeSMe　MeSeAll
MeSeSAll　MeSeSCH=CHMe　MeSeSPr　MeSSeSAll　MeSSSeSPr　PrSSeSPr

MeSAll　MeSSAll　MeSSSAll　MeSSMe
MeSSSMe　AllSSAll　AllSSSAll

(b)

图4.33 葱属植物中非挥发的（a）与挥发的［(b)的上半部］的有机硒化物（All=烯丙基；Pr=正丙基）

1996年一项临床试验指出，每天摄入200μg富硒酵母，其中的硒可以减少50%的结肠癌、前列腺癌和肺癌发病率（Clark，1996）。对于食道癌、胃癌和肺癌的前瞻性研究可以看作是对此前试验结论的加强（Rayman，2005）。然而，近来一个关于硒和维生素E的癌症预防实验（SELECT）指出，使用L-硒代蛋氨酸（富硒酵母中的硒主要存在的形式）作为唯一的硒源，每日200μg的剂量给35533人服用平均5.5年，得出的结论是"硒或者维生素E，单独或者联合使用，在此剂量和剂型下，在相对健康的男性群体中不能预防前列腺癌"（Lippman，2005，2009）。虽然，曾有报道硒具有毒性，然而一个小型的关于剂量影响临床试验表明，当其剂量达到每天3.2mg（以富硒酵母的形式）时，较长期连续服用并未出现严重的中毒现象。最常见的抱怨不过是因为硒化物代谢成二甲基硒而导致出现"大蒜口臭"（见之后讨论"大蒜口臭"的部分；Reid，2004）。然而，近来的工作发现，作为保健品每天200μg硒的摄入可能会轻微地增加二型糖尿病的风险（Stranges，2007）。

硫和硒在化学上的相似性让我们推测适用于硫酸盐（SO_4^{2-}）同化过程的生化过程也同样适用于硒的化合物，如硒酸盐（SeO_4^{2-}）或亚硒酸盐（SeO_3^{2-}）。这样就可以理解为什么含硫非常丰富的葱属植物，尤其是蒜，较其它蔬菜而言含有相对更高的硒（Morris，1970）。利用含硒丰富的蒜去治疗硒缺乏而引起的疾病或者预防肿瘤受到了关注（Ip，1992，1993），葱属植物中硒化物的鉴定和相关的化学也引起了人们的兴趣（Arnault，2006；Block，1996d，1998，2001；Uden，2001）。众所周知，硒的益处和毒性都与它的浓度和化学形式有关，不同食物来源会有大相径庭的结论（Kápola，2007；Fox，2005）。

1964年，维尔塔宁提及，γ-谷氨酰基-S-烷（烯）基半胱氨酸和S-烷（烯）基半胱氨酸亚砜的硒类似物可能会在蒜和洋葱中存在（Spåre，1974），在洋葱中注入浓度15mg/L的硒，硒为亚硒酸盐的形式并含有10.4μCi（Ci：居里）的^{75}Se。萃取物的纸色谱发现有13个放射性的点，包括硒代蛋氨酸和硒代半胱氨酸，很可能还有Se-甲基硒代半胱氨酸硒亚砜、Se-(β-羧基丙基）硒代半胱氨酸和γ-谷氨酰胺-Se-丙烯基硒代半胱氨酸。硒代半胱氨酸和硒代蛋氨酸通过与标准样品的色谱行为进行比较，得到了鉴定。为了鉴定其它的化合物，研究者们合成了Se-甲基、Se-丙基和Se-2-丙烯基硒代半胱氨酸，但是无法将它们氧化成相对应的硒亚砜。近来有人认为大蒜含有硒蛋白（Wang，1989）和含硒的多糖（Yang，1992），然而尚未得到详细的结构。

上述维尔塔宁的开创性研究给出了如下假设：葱属植物中平行于硫的化学可能存在基于硒的风味化学中，如来源于土壤的硒酸盐（SeO_4^{2-}）或者亚硒酸盐（SeO_3^{2-}）。这引起了笔者的兴趣，于是我跟合作者一起，发掘在蒜和葱属植物中自然存在的有机硒化物的鉴定、反应和生物活性信息。不过，与之相关的实验问题令人却步：有机硒化物被含量高约12000倍的物理性质相似的有机硫化物所掩盖（硒和硫主要区别在于电子层数，其它部分的成键相似）。为了解决这个困境，使用了特殊的设备。最初，为了检测切割的葱属植物中挥发性的有机硒化物，使用了顶空气相色谱-原子发射光谱检测技术（HS-GC-AED）。顶空气相色谱（HS-GC）可以减少或者消除样品的制备，将分析过程中挥发性芳香物质的化学变化降到最低，对于痕量的易挥发化合物的分析而言是十分适宜的。原子等离子体发射光谱为GC提供了特定元素检测非常有力的工具（GC-AED）。它灵敏度很高，对元素具有选择性，可以同时对多种元素进行分析（Cai，1994a，1994b）。由于GC-AED针对特定元素，这项技术可以用来指出GC流动相中含有的特定元素而不论这种元素中是否有其它成分一同流出。

HS-GC-AED应用于象蒜（$A.\ ampeloprasum$）挥发物的分析中，在硒通道（于193.1nm监测）鉴定了一系列硒化物，见图4.34，也同时伴有大量的硫化物在硫通道（180.7nm）和碳通道（193.1nm）中显示。这一方法的灵敏度还可用数学方法加强：相同标称质量出现时，通过利用重元素（如：硒）的质量缺损（mass defect）可以分辨质谱峰。这项技术利用高分辨质谱和质量缺损算法，鉴定了绿洋葱 *A. fistuosum* 中有 MeSeSeSMe 的存在（Shah，2007）。

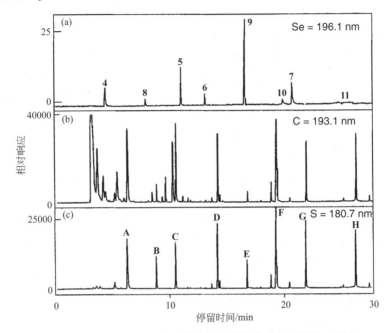

图4.34　象蒜中通过 HS/GC-AED-MSD 得到的有机硫化物和有机硒化物（引自 Cai，1994a）
有机硒化物（a）：**4**—MeSeMe；**5**—MeSeSMe；**6**—MeSeSeMe；**7**—MeSSeSMe；**8**—MeSeAll；**9**—MeSeSAll；**10**—MeSeSCH=CHMe；**11**—MeSSeSAll
有机硫化物（c）：**A**—MeSAll；**B**—MeSSMe；**C**—AllSAll；**D**—MeSSAll；**E**—MeSSSMe；**F**—AllSSAll；**G**—MeSSSAll；**H**—AllSSSAll

在象蒜匀浆中加入硒代蛋氨酸作为硒源会使所有硒的峰增加，于是用 GC-MS 就能完成鉴定。此外，如下所述，蒜和洋葱可以在含有无机硒的土壤中种植，以增加自然存在的硒化物的含量。蒜和洋葱的匀浆的顶空挥发物中也发现了类似的化合物（Cai，1994a，1994b）。重要的是，尽管在蒜中烯丙基取代的风味化合物含量比甲基类似物多，RSeSR 类的化合物中却只有 MeSeSMe 和 MeSeSAll 的存在，这意味着葱属植物中甲基比烯丙基更倾向于与硒连接。检测中还获得了 MeSeAll，它很容易通过加热 MeSeSAll 去硫而产生。

类比已经做过充分研究的葱属植物有机硫化学，人们推测之前提到的挥发硒化物来自于含有氨基酸的硒化物的分解。让葱属植物的制备物和派生的氨基酸试剂反应，再使之挥发，如用氯甲酸乙酯处理，这一假设就可以得到检验。蒜中含硒，自然界水平在 0.02mg/kg，用硒酸盐或者亚硒酸盐施肥可使含硒水平达到100～1355mg/kg干重。相似地，洋葱中的硒可被富集到96～140mg/kg。一个含硒1355mg/kg的蒜制品用氯甲酸乙酯处理后，通过GC-AED和GC-MS分析，发现Se-甲基硒半胱氨酸是主要的硒化物，还有含量更少的硒代半胱氨酸。没有加强或者轻微加强（Se 68mg/kg）的蒜只含有硒代半胱氨酸（Cai，1995）。合成了标准的Se-烯丙基硒代半胱氨酸后，用GC-AED和GC-MS的方法测试，然而没有证据表明在加强或者自然的蒜中有该物质的存在。

以上的分析方法都是加热或者挥发样品，没有对非挥发成分的研究。另外一个分析方法，高效液相色谱-电感耦合等离子体质谱（HPLC-ICP-MS）和GC-AED一样，也是元素专一性的。通过HPLC-ICP-MS分析，γ-谷氨酰基-Se-甲基硒代半胱氨酸在没有加强或者轻微加强的蒜中（68ppm Se）是主要成分（Kotrebai，1999；Dumont，2006）。在含硒1355mg/kg和205mg/kg的蒜中，含有硒的主要化合物是Se-甲基硒代半胱氨酸（Kotrebai，1999；McSheehy，2000）。分析硒加强过的A. tricoccum（Se 77mg/kg、230mg/kg和524mg/kg），发现Se-甲基硒代半胱氨酸是主要产物，还有少量的硒代蛋氨酸和硒代胱硫醚，以及γ-谷氨酰基-Se-甲基硒代半胱氨酸（Whanger，2000），而分析硒加强的洋葱（A. cepa；Se 96mg/kg和140mg/kg）和绿洋葱（A. fistulosum），发现γ-谷氨酰基-Se-甲基硒代半胱氨酸是主要的含硒化合物（Kotrebai，2000；Shah，2004）。分析加强了硒的细香葱（A. schoenoprasum；Se 200～700mg/kg），通过HPLC-ICP-MS与手性柱结合，发现有L-Se-甲基硒代蛋氨酸和L-硒代半胱氨酸，也含有γ-谷氨酰基-Se-甲基硒代半胱氨酸（Kápolna，2007）。

那么，关于维尔塔宁所说的Se-甲基硒代半胱氨酸Se-氧化物（硒甲蒜氨酸）天然存在于洋葱中，又有怎样的答案呢？合成的Se-甲基硒代半胱氨酸用过氧化氢在pH8的条件下氧化，最初得到Se-甲基硒代半胱氨酸Se-氧化物（图4.33，方括号内）。然而，该化合物在室温下不稳定，五天后变成甲基亚硒酸（$MeSeO_2H$）和MeSeSeMe的混合物（Block，2001）。这样得到的硒氧化物通过HPLC可见，然而酶失活的蒜或者洋葱中相应位置的峰并未得到证明。硫代硫酸盐是一种可以很快还原硒氧化物［包括由Se-烷(烯)基硒代半胱氨酸和硒代蛋氨酸所得的硒氧化物］的化合物，但用硫代硫酸盐处理蒜和洋葱的提取物反应后，变化很小，因此结论认为葱属植物中的硒氧化物可能存在，但含量低于ICP-MS的最低检测限。这一结论也通过X射线吸收光谱（XAS）对正常和硒加强后的蒜中硒的形式的研究获得支撑（I. Pickering, E. Block未发表的工作，斯坦福同步加速器）。葱属植物中，除了Se-甲基衍生物之外，Se-烷(烯)基硒代半胱氨酸的存在也可适用上述讨论。Se-烷(烯)基硒代半胱氨酸硒氧化物的热不稳定性也使它们难以存在于自然界中，除非是氧化还原中的瞬时中间体或是在分析中空气氧化出现的假象。

使用高级尖端的显微X射线的方式（显微X射线近边结构谱仪，也叫

μ-XANES，和共焦显微X射线荧光分析；Bulska，2006）也可直接对活体植物，如洋葱中硒的分布和判别硒存在的化学形式进行研究。使用这一技术分析暴露在硒酸盐和亚硒酸盐中生长的洋葱根和叶，显示大多数更毒的亚硒酸盐［Se(Ⅳ)］转化成了有机硒化物，如 *Se*-甲基硒代半胱氨酸［Se(Ⅱ)］，而大多数毒性更小的硒酸盐［Se(Ⅵ)］则维持不变。非常有趣的是，没有中间氧化态（如：硒氧化物）的相关报道。μ-XANES是非破坏性的方法，可以避免切割植物，提供痕量水平的灵敏度，还有显微侧向分辨率（Bulska，2006）。XANES技术的弱点是它无法对Se(Ⅱ)的各种化合物进行区别，如：*Se*-甲基硒代半胱氨酸和硒代蛋氨酸。

以上对葱属植物中有机硒化物的分析工作因为发现硒加强的蒜（Se-garlic）在大鼠模型中表现出来的对乳腺癌的化学预防特别有效而被大力推动。合成的硒-2-丙烯酸硒代半胱氨酸在体内实验中，对于实验条件诱发的乳腺癌有强效的抑制作用，且二烯丙基硒化物比二烯丙基硫化物在抗癌活性上有显著增强。比如，食用富硒的北美野韭的大鼠对于化学引起的乳腺肿瘤降低了43%（Whanger，2000）。以硒代蛋氨酸的形式存在的硒（尤其是富硒酵母）通常被用作天然的硒源，它的缺点之一是这种形式的硒化物容易在组织中积累（Whanger，1988）。

如果能够发现一个有效的硒源，具有很高的抗癌活性，同时又不会在组织中积累，如葱属植物中的 *Se*-甲基硒代半胱氨酸那样，便十分值得期待。这个化合物通过 *β*-裂解酶的反应在肝脏中转化成甲硒醇（MeSeH），人们认为，具有生物活性的硒代谢物导致了硒的抗癌性和抗氧化性。*Se*-甲基硒代半胱氨酸产生甲硒醇的效率远比硒代蛋氨酸高（Suzuki，2007）。基于对鼠的研究，得出 *Se*-甲基硒代半胱氨酸可以作为药物用以破坏标志前列腺癌的雄性激素受体信号（Lee，2006）。此外，*γ*-谷氨酰基 *Se*-甲基硒代半胱氨酸也是一个有效的抗癌物质，它的活性机理和 *Se*-甲基硒代半胱氨酸十分相似（Dong，2001）。

蒜中存在的有机硒化物对于铜引起的羟基自由基在生物浓度下对DNA氧化性损害有保护作用。据观察，氧化性DNA损害的抑制需要硒-金属的配位。Cu^+是软金属离子，硒是软配体，因此它对Cu^+的配位比对较硬的Fe^{2+}的配位更好。这非常重要，因为铜产生羟基自由基的速度是铁的60倍（Battin，2006）。值得注意的是，使用相似的测试方法，发现Na_2SeO_4（硒酸钠）不能阻碍铁引起的DNA损害，Na_2SeO_3（亚硒酸钠）同时作为抗氧化剂和助氧化剂，取决于硒化物和过氧化氢的浓度。基于这些观察，使用有机硒化物作为抗氧化剂的硒源优于使用无机硒化物（Ramooutar，2007），蒜中的有机硒化物就是个很好的例子。

既然蒜中天然存在硒化物，那么碲化物是否存在呢？碲在周期表上正好处在硒的下面，是稀有元素，它与硫和硒拥有很多共同的性质。使用负氢离子发生原子吸收光谱（HC-AAS）发现在阿根廷生长的蒜中碲的含量在55～65μg/kg的水平（Kaplan，2005）。此外，尽管尚且存在争论，并没有证据表明在蒜和葱属植物中含有锗。

4.15 葱属植物化学小结

葱属植物中含有三个碳的单元与硫相结合的重要性首先为19世纪的化学家所发现，而烯丙基基团的名字Allyl就是来自于葱属植物的拉丁文名Allium。其后成千上万的科学发现都得益于这个最早期的工作，人们对大量重要的有机硫化物进行了详细的研究，包括含有三个或者多于三个碳原子的：三个碳的化合物——1-丙烯基次磺酸、丙硫醛S-氧化物（洋葱LF）、2-丙烯基次磺酸、正丙基次磺酸、硫代丙烯醛，含有三碳单元并与氨基酸半胱氨酸的硫原子相连的各种前体化合物，还有2-丙烯基硫醇这种饱受诟病的、引起口臭的食用蒜的代谢物前体，烯丙基甲基硫化物；六个碳的化合物——大蒜素、二烯丙基二硫化物和多硫化物、洋葱烷、双锍化物和LF的二聚体；以及九个碳的化合物——大蒜烯和洋葱烯。且存在低浓度的一个碳的甲基源，使得形成的化合物有许多不同的一个碳和三个碳的组合，如：两个（1+1）、四个（1+3）、五个（1+1+3）和七个（1+3+3）。

当蒜氨酸酶很快使蒜氨酸断裂形成2-丙烯基次磺酸后，后者形成大蒜素时不再需要酶的作用，因为它自身的缩合非常快。大蒜素吸引人的、让舌头发麻的效应很快就会因为持续与生蒜的接触而变成不愉快的灼烧感，这恰恰反映了蒜使用这种刺激的性质来保护植物自身免受伤害的特性。大蒜素中活化的S—S键可以跟关键的巯基反应，它对微生物的生长来说是必需的，同时，其它的巯基在动物中具有感受疼痛的受体作用。大蒜素不稳定，重新形成2-丙烯基次磺酸，还有硫代丙烯醛，这是个非常活泼的分子，只有在-200℃条件下才能避免与自身结合形成二聚体（图示4.22）。大蒜素与水反应（图示4.26），形成一族三烯丙基多硫化物，它的生物活性随着连接的硫的个数增加而增加。其中二烯丙基三硫化物和四硫化物具有作为杀线虫剂的农业应用前景（第6章），而二烯丙基三硫化物在中国被用作抗生素（第5章）。

洋葱中1-丙烯基次磺酸迅速的自身缩合得到了好闻的洋葱烷（图示4.37），人们认为它即使有抑制生长或者趋避效果，也是微乎其微的。大多数通过洋葱蒜氨酸酶形成的1-丙烯基次磺酸未能自身缩合，这是由于它通过洋葱LF合成酶转化成而形成强烈的催泪物质丙硫醛S-氧化物（洋葱LF），这俨然是在自然界中更为独特的分子。如果洋葱中的次磺酸没有被LFS抓住形成LF，则会与相遇的LF

发生两种不同类型的反应："亲碳加成"形成洋葱烯（图示4.33）或者"亲硫加成"形成一个结构非常独特的双锍化物（图示4.38和图示4.39）。LF自身的反应是可能的，得到一个不同寻常的四元环，含有两个邻近的硫（图示4.17）。在一定的条件下，以上提及化学过程的相关重排会得到使洋葱变粉红、蒜变绿的产物（图示4.41）。含有九个碳的硫化物，大蒜烯和洋葱烯分别来自于蒜（图示4.32）和洋葱（图示4.33），目前人们对它们的兴趣集中在药物应用上，这在第5章将会讨论。许多在葱属植物中发现的新的不含硫的有机化合物可以在近来的综述中获得详细信息（Mskhiladze，2008；Corzo-Martánez，2007；O'Donnell，2007；Lanzotti，2006）。

第5章
民间医学及补充医学中的葱属植物

事情在这里按部就班地发生着
自有力量抵抗一切厄运
那就是梨、蒜、红紫珠根、坚果、油菜和芸香
尤其是蒜
那些无论谁酿的酒都拿来喝的人
那些无时无刻可能受到感染的人
蒜能拯救他们的生命
就算它让人气息难闻，也请忍受它
不要小瞧了它
别像许多人所想
以为它只会让人们皱眉头，醉酒，散发难闻的气味
　　　　　　——J.哈林顿爵士（1561—1612），《英国人的医生》
服药的愿望大概是将人类与动物区分开来的最大的特征。
　　　　　　——威廉姆·奥斯勒（1849—1919）

5.1　民间医学中葱属植物的早期历史

　　早期的民间医学基于草药和天然物质的使用经验和疗效以及有魔幻色彩的宗教信仰。相信蒜的防御和治愈能力，也许是因为它的气味使人产生联想——既然蒜味气息让人难以忍受，那么它对于疾病和动物也应该有同样的作用（Gower，1993；Mezzabotta，2000）。在早期关于蒜与洋葱功效的著作中，有《艾伯丝手卷》（*Ebers Papyrus*）——一本追溯到公元前1550年的埃及圣书，详细列举了超

过875个治疗配方，其中22个包含蒜，还有从公元前2世纪到公元5世纪的"希腊神奇手卷"，它包含了许多魔幻的符咒、配方、吟诵和仪式，其中一个意味着胁迫的符咒里用到了"……盐、死雌兔的脂肪、乳香、香桃木、深色的马、薏仁和蟹爪、鼠尾草、玫瑰、果核和一个洋葱/蒜、无花果泥、脸像狗的狒狒的粪便和年轻朱鹭的蛋"（Betz，1992）。埃及人用洋葱和蒜来给尸体防腐，制作木乃伊（Manniche，2006；Nicholson，2000）。

希腊作家阿里斯多芬尼斯（Aristophanes）在他的剧作《伊克里西阿》（*The Ecclesiazusae*，公元前390）里写了一个解决眼睑问题的食谱："把蒜捣碎，和拉泽花汁混在一起，再加一点拉哥尼亚大戟草，夜晚时在眼睑上将它均匀涂抹。"在老普林尼（Pliny the Elder）公元77年出版的《自然史》（*The Natural History*）中可以看到关于葱属植物入药最详尽的论述之一，该书已经被翻译多次（Rackham，1971）。最引人入胜的版本是由克里斯托弗罗·兰迪诺（Cristoforo Landino）翻译成佛罗伦萨式的意大利文版本，在1480年左右（图5.1）由简森（Nicolaus Jenson）装饰、装订并印刷。它是牛津大学博德利图书馆最珍贵的藏书之一。《自然史》的第19卷中提及了蒜、洋葱、红葱、韭葱、细香葱和几种野生蒜的耕种与植物特性，而第20卷中则讲述了园艺植物的疗效，分别给出了洋葱、韭葱和蒜的疗效。老普林尼讲过的许多内容被之后的草本植物书籍反复提及。

普林尼写道："为了保护嗓子，皇帝尼禄（Nero）每个月固定几天食用保存在油里的细香葱，不吃别的，甚至不吃面包。因此，近来细香葱变得重要了起来。"普林尼叙述了39种不同的使用韭葱的疗法。他发现"如果将韭葱加入五倍子或者薄荷，捣碎混合后塞入鼻孔，能够止住鼻血。韭葱可以治疗慢性咳嗽，以及胸腔和肺部的感染。用它的叶子外敷，可以治疗青春痘、烧伤和麦粒肿（睑腺炎）……它和蜂蜜混合也可用以治疗其它的溃疡。与醋混合，则能治疗野兽、毒蛇和其它有毒生物的咬伤。真菌中毒时可以食用韭葱，有时用于局部伤口，它可用作春药，还能止渴和解酒。书中说道，尽管它会使视力减退并导致胃肠胀气，对胃却没有刺激性，也可作为轻泻剂。韭葱对嗓子非常有好处，也作催欲剂，同时促进睡眠。"

普林尼记载了61种不同的使用蒜的疗法（第20卷，第23章），他写道："蒜有十分强大的作用，在改善水土不服上大有作为。它的气味可以驱走毒蛇和蝎子……可以冲服、食用或者像油膏一样外敷，用以治疗咬伤……它可以作为被鼩鼠咬伤后的解毒剂……捣碎的蒜跟牛奶混合，可以用来缓解哮喘……古人也让精神病人生食它。"至于洋葱，普林尼列举了27种疗法："家种的洋葱用来治疗视线不明，方法是病人嗅洋葱的味道直到流眼泪。用它的汁擦眼，效果会更好。'书上也提到，'洋葱是催眠药，跟面包一起嚼也可以治疗口腔溃疡。新鲜洋葱混着醋外敷，或者干洋葱与酒和蜂蜜混合可用于被狗咬伤，不过两天内一定要缠紧绷带。外敷也可以治疗脱皮。热灰烤过的洋葱可以外敷，跟大麦粉一起，可以治

图5.1 老普林尼的《自然史》(*Historia Naturalis*) 标题页

疗眼部溢流和生殖器疼痛。洋葱汁也用来作为眼睛疼痛、角膜白斑和角膜缘溃疡的膏药。跟蜂蜜混合后，它可作为毒蛇叮咬和所有溃疡的外敷药膏。它跟人类的母乳结合后可用来治疗耳部感染，跟鹅的脂肪或者蜂蜜混合注射到耳朵后用以治疗耳鸣和听觉障碍。如果一个人突然被吓哑了，让他喝兑了水的洋葱汁。牙痛的话，用它来漱口。它常用作漱口水以保护牙齿。它也是对付所有动物，尤其蝎子造成的伤害的优异药方。如果是脱发和疥疮，碾碎的洋葱可以涂抹在感染处；痢疾和腰部风湿痛的病人也会被送上煮沸的洋葱。将洋葱皮烧成灰后跟醋混合，用来治疗毒蛇和千足虫的叮咬。"

迪奥斯科里迪斯（Dioscorides，约公元40—90）是一位古希腊医师，他曾在罗马皇帝尼禄的军队里任外科军医。他在南欧和北非留下了许多足迹，观察和记录了植物的医用价值，并用希腊文将它们整理成了一部五卷的书籍，后被译作名为《药材》（De Materia Medica）的拉丁文书籍。这部书被认为是1500年来在药用植物上的权威书籍，是"最成功的植物教材"。它被翻译成了多种语言，而且配上了精美的插图，诸如维也纳的奥地利国家图书馆典藏的公元512年出版的特别版本。《药材》之重要，不仅因为它提供了草药的科学史，更是因为它给了我们古代希腊、罗马以及其它古文化中关于草药和治疗的知识，也记录了一些已经遗失的植物的古代名称。

这本著作呈现了500种植物。它广泛讨论了葱属植物，包括蒜、韭葱和洋葱的药用性质。对于蒜，迪奥斯科里迪斯记载了23种医药应用，包括内服时用来"清洗动脉"，打绦虫（肠内寄生虫），作为温和的利尿剂，是许多毒药的解药，还能治疗"水产生的伤害"（腹泻，阿米巴痢疾）。外用时它也广泛用于各种皮肤感染。迪奥斯科里迪斯的草药的现代版本，由约翰·古德伊尔（John Goodyer）在1652—1655年首次译成英文，并在1933年出版（Gunther，1933）。对于蒜，迪奥斯科里迪斯写道："它有一种刺激的、辛辣的性质，减除肠胃气胀，扰乱肠胃的运作，使胃变得干燥而导致口渴……降低人们的视力……利尿。……可缓解水土不服……可以清动脉……与煎煮的马钩兰花一起服下，可以杀死虱子和虱卵……含在口中，可以缓解牙痛……它好像会切开你的血管"（Gunther，1933）。

牛津大学博德利图书馆（Oxford's Bodleian Library）的另外一部珍藏是《鲍尔写本》里的一组医学文本，该书可以追溯到公元6世纪的前半期（Wujastyk，2003）。1890年，英国的陆军中尉哈密尔顿·鲍尔（Hamilton Bower）在位于中国最西部的古丝绸之路的龟兹贸易站，即接近哈萨克斯坦、吉尔吉斯斯坦和中国的交界处（第1章图1.2）的一佛寺遗址中发现并得到了这些手稿。鲍尔翻译了它们，随后又将它们卖掉，如今手稿冠以他的名字存于博德利图书馆中。这个桦树皮的手稿由梵文书写而成，其中有三份是关于印度草药的疗法（古老的疗法，在印度实践了超过2000年）。据说，这是由佛寺的僧人从北部巴基斯坦抄录过去的。《鲍尔写本》包含了一个独立的由43条诗句构成的关于蒜的神话起源和医药应用的记载。

这部手稿中有个十分有趣的部分，讲述了通常禁食蒜的婆罗门为了不违背这个禁令而给奶牛喂食蒜，然后食用它的奶制品，"奶牛在几乎三天没有吃草的情况下，给它喂养2/3草与1/3蒜茎的混合食物。婆罗门食用它的牛奶、凝乳、奶油甚至酪乳，这样一来可以在保持礼仪的情况下驱逐许多疾病。"（Wujastyk，2003）。《鲍尔写本》接着将蒜描绘成一个"万能药剂"，可以"赶走皮肤苍白的毛病、食欲不振、腹部肿块、咳嗽、消瘦、麻风病和消化不良。它也可以驱走风寒、月经不调、肠绞痛、肺结核、胃痛、脾肿大和痔疮。它还可以治疗单侧麻痹、腰部风湿、蠕虫病、腹痛和泌尿功能障碍。它完全能够对付疲乏、黏膜炎、手臂或者背部的风湿病，以及癫痫……我根据古时圣贤们所言，记述了蒜的应用。人们应该恰当地使用它。"有一则记述描绘了春日大蒜节，那时房屋前和门栏上装点了蒜做的花环，居住者也穿戴着它们。在这个节日上，人们会在庭院里表演一种祭拜神灵的仪式（Wujastyk，2003）。

作为伦敦药剂师和御用草药师的约翰·帕金森在他于1656年撰写的《脚底的天堂》（*Paradisi in Sole*）一个题为"厨房花园"的部分中写道："洋葱汁被广泛用于源于火或火药的烧伤和水或油的烫伤，这在农村最为人们熟知，因此在这些意外发生时往往没有比它们更适合、更容易快速获得的药剂了。洋葱、还有蒜和韭葱的强烈气味对于头和眼睛有刺激性，食用过后可以再吃香菜叶子来消除它们。"洋葱也被说成"咳嗽、气短和哮喘者们的福音。"韭葱煮水，趁温热时外敷在肿胀疼痛的痔疮上有舒缓作用。生的或者煮过的韭葱对于嗓子嘶哑也有治愈效果，而蒜则被誉为"穷人的灵丹妙药，意指它可以治疗一切疾病。我所认识的人没有生吃它的……"尽管人们认为葱属植物有许多有益健康的优点，《圣经》里却说道："在我们这个美食的年代，我们完全拒绝食用所有种类的葱属植物，除了最穷的人"（Parkinson，1656）。

罗伯特·桑顿医生（医学博士，毕业于剑桥大学）在他1814年书写的草药志中说到蒜，"外敷，它可以作为刺激剂、发红剂（使得皮肤发红），也会引起水泡。内服，由于它强烈的扩散性刺激，时常对循环不良和内分泌障碍的疾病有作用……（但是）在出现过敏的情形下，大量使用蒜会导致严重的伤害……适量地使用它会促进消化，一旦过量，会导致头痛、肠胃气胀、口渴、暑温病，还有炎性疾病，有时会引起痔疮出血。对于伤寒引起的发热，甚至对瘟疫，它的作用也十分显著……它被人推荐作驱虫剂（驱除寄生蠕虫），其外敷时成功地用于刺激肿瘤而使之缓解（优点：缓慢发展至治愈）的过程中，也用于耳聋……和尿潴留"（Thornton，1814）。

桑顿说到了几种不同的蒜的给药方式："几个蒜瓣一起吃十分容易，或者把蒜瓣切成片，囫囵吞下……内服蒜汁的话，配上糖和柠檬汁使其味道可口。如果失聪，用棉花蘸榨汁，送入耳朵里，一天换5～6次。混入烈酒、葡萄酒、醋和水，虽然能够保全它的价值，但是刺激性太强，一般不适宜使用。而罗森斯坦曾将一盎司的碾碎的蒜跟一磅牛奶混合治疗感染了蠕虫的孩子们。使用蒜最方便的形式是混以粉末制成的片剂或药丸……将蒜混着油等制成的油膏外敷，据说可以治好良性肿瘤，也被好些名医用在皮肤病上。有时它好像也被用作趋避剂……涂抹到脚底……可治疗融合性天花，使用时间约在第8天脸肿之后；把根切成碎片，用麻布扎牢，敷在脚底，一天换一次，直到所有的危险减除。"提起洋葱，桑顿说道："如今，洋葱主要的药用在外敷，作为糊剂（泥罨剂）使肿瘤出脓（排出脓液）等等。"（Thornton，1814）。从如今的医学知识角度看来，上述许多治疗十分愚蠢，但是桑顿对于蒜化学的敏锐观察，还有对于蒜的某些谨慎的观点使得他成为了19世纪早期前抗生素时代里值得信赖的医药实践见证者。事实上，在1916年，《英国医学杂志》（British Medical Journal）上发表的一个治疗百日咳的方法跟桑顿提出的治疗天花的方法很相似，"将蒜瓣切割成碎片，将它放在两双袜子中间，穿在脚底……半小时内呼吸中就会有蒜味……咳嗽和痉挛通常在48h内消失"（Hovell，1916）。

在中国，长久以来，人们推荐洋葱茶和蒜茶用于治疗发热、头痛、霍乱和痢疾（Corzo-Martínez，2007）。传说黄帝（公元前2679—前2595）的门人通过食用"野"蒜治好了肠道中毒，这种"野"蒜很可能是韭菜（A. tuberosum）。在《中华人民共和国药典》中，蒜用来控制寄生虫和头癣，用于痢疾和肠胃失调，作祛痰剂、利尿剂以及溃疡膏药（Moyers，1996）。在印度，蒜作为抗菌乳液用以清洗伤口和溃疡（Corzo-Martínez，2007）。

野地长满了熊葱或野蒜。在爱尔兰，为了治疗感冒和咳嗽，熊葱条被放在脚底，或者穿在鞋子和袜子里。这个治疗方式并不像听上去那么不靠谱，因为我们知道大蒜素是在挤压蒜时形成的，一旦形成，它会迅速地穿透皮肤，引起蒜味口气，而通过赤脚压碎蒜瓣是可以做到这一点的（Allen，2004）。

在20世纪初期，蒜和洋葱的药用在发现大蒜素和蒜氨酸酶前已经开始，那时还没有盘尼西林和其它现代化的抗生素，它们被记载在《英国药学要点》（Birtish Pharmaceutical Codex）和《美国处方手册》（United States Dispensatory）里，这两本书都详尽地列出了许多现存和已经停止使用的药物。前者说道："蒜有杀菌、发汗、利尿和祛痰的功效。大剂量食用会引发高血压。喉结核可以用蒜汁来治疗，而膏状的蒜可以用在肉眼可见的结核病灶上。用4倍的水稀释后的汁液可以用于外敷治疗化脓的伤口，吸入蒜汁可以治疗肺结核。当表面损伤时，新鲜的蒜汁十分具有刺激性……有报道说对于孩童来说，内服是致命的"（Pharmaceutical Society of Great Britain，1934）。《美国处方手册》中关于蒜和洋葱的部分提到："蒜作为药材的历史悠久，蒜油在治疗顽固性支气管炎和小儿卡他性肺炎上独具优势。压碎的蒜瓣制成膏状可以抹在肺上，也可以抹在脚上治疗神经性多动症，对于儿童来说，甚至可以用于惊厥。……洋葱的话，可以是兴奋剂、利尿剂、祛痰剂和发红剂，它的汁偶尔会制成糖浆，用于婴儿卡他黏膜炎和哮吼症。烤过的分开的洋葱有时会制成柔和的糊剂，用于肿瘤化脓"（Hall, 1918）。

5.2 蒜膳食补充品：市场与管理

很久以来，蒜享有神奇药用价值的盛名，可以预防和治疗疾病，对于许多人类的病痛都有所助益。信仰者兜售"蒜的奇迹"，而怀疑者则对"蒜崇拜"嗤之以鼻，认为他们声称的蒜的功效与科学所能证明的相去甚远。20世纪八九十年代的小报大肆宣扬蒜对健康的裨益："来自顶尖大学医生的推荐——神奇的蒜可以治疗：心脏病+癌症+感染+关节炎+胆固醇+中风+粉刺+哮喘+精神紧张"（*National Examiner*, July 18, 1995）。随着蒜的健康类书籍、大量的网络宣传以及由名人代言的广告的广泛传播，蒜成为了最热销的单成分的草药保健品。2006年，美国有七百万成年人购买蒜类保健品，这类保健品年销售额超过1.6亿美元（Barnes, 2004；Weise, 2007）。然而，由于在同一小报的头版同时也出现了诸如"猫王惊现"、"珠峰出现UFO基站"和"锁在冰柜中三月后，婴儿生还"等新闻，他们的健康报道的合法性也遭到了质疑。

蒜补充品（图5.2）的流行是增长现象的一部分，它一方面反映了公众自主健康意识的增强，另一方面也反映出了他们对制药公司和监管部门的不信任。加之逐渐升高的药物价格、主流药物失败的案例、管理部门对药物公司的监管不力，以及人们希望"寻找更加温和、天然的产品"的意愿，更加促进了这一趋势（Ipsen, 1994；Marcus, 2002；Halsed, 2003）。在美国，这样的心态促成了1994年《膳食补充品健康教育法案》（DSHEA）的通过。膳食补充品被定义为"用以补充膳食的可食用产品，它们本身是或含有一种或多种以下膳食成分：维生素，矿物质，草药或者其它植物，氨基酸，可以增加膳食总摄入的一种人类食用的膳食物质，或者以上任何成分的浓缩物、代谢物、化学成分、提取物或组合"[U.S. Code(2003), Title 21§321(ff)]。蒜的膳食补充品被归为草药或者植物，即具有药用和治疗性质的一种植物或者植物的一部分（根、花、叶、果）。

DSHEA的支持者把它称为"健康自由法案"，而包括《纽约时报》的社论版在内的吐槽者们，则将它称作"1993蛇油保护法案"。一篇时报社论反对DSHEA的通过，声称"它的合法化会降低药品新的标签标准，放任夸大那些未经科学同行评议和证实的初步研究的所谓的保健功效。这也会导致FDA（美国食品药品监督管理局）在有大量证据表明产品危险性时难以及时查获产品或要求提供安全证明。换言之，这场战斗并不是反对膳食补充品上架，而是反对不正当的公司与个人通过欺骗性的言论而获取最大利益的权力"（NY Times，1993）。

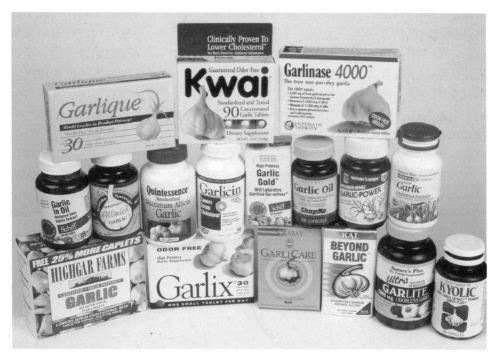

图 5.2 某些蒜的健康膳食补充品的商品图（承蒙拉里•劳森提供）

1993 年《纽约时报》社论中的关注是有预言性的。有一个案例，关于含有麻黄的膳食补充品：它是草麻黄（*Ephedra sinica*，或称中国麻黄）里的一种生物碱，而草麻黄在中国广泛用作中药。由于严重副作用的高发率以及麻黄有关的几例死亡案例，FDA 在 2006 年禁止了含有麻黄的补充品出售（FDA，2006）。耶鲁大学医学院院长大卫•凯斯勒（David Kessler）博士——1990—1997 年的 FDA 前任局长——在 2000 年《新英格兰医学杂志》的社论中提及了一篇文章，它报道称数例肾衰竭和尿道癌与使用另一中国草药广防己有关（*Aristolochia fangchi*）："畅销书吹嘘着天然产品的神话，诸如草药和其它的膳食补充品，说它们比常用药物更加安全。以前它们只能在保健品店售卖，现在却充斥了药房和超市的货架。这些所谓的天然产品比以往任何时候都更加畅销。自从 1994 年国会通过了膳食补充品健康教育法案，它通过限制 FDA 而解除了对生产厂商的控制，膳食补充品的流行创造了一个每年一百五十亿的产业……国会并没有对保护消费者免受膳食补充品的毒害表现出任何兴趣，更不要说制止对其功效的虚假宣传，因为他们认为这些产品对人们造成实际伤害的情况非常少见。公众们也不了解这些产品有多少潜在的危险。"大卫说道："国会应该在更多的人受到伤害之前改变法律,以保证膳食补充品的安全和效能"(Kessler,2000)。

纽约州一个调查膳食补充品安全性的任务组有如下总结:"尽管膳食补充品的治疗效果依赖于它的效能,但是对于它的剂量和纯度并没有联邦标准,对于药物剂量的研究是强制的,而对于膳食补充品的剂量研究,即使有人进行过也是极少的。很多产品的有效成分并没有得到甄别,而它的有效剂量也未曾确定。粗制滥造会导致产品标签的不精确(产品可能比所标示的含有更高或者更低的成分),不同品牌或同一品牌中有效成分的浓度差异也非常大。消费者们可能并不清楚他们到底吃了多少某种成分。膳食补充品的生产商在法律上并不需要提供标准生产过程以保证他们产品不同批次间的一致性,也没有任何的法律或者管理部门对于膳食补充品的标准给出任何定义"(New York State,2005)。

作为对于诸方关注的回应,2006年美国国会通过《膳食补充品和非处方药品消费者保护法》,严令补充品生产商在收到非处方药严重副作用案例报告后15个工作日内上报FDA,并保留6年的副作用报告。在2007年,FDA宣布了现行的膳食补充品生产管理规范(CGMPs)。FDA由此表明,这些管理将使生产流程更加规范化,从而消费者可以对购买的产品与标签内容更具信心(FDA,2007,2008)。

为了解决有效成分的确认问题,杂志在发表有关植物膳食补充品的研究时要求提供明确的信息,如美国国家卫生研究院(NIH)膳食补充品办公室的克里斯汀·A·史旺逊(Christine A. Swanson)博士在《美国临床营养学期刊》上写道:"除非实验材料被明确鉴识,否则研究是无法被评估或者重复的。研究者必须对测试的植物材料提供精确和完整的描述,不论它是一个最终产品、商业成分、提取物或者单一的化学成分……[对于植物提取物]萃取的方法必须加以说明,在制备测试样品时,提取物和初始植物的比例必须说明。没有这些信息,实验不能被重复。萃取物的化学指纹图谱(通常由HPLC或者液相色谱-质谱得到)是必要的,它们可以提供定性和定量信息。植物的次生代谢物有特征的化学图像。化学指纹谱图可以用来鉴定原始的成分,并且提供纯度的信息。例如,不该出现的峰可能说明了杂质和掺假的存在"(Swanson,2002)。

在欧洲,蒜和其它的草本膳食补充品都由2005年生效的《传统草药产品指令》管理(欧洲议会2004/24/EC号指令)(Silano,2004;Kroes,2006;Eberhardie,2007)。这条指令要求,非处方的传统草药必须达到由整个欧盟通行的安全和质量标准。对于2004年4月30日止市场上现有的合法产品会有一个过渡期,对它们的保护至2011年截止。这条指令要求传统的草药产品必须在欧盟已通行30年(或至少在欧盟15年,在别的地区15年),这样才能够获得执照,以非处方药的形式出售这些产品。

在网络上,关于蒜的健康益处则有许多不同的声音,因为许多网站都与生产厂家或者在线购买目录相关联。有一个关于蒜和其它草药销售的研究显示在超过

400个网站中有149个声称它们的产品可以预防、治疗甚至治愈各种特定的疾病（Morris，2003）。许多一次和二次科学和医学文献的摘要可以免费在PubMed（美国国家卫生研究院国家医学图书馆，United States National Library of Medicine-Naitonal Institutes of Health）上面看到：http：//www.ncbi.nlm.nih.gov/sites/entrez。此外，由专家组解读的关于蒜（包括洋葱）对健康益处的一般信息可以从以下这些较为公正的资源中获得。

国家补充和替代医学中心（National Center for Complementary and Alternative Medicine，NCCAM）；国家卫生研究院（NIH，U.S.A.），*Publication No. D274*，March 2008：http：//nccam.nih.gov/health/garlic/index.htm

健康加拿大，天然健康产物，大蒜专辑（Health Canada，Natural Health Products，Monograph on Garlic，May 2008）：http：//www.hc-sc.gc.ca/dhp-mps/prdonatur/applications/licen-prod/monograph/mono_garlic-ail-eng.php

欧洲植物疗法科学联盟（European Scientific Cooperative on Phytotherapy），《大蒜鳞茎（ESCOP专著）》[*Allii Sativi Bulbus-Garlic* (*ESCOP Monographs*)]，第2版，2003，14-15，ESCOP出版社，Exeter，UK and Georg Thieme Verlag出版社，Stuttgart和New York

保健品研究和质量处（AHRQ）的数据报告，蒜对心血管风险和疾病的作用，对癌症的防护作用以及医疗副作用，《技术评估报告第20号》[（AHRQ出版物01-E023，2000），Agency for Healthcare Research and Quality Evidence Report，Garlic：Effects on Cardiovascular Risk and Disease，Protective Effects Aganist Cancer，and Clinical Adverse Effects，*Technology Assessment Number 20*，（AHRQ Publication No. 01-E023；2000）]：http：//www.ahrq.gov/clinic/epcsums/garlicsum.htm

美国国家医学图书馆在线书架，全数据报告Full Evidence Report online on the U.S. National Library of Medicine Bookshelf：http：//www.ncbi.nlm.nih.gov/books/bv.fcgi？rid=hstat1.chapter.28361

M. Blumenthal，A. Goldberg和J. Brinckman编著，《蒜，草药：扩大委员会的E专著》(Garlic，*Herbal Medicine：Expanded Commission E Monographs*)，Lippincott Williams&Wilkins出版社，Newton，MA，2000，pp. 139-148

世界卫生组织，《世界卫生组织专著，药用植物选择篇》[（ *World Health Organization*，*WHO*) *Monographs on Selected Mediciand Plants*]，Vol. 1，1999：http：//whqlibdoc.who.int/publications/1999/9241545178.pdf

《PDR 医师桌头草药手册》[(Physicians' Desk Reference) for Herbal Medicines], Thompson Healthcare 出版社, Montvale, NJ, 第4版, 2007

上面提及的2008年美国国家补充和替代医学中心（NCCAM）的文献在对蒜的总结中说道："有些证据表明，吃蒜可以略微降低血胆固醇的水平；研究表明短期服用（1~3个月）有正效果。然而，NCCAM资助的一项研究三种大蒜制剂及其在降低血胆固醇水平的安全性和有效性（鲜蒜、干的蒜末片剂和老蒜提取物片剂）项目中，发现它们没有效果。初步研究表明，食蒜可以延缓'引起心脏病或者中风'的动脉粥样硬化的发展。关于食蒜能否些许降低血压，证据比较驳杂。有些研究表明将蒜作为日常饮食的一部分可以降低某种癌症的发病率。然而，目前并没有这方面的临床试验证明。长期服用蒜补充品以预防胃癌的临床研究则显示了无效。"

上述2008年加拿大卫生部关于蒜的网页文件声称蒜为"传统应用的草药，可以缓解与上呼吸道感染和黏膜炎有关的症状……帮助降低成年人血脂水平升高/高脂血症……帮助保持成年人心血管健康"（Health Canada, 2008）。

上述2003年欧洲植物疗法科学联盟（ESCOP）关于蒜的专著给出了以下治疗指征："蒜能预防动脉粥样硬化，治疗与饮食干预无效的血脂水平升高。它也可以用于上呼吸道感染和黏膜炎，但缺少临床相关数据"（ESCOP, 2003）。对上述不同病症，则推荐食用不同的分量，从相当于每天一瓣到四瓣不等，并且也有声明说手术后不宜立刻服用。

1999年，世界卫生组织（WHO）在题为《洋葱鳞茎》（Bulbus Allii Cepae）的专著中指出有临床数据支持的洋葱的主要应用包括："预防与年龄相关的血管病变，以及食欲减退。"专著提供的文献仅有一例是对大鼠的研究。它还说道，在传统药学中洋葱可以"治疗诸如痢疾细菌感染，作为利尿剂……治疗溃疡、伤口、结痂、瘢痕瘤和哮喘……以及作为糖尿病的辅助治疗剂"。没有实验和临床数据支持的民间医药用途还有"作为驱肠虫剂、催欲剂、排气剂、调经剂、祛痰剂和补药，以及用于治疗淤青、支气管炎、霍乱、肠绞痛、耳痛、发烧、高血压、黄疸、青春痘和溃疡"（WHO, 1999）。

1999年，WHO的题为《大蒜鳞茎》（Bulbus Allii Stativi）的专著指出有临床数据支持的大蒜的应用包括："作为治疗高血脂和预防动脉粥样硬化性疾病（随着年龄变化而引起的）的饮食疗法的佐药。药物在治疗轻度高血压上或许也有效果。"它也提到在传统医疗中使用大蒜可以"治疗呼吸道及尿路感染、金钱癣和风湿，也被用作消化不良时的排气剂。"在没有实验数据和临床数据支持的民间药用里，蒜可以"用作催欲剂、退热剂、利尿剂、调经剂、祛痰剂和镇静剂，也可以治疗哮喘和支气管炎，以及促进头发生长"（WHO, 1999）。

对商业化的蒜补充品的疗效研究的诠释十分复杂，这是由于：各种制品的形式多样，生物活性成分含量的不同，以及它们定义的不恰当，服用之后人体对其利用度也尚未可知（Wolsko，2005；Ruddock，2005；Linde，2001；Ackermann，2001；Lawson，2001）。市场上有四种形式的蒜膳食补充品出售：蒜粉（主要是蒜氨酸和蒜氨酸酶），老蒜的提取物（S-烯丙基半胱氨酸），蒜的蒸馏油（食用油中混合二烯丙基和烯丙基甲基多硫化物），还有蒜浸渍（食用油中混合稀释的大蒜烯和二噻烯）。

5.3 作为药物的蒜：法律规定

一个欧洲的进口商想要在德国销售蒜丸，包装的标签上只有蒜鳞茎和蒜胶囊的图片而没有医学功效说明。而德国当局要求：①进口商首先要提供药理测试的文献；②产品只能在药房出售。进口商在欧洲法院向德国起诉。2007年，法院对德意志联邦共和国裁决，认为蒜提取的粉末胶囊不是药品，"将蒜胶囊作为药物要求市场特许阻碍了货物自由流通，不利于对健康的保护"（欧洲法院2007年11月15日第C-319/05案）。法院说，欧盟通过外观或者功能来定义一个产品是否为保护人类健康和生命的药物。胶囊的外观令它看似药物，但胶囊的形式并非药物独有的，"生理作用"构成了药物的功能，而食物补充品也具备这样的生理作用。作为药物的产品必须有预防或者治疗疾病的作用，而不是一般的对健康有益。除了辅料，蒜末胶囊并不包含天然蒜以外的任何其它成分，也没有服用天然蒜产生的效果以外的其它功效。

法院裁定：①蒜胶囊无论在外观还是功能上都不符合药物产品的定义，因此不能归于药物；②蒜胶囊合法地在其它欧盟成员国作为食品售卖，德国则需要其提供药物产品的市场授权，这给欧盟内部贸易制造了阻碍；③德国没有履行关于自由贸易的协议义务。法院发现，与其要求对蒜胶囊取得授权，不如简单地将适合的标签标记于产品上，告诉消费者其潜在的危险。"关于它的药理作用，委员会并未争辩它或可预防动脉硬化，而是指出：这样的功效大概在每天服用相当于4g生蒜的剂量下才能得以实现。因此，这个被指是药物的产品只不过是普通的食物产品，很明显，它的药理性质并不充分，不足以让它成为药物产品。对这个案例，德国政府列举了一些在大量食用蒜或者其它形式的蒜产品后导致术后立即出血的病例，也列举了它抑制抗逆转录病毒的药物或是与一些抗血凝剂相互作用的例子。对此而言，必须首先注意到的是，所有这些危险都和普通蒜的吸收有关，并非与在此争论的蒜制品有关。"

5.4 蒜及其它葱属植物对健康的益处：以实证为依据的对健康功效的科学评估体系和在评估研究中的应用

现代医学要求所有的药材和药物具有非常严格的疗效证据。FDA为评估健康功效声明（如：蒜作为食物还是食物补充剂）的科学依据提供了指南。对于评估某一成分与疾病相关性的研究，FDA要求可测量的特定成分（诸如大蒜素）的鉴别，且要求明示特定疾病或者健康相关的状况（诸如心血管疾病），以支持自己的声明。FDA对几种不同性质的研究给予的详细评估如下（食品安全和营养应用中心，CFSAN，2007）。

随机的、安慰剂控制的、双盲测试干预研究（randomized controlled trials，RCTs）被认为是证明药剂与疾病在特定人群里是否有关联的最强证据。在干预研究中，被研究者以普通食物、食物成分或者膳食补充剂的形式来服用这种物质，或者他们会得到一个安慰剂或其它物质作为参照。通过RCT，以随机的方式提供这种物质，避免选择时的偏见。在"双盲"的情形下，被研究者或者研究人员都不知道谁在干预组，谁在对照组。特定物质的性质应该经过严格控制和确认。

RCT的质量由以下细则判断决定，如：①是否选择了适当的对照组；②对照组和干预组的相关基线数据是否有明显的差异；③是否测量了适当的生物标志物；④研究是否进行了足够长的时间；⑤研究的特定地理位置是否对更大的人群具有意义；⑥研究的对象是否健康，而不曾患有健康功效申请相关的疾病；⑦该物质在降低疾病风险中的单独作用是否得到了测试；⑧对照组和治疗组的分配是否完全随机。当该物质是食物成分时，测量它的独立效果或许是不可能的，因为干预组摄入的是全部的食物或者多营养性的补充物。另外，食品基质的生理作用会影响它的生物利用度和生物活性。在包含蒜的双盲实验中，因为蒜那众所周知的气味，完全做到"盲"也是不可能的。不过，在包含蒜补充剂的研究中，少量的蒜会被装入没有蒜的安慰剂瓶子里以掩盖不含蒜的事实。

前瞻性或回溯性观察性研究虽缺乏干预研究的对照组，但依然有用。在前瞻性研究中，研究者选择对象，并且在疾病结果出现之前对他们进行观察。最可靠的前瞻性研究是定群研究（cohort studies），它研究使用与申请有关的物质与不使用该物质的对象，要求研究对象相近，比较他们的发病率。在定群研究里，假设研究对象群是健康的，是足具数量的人群，再评估他们的膳食和其它数据。他们会被跟踪一段时间，在这段时间里，有些成员会发展出和被诊断出癌症（或其它疾病），有些则不会，再将这两组进行比较。定群研究，诸如欧洲前瞻性癌症及营养学的研究（EPIC）会在下面讨论，它需要几万至几十万的参与人数以获得充分的有统计意义的数据，来确定增加或者降低癌症风险（20%～30%）的因素。

最不可靠的观察性研究是回溯性研究，如病例对照研究，它比较有疾病的对象（案例）和没有疾病的对象（对照）。在观察性研究里，应该应用生物样本，并且表明该物质的摄入量和在生物样品中该物质的代谢的水平之间呈现剂量-应答关系得到证实（如，硒的摄入量和指甲硒浓度），才能明确生物样本摄入的量。观察性研究的难度在于，估计食物中某一成分的实际消耗量，它受到许多因素的影响，烹饪、储藏、不同条件下生长的植物中其成分含量的多少以及个人饮食中与其它成分的相互作用。由于以上的复杂性，FDA声称："基于观察性研究得到的科学结论不能够得出食物中某一成分与疾病的关系。然而观察性研究可以用来测量整个食物与疾病之间的关联。"

另外一部分探求药效证明的研究包括对实验室动物的研究。这样的研究可给予动物全提取物或其它包含活性成分，或者任何认为是活性成分的纯样品的植物制品。动物（体内）研究一般在体外研究了单一化合物或者混合物对细胞培养和其它生物鉴定的生物活性后进行。动物和体外研究可以有效提供背景信息，并且提出对于成分与疾病之间相关性的假设机理，但是不能对于成分和人体疾病之间的相关性作出科学的结论。这是因为动物与人类的生理学有所不同。例如，对于一种洋葱提取物的血小板抑制反应，狗比人类要高（Briggs，2001）。另外，体外实验是在人工环境下进行的，并不能说明复杂的正常生理过程，诸如消化，吸收和新陈代谢等都会影响人类在消耗食物和膳食产品后的反应。最后，体外实验所使用的植物化学品的浓度往往比口服时高出了几个数量级（Betz，2001）。

疾病风险评估（对某一物质的风险评估）有很多困难，因为许多疾病的发展都需要较长的一段时间。因此，在足够长的时间里去研究治疗组和对照组中具有统计意义的研究对象的疾病发病率的差异或许是不可能的。因此经常有必要使用"替代物结束点"，即用某些可以有效预知疾病风险的风险生物标志物来代替疾病的诊断。被FDA/NIH接受的替代物结束点有：①血清低密度血蛋白（LDL）、胆固醇浓度、总血清胆固醇浓度和高血压——心血管疾病；②结肠腺瘤性息肉——结肠癌；③血糖浓度升高和胰岛素阻抗——二型糖尿病。

综上所述，最终的科学研究产物由权威杂志经过严格的同行评议发表成文。无效、负面和正面的实验结果都当发表，以提供一个相对平衡的局面，这对疾病风险评估十分重要。研究声称有益的含有葱属植物的产品时，亦当如此。关于蒜与健康的综述曾经大量涌现，包括发表在《分子营养与食品研究》（*Molecular Nutrition and Food Research*，2007年第51卷第11期）和《药用及芳香植物的科学与生物技术》（*Medicinal and Aromatic Plant Science and Biotechnology*，2007年第1卷第1期）上的文章。生长在中亚和西南亚山区的野生 *Melanocrommyum* 亚属的一些异域葱属植物在人类和动物健康上的应用也引起了人们的兴趣。然而，这些植物的有效成分依然未知，需要更多的探索（Keusgen，2006）。

关于葱属植物与健康的文献报道数目庞大，专业综述也不少，因此笔者只总结了一些代表性的人类研究和动物体内、体外研究。

5.5 葱属植物提取物和膳食补充品的抗微生物活性：体内、体外、膳食与临床研究

几个世纪以来，蒜和洋葱被作为传统药物以对抗细菌、真菌、寄生虫感染和病毒性感染。洋葱的抗菌性在1858年被路易·巴斯德（Louis Pasteur）发现（Pasteur，1858）。关于蒜的抗菌性的科学研究记录始于20世纪早期（Reuter，1996）。在1937年，在卡瓦利托分离大蒜素前的七年，南加利福尼亚大学的细菌学家卡尔·林德格林（Carl Lindegren）报道"蒜的挥发性气体有杀菌活性……杀菌的物质在37.5℃比10℃更具挥发性……没有证据表明生物体会产生耐药性……煮沸的和高压过的蒜没有杀菌作用"（Walton，1936）。

新鲜蒜汁里大蒜素的抗菌活性在此有一个简单的证明（图5.3）。在一个接种了 E. coli 的琼脂培养基的培养皿里，放上带有稀释蒜汁的滤纸圆片。培育后抑菌圈的直径与使用常用的抗生素氨苄西林的相似实验数据比较，只要84μg的大蒜素就可得到一个清晰的抑菌圈。虽然这里使用的大蒜素换算成摩尔后，其活性仅仅是氨苄西林和卡那霉素的1/5～1/4，但由于普通鲜蒜中大蒜素的平均含量净重仅为3.9mg/g，它的杀菌潜力确实不可限量（Curtis，2004；Slusarenko，2008）！另一组实验用不同的酵母菌（*Candida albicans* 等）菌株做了相似的测试，发现在许多案例里，比起传统的抗真菌组分制霉菌素，酵母菌对蒜的萃取物更加敏感（研磨蒜瓣，并用两倍质量的水稀释而制成的提取物）（Arora，1999）。

有一个相关的实验用原子力显微镜（AFM）技术比较新鲜萃取的蒜水溶液和氨苄西林对革兰氏阴性细菌 *E. coli* 及革兰氏阳性细菌 *S. aureus* 的抗菌活性（Perry，2009）。一般而言，革兰氏阴性细菌比阳性细菌对蒜的萃取液更加敏感，该研究结果亦是如此。将 *E. coli* 与蒜溶液（25mg/mL的溶液，通过压榨鲜蒜然后用等质量的水混合，过滤而得，如果不立刻使用则在-20℃保存）混合12h，细菌会聚集起来，失去芽孢杆菌的形态，并且有胞内物质流失。对于 *S. aureus* 进行相似实验，*S. aureus* 在表面形态上与未处理的比较，没有变化。作者们注意到，跟 *E. coli* 相比，*S. aureus* 有细胞壁厚、膜脂质含量低和膜多糖含量高的特点，因此细胞膜对大蒜素和蒜汁其它成分的相对渗透性会受到影响。

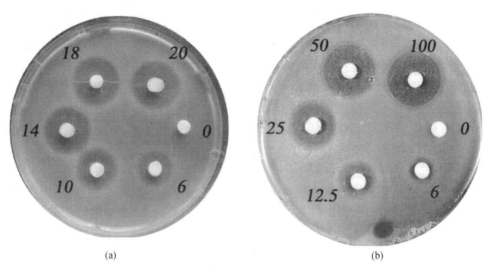

图5.3 标准化接种有 E. coli 的培养皿实验（引自 Curtis，2004）
比较以下两者的抗微生物活性：（a）蒜萃取物（20μL 的提取物，包含大约 280mg 大蒜素，或者 20μL 的稀释物，分别有 18μL、14μL、10μL、6μL 和 0μL 的萃取物），（b）常用的抗生素氨苄西林（100μL、50μL、25μL、12.5μL、6μL 和 0μL）

附录1中的表 A.2 总结了很多研究结果，表明蒜中大蒜素、大蒜烯和二烯丙基多硫化物都具有显著的抗菌活性。还有一些其它的报告，研究了其它葱属植物，诸如洋葱、葱、韭葱、A. bakeri、A. odorum 和韭菜（A. tuberosum）等萃取物的生物活性，它们的活性远远低于蒜的提取物（Yu，1999）。洋葱油抑制多个革兰氏阳性菌的生长（Zohri，1995），剂量在 2～20μg/mL 之间时，吡啶氮氧二硫化物及 A. neapolitanum 和 A. stipitatum 所得的生物碱对于多种分枝杆菌的菌株以及多种导致肺结核及其它疾病的致病菌具有活性，（O'Donnell，2007，2008）。有机硫化物被认为是葱属植物中最具有杀菌活性的，然而皂苷和酚类也对活性有所贡献。由于它们的抗微生物活性，蒜和洋葱被推荐作为控制食品中微生物增长的天然防护剂（Corzo-Martínez，2007）。一些儿科医师希望大蒜素作为治疗肠胃炎，包括对抗菌有耐药性的弯曲杆菌导致的肠胃炎的口服药物能得到进一步的详尽研究（De Wet，1999）。

5.5.1 葱属植物化合物的抗真菌活性

真菌病原体与刺激性的浅表感染乃至免疫低下病人可威胁生命的全身疾病都有关系。两性霉素B一直作为侵入性真菌感染的可选药物，会导致一些副作用，尤其是肾中毒。耐药性限制了一些更安全的抗真菌药物如氟康唑及其它氮杂茂化合物的使用。由于体外研究中的优良结果，蒜中的化合物已被研究用于外用及静脉注射治疗，见附录1中表A.2的实验数据（Ankri，1999；Davis，2005）。

从1973年起，二烯丙基三硫化物（DAT）作为一种专利药［大蒜素❶（Dasuansu），allidridium，allitridium，allitridum，alltridi或者allitridin］在中国广泛用于临床治疗寄生虫、细菌和真菌感染，如导致隐球菌性脑膜炎的隐球菌（Davis，1990；Lun，1994；Shen，1996）。作为商业产品，DAT十分稳定，易于合成，并且无毒（这点曾被质疑；Iciek，2009）。60～120mg的DAT，稀释于500～1000mL的生理盐水或5%～10%的葡萄糖水溶液中，通常供成年人口服或者静脉注射。DAT的体外研究表明，它对于隐球菌的最小抑制浓度（MIC）是100μg/mL，并与两性霉素B具有协同作用（Shen，1996）。劳森曾研究DAT的药物动力学（Lawson，2005a）。二烯丙基多硫化物的抗念珠菌活性数据揭示了一个有趣的趋势，在抗细菌活性上也能见到：抗菌活性（较低的MIC）随着多硫化物硫原子数的增加而增加，至少，直到二烯丙基四硫化物全部如此（Tsao，2001b；O'Gara，2000）。预测该效应与S—S键的弱化有关，随着硫原子数目的增加，增加了对—SH的反应性。

含有大蒜素的蒜提取液对隐球菌（C. neoformans）也有效，而且与两性霉素B可以协同抑制真菌的活性（Fromtling，1978；Davis，1994；An，2008）。纯化的大蒜素溶液在小鼠体内和体外对于曲霉菌都有很好的抗真菌活性（Shadkchan，2004）。作为杀真菌剂，大蒜素的聚氰基丙烯酸丁酯纳米颗粒的体外活性比大蒜素本身高了近一倍（Luo，2009）。蒜的水萃取物在琼脂稀释实验中，对于皮肤癣菌，红色毛癣菌和须癣毛癣菌的活性是洋葱的水溶萃取物的32～128倍，但是只有常用杀真菌剂酮康唑的1/13～1/5（Shams-Ghahfarokhi，2004，2006）。洋葱油（200 ppm）能够完全抑制猴发癣菌（T. simii）的生长（Zohri，1995）。

蒜制剂的成分烯丙醇和二烯丙基多硫化物，还有蒜的水萃取液，作为生长抑制剂和杀真菌剂，对于假丝酵母有很好的抗菌活性（Lemar，2005，2007；Choi，2005；Moore，1977；Barone，1977）。相对于洋葱的水萃取溶液，蒜的水萃取液凝胶稀释实验里，对于念珠菌属有4～8倍的活性，但是只有常用杀真菌药酮康唑1/10的活性（Shams-Ghahfarokhi，2006）。二烯丙基多硫化物的抗菌活性也许跟它消耗巯基和损坏线粒体功能引起氧化应激有关（Lemar，2007），而鲜蒜的萃取物的活性则被认为是它抑制菌丝而产生的（Low，2008）。

大蒜烯做成0.6%和1.0%（质量比）的凝胶，在47个患有脚癣［通常是由于红色毛癣菌（T. rubrium）及须癣毛癣菌（T. mentagrophytes）而引起的］的成年男子志愿者组成的双盲三臂实验中跟相似的1%的抗真菌药物特比萘芬进行比较，志愿者使用三种治疗中的一种，每天两次用药，持续一周。治疗结束30天后，60%的用0.6%大蒜烯的病人、100%的用1%大蒜烯的病人、88%的用1%的特比萘芬的病人得以治愈。研究过程中没有发现不良反应（Ledezma，1996，2000）。在体外实验中，大蒜烯和DAT对多育赛多孢子菌（S. prolificans）都显示出了好

---

❶ 译者注：此处大蒜素为早期工作中二烯丙基三硫化物的曾用名。

的活性（Davis，1993）。根据附录1的表A.2，(Z)-大蒜烯的抗真菌活性比(E)-大蒜烯更好。

5.5.2 葱属植物化合物的抗菌活性：口臭是疾病还是治愈？

牙周病是一种严重的牙龈疾病，它由口腔细菌引起，通常用普通的抗生素，如阿莫西林治疗，但是耐药性是一个越发严峻的问题。研究发现，牙龈卟啉单胞菌（*Pophyromanus gingivitis*）和其它导致牙周病的口腔细菌对于新鲜大蒜萃取液中的大蒜素十分敏感（见附录 1，表A.2；Bakri，2005）。人们认为，这样的敏感性是由于大蒜素与细菌酶，诸如半胱氨酸蛋白酶和乙醇脱氢酶里的自由巯基的迅速反应。因为这些酶对于细菌营养和新陈代谢非常重要，有人认为，产生对于大蒜素的耐药性的难度要比其它传统抗生素大千倍。一个持续五周包括30个研究对象的实验，测试了含有2.5%蒜的漱口水对口腔微生物的抗微生物活性。漱口液表现出了很好的抗微生物活性，两周后，使用漱口水的人的唾液链球菌水平稳固降低。然而，大多数的实验参与者认为它的味道令人不愉快，而且产生口臭，因此蒜的口腔漱洗液似乎不会成为消费者青睐的产品（Groppo，2002，2007）。

幽门螺旋杆菌（*Heliobacter pylori*）是一种革兰氏阴性细菌，生存于胃和十二指肠中，它与慢性胃炎、胃溃疡和十二指肠溃疡关系十分密切。幽门螺旋杆菌感染的人群有更大的罹患胃癌的风险。临床证据表明，通过抗生素和质子泵抑制剂的联合治疗可清除幽门螺旋杆菌，以缓解胃炎和溃疡，然而耐药菌株已经开始慢慢出现。研究发现，幽门螺旋杆菌对各种蒜衍生的化合物非常敏感，包括大蒜素、大蒜烯、二烯丙基三硫化物和四硫化物，这意味着，有可能将一个或者多个此类物质用于治疗（Sivam，1997，2001；Obta，1999；O'Gara，2000，2008）。

流行病学报告表明，食用大量葱属植物，包括大蒜，与降低胃癌发病风险有关（You，1998；Bulatti，1989；见章节5.6.2）。然而，在一个对五名幽门螺旋杆菌血清检查呈阳性的患者做的初步实验中，当他们连续14天服用蒜油胶囊后，并没有证据证明幽门螺旋杆菌被清除或者减少，症状也并没有改善（McNulty，2001）。另外两个应用蒜油的小实验，也得到相似的负面结果（Aydin，1997），吃新鲜大蒜亦然（Graham，1994）。此外，一个大型的随机双盲实验测试并证实了不同治疗方式以降低胃癌前病变和长期服用蒜补充剂之间没有任何关联。蒜补充剂在这个研究中指的是"一个含有200mg老蒜提取物……还有蒸馏的蒜油1mg或者安慰剂……的胶囊，一天服用两粒这样的胶囊"（You，2006；Gail，2007）。由于没有对于"老蒜提取物"中化学成分的精确定义，不可能判断参与者实际上摄取了多大量的鲜蒜，因为在一个更早的研究中，鲜蒜被认为是有作用的（You，1998）。另外有人诟病在生物研究中"使用不明成分的大蒜产品"（Sivam，

2001；Ruddock，2005；Koch，1996）。近来有工作表明，慢性幽门螺旋杆菌感染具有益处，在于它可以抑制其它重要疾病的发展。这意味着幽门螺旋杆菌是两性生物：在不同的条件下这个微生物物种可以是病原体也可以是共生生物。

一篇关于使用包括蒜等草药来治疗细菌感染的对照临床试验的文献综述中总结道"这篇综述最惊人的结果是测试草药抗菌性的对照临床试验较少……一方面，明显的原因在于草药缺乏专利权。另一方面，也许是传统来说，草药往往不采用现代的效用测试方法……而负面的实验可能没有发表"（Martin，2003）。尽管多年来中国使用蒜的制品来治疗疾病的临床经验大有前景，令人遗憾的是中国的治疗方法并没有以对照实验（就算由于蒜的明显气味而不能进行双盲实验）来确认，也未得到主流杂志的报道。

5.5.3　治疗肺结核的蒜面具

很早之前，蒜就被推荐用于治疗肺结核，肺结核是人类由来已久的苦难，以前称之为"肺痨"，或者"痨病"。在链霉素和其它现代的抗生素出现之前，爱尔兰凯尔斯联合医院的威廉·闵钦医生（William C. Minchin）于1912年和1927年出版的专著中，把利用蒜的制品治疗肺结核作为主题（Minchin，1912，1927）。在他的书里，闵钦介绍了一个治疗疾病的吸入式面具，该面具含有吸收了蒜汁的海绵（图5.4）。他还推荐将切碎的鲜蒜混上猪油应用在疾病感染的局部区域，或者咀嚼生蒜（或者切割的蒜和面包），使用一个鲜蒜喷雾来治疗喉结核（Hall，1933）。在这个奇怪的装置的背后，其想法是吸入的蒜汁可以作为挥发性的杀菌剂，破坏"人类肺部感染组织中的结核区域。"《英国医学杂志》对闵钦的书总结发现："某些案例中，他的成功是十分显著的，也给出了病人接受治疗前后的照片。很长时间以来，人们都知道从大蒜里得到的盐分有很好的抗菌能力，但是许多人对于蒜的刺激性味道十分厌恶，导致它不曾流行。这样由闵钦记录的案例或许公平地提供了证据，证明对于某些个体，这些药物战胜了结核，但是他发现在其它的案例中，由于对蒜固有的厌恶，以任何形式用药都不能治疗疾病"（佚名，1912）。然而，1925年一篇文章的作者在同一本杂志中对蒜治疗肺结核提出了质疑："我们现在都知道当一个病人得了肺结核，他会处在医生管理之中，至少一部分时间如此。医生会使用不同的方式增进他的健康，不管是药物、疫苗或者任何特别的治疗方案。对于这样的疾病（其它疾病也一样），有效的护理、食物的管理、运动、睡眠，日光和新鲜的空气……都有益处。精油是许多'治愈'案例的基础，因此肉桂精油和蒜精油疗法都各曾盛极一时；没有必要详述其中细节，大家都知道，在持怀疑态度的医生手上，它们通通是不管用的"（Dixon，1925）。

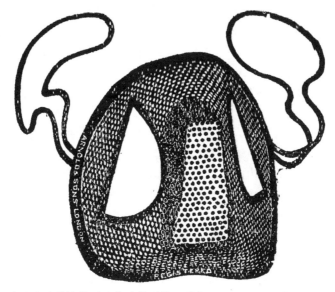

图5.4　一个用来治疗肺结核的呼吸蒜油的面具（引自Minchin，1927）

5.5.4　葱属植物化合物的抗寄生虫活性：体外研究

如上所述，古代文化就知道新鲜压榨的蒜有抗寄生虫的效果。阿尔贝特·施维泽（Albert Schweitzer）在非洲治疗痢疾和肠道蛔虫时使用蒜（Block，1985）。传统中医用酒精萃取压碎的蒜治疗肠道疾病（Ankri，1999）。葱属植物可以治疗由痢疾阿米巴虫、肠道鞭毛虫、疟原虫（疟疾寄生虫）、利什曼虫（利什曼或沙绳症）、角膜炎的卡氏棘阿米巴、罗阿丝虫（或非洲眼线虫）和布氏锥虫（由采采蝇为媒介的昏睡病）等寄生虫引起的疾病。

引起阿米巴痢疾的痢疾阿米巴虫是一种普遍存在的肠道寄生虫，它对大蒜素非常敏感，30μg/mL的剂量可以完全阻止它的生长（Mirelman，1987）。在低浓度下（5μg/mL），可以通过强烈抑制半胱氨酸蛋白酶而很好地阻断痢疾阿米巴虫营养体的致病性。大蒜素可能是通过化学的方式修饰半胱氨酸蛋白酶的—SH基团而起作用的，因为后者的活性可以通过与疏基化合物二硫苏糖醇的作用而完全修复（Ankri，1997）。二烯丙基三硫化物对痢疾阿米巴虫的半致死剂量为59μg/mL。由于二烯丙基三硫化物的细胞毒性在25μg/mL，对于治疗而言若需求25μg/mL或更高的浓度则毒性太大（Lun，1994）。

寄生原虫肠道鞭毛虫引起的腹泻是世界性疾病，是由饮水传染的腹泻最常见的诱因。目前，治疗最常选用的是甲硝唑、其它硝基咪唑类、硝基呋喃类、米帕林（奎纳克林）或者巴龙霉素，只是它们都有不好的副作用，并且肠道鞭毛虫的耐药性也在逐步增长。以下半抑制浓度的数据显示全蒜和蒜制品中几种物质对于肠道鞭毛虫的生长有抑制作用（处理以后24h的数据）：全蒜，300μg/mL；二烯丙基二硫化物，100μg/mL；2-丙烯基硫醇，37μg/mL；烯丙醇，7μg/mL。对于蒜的化合物抗鞭毛虫的活性，给出了机理解释，包括猜测它促进了一氧化氮合成酶的形成。对于鞭毛虫，一氧化一氮有细胞毒性（Harris，2000）。二烯丙基三硫化物对于蓝氏贾第鞭毛虫的半数致死量为14μg/mL，可以跟其25μg/mL的细胞毒性相比（Lun，1994）。

每年有超过一千五百万人死于疟疾，这是一种世界性的传染病。接近半数的世界人口居住在疟疾疫病区域，有感染上该疾病的危险。当携带疟原虫孢子的蚊虫将其传入脊椎动物的体内时，感染就开始出现了。大蒜素作为半胱氨酸蛋白酶抑制剂，可以抑制疟原虫虫株环子孢子蛋白的合成，得以在体外或者体内防止对宿主细胞的入侵（Coppi，2006）。

利什曼病是由于细胞内寄生性血鞭毛虫（利什曼虫）感染宿主皮肤和内脏的巨噬细胞引起的。用经过过滤、离心处理和冻干的新鲜洋葱匀浆处理五种不同的利什曼虫菌株，72h后，得到的平均半致死量为376μg/mL（Saleheen，2004）。蒜的提取物活性更高，对利士曼原虫（*L. major*）的半致死量是5μg/mL（Khalid，2005）。蒜产生的一氧化亚氮可能在杀死寄生虫时起到了作用（Gamboa-Léon，2007）。

卡氏棘阿米巴（*Acanthamoeba castellanii*）是一种独立生存的、可致盲的棘阿米巴性角膜炎（*A. keratitis*）的原虫。蒜的提取物二烯丙基多硫化物和大蒜素能够有效地对抗这种原虫，并且对于角膜细胞没有细胞毒性（Polat，2008）。使用蒜和洋葱的传统医学的典型事例是用其治疗叫作罗阿丝虫病或者非洲眼线虫的疾病，它使生存在西部非洲喀麦隆的湿地和树林区域的一千三百万人饱受折磨。最常见的治疗该病的方式就是将蒜汁或者洋葱汁滴在感染的眼内（Takougang，2007）。锥虫属（*Trypanosoma*）是一系列单细胞寄生原虫，包括布氏锥虫（*T. brucei*），它会在人和牛当中引起致命疾病——昏睡病。二烯丙基三硫化物对布氏锥虫和其它相关原虫的半数致死量为0.8～5.5μg/mL，远远低于25μg/mL的细胞毒性（Lun，1994）。

5.5.5　葱属植物化合物的抗病毒活性

蒜中的化合物在体外实验中对许多人体的病毒都有效，诸如人巨细胞病毒（人疱疹病毒），尽管它也具有生物毒性（Zhen，2006；Ankri，1999；Esté，1998；Guo，1993；Weber，1992）。比如，(*Z*)-大蒜烯可以阻止人巨细胞病毒的扩散（Terrasson，2007），然而有总结说道：大蒜烯"在浓度远低于产生细胞毒性的浓度下，没有抗病毒活性"（Esté，1998）。一个随机临床试验报告采用含有稳定的大蒜素的蒜补充品来预防和治疗普通感冒（Josling，2001）。总体来说，

146个志愿者参与了12周实验；每天服用一粒大蒜素胶囊的组与对照组相比，感冒明显减少（24∶65，$P<0.001$），并且发病时间也更短（1.52∶5.01，$P<0.001$）。不幸的是，这个实验有几个缺点，含有主观数据；缺少所使用大蒜素的剂量和大蒜素制品鉴定的详细信息（PDR，2007）；参与者少；缺乏财务公开或者利益冲突的声明。近来关于使用蒜来治疗普通感冒的综述表明没有足够数据支持临床使用（Pittler，2007；Lissiman，2009）。

5.6　葱属植物与癌症：膳食、体外及体内实验

癌症涉及一百多种疾病，其特征是细胞的遗传信息发生改变而引起的不受控制的细胞生长。一般而言，细胞的分裂、分化和死亡是被精确调控的。所有的癌症一开始都是由一个细胞的正常生长和复制失控开始。普通细胞转化为癌细胞包括几个明显的阶段——启动、促进、进展，进而转化成恶性肿瘤——每一个过程都可以由膳食习惯来缓和。实际上，据估计，有大约1/3的癌症死亡与膳食因素有关，就像吸烟对其的影响一样（Doll，1981；Boivin，2009）。再者，有持续的研究表明，每天吃五份或者以上的蔬菜水果可把许多癌症风险降低50%，尤其是肠胃道癌症（World Cancer Research Fund/American Institute for Cancer Research，2007）。水果和蔬菜含有大量的化学物质，有些可以有效改善化学致癌性。第一个被报道的具有抗癌物质的植物之一是蒜，古文化之中用来治疗肿瘤。近来大量综述均以蒜及其组分作为肿瘤的化学预防剂为主题（Nagini，2008；Powolny，2008；Stan，2008；Shukla，2007；Ngo，2007；Siess，2007；Herman-Antosiewicz，2007，2004；Stan，2007；El-Bayoumy，2006；Milner，2006；Ariga，2006；Khanum，2004；Sengupta，2004；Ejaz，2003；Reuter，1996）。

一个近期的研究评估了34种经常食用的蔬菜对八种不同的肿瘤细胞株增殖的抑制作用，包括胃癌、肾癌、前列腺癌、乳腺癌、脑癌（两类）、胰腺癌和肺癌（图5.5）。十字花科的植物，尤其是葱属植物的萃取物对所有癌症细胞株增殖皆有抑制作用。另外，西方国家最常食用的蔬菜的萃取物的效果则不如前者。这些蔬菜的抗增殖效果对癌细胞源有专一的选择性，对于普通细胞的增长则没有多少影响。研究声称："在测试的所有蔬菜中，蒜的提取物对肿瘤细胞株增殖有最强的抑制作用，可以完全抑制所有测试的细胞株的增殖。韭葱、青洋葱（未全熟）和黄洋葱（全熟）也可以高度地抑制绝大多数的细胞株的增殖。"研究总结"十字花科、暗绿色的、还有葱属植物有很强的抗癌性……包括十字花科、葱属植物在内的膳食是有效预防肿瘤的膳食策略里的必要成分"（Boivin，2009）。当

然，像此次研究中呈现的一样，比较相同质量的蔬菜其实并不是非常妥当，因为食用一份西兰花比食用一份蒜要大得多。

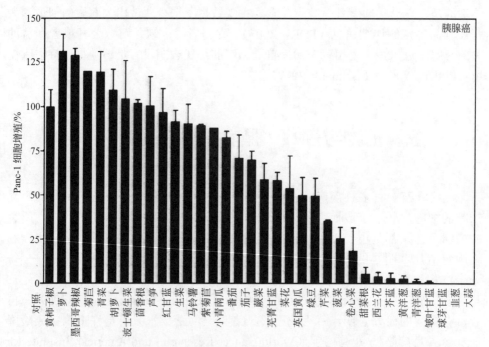

图5.5 以相当于166 mg/mL的生蔬菜的蔬菜萃取物对胰腺癌细胞株（Panc-1）进行48h的培育产生的增殖抑制（引自Boivin，2009）

5.6.1 食用蒜与癌症风险的循证概述

在以上的体外实验中，人们对膳食中蒜有预防癌症的潜力给出了正面的观点，然而纵观所有科学证据，所有已发表的高质量的人体实验的文献却得到了基本相反的结论。通过上述循证体系，整个2007年发表的研究得到的主要结论是"食用蒜和降低胃癌、乳腺癌、肺癌或者子宫内膜癌风险之间没有可信证实的关联……六项研究发现食用蒜无法降低大肠癌的风险，但是三项更局限的、更单薄的研究则表明食用蒜可能降低大肠癌的风险……［基于此］，蒜很可能无法降低大肠癌的风险。三项研究没有表明食用蒜可以降低前列腺癌的风险，但是一项更具局限的、单薄的研究表明食用蒜可能降低这种风险。基于这些研究，蒜是否能够降低前列腺癌的风险依然是非常不确定的。一项较小的研究表明，蒜可能降低食道癌、喉癌、口腔癌、卵巢癌，还有肾癌的风险。然而，在食用蒜和这些癌症的存在之间，是高度不确定的关系"（Kim，2009）。有一篇编者文章对上述评估做出了回应。作者是蒜补充剂生产商赞助的研究人员，他认为使用活性成分和安慰剂对照的临床试验的数目"被认为是科学上很重要的,而在本实验中则非常少,且研究对象也少。因此,目前所能得到的研究数字有限,很难获得一个严格的标准以做出健康声明。"(Rivlin,2009)。

上述综述中未提及的一个在中国进行的双盲安慰剂对照的干预实验中,有5000个对象参与(前述总结中未包括的),每个干预组每个人每天服用200mg合成二烯丙基三硫化物(allitridum),每隔一天服用100μg亚硒酸钠,每年口服一个月,坚持两年。同时,对照组服用两种安慰剂胶囊。在最初五年的跟踪里,干预组和对照组的胃癌发病人数分别是10和19。这个研究表明了蒜可以适度降低男性的胃癌发病率;对于女性组则没有明显的保护作用。对于女性缺乏效果可能是因为参与的女性人数较少,或者跟女性相比,胃癌在男性中发病率更高。对于成年人,二烯丙基三硫化物的剂量相当于每天吃100～200g的生蒜,这样的给予量太高,并不合理。另外,每年只有一个月服用二烯丙基三硫化物就能影响五年内癌症发病率的观点也引起了人们的怀疑(Iceik,2009)。作者总结,二烯丙基三硫化物的预防作用更可能是通过引起癌细胞的凋亡,而非抑制亚硝胺形成或者抑制胃部幽门螺旋杆菌的生长(Li,2004)。

欧盟一项"蒜与健康"(2000—2004)的研究结论为:对于92个研究对象进行人干预研究,癌症发病的参数在3个月的时间内没有大的影响(Kik,2004)。无论下一节要讨论的世界癌症研究基金会的报告还是冈萨雷斯的综述(Gonzalez,2006)都不认为食用葱属植物与降低前列腺癌的发病率有联系。而另一位作者看了几乎相同的前列腺癌数据后得出了不同的结论,建议有风险患上良性前列腺增生症(BPH良性前列腺肥大)或者前列腺癌的男子在日常饮食中添加更多的蒜,而已经诊断为前列腺增生症或者前列腺癌患者则应该多食用蒜以支持药物治疗(Devrim,2007)。

5.6.2 流行病学研究

一份世界癌症研究基金会(WCRF)发布的详尽报告考察了食物、营养与癌症预防之间的关系,这是一个基于已发表的定群研究、病例对照研究和生态学研究的报告(WCRF/AICR 2007)。关于葱属植物膳食,报告总结:"证据虽然不够丰富,并且大多都是来自于病例对照研究,但与剂量应答关系相吻合,也有可行的机理证据。葱属植物可能可以防止胃癌……蒜可能防止结肠直肠癌。"对于葱属植物的这个结论是基于对于两个定群研究、27个病例对照和两个生态学研究,而对于蒜的结论则基于一个定群研究、16个病例对照和两个生态学研究。所有文献的总结概要声称,有证据表明食用葱属植物之于胃癌,食用蒜之于结肠直肠癌"有令人信服的降低风险"的作用(WCRF/AICR 2007)。

欧洲前瞻性癌症和营养学研究(EPIC)特地设计了对于饮食和癌症之间关

系的探索，它是一个在十个欧洲国家23个中心开展的多中心前瞻性研究，国家有丹麦、法国、德国、希腊、意大利、荷兰、挪威、西班牙、瑞典和英国，包括519978个研究对象（366521个女性和153457个男性），大多集中在35～70岁。研究揭示，食用洋葱和蒜通常会降低肠和胃的癌症风险，但是大概与肺癌、前列腺癌与乳腺癌没有关联（Gonzalez，2006）。其它欧洲更小型的研究也表明了相似的结果（Galeone，2006，2008）。另外一项近期的研究总结，多吃水果，深黄色蔬菜、深绿色蔬菜、洋葱和蒜，与降低结、直肠腺瘤风险有中度的关联，而这种腺瘤是结、直肠癌的前体（Millen，2007）。

5.6.3 临床试验：大蒜烯治疗非黑色素皮肤癌；大蒜素之于胃癌的胃镜治疗

一项临床试验曾使用大蒜烯外敷来治疗基底细胞癌（BCC），这是白种人中最常见的皮肤恶性肿瘤，属于非黑色素皮肤癌（Tilli，2003；Hassan，2004）。因为考虑到外部容貌，该疾病的非手术治疗更受青睐。在这个实验中，21个病人，总计25个病变，使用0.4%的大蒜烯油膏进行治疗。在治疗前，确认了每个肿瘤的表面积，并且进行了活组织检查。肿瘤处每个月测量一次大小。6个月后，基底细胞癌通过手术方式全部摘除，接着再测试肿瘤细胞的活性。大多数基底细胞癌对大蒜烯有正反应，病变的面积减小，B细胞淋巴瘤（Bcl-2）基因的表达减少，Bcl-2基因可抑制肿瘤细胞的程序性死亡（凋亡）以保护肿瘤细胞。基底细胞癌的病变组织在使用大蒜烯治疗6个月后，三例组织的面积增加，一例没有变化，21例面积减少，其比例大概是84%。与此同时，与另一个外用药咪喹莫特比较，大蒜烯对于肿瘤部位没有副作用，而咪喹莫特则曾报导有副作用。这里呈现了治疗前后，对于前额和腹部的基底细胞癌病变的典型结果摄影图（图5.6）以及所有25处病变的图表数据（图5.7）。研究人员正在努力证明大蒜烯对于肿瘤细胞重要的生物作用，目前得到的结论是，肿瘤尺寸减小的最好解释是由于大蒜烯减少表达Bcl-2细胞的数量，诱导细胞凋亡。直接向培养的基底细胞癌细胞中加入大蒜烯，发现大蒜烯诱导的细胞凋亡具有时间和剂量的依赖性（Tilli，2003）。

一个在中国进行的，对于80个进展型胃腺瘤患者（患者的诊断均通过胃镜和病理检查而确定）进行的临床试验中，他们被分作两组，每组40人。在手术前48h，一组人通过胃镜在病变区域浸润大蒜素，而对照组则使用普通的盐水，得到的结果是，通过胃镜的局部用药，大蒜素可以抑制胃癌细胞的生长和增殖，且还能促进胃癌细胞的凋亡（Zhang，2008）。但是也有人注意到大蒜素对于肠胃黏膜的伤害（Lang，2004）。

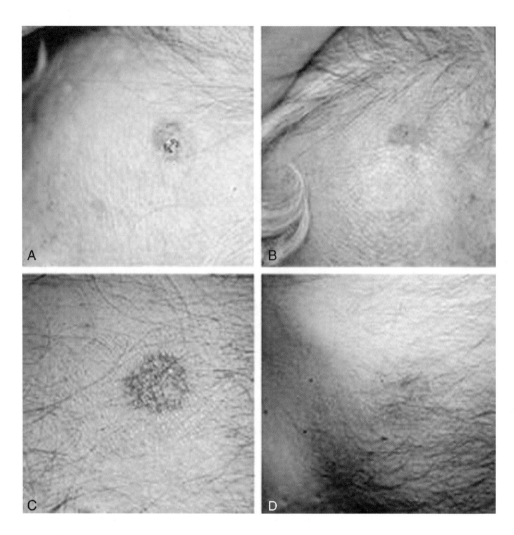

图5.6 外用大蒜烯对于基底细胞癌（BCC）肿瘤尺寸的效果（引自Tilli，2003）
BCC位于前额（A，B），位于腹部（C，D），在外用大蒜烯治疗前（A，C）和治疗后（B，D）。肿瘤表面面积为A 63mm²，B 42mm²，C 195mm²，D 24mm²

5.6.4 体内及体外的机制研究

第一个研究大蒜素类似物硫代亚磺酸酯的抗肿瘤活性的实验工作报道，于1958年由维斯伯格（Weisberger）与品斯基（Pensky）使用乙基硫代亚磺酸乙酯[EtS(O)SEt]和相关的脂肪族硫代亚磺酸酯完成。这些化合物的抗癌活性被认为是由于它们对于—SH的反应活性而引起的（Weisberger，1958）。有趣的是，据报道，韭菜 A. tuberosum 中的硫代亚磺酸酯可以促使人体前列腺癌细胞系PC-3

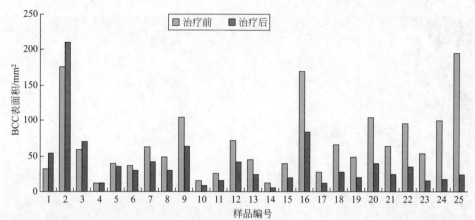

图5.7 大蒜烯局部应用后对每个个体样本肿瘤大小的影响（1～3号治疗后肿瘤面积增加，4号不变，5～25号治疗后肿瘤面积减小）（引自 Tilli，2003）

以及其它癌症细胞的凋亡（S.-Y. Kim，2008a；Park，2007）。韭菜是韩国韭类泡菜的重要组成，民间很长时间用它作为药物食品治疗腹痛、腹泻、咯血、蛇咬和哮喘。韭菜中的化合物甲基硫代亚磺酸甲酯［MeS(O)SMe］，而非大蒜素，在体外抑制了人类急性髓系白血病细胞的增长，IC_{50}半抑制浓度为$2\mu mol/L$（Merhi，2008）。

由于大蒜素很快就会与游离的巯基（如：血浆和细胞里丰富的谷胱甘肽）反应，注射后立刻就从循环中消失了（小鼠中半致死量为60mg/kg体重），由于其高效的抗菌活性及高细胞毒性，目前仅限于外用和体外实验（Cavallito，1944a）。抗癌治疗中一种新技术可以在目标细胞上原位产生大蒜素，就能打破这个局限。该技术首先将蒜氨酸酶与一个运送载体相结合，这个载体是一个对肿瘤相关表面抗原具有高度特异性的单克隆抗体，可以成功地将蒜氨酸酶锁定在肿瘤组织上。蒜氨酸接着被引入了该循环，于是只在蒜氨酸酶锁定位置的肿瘤细胞表面形成具有细胞毒性的大蒜素。这样的药物传输策略是基于抗体导向酶-前体药物疗法（ADEPT；Miron，2003）的概念而形成的，曾用在体内实验中杀死人类淋巴细胞白血病肿瘤（Arditti，2005）。

大蒜素是一个强效的细胞微管破坏剂，可以通过与微管蛋白—SH基团的反应影响微管蛋白的多聚，从而阻碍细胞的极化、迁移与分裂（Prager-Khoutorsky，2007）。另一个形式相近的药物传输系统使用聚氰基丙烯酸丁酯（PBCA）纳米颗粒负载的二烯丙基三硫化物（DAT），在小鼠肝癌模型中具有抗癌活性。DAT-PBCA纳米颗粒（平均直径：113.4nm）通过乳液聚合法将PBCA作为载体，缓慢在体内释放DAT（Zhang，2007）。

伴随着最早的洋葱和蒜油对肿瘤发展影响的研究（Belman，1983），迄今出现了大量文章研究葱属植物化合物抗癌的分子机制。代表性研究列在了附录1的表 A.3 中。解释葱属植物对于预防癌症的大致机理是抑制致癌物的形成，也包括抑制亚硝胺的形成。因此，蒜抑制胃腔里幽门螺旋杆菌的生长是通过阻碍硝酸盐到亚硝酸盐的转化来降低致癌的 N-亚硝基化合物的形成（You，2006）。蒜的硫化物可以跟亚硝酸盐反应形成 S-亚硝基硫醇，因而在胃系统中，即使硝酸盐转化为亚硝酸盐也不再有副作用。其它对于葱属化合物活性模式的建议包括自由基清除剂和抗氧化活性（都将在章节 5.7.3 讨论）；抑制致癌物质的基因毒性和/或突变型；通过调控致癌物的代谢酶和解毒酶（细胞色素 P450 依赖单氧酶以及诸如谷光氨肽转移酶和醌还原酶的Ⅱ期酶），而降低致癌物质的生物活化性；对细胞增殖和凋亡的作用；抑制病变移植（Edwards，2007）和血管生成（Herman-Antosie wicz，2004；Siess，2007；Nagini，2008）；促进其它药物的化疗如多西他赛（Howard，2008）。

很多研究将大蒜烯（Hassan，2004）或者蒜油成分二烯丙基三硫化物（Hodge，2008）作为实验用抗白血病药。它们与相关的化合物被认为改变了致癌物的代谢，也在培养中在体内通过停滞细胞周期而抑制癌细胞的生长，诱发细胞凋亡和抑制血管生成、阻止转移（Dirsch，1998a，2002）。在各种使用烷基和烯丙基硫化物的癌细胞研究中，二烯丙基硫化物的活性比只有一个烯丙基的烯丙基烷基硫化物活性强（Siess，2007），而烯丙基烷基硫化物的活性比没有烯丙基的二烷基硫化物强。另外，二烯丙基多硫化物含有 3～5 个硫的比二烯丙基二硫化物抑制癌细胞增长的能力更强。因此，在多硫化物中，硫原子的数目越多，抑制效果越强（Nishida，2008；Ariga，2006）。此外，亲脂性的硫化物比亲水性的硫化物如 S-烯丙基半胱氨酸效果更好。

蒜的含硫化物的抗癌活性部分归功于它们可促进Ⅱ期解毒酶（Powolny，2008）。简言之，外源生物素（xenobiotics）在生物体内可以被Ⅰ期和Ⅱ期这两个酶体系解毒，然后被清除出体外。Ⅰ期酶通过细胞色素 P450 酶系统（可以制造细胞毒性的反应活性中间体）氧化外源性物质。另一方面，Ⅱ期酶通过谷胱甘肽和糖醛酸与Ⅰ期酶生成的中间体结合而清除外源生物素。在老鼠中，二烯丙基三硫化物和其它的葱属植物多硫化物上调了（明显增加）Ⅱ期酶谷胱甘肽 S-转移酶（GST）和醌还原酶（QR）。这个效应在二烯丙基硫化物和二硫化物中未见，但是大蒜素中存在，这意味着需要含有弱的 S—S 键的化合物。二烯丙基三硫化物对Ⅰ期酶活性没有大的影响。

在蒜里发现的天然有机硒化物，如 γ-谷氨酰-Se-甲基硒代半胱氨酸，尽管它的膳食含量水平极低，但对于蒜的保护作用也可能有所贡献（Dong，2001）。即使每天摄取蒜，它对于人体硒化物的贡献也是非常微小的。然而，蒜中硒化物的形式非常利于代谢吸收，因为在富硒蒜中，它以 γ-谷氨酰-Se-甲基硒代半胱氨酸的形式存在，对于抑制乳腺肿瘤来说，它比含有等物质的量的无机硒化物更有效（Ip，1996；Zeng，2008）。富硒蒜在大鼠的肝脏和肾脏里比富硒甘蓝和西兰花更易得到所需的较低的硒堆积（Yang，2008）。

尽管在体外实验中，硒代氨基酸的抗癌性得到了鼓舞性的结果，但是有两篇近来发表的文章显示，血浆硒（或者硒的补充剂）与前列腺癌的防治之间没有联系。EPIC的研究结果说道"大型定群研究中，血浆硒浓度与欧洲男子患前列腺癌风险没有关系"（Allen，2008）。第二个报告，关于"硒与维生素E对癌症预防实验"（SELECT），它使用200μg每日的硒代甲硫氨酸作为随机安慰剂对照实验的唯一硒源，对35533个男性进行了5.5年（中位数）的实验，结论是"在此剂量和剂型下，单独使用硒或者维生素E，或者联合使用硒和维生素E，在相对健康男性人群中不能防治前列腺癌"（Lippman，2009）。在一篇配合发表的编者文章中提到，既然这是迄今所实施的最大的一次个体随机癌症防治实验，那么，哪怕是较小的对于人体的益处，它也应当不会遗漏。该评论中总结道，没有"一个坚实的基础来支撑随意的假设……医师应该不再向他们的病人推荐硒或维生素E或其它任何抗氧化补充剂来预防前列腺癌"（Gann，2009）。

除了含硫和含硒的葱属植物成分外，还有一些有趣的成分。槲皮素是洋葱里含量很丰富的抗氧化类黄酮，对于防止肺癌和结肠癌或许有一定的前景（Murakami，2008），还有蒜里的一种寡糖（分子量为1800）在体外实验中对于好几种癌细胞具有细胞毒性，且在体内对于小鼠结肠细胞腺癌有明确的抑制作用（Tsukamoto，2008）。

5.7 心血管疾病中食用蒜、洋葱及蒜补充剂的作用

心血管疾病（CVD）是工业国家疾病和死亡的首要原因。近来，出现了几篇以蒜及其成分有益于心血管疾病为主题的综述（El-Sabban，2008；Espirito Santo，2007；Gorinstein，2007；Omar，2007；Rahman，2006；Baerjee，2002b；Brace，2002；Reuter，1996）。报道中，蒜和洋葱防治心血管疾病的效用主要与这些植物和它们的补充品的降脂、降胆固醇、降高半胱氨酸、抗高血压、抗糖尿病、抗血栓形成（抗血小板聚集）的效果有关。这些声称的效应将会在以下各节中一一阐述，笔者会着重于最近期的工作，详细内容见综述全文。

5.7.1 流行病学研究

近来，地中海国家的一份流行病学研究认为在饮食中富含洋葱而非蒜的情形下，可降低急性心肌梗死的风险（Galeone，2008）。芬兰的一项研究中也得出了

相似的结论（Knekt，1996）。

5.7.2 食用葱属植物于心血管的益处的体外及体内研究

源于蒜的几个有机硫化物，包括二烯丙基二硫化物、三硫化物还有2-丙烯基硫醇，在细胞培养中通过抑制羊毛甾醇4α-甲基氧化酶而阻碍胆固醇的合成。二烯丙基二硫化物在15μmol/L时具有活性，其它化合物活性较低。S-烯丙基半胱氨酸在很高的毫摩尔浓度下才具有活性（Singh，2006）。早期的研究认为大蒜烯和大蒜素也有阻碍胆固醇合成的能力（Ferri，2003；Gebhardt，1996）。大蒜素可影响动脉硬化，因为它可以作抗氧化剂，还可以通过修饰脂蛋白抑制巨噬细胞摄取及降解低密度脂蛋白（Gonen，2005）。

硫化氢（H_2S）和氧化亚氮（NO）曾经被认为仅仅是代谢毒物，现在人们意识到它们是重要的内源性生物信号分子气相传递物（gasotransmitters），它们在包括扩张血管、高血压和心肌梗死等心血管过程中扮演了重要角色。科学研究认为蒜中的物质可以促进H_2S的形成，本书第3章中对此已作论述（章节3.10.3），也可以在巨噬细胞中通过阻碍诱导型NO合成酶（iNOS；Chang，2005；Dirsch，1998b，Kim，2001）而抑制NO的合成，或者通过活化神经（nNOS；Aquilano，2007）和内皮氧化亚氮合成酶（eNOS；Kim，2001）而促进氧化亚氮的形成。

5.7.3 葱属植物中的抗氧化剂

在流行病学的研究中，发现摄取水果和蔬菜与心血管疾病、癌症和年龄相关的疾病的发生是负相关的，这些食物中的抗氧化成分可以防止这些疾病和一些其它的与氧化应激有关的疾病（Huang，2005）。抗氧化剂可以抵消动物组织中氧化所产生的破坏效应。更具体地说，它们是可以保护细胞免受由自由基引起损害、导致疾病的一些物质。抗氧化剂与自由基作用或者稳定自由基，从而避免了一些可能导致的伤害。抗氧化剂在膳食补充剂里是广泛使用的成分，被寄予了维持健康与预防疾病的厚望。然而，在20世纪90年代（包括β-胡萝卜素和维生素E或者维生素A或者阿司匹林）的五次关于抗氧化剂的大型临床试验却得到了不同的结果。其中一次采用β-胡萝卜素、维生素E和硒的实验发现胃癌发病率的降低，两次实验发现吸烟者的肺癌发病率增高，而另外两个实验则并没有发现癌症或者心血管疾病发病率有任何变化（National Cancer Institute，2004）。关于在化疗病人使用抗氧化剂也是人们关心的问题。人们认为，癌细胞的环境会导致很高水平的氧化应激，使得细胞在治疗中更容易产生更高的氧化应激（Trachootham，2006；Schumacker，2006）。通过降低癌细胞的氧化还原应激，抗氧化剂可能会降低放射治疗和化疗的效果。然而，这样的说辞是具有争议的（Seifreid，2003；

Lawenda, 2008; Block, 2008)。

葱属植物和其它食物中抗氧化剂的体外检测并不是一个简单的过程，这是由于这些多样的化合物与不同活性的氧化物种有着不同的反应性。这些实验的结果也不能用于生物体系，因为"这样的实验不能检测生物利用率、体内稳定性、组织内抗氧化剂的滞留，以及原位反应性"（Huang，2005）。在食品科学中，氧自由基吸收能力（ORAC）是如今估计食物体外抗氧化活性的通行产业标准（Prior，2005）。如前所述，通过该方法，以鲜重计，蒜在通常销售的蔬菜和调味剂中，对于抑制过氧自由基ROO·和Cu^{2+}的作用排名颇高（Cao，1996），如4.9节所述。

大量研究专注于葱属植物制备物增加诸如醌还原酶、谷胱甘肽转移酶等防御酶的活性和降低脂质过氧化反应（Jastrzebski，2007；Gonen，2005；Pedraza-Cha-verri，2004；Higuchi，2003；Banerjee，2003，2002a；Lawson，1996）。洋葱油里的二丙基三硫化物对于小鼠衰老加速而引起的记忆缺陷有改善作用，这是由于该化合物对大脑的脂氢过氧化物有抗氧化活性，而脂氢过氧化物与老年性痴呆症（阿尔茨海默病）的发病机制有关（Nishimura，2006）。

5.7.4 食用蒜及蒜补充品对胆固醇水平的影响：斯坦福临床试验

蒜的补充品（图5.2）寻求以更好的形式保留生蒜的益处，被推广作为降低胆固醇的物质。尽管在体外实验中蒜的硫化物具有抑制胆固醇的作用，并且在大量的动物研究中这种效应也是确实存在的（85%显著正面效应；Koch，1996），然而在临床试验中，各种形式的蒜的降胆固醇作用却非常地不一致（Ackermann，2001；Garder，2007）。在1995年前的临床试验中，用0.6~1.2g的蒜粉片进行试验，发现对于大量高胆固醇血症成年人具有适度的功效，但是该试验设计和实施中严重的局限性却遭到了诟病。1995年后，对相似的人群连续服用相同的剂量，发现对于血脂并没有显著的效果（Gardner，2007；Neil，1996；Superko，2000；Warshafsky，1993；Turner，2004；Zhang，2006b）。在生理相关的溶出条件下，几乎所有在本试验中应用的蒜补充剂商品都得到了出乎意料低含量的大蒜素，一般认为大蒜素是蒜中的活性组分（Lawson，2001a，b）。因此，蒜和蒜的补充品的效用尚未确定。另外，重要的含硫成分的生物利用率在生蒜和蒜补充品的特定配方之间有很大的不同：蒜补充品的大蒜素在人体内释放的精确量从未明确过。

斯坦福临床试验的目的是比较生蒜和两种俨然不同配方的蒜补充品对于中度高血胆固醇症的成年人群血脂浓度的作用，试验周期为六个月（Gardner，2007，2008）。人们以为，如果商品化补充品的有效成分的生物利用度有些问题，那么生蒜会更好些。在这个试验中，192个低密度脂蛋白胆固醇（LDL-C）浓度为130～190mg/dL的成年人被随机分配到四个治疗方式中：生蒜、蒜粉补充剂（Garlicin；Nature's Way Products Inc.，Springville，Utah）、老蒜提取物补充品（Kyolic；Wakunaga of America Co.，Mission Viejo，California）或者安慰剂。采用的商品化补充品是最为广泛使用的代表性产品。参与实验的人数较之前几乎都有大幅的增加，并可以检测对于血脂浓度的少量影响，试验中人群的参与稳定性普遍良好（87%～90%）。蒜的剂量与一个4g蒜瓣等同，一周食用6天，持续半年。主要的研究结果是LDL-C的浓度。每月测量空腹血脂浓度以表明蒜是否具备适度而短暂的降低胆固醇的作用。通过广泛的化学论证，发现实验所用的物质化学稳定性很好（Lawson，2005）。

这个实验显示，三种形式的蒜对于LDL-C浓度没有统计学意义的影响。在六个月的时间里，LDL-C浓度上的平均变化分别为：生蒜+0.4mg/dL，蒜粉补充品+3.2mg/dL，老蒜补充品+0.2mg/dL，安慰剂为-3.9mg/dL。对于短期或者较长期的统计效果，于高密度脂蛋白胆固醇（HDL-C）、甘油三酯、还有总胆固醇：HDL-C比值都没有统计意义上的显著影响。实验结论是：对于有中度高血胆固醇症的成年人，该实验中使用的任何形式的蒜，当每天给予相当于4g的蒜瓣，一周6天，长达半年，在统计上或者临床上都没有发现对于LDL-C或者其它血脂浓度的显著效果。根据这些以及其它近来的试验，医生们建议患有中度高LDL-C浓度的病人服用蒜补充品或者其它的蒜类膳食对于他们的血脂可能是没有好处的（Gardner，2007）。

欧洲专家在蒜与CVD的综述中声明："在欧洲，蒜与健康关系的研究项目以及其它大量的独立研究表明，不得不说蒜粉或者蒜的成分对于人类和动物的心血管疾病在病理和危险因素上没有有益的影响"（Espirito Santo，2007）。来自亚洲的他汀类药物在心血管治疗，以及蒜补充剂与血清胆固醇的综合分析中也得出了相似的结论。这些综述总结道："对于高血脂或有心血管疾病风险的病人而言，斯坦福研究的负结果以及缺乏临床实例降低心血管疾病发病率的证据意味着目前，不能推荐使用蒜治疗"（Ong，2008），而且"已有的随机控制实验结果并没有证实蒜对血清胆固醇的任何有益影响"（Khoo，2009）。

斯坦福试验中，并没有特意去测试蒜的提取物，如大蒜中蒸馏的蒜油或者捣碎的蒜中的大蒜烯。报道显示，通过喂养椰子油和2%的胆固醇而患高胆固醇血症的大鼠，服用100mg/kg剂量的大蒜烯（蒜油中的极性组分）有中和食用脂肪的作用（Augusti，2005）。然而，这样的剂量大约相当于7.5g纯大蒜烯之于一个75kg的成年人，大大高于补充品生产商所推荐的量，也大大高于斯坦福试验所用的蒜补充品的量（13～15mg大蒜素）。事实上，大蒜烯的典型浓度为0.1mg/g，这意味着需要食用75kg的捣碎的油渍蒜，这相当于一个人的体重！大量的早期临床试验在正常血脂和高血脂的人群中进行，他们食用蒸馏所得的蒜油，发现最好的结果出现在12周后，然而只对血清胆固醇水平有较小的影响，而这可能是由于缺乏食物管理而引起的（Barrie，1987）。

5.7.5 食用蒜及其它葱属植物的抗血栓作用；蒜补充品和它们对于血小板生物化学及生理学的作用

抗血小板疗法可以降低有严重心血管疾病病人的死亡率。之前有几个体外研究表明蒜及它的某些个别成分会降低血小板聚集，而近来几个临床试验却得出了相反的结论。例如，在一个小规模的随机、双盲、安慰剂对照、交叉实验中，研究对象包括14个健康的志愿者，食用包含大蒜烯和二噻烯的蒜浸渍制品。研究表明在服用了大剂量蒜油4h后，对于降低血小板聚集的作用微乎其微，甚至没有作用。这个研究使用的是制备和表征充分的蒜油胶囊，含有大蒜烯和二噻烯。具体地说，每份胶囊包括55mg由大蒜得到的蒜油，溶解于445～500mg的大豆油中。根据HPLC分析，蒜油本身包含22%～26% 1,3-乙烯-二噻烯，17%～21%的（E）-和（Z）-大蒜烯混合物。每55mg分量的蒜油来自于9.9g的鲜蒜。鲜蒜在一个高速的电子混合棒下完全粉碎，最后的匀浆中含有4.38mg/g的鲜蒜（Wojcikowski, 2007）。

第二个近来的研究考察了蒜补充品在体内对于血小板功能的影响。这样的考察也试图寻找在实验周期中其安全性的临床科学证据。在一个双盲实验中，蒜的补充品以商品推荐的食用量给10个成年的志愿者服用，持续了两周。在两周周期过后，通过PFA-100测定了体内的血小板功能的量化结果。在一个两周"清洗"时间过后，用阿司匹林进行了相同的实验，发现在体内血小板功能并未受到蒜补充品的影响，但却因服用阿司匹林而明显受到抑制。最终结论是蒜补充剂在体内对于血小板功能无影响。无论是这份研究还是文献综述，都不支持在实验周期中对食用蒜者出血的关注（Beckert, 2007）。不幸的是，以上研究并没有仔细描述他们使用的蒜补充品的类型，也没有模拟消化条件下该种补充品所形成大蒜素的量。

第三个小型研究包括随机、交叉、观察者盲和安慰剂对照研究，给18个志愿者提供希腊酸黄瓜（由希腊酸奶、黄瓜、莳萝和蒜做成的菜肴），部分加入4.2g生蒜。所有参与者在测试前都进行了验血，5h后，摄入这些菜肴后再次进行验血。此外，蒜的潜在长期影响也得到了观察，五个志愿者每日食用4.2g生蒜，持续一周。研究表明，所有参与者的血小板功能基础值都在正常范围内，无论是只服用一次包含生蒜的酸奶黄瓜还是反复食用，在任何的即时医学检测中都对血小板功能没有损伤。研究的作者总结，"一般大众接受的生蒜食用量不会增加手术周期中的出血风险"（Scharbert, 2007；也见于Beckert, 2007；Rahman, 2007）。

一个由美国国家卫生研究院/国立补充和替代医学中心（NIH/NCCAM）赞助的小型开放临床试验，在健康的志愿者身上测试了长期或短期服用增加量的蒜对于血小板聚集的影响。6个人服用了最多相当于12g生蒜的量，含有72mg的烯丙基硫代亚磺酸酯。在使用后的4.5～7h后抽血，对富血小板血浆（PRP）和全血进行了胶原和ADP诱导的聚集测试。研究发现，PRP中有微小且不一致的影响，但是对于全血没有影响。在长期的实验中，9个人每日以三明治的形式给予相当于8g的生蒜（35mg的大蒜素）或者煮了10min相同量的蒜（84mg蒜氨酸，没有大蒜素）。4周后，生蒜降低了PRP聚集，所有拮抗剂降低到一个小的量（5%～8%），但是胶原诱导的全血聚集增加了10%～13%，而水煮蒜没有影响。由此总结道："结果与使用的方法有关，但是考虑到使用了大的剂量，普通的生蒜或者煮熟的蒜的食用剂量（1～3g）不太可能会影响健康个体的离体血小板聚集"（Lawson，2007）。

一项埃及的研究（Ebid，2006）测试了同时服用阿司匹林及蒜的提取物对于心脏病人凝血状况的影响。同时服用阿司匹林和蒜的病人与单独服用阿司匹林的病人之间有显著差异。结果表明，在35个人中，31个同时服用100mg、200mg或者300mg蒜及阿司匹林的人在隐血检测中得到阳性结果，表明粪便隐血。此外，蒜与阿司匹林同时服用跟肠胃道出血有很大的关联。这里作者关注蒜是否会增加手术间出血的风险，但是该研究并非关注蒜本身的结果，而只研究了蒜与阿司匹林共同作用的结果。

对狒狒的富血小板血浆进行体外测试，发现大于75μg/mL（320μmol/L）的大蒜烯剂量依赖性地抑制ADP（20μmol/L或40μmol/L）诱导的血小板聚集。胶原的聚集（12.5μg/mL）在大蒜烯含量为25μg/mL（101μmol/L）时从66%抑制至11%，然而更高的浓度并没有更多的影响（Teranishi，2003）。在人体PRP的体外测试中，对于ADP诱导的血小板聚集结果也相似，（Z）-大蒜烯和（E）-大蒜烯的半数抑制浓度分别为166μmol/L和213μmol/L（Block，1986）。对狒狒的体内测试发现，静脉注射大蒜烯含量25mg/kg的大豆油，一次或者2～3h注射一次，对于6～14kg的动物来说都可以完全阻碍血小板聚集。2h间隔使用相同剂量可以持续完全阻碍聚集，但是间隔延长到2.5～3h就不能做到这样了（Teranishi，2003）。值得注意的是，狒狒使用的剂量换算到人身上，大约是75kg达到1.9g，这对于药物来说实在是太大了，更不论有效时间又非常短。

体外测试表明，在10～20μmol/L的水平，大蒜素和丙基硫代亚磺酸丙酯[PrS(O)SPr]在血小板的表面或者内部可快速地与细胞内半胱氨酸蛋白，尤其是钙蛋白酶（calpain，一个重要的钙依赖酶）的—SH作用，抑制聚集（Badol，2007；Rendu，2001）。另一方面，小一些的甲基硫代亚磺酸甲酯[MeS(O)SMe]能比大蒜素更快地进入血小板，更好地在细胞内反应而不影响细胞膜表面。这样的结果解释了此前的观察——不同硫代亚磺酸酯对于血小板抑制活性不同（Briggs，2000）。在全血中对于自由半胱氨酸和谷胱甘肽的抑制也许也跟它们的抗聚集性质有关。如图5.8所示，体外试验中，大蒜素、PrS(O)SPr和EtS(O)SEt，在相同浓度下是比阿司匹林更强的血小板抑制剂，MeS(O)SMe却不是。这个抑制效应的排序在体内或许并不一定如此,因为在血浆中硫代亚磺酸酯的活性会迅速降低(Briggs,2000)。硫代亚磺酸酯和二烯丙基三硫化物都是强效的钙离子转移抑制剂,这也能解释它们对血小板聚集的抑制(Qi,2000)。熊葱和大蒜的乙醇提取物对于人体血小板都有相似的抑制聚集活性(Hiyasat,2009)。

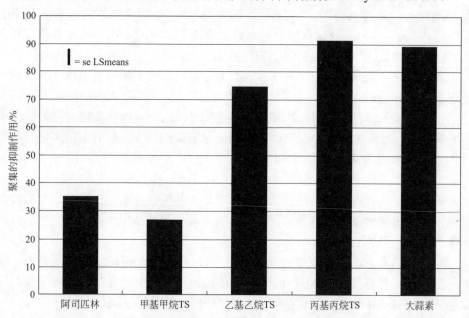

图5.8 360μmol/L阿司匹林和400μmol/L硫代亚磺酸酯对血小板聚集的抑制(引自Briggs,2000)
MeS(O)SMe、EtS(O)SEt、PrS(O)SPr和AllS(O)SAll的半抑制浓度分别为550μmol/L、320μmol/L、270μmol/L和270μmol/L

5.7.6　食用蒜和蒜补充品的抗高血压活性

众所周知,高血压(收缩压≥140mmHg;舒张压≥90mmHg)是导致心血管疾病及死亡的危险因素,据估计,高血压大约影响了全球十亿人口(Ried,2008)。1994年一个以轻度高血压患者为研究对象的中等分析报道有预期的结果,但发现并没有充足的证据推荐蒜用于临床治疗(Silagy,1994);相似的结果也在2001年和2005年进行了报道(Ackermann,2001;Edwards,2005)。在这几个中等测试中,有这样一个问题:在报道蒜潜在降低血压的文献中,血脂的降低是主要感兴趣的结果,而血压测量是第二个指标,这仅仅因为它容易操作。在许多血脂实验中,一个重要的入选条件是参与者血脂偏高。然而,他们中的很多人血压正常,因此限制了改善的机会。这样的结果会低估蒜对血压的真实作用,而在特别针对高血压患者的降血压实验中可能会得到更好的测试结果。

两个最近的中等分析实验（文献综述至2008年中）显示对于收缩压高的病人，蒜对他们的血压有所影响，然而对于收缩压不高的病人没有这样的效果。与使用安慰剂的收缩压病人相比较，其中一项研究中发现蒜可以平均降低8.4mmHg的收缩压（Ried，2008），在第二项研究中发现可以降低16.3mmHg的收缩压（Reinhart，2008）。近来此类研究的一个作者总结，蒜对于血压的作用"可以比拟常规的普通降血压药"（Ried，2008）。蒜的降血压作用与它产生硫化氢的能力部分相关（Benavides，2007）。

相关神经细胞培养的研究显示，大蒜素和其它蒜中化合物的刺激性与活化一个阳离子选择性感知离子通道的瞬变受体潜在家族TRPA1中的成员有关。这些刺激性的含硫化合物也会通过TRPA1依赖的机制，包括通过活化的神经末梢释放特殊的肽（降钙素基因相关肽，CGRP）而引起血管舒张。当前有待研究的是，体外模拟中蒜对血管舒张的机制是否对体内高血压活动也有所贡献（Bautista，2005）。

一项研究测试了高血压人群里食用蒜的频率，然后临床评估了它对高血压病人血压的急性影响。在问卷调查中发现7703人里有53.3%的高血压患者食用蒜补充剂。一项临床研究中，75个高血压患者（收缩压≥140mmHg或者舒张压≥90mmHg）被随机分为三组：一组吃安慰剂，一组吃一片蒜瓣，一组吃12片蒜补充品。在服用前测量了血压，此后每10min测试一次，总共测试70min。这三组（安慰剂、鲜蒜和蒜补充品）都没有发现有明显的降压效果（Capraz，2007）。

一个前瞻性和无对照临床研究试图评估短期服用蒜浸剂配方对原发性高血压患者的脂代谢、血糖水平和抗氧化状态的影响。参与者为70位30～60岁的研究对象。他们每人在一日三餐后服用两粒蒜胶囊，持续30天，同时也继续进行医生对他们推荐的高血压药物治疗。他们每日的蒜剂量相当于1.62mg大蒜素衍生物（二噻烯），置于菜籽油中。结果发现蒜制品在降低血液中血脂的水平和脂质过氧化物产物的水平上有明确的作用，它大大增加了血清中维生素E的浓度，但其它抗氧化维生素的浓度和谷胱甘肽过氧化酶的活性的提高不明显。该物质不影响研究对象的血压（Duda，2008）。

一个随机安慰剂对照实验有62个研究对象，测试了干蒜粉片（10.8mg/d的蒜氨酸，相当于1/4的蒜瓣）对于血压和动脉硬度（测量脉波传导速度）的作用，结论是蒜粉片在临床上对于血脂正常的中年人没有医学上的降低血脂或血压的作用（Turner，2004）。该结论也许是因为研究中使用了低剂量的蒜氨酸。

5.7.7 食用蒜及炎症

使用上皮细胞进行体外实验，发现大蒜素有抗炎活性（Lang，2004）。然而，在一个12周的双盲随机安慰剂对照临床试验中，以90个超重的人为研究对象，他们的年龄分布为40～75岁，每天吸烟超过10根。一个化学表征全面的肠溶性包覆的蒜制剂（每天2.1g蒜粉，相当于9.4mg大蒜素）对炎症生物标志物、内皮功能或者血脂正常而又有心血管疾病风险的研究对象的血脂分析都没有明显影响（Van Doorn，2006）。一篇药物文献的综述总结，"尽管有部分的体外实验表明蒜的成分可能有机会对心血管或者炎症指标有限定的影响，但是它是否能够在人体环境中产生真正有意义的作用依然值得怀疑"（Espirito Santo，2007）。

5.7.8　蒜与高同型半胱氨酸血症

高半胱氨酸量的升高（高半胱氨酸血症）是与心血管疾病相关的危险因素。研究发现商品化的老蒜提取物（AGE）在动物研究中有降低高半胱氨酸水平的作用。但是这些研究受到了批评，因为"AGE的剂量高得离谱，而且很有可能与人体环境无关"（Espirito Santo，2007）。

5.7.9　蒜与高原症和肝肺综合征

在医学文献中，使用蒜来防止高原症已经为人所知（Basnyat，2004）。在19世纪初期的阿根廷独立战争中，圣马丁（San Martin）发现他的战士在跨越安第斯山脉时吃蒜就能够抵抗高原反应（Harris，1995）。蒜的这点益处是由于它可以舒缓血管平滑肌。蒜可以防止高原症的另一个解释是它可以改善缺氧性肺血管收缩（HPV，或由于缺氧导致肺血管变窄）。近来一些实验表明了蒜的其它几个效应，包括活化内皮型氧化亚氮合成酶，还有平滑肌肉细胞膜的超极化，这可降低肺血管紧张度。总之，以上观察发现食用蒜可能会通过阻碍肺血管平滑肌收缩而阻碍HPV的发展（Fallon，1998）。显然，蒜对高原症（亦称急性高山症）的预防活性还需要进一步的测试才能确定。

肝肺综合症是一个由于肝病患者的肺部血管扩张而引起的呼吸局促、血氧不足（动脉血中氧水平低下）的综合病症，几个初步实验和案例报道认为，在一部分病人（并非所有病人）中，蒜可以增加动脉氧和减少动作气短（Abrams，1998；Akyuz，2006；Caldwell，1992；Chan，1995；Sani，2006）。

5.7.10　蒜对于心血管的益处的小结

布莱斯（Larry D. Brace）——芝加哥伊利诺伊大学的病理学教授，总结了蒜对心血管的好处，"大量近来的随机安慰剂对照研究并不支持蒜的降血脂作用。在降低血压方面，证据也不够充分。虽然有试验说明食用蒜对抗动脉硬化有影响，但在人体的数据依然不够充分。食用蒜的抗血栓作用看似令人期待，但数据

5.8 膳食中的葱属植物与糖尿病

2006年，根据世界卫生组织（WHO）统计，至少有一亿七千一百万人罹患糖尿病。其发病率正迅速增长，预计在2030年前这个数目会翻倍。因此，蒜的抗糖尿病功效研究也在如火如荼地进行中。近来，一份非常全面的关于使用蒜治疗糖尿病的综述总结道，蒜作为治疗糖尿病的药物尽管在动物研究中发现有一定的前景，"理解它在其中发挥的作用还在初步阶段……蒜在糖尿病患者或者在动物糖尿病模型中的抗氧化、抗炎症以及抗糖化作用都值得进一步的研究。为了建立蒜以及蒜中有效活性物质的抗糖尿病效用，以及可以提供有效活性的剂量等问题都需要建立大规模的、设计合理的临床观察实验"（Liu，2007）。其它早期的简短的综述也得出了相似的结论（Morelli，2000；Mulrow，2000；Ackermann，2001）。

四氧嘧啶-糖尿病大鼠的研究表明，用由蒜得到的蒜氨酸治疗糖尿病，改进糖尿病状况的程度与格列苯脲和胰岛素相同（Augusti，1996）。另一项研究发现四氧嘧啶-糖尿病大鼠连续15天喂食相当于体重12.5%的鲜蒜，降低了它们的空腹血糖（182.9mg/dL），虽然仍比健康组（67.2mg/dL）高，但好于没有治疗的组（258.7mg/dL）。这些结果表明上述剂量的鲜蒜在大鼠身上有降低血糖的功效。然而在空腹血糖的测试中，连续15天服用相当于体重12.5%的洋葱并没有发现有任何的效果（269.4mg/dL）（Jelodar，2005）。一项单独的临床实验测试食用蒜对二型糖尿病的作用。这个在泰国进行的双盲随机试验包括了20个二型糖尿病的患者，与安慰剂组比较，发现并没有降低血糖的效果（Sitprija，1987）。这个实验有一个严重的缺陷，即他们采用了喷雾干燥的蒜制备物，这样的话，其中的有效成分很可能很少（如：大蒜素含量低）。

5.9 蒜的硫化合物：氰化物、砷化物和铅中毒的解毒剂

在大鼠中进行了蒜和大蒜素对于氰化物的急性致死性作用研究（Aslani，2006），发现食用过蒜或者大蒜素的大鼠，氰化物毒性的致死性会明显降低，而

降低的程度是剂量依赖性的。1000ppm的大蒜素在氰化物中毒中的作用相当于食用蒜的20%。研究总结道，蒜中的硫化物可能对氰化物中毒具保护性，这也许是因为硫化物可以加速将氰化物变成毒性更小的硫氰酸盐。其它研究也报道了鼓舞性的结果，二烯丙基、二烷基二硫化物和四硫化物在小鼠实验中对于氰化物中毒也有保护作用（Baskin，1999；Iciek，2005，2009）。

实验发现经过蒜提取物或者大蒜素的处理，可以显著降低由注射醋酸铅导致的大鼠和羊铅中毒的毒性（Senapati，2001）。连续五日对羊给予80mg/kg体重的醋酸铅后，给予羊相当于2.7mg/kg体重的大蒜素，一日两次，连续7天，血液中的铅水平大大降低，肾、骨和卵巢中的铅含量亦是如此（Najar-Nezhad，2008）。在给大鼠5mg/kg体重的醋酸铅后，与没有给蒜的对照组相比，使用400mg/kg体重的蒜提取物也得到了相似的结论（Senapati，2001）。

慢性砷中毒是一个广泛的问题，尤其在印度和孟加拉国，还有世界的其它区域。砷源可能来自于自然界，也可能来自于工业源头。近来用啮齿类动物和几种不同的细胞株进行研究都认为将水溶性的蒜萃取物与亚砷酸钠一起服用可以减轻亚砷酸盐引起的中毒（Chowdhury，2007；Flora，2009）。

5.10 葱属植物膳食作为平喘剂、抗炎剂；在叮咬中的应用；葱属植物萃取物的外用伤痕愈合

古代草药书中叙述过葱属植物制品用于叮、咬的治疗。曾有报道称北美达科他和温尼贝戈印第安人用压碎的野生洋葱来对付蜜蜂和黄蜂的叮咬，效果显著。其它的葱属植物品种曾经也被用作治疗疹子和缓解疼痛（Lewis，1977）。1883年《美国医学会杂志》上有一篇通讯发现普通的洋葱汁对于叮咬十分有效，尤其是如果"在被叮咬后立刻涂抹在全部伤口上，它表现出了完美的解毒作用，可以防止肿胀并且很快缓解疼痛"（Ingals，1883）。相似地，1932年的《英国医学杂志》中写道："用生切的洋葱轻轻地涂抹在叮咬部位，按摩10min左右，效果非常显著，肉眼可以看得见肿胀的消失。每个野餐篮里都该有洋葱"（Stobie，1932）。近来在《澳洲医学期刊》中描绘了在澳大利亚北部地区治疗黄貂鱼刺伤和鱼刺伤的疗法，其中就有将半个洋葱鳞茎用绷带缠绕在伤口上。一个饱受脚伤困扰的科学家报道："在30min后，疼痛大多变轻了"，然后他"能够轻易行走，只是关节有点僵硬……伤口没有变坏，也没有感染，只用了一次杀菌药膏就顺利地治愈了"（Whiting，1998）。尽管有大量的关于生洋葱在叮咬上有益处的传闻报道，但并没有十分严格的科学研究报道。其实，洋葱制品在伤口愈合上的功效已经有

过研究。

　　有几个报道研究了上述葱属植物制品在炎症和疼痛上可能的生化机理。干蒜末提取物和二烯丙基二硫化物调节人体全血中细胞因子模式，从而通过减少近旁组织中NF-κB的促炎活性而降低了对于炎症的应答（Keiss，2003）。细胞因子是信号化合物，它们和很多种炎症、免疫疾病和传染病有关。有报道称洋葱中的硫代亚磺酸酯在体外可以抑制组胺的释放，抑制白三烯和凝血烷的体外生物合成，在体内可以抵抗过敏源引发的支气管阻塞。洋葱中的硫代亚磺酸酯和洋葱烯通过抑制人中性粒细胞的趋药性也有抗炎症的作用（Dorsh，1988，1990）。简言之，当受到叮咬时，由创伤应答而产生的前列腺素受到了葱属植物的抑制，而前列腺素的作用就是引发炎症和疼痛。

　　传统上一直推荐用洋葱来治疗溃疡、伤口、瘢痕（或疤痕）和瘢痕瘤，也包括耳痛（WHO，1999）。一篇关于耳痛的综述，题目十分有趣，叫作"你的耳朵里有一颗洋葱"（Brooks，1986）。一个非处方的基于洋葱萃取物的凝胶（Mederma®，Merz Pharmaceuticals，Greensboro，N.C.，U.S.A.）被它的生产厂家誉为能够"改善任何伤痕的外观和手感……包括术后伤痕［www.mederma.com］。"一个类似的欧洲产品（Contractubex凝胶，Merz Pharma，Frankfurt，Germany）以洋葱的提取物和肝素作为有效成分。洋葱提取物的化学成分并未明确，但可能含有黄酮栎精（Saulis，2002）或/和洋葱烯（Dorsch，1988，1990）。根据已发表的临床实验，这些物质效用的证据是混乱的。因此，得克萨斯大学安德森癌症研究中心对17个有手术瘢痕的病人进行了一个月的对比祛疤专用Mederma和凡士林为主的油膏实验。该实验的结论为"在以外用洋葱提取物凝胶治疗瘢痕性红斑和瘙痒的过程中，治疗前后没有统计学意义上的明显差异"，且"外用洋葱提取物凝胶在促进红斑和瘙痒缓解上没有效果"。相反地，"使用凡士林为主的油膏对于红斑则有统计学意义上的减轻效果"（Jackson，1999）。

　　哈佛大学医学院一项有24个病人参与的随机、双盲的手术创口模拟研究将Mederma和一个以凡士林为主的油膏进行比较，为期8周，并在术后进行至少11个月的随访。该研究总结"与凡士林油膏相比，洋葱萃取物凝胶对于改善伤疤外观或者缓解症状没有更好的效果"（Chung，2006）。一项前瞻性的双盲实验（首先确认研究对象，然后进行跟踪），有99个病人，瘢痕时间在3周到8年之间，发现在伤口治愈的医生评估中，洋葱萃取物凝胶治疗的伤疤和安慰剂治疗组相比没有差别（Clarke，1999）。一项迈阿密大学对30个有瘢痕瘤或肥大瘢痕的研究对象的前瞻性随机双盲安慰剂对照研究在16周的时间中比较了0.5%氢化可的松、洋葱萃取物凝胶和安慰剂的功效。三种治疗都有良好的耐受性，与其它两者相比，氢化可的松明显改善了更多的临床指标（Berman，2007）。在西北大学进行了一个实验，以兔耳为模型，发现在肥大瘢痕和红斑上，使用Mederma洋葱萃取物凝胶进行治疗与无治疗的伤口相比没有明显改善。但值得注意的是，Mederma

治疗的瘢痕在胶原组织上有所改善,意味着Mederma"可能会影响肥大瘢痕形成的病理学"(Saulis, 2002)。一个在美国的私人皮肤科诊所进行的双盲实验比较了洋葱萃取物凝胶治疗与没有治疗的术后瘢痕,该研究总结,在手术位置上洋葱萃取物凝胶很好地改善了瘢痕的软度、红润度、质地以及整体外观(Draelos, 2008)。

一个在土耳其进行的对象为60个病人历时6个月的前瞻性研究,比较了外用洋葱萃取物凝胶与硅胶药膜以及二者混合的治疗疗效,对肥大瘢痕和瘢痕瘤而言,洋葱萃取物在瘢痕颜色上有更好的效果,而对于改善瘢痕的厚度和瘙痒程度无统计意义上的作用。最有效的治疗结果是将硅胶药膜与洋葱萃取物混合使用(Hosnuter, 2007)。一项在德国的研究比较了Contractubex凝胶治疗和没有治疗的开胸手术后瘢痕,研究对象为45个年轻患者,该研究总结"对于胸腔手术后瘢痕,用Contractubex凝胶处理是有用的"(Willital, 1994)。一项中国香港的研究,比较Q-调短脉冲激光器去除文身后经Contractubex凝胶处理与无处理的差异,发现使用Contractubex凝胶的组与未使用的相比较,留疤的比例有统计学意义上的明显降低(Ho, 2006)。一个德国的多中心回溯性组群研究中,771个肥大瘢痕患者,其中553个病人接受Contractubex凝胶的治疗,216个接受类固甾醇治疗。根据对红斑、瘙痒的标准化和及时治愈的评估,判断局部使用Contractubex凝胶比类固甾醇效用高出许多。Contractubex凝胶治疗在副作用上也比局部使用类固甾醇更少(Beuth, 2006)。2006年,一篇关于肥大瘢痕的局部治疗的综述(Zurada, 2006)总结说道,尽管洋葱萃取物凝胶在欧洲使用了很长时间,并且含有相对便宜的"植物"成分,使用方便又易于得到,但在美国的临床试验中发现它对于瘢痕的外观没有改善。

5.11　食用洋葱与骨质疏松

有报道称富含洋葱的饮食可以降低大鼠的骨质疏松,其活性成分为γ-L-谷氨酰基-(E)-S-1-丙烯基-L-半胱氨酸亚砜(GPCS;Wetli, 2005;Huang, 2008)。为证实洋葱防止骨质疏松的效用,实验将破骨细胞暴露于甲状旁腺激素以刺激骨质流失,然后使如此处理的一些细胞暴露于GPCS与未处理的细胞相比,GPCS处理显著抑制了包括钙在内的骨矿物质的流失。GPCS最低有效浓度约为2mmol/L。让我们来算算这个数字意味着什么:每千克新鲜洋葱含有0.7g或者2.2mmol/L的GPCS(Lawson, 1991c),假设我们体内有5L血液,那我们每顿饭应该摄食4.5kg或者10lb的洋葱从而获得2.2mmol/L的浓度。那真的太多了!既然3.2g的GPCS才能达到我们的需求,也许摄取提纯的该化合物会更好一些。不过GPCS若要成为一个药物需要耗费财力进行全面的测试，尤其因为它是一个天然产物，对于生产厂家来说无法取得专利保护。不论如何，近来有一项研究发现，在50岁或者更年长的女性中，每天摄取一次或者更多的洋葱与每个月仅摄取一次或者更少洋葱的人相比，骨密度要大5%（Matheson，2009）。

5.12 葱属植物食品有关的副作用和健康风险

5.12.1 每天食用多少蒜安全？

"天然"并不意味着一定"安全"。例如野生的蘑菇，有些可以安全食用，有些有毒。有人进行了一项利用大鼠的研究，希望可以确定避免肝损伤的口服大蒜的最合宜剂量。研究者用新鲜大蒜的匀浆进行实验，发现当剂量≥0.5g/kg自身体重的蒜时，超过21天会导致肝损伤。他们总结说，根据大鼠模型，只有≤0.25g/kg体重（对于一个体重在150lb或者75kg的成年人≤19g或者5颗蒜瓣）对于肝脏才是无害的。他们也指出，每日食用的剂量即使小到0.1g/kg，28天后测试肝功能也出现了明显的恶化（Rana，2006）。每天给予大鼠2g/kg的鲜蒜，15天后死亡率达55%（Banerjee，2002a）。值得注意的还有各种形式的蒜在美国平均每天的摄取量为4.2g，即比一颗蒜瓣稍多一点（Lucier，2000）。4只兔以1mL/min静脉注射0.5%的大蒜素溶液，立刻引起了瞳孔收缩、血液变黑、流涎和末梢血管明显扩张。当平均剂量达到44mg/kg时，出现死亡（Sterling-Winthrop，1984）。

很多人知道蒜会引起口气和皮肤的气味，还有烧心和胀气。有些人的困扰是在食用蒜之后会产生严重的口臭或者体味，有的甚至对蒜和其它葱属植物过敏，这可能是因为他们的细胞色素系统在将硫化物氧化为亚砜的过程中存在功能缺陷（Scadding，1988；Harris，1986a，b）。一次性食用大于一瓣或两瓣生蒜会刺激消化道黏膜（Koch和Lawson，1996）。食蒜时混合其它食物可能减少对胃的刺激。青葱和其它葱属植物富含多酚类化合物，它们会与铁作用生成铁配合物而阻碍铁的吸收。在体外实验中，这些葱属植物可以剂量依赖性地减少铁的吸收（Tuntipopipat，2008）。

5.12.2 孕期或者哺乳期妇女食蒜：婴儿口臭

在食蒜孕妇的羊水中能够检测出蒜味（Mennella，1995）。另外，母亲在生产前吃蒜，新生儿的口气里也发现了蒜味（Snell，1973）。一个关于吃蒜对于母亲的母乳气味及其对婴儿哺乳行为影响的研究发现：①通过感官评估小组对母乳样品进行评估，吃蒜总是可以显著地加强母乳气味的感知强度；这种气味强度的增强在食用1h之后并不明显，强度顶点出现在2h，此后下降；②喂乳时会察觉母乳中也有这些变化，并且哺乳时间由此增加；当母乳中有蒜味时，婴儿们吮吸时间更长并且吸入更多的母乳；③在实验期间，当母亲食用蒜胶囊后，与反复吃蒜的母亲相比，那些没有在母乳中接触过蒜的婴儿需要花更多的时间进行哺乳。这些结果证明了先前对母乳中蒜的认识（Mennella，1991，1993）。

有几项研究测试了蒜或者蒜补充品在预防子痫前期（怀孕引发的高血压）中可能存在的影响，发现在孕期第三个阶段（每3个月为一阶段）服用蒜补充品对预防子痫前期没有作用（Ziaei，2001）。一篇全面的综述总结道："增加蒜的服用量来预防子痫前期及其并发症的建议并没有充分的依据"（Meher，2006）。尽管以上研究表明在孕期或者哺乳期避免鲜蒜是没有必要的，但是也没有数据表明商品化的蒜补充品对于孕期和哺乳期的妇女是否安全。

5.12.3 洋葱如何引起胃液反流和烧心？

生洋葱会使食道更具酸性而引起烧心和反酸（Allen，1990）。高敏感的人群会在食用青椒与生洋葱的1min内就产生非心源性胸痛和食道痉挛。后一种症状是因为"吸收的食物中的某种成分引起的"，可以通过吸入血管舒张药亚硝酸戊酯得到缓解（Bajaj，2004）。洋葱中所含的前列腺素可以控制食管下括约肌的收缩和放松（Ali，1990；Al-Nagdy，1986）。此外，洋葱中的硫化物可能会抑制前列腺素的活性（Block，1992）。烧心和胃液反流是由于括约肌在消化时产生不正常的松弛而起，小量的胃液由此进入食道。

5.12.4 葱属植物相关的肉毒中毒与肝炎

有几个肉毒中毒的案例与含蒜的油及洋葱有关（Morse，1990；MacDonald，1985）。蒜的鳞茎中可能含有土壤生长的、会引起肉毒中毒的肉毒杆菌（*Clostridium botulinum*）的孢子。橄榄油中的蒜在密封容器中在室温下储藏，为微生物的生长提供了完美的厌氧条件。因为肉毒杆菌对酸敏感，FDA建议将蒜瓣浸泡在酸液（柠檬酸、磷酸、醋或者酒）里24h。如此处理再沥干后的蒜瓣置于食用油中冷藏，可以保存6～10个月。

另外一个与食用葱属植物有关的健康问题是在食用了生切的鲜洋葱后引起的甲肝。美国曾有好些甲肝案例，造成了包括数以百计的感染者和数例死亡病例，而报道称餐馆食用的墨西哥进口绿洋葱（Wheeler，2005；Dentinger，2001）是餐馆有关甲肝的最可疑病源。绿洋葱在收获和包装处理过程中，去掉外皮和土壤等都需经大量的人工操作。感染了甲肝病毒的工人会在这个过程中污染洋葱。另外，用污染的水进行灌溉、冲洗、加工、冷藏和冰冻时可能使得绿洋葱跟肝炎病毒接触（或者与诸如大肠杆菌的细菌接触，这也会导致食用了污染的绿洋葱后产生疾病）。病毒或者排泄物的颗粒非常难以从洋葱的层层表皮上洗去，因为重叠的表皮可能会把颗粒卡住。甲肝病毒不能在食物里繁殖，它的残留是因为它在绿洋葱表面的吸附能力。由于吸附十分高效，使得洗刷、氯化消毒甚至冷冻都不会影响绿洋葱上生存的几种病毒。因此，食用前除了用自来水冲洗葱以外，还要剥去它的最外层（第一层在收获时已经去除），其后还要用氯化的水慢慢清洗，然后再次用自来水冲洗后才能食用（Vale，2005）。

5.12.5 蒜瓣噎喉

医学杂志上有一则食用生蒜瓣导致罕见受伤的报道（Kim，2008c）。一个60岁的韩国女性抱怨在混着蒜吃了生鱼片后有持续的严重胸痛。内镜检查发现一个2.7cm长的完整蒜瓣卡在食道中部（图5.9）。嵌在食道的蒜瓣用镊子取出，"取出后在原先蒜瓣卡住的食道位置出现了一段4cm白浊带蓝青色的大疱坏死变化，其余的食道正常。"住院治疗3天后，内镜检查发现病人的食道已经完全治愈。基于这个意外，还有另一则关于"吞咽完整的蒜瓣不会降低血清中的血脂水平"的报道（Jabbari，2005）。因此通过吞咽完整的蒜瓣以求有益健康的建议是愚蠢的。

5.12.6 葱属植物过敏和接触性皮炎

在烹饪和工作中，蒜或者蒜末引起的接触性皮炎、过敏性哮喘和鼻炎（鼻黏膜发炎）的首例报道出现在1950年（Edelstein，1950），如今此类报道已是非常普遍（Falleroni，1981；Lybarger，1982；Añibarro，1997；Jappe，1999；Pires，2002；Bassioukas，2004；Hubbard，2005）。对蒜敏感的病人在二烯丙基二硫化物、烯丙基丙基二硫化物、2-丙烯基硫醇和大蒜素的测试中呈现阳性（Hubbard，2005；Pappageorgious，1983）。如果怀疑对蒜过敏，可以用混有1%二烯丙基二硫化物的凡士林进行斑贴试验（Delaney，1996）。尽管不常见，但也有推荐用包含二烯丙基二硫化物的光斑贴试验来检查对二烯丙基二硫化合物的光照敏感反应（Alvarez，2003）。虽然过敏的人可以使用手套操作蒜，但是大多数市售手套都会被二烯丙基二硫化物渗透（Moyle，2004）。另外，厨师戴手套操作是不切实际的。有些对蒜过敏但仍需切蒜的厨师使用依曲替酸或者外用补骨脂素紫外线A治疗12周后效果显著（Hubbard，2005）。

对蒜过敏（Perez-Pimieto，1999）和对食用生洋葱、生蒜产生过敏性反应也有少量的报道（Valdivieso，1994；Arena，2000；Pérez-Calderón，2002；Moyle，2004）。中国台湾发现蒜中的蒜氨酸酶是蒜过敏者的主要过敏源。皮肤测试中，

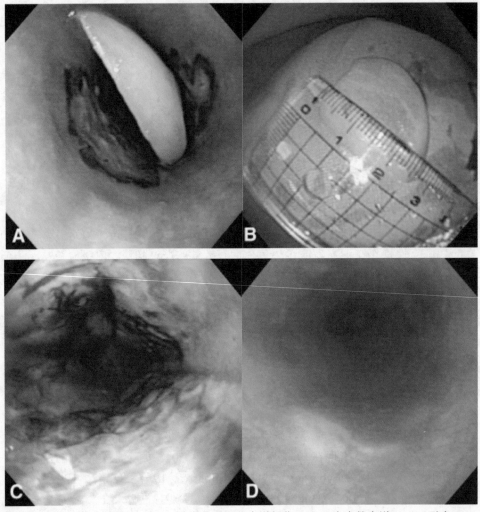

图5.9 卡在食道中的蒜瓣（A）、移除后（B）、食道损伤（C）、痊愈的食道（D）（引自Kim，2008c）

纯化蛋白引起了蒜过敏病人免疫球蛋白IgE介导的超敏反应。碳水化合物参与了抗原性、致敏性和交叉反应性。蒜的蒜氨酸酶与其它葱属植物：韭葱、青葱和洋葱的蒜氨酸酶有很强的交叉反应性（Kao，2004）。

5.13 不要给宠物喂洋葱或者大蒜！

无论是新鲜的洋葱，还是煮熟的或者除水的洋葱，还有各种形式相似的蒜、韭葱、韭菜及野生葱属植物，包括A. canadense、A. cernuum、A. validum和A. vineale对于狗、猫、猴子、羊、牛、水牛、马、猪和其它动物，尤其是体形小而幼年的动物（相对于它们的体型，葱属植物的摄取量可能太大）都是有毒的（Cope，2005；Borelli，2009）。食用洋葱与犬的溶血性贫血之间的关联在1930年后就为人所知了（Spice，1976）。相似的结果还发生在用含有洋葱粉末（Robertson，1998）的婴儿食品喂食猫或者冷冻干燥的蒜喂食马的过程中（Pearson，2005）。不幸的是，有些书建议喂养宠物大蒜或者洋葱来治疗或预防肠道蛔虫——这样的建议对于宠物来说是致命的！

一份兽医的病例报道给了我们很重要的信息。一只4岁的约克郡雄性犬食用了由一杯脱水洋葱制成的蛋奶酥的1/10，36h后，出现了尿频和抑郁。狗尿颜色很深，被诊断为溶血性贫血。保守治疗两周后痊愈。笔者提到，对于狗来说，洋葱中毒的剂量为大于或等于相当于它体重的0.5%（Spice，1976）。有些狗的品种如秋田犬和柴犬更容易受到葱属植物的毒性影响。用洋葱喂养成年犬类时，发现了一系列血浆成分的生物化学变化，包括谷光苷肽水平降低，还有红细胞膜流动性的降低（Tang，2008）。一种特异性诊断犬类葱属植物中毒的方法是通过检测血液中是否出现偏心细胞，即一种形状不规则的红细胞，其细胞一侧呈现血红蛋白化很差的细胞质条纹（Yamato，2005；Lee，2000）。

家畜中的情况则更加多变。洋葱对奶牛有毒（Carbery，1999）。在世界上种植洋葱的地方，用剔除的洋葱喂养家畜是十分常见的。有报道认为山羊和绵羊可以承受饲料中的洋葱，因为它们胃中的菌群丛可以很快地产生大量能够还原含硫化合物的微生物。怀孕的母羊可以在饲料中食用90%～100%剔出的洋葱而不产生严重的贫血，而在均衡饲喂配料中含有超过25%的干洋葱对于奶牛来说也是可以承受的（Knight，2000）。然而，另外一篇更近的报道描述了每天放牧于洋葱地的绵羊在一个月后发生严重的洋葱中毒。2只母羊死去，4只流产，还有很多产生了中毒的临床症状，包括黏膜苍白、孱弱和食欲减退。12只母羊的血液检查表现出红细胞数目减少、红细胞中出现海因小体和血红蛋白、红细胞多染性和轻度白细胞增多（Aslani，2005）。由此可见，在洋葱或其它食物同时可以获取时，动物们会倾向于食用洋葱，以至于摄入致毒的剂量。中毒的严重性取决于动物的品种、洋葱的数量和种类，因为有些洋葱含有的致毒成分比某些辛辣的洋葱含有的致毒成分少（Parton，2000）。

动物食用洋葱和其它葱属植物的明确效应是导致高铁血红蛋白血症和形成海因小体而引起的溶血性贫血，从而破坏红细胞。红细胞僵化破损后，释放血红蛋白于尿液，使得尿液呈深红棕色的（血红蛋白尿）。动物表现得迟钝和抑郁，它们的呼吸、尿液和奶液中（如在产乳期）常有葱属植物的味道。奶液当中的洋葱味会在授乳动物停止食用洋葱之后的24h消失。葱属植物的毒性跟动物红细胞的氧化损害有关，这是由于一些化合物，诸如2-丙烯基硫代硫酸盐

$CH_2=CHCH_2SO_2SNa$）和相关的硫代硫酸酯而引起的（Yang，2003；Yamato，1998，1999，2003；Hu，2002）。尤其当血红蛋白上裸露的巯基（SH）氧化形成二硫键后会使血红蛋白分子的三级结构变形，血红蛋白产生沉积，并结合形成海因小体。除了食用葱属植物外，还有很多的因素会导致海因小体的增加，包括糖尿病、淋巴瘤和甲亢。如果动物因为葱属植物产生贫血，应停止喂食。如果贫血严重，则需输血。

5.14 医药用蒜的副作用和蒜-药物间的相互作用

如今医学界越来越多的人关注植物补充剂和常用现代药物的混合使用（Eisenberg，1998；Ang-Lee，2001；Gurley，2005）。调查显示24%～36%的消费者定期使用植物补充剂，对于服用处方药的人来说，使用草药补充剂十分普遍，而他们之中，大多是65岁或更高龄的人。由于65岁以上的高龄人群是跟处方药关系最为密切的人群，草药和现代药物相互作用引发的风险对他们来说更值得关注。在65岁以上的高龄人群中，自行采用植物补充品十分普遍。蒜则是最常服用的补充品之一。

5.14.1 医药用蒜引起的灼伤

在治疗各种病痛时，将蒜用于人体而引起的灼伤是很多医学报道的主题。已知生蒜及其成分中的大蒜素对于皮肤有很强的刺激性，对幼儿来说尤其如此（Garty，1993；Parish，1987）。曾有报道说在3个月大的孩子皮肤上涂抹蒜引起了局部灼伤及起泡（Rafaat，2000）。其它报道提到用新鲜蒜瓣的切面摩擦皮肤引起的接触性皮炎；因此不建议直接将新鲜大蒜涂抹在皮肤上治疗感染和其它病症（Lee，1991）。近来一本关于蒜的书上提到了一个家用治疗鸡眼时的方法："切一片和鸡眼一样大的白蒜，把它覆盖在鸡眼上，用医用胶带或者绷带固定它。每天换蒜片，直到鸡眼消失"（Holder，1996）。然而这个建议是危险的，它更可能会对皮肤产生比鸡眼更痛的强烈刺激！

很多文献中记载了用蒜自伤的案例，例如作为一种逃避兵役的办法（Friedman，2006）。一些医学论文讨论了灼伤的病原学和处理方式，还有与治疗相关的病理学（Al-Qattan，2008；Borrelli，2007）。有一篇论文讨论了三个案例，包括男性和女性，灼伤的部位是上臂，灼伤面积低于全身总面积的0.5%。"自然疗法医师"之前对三个人进行了局部疼痛的治疗。治疗包括在疼痛部位放上新鲜的蒜，并用绷带固定。"所有的病人都感觉到了局部的灼烧，但是在疼痛变得更严重之前，他们没有移除绷带。所有病例呈现出来的灼伤都是红疹和小泡。"在三个案例中，病人们都用外敷抗生素的药膏进行治疗，灼伤在10天之内痊愈。

如前所述，对于自然疗法医师来说这样的治疗在全世界都是常用的，在中东的阿拉伯医学中更是如此。如此前注意到的那样，二烯丙基二硫化物和大蒜素都是过敏源和刺激物，会引发皮炎。有时接触时间越长引起的"化学"灼伤越深。以上讲述的案例都是在皮肤和蒜接触了几个小时之后产生的蒜灼伤。当医生检查到了这样的灼伤，应追问使用蒜的缘由，因为局部疼痛往往会有深程度的病理学问题。外敷蒜的理由有发烧、哮喘急性发作或者局部疼痛。在报道的案例中，蒜灼伤在脚部、腕部、前额、腿部、胸部和上腹部都有发生（Dietz，2004；Baruchin，2001；Roberge，1997；Farrell，1996；Canduela，1995；Garty，1993）。图5.10为一个60岁男性老人在双脚涂抹了碾压的生蒜并用绷带覆盖了12h后产生的灼伤（Dietz，2004）。

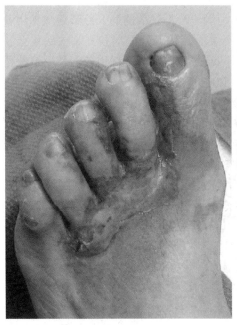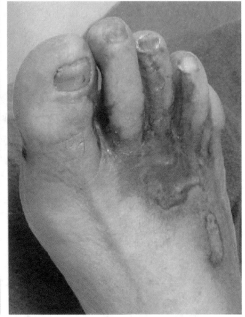

图5.10 脚上的蒜灼伤（引自Dietz，2004）

一份病例报告（Ekeowa-Anderson，2007）讲述了一个40岁的电话工程师5个月来唇炎恶化的病史，由于有报道称蒜对心血管有益处，他连续超过九个月在自己的正餐里加入几片生的、切割过的蒜。检查发现他的口部四周和唇上有红斑，伴有裂纹鳞屑。在斑贴测试中发现病人对二烯丙基二硫化物过敏，建议病人停止嚼蒜，于是他的症状很快就永久解决了。在另外一则报道中讲述了一个由切碎的蒜而引起的持续口腔黏膜的化学灼伤。为了缓解牙痛，这个病人将压碎的蒜整夜放在颊内（口腔前庭），导致了蒜灼伤和局部溃疡（Bagga，2008）。如果盲目遵从鲜蒜中的大蒜素能够有效治疗口腔溃疡的意见（Jiang，2008），或者冒险使用"家庭治疗"方案，将蒜捏碎插入耳道中来治疗耳朵痛，蒜灼伤的痛苦情况就会更多。天呢！

5.14.2　蒜与药的相互作用

　　蒜与艾滋病的案例可反映病人们所面对的困境。一方面，有报道称蒜的萃取物可以抑制鸟分枝杆菌（*Mycobacterium avium*）的生长，这种菌能够引起免疫低下的艾滋病人致命的肺部感染（Deshpande，1993）。另一方面，美国国立研究院的研究人员最近报道了蒜补充剂（"caplets"）显著减少了抗艾滋病蛋白酶抑制剂药物沙奎那韦（saquinavir）的生物利用度。他们得出结论"医生和病人不能够假设食物补充剂是温和的治疗——（它们可能）会产生强烈的药物作用，也可能改变药物的血液水平……单用沙奎那韦作为蛋白酶抑制剂的病人应该避免使用蒜补充剂"（Piscitelli，2002）。此外，蒜里产生的硫代亚磺酸酯和其它含硫化合物可能会与含有巯基的药物，如氯吡格雷（plavix®）作用，干扰用药。使用这些药物的病人应该考虑限制蒜的食用（Badol，2007）。

　　由于植物化学品会改变人体的药物代谢酶，如细胞色素P450（CYP）会有草药-药物相互作用，造成CYP活性可能随着年龄增长而降低，因此，对蒜油（GO）补充剂对细胞色素活性的影响进行了研究。研究对象为12个健康的志愿者，年龄在60～76岁之间（平均年龄67岁），发现GO（通过GC-MS表征；500mg，一日三次，持续28天，而后经过30天的清除期）会抑制细胞色素CYP2E1 22%的活性，而另外一个在年轻志愿者的实验中，该抑制率为40%。作者总结，基于他们的研究，GO补充剂在CYP介导的草药-药物作用上呈现出最小的风险（Gurley，2005）。

5.14.3　蒜在血小板和凝血过程中的影响

　　有报道称，一个87岁的男性过量食用蒜（一天超过4个蒜瓣）导致了自发的脊椎硬膜外血肿，从而引起了定性的血小板失常，继发下半身麻痹（Rose，1990）。这件轶事被用来表明食用蒜和蒜补充剂可能会增加流血的风险，但是在章节5.7.4中已经提及，除了蒜和阿司匹林可能存在协同作用，临床试验并没有证实该观点。然而，蒜制剂增加手术过程中的出血风险以及它在与抗凝血剂，如华法林，合用时的出血风险仍然受到了越来越多的关注（Ang-Lee，2001；Pribitkin，2001；Heck，2000；Argento，2000；Evans，2000；Burnham，1995）。

5.15 总览蒜的临床效力

> 传闻再多，终非事实。
> ——罗杰·布林

蒜戏弄着我们。蒜中的化合物在体外实验中呈现出非凡的活性，同时对哺乳动物细胞具低毒性。蒜制剂及蒜中化合物在大鼠及其它实验动物上的体内测试实验也支持这些体外实验的结论。蒜对医用有益的证据大多是传奇性的，不单是来自于祖辈，也来自古代文明先贤，在对膳食补充品管理宽松的大环境下，它们又被蒜补充品供应商们组织的宣传大军进一步加强了。为了劝说我们相信"蒜的奇迹"，补充品制造商引用了很多已经发表的对蒜的科学研究，告诉我们蒜一定是安全的，因为它不仅仅天然，而且可以食用。当然，大量关于蒜生物活性和健康益处的报道不应该用来推测蒜对健康的可信程度，而只是简单反映出这样的研究是相对容易进行的。另外，在蒜的临床和传统使用中，"安慰剂效应"不可忽略。

最近一篇发表在2007年《分子营养与食品研究》上的综述更全面地阐述了蒜对健康的作用，并且得出结论"蒜在治疗疾病中有效的说法"是没有说服力的。综述中还特别说道"对于高胆固醇血症，已报道的研究表明蒜对其效用小，因此不具临床相关性。对于降低血压，现有报道很少，已报道的效用也很小，不具临床意义。对于其它疾病，没有足够的数据作为临床建议的基础"（Pittler，2007）。其它的综述也提出了相似的担忧（Tattelman，2005）。

我们该相信谁呢？难道我们不应该只接受具备双盲、随机和安慰剂对照组的临床实验来证明其临床效用的有关假设么？难道膳食品补充品的临床试验不应该只能用那些经过了很好的表征且活性成分含量标准化了的补充品吗？难道我们不应该要求试验参与者的数目足够大以得到具有意义的统计分析，试验周期足够长以让效果呈现出来，补充品的用量与产品标签上一致，参与者的健康状况与测试的假设相符合么？还有，难道我们不应该要求（为了避免利益冲突）补充剂的生产商不能赞助临床试验么？难道膳食补充品不应该践行与药物相同高水平的效用确证和安全标准么？

人体内大量的谷胱甘肽和其它的生物硫醇会让蒜中的化合物迅速地失活，降低了它们的毒性。这个简单的失活意味着蒜被食用后很快就会发生代谢性降解。因此，很多体外具活性的化合物都在体内被破坏。蒜在口腔、消化道和胃，还有外敷应用（或胃镜！）时例外，在这些部位，大蒜素和其它硫代亚磺酸酯，以及烯丙基多硫化物可以长时间地存在，并且得以发挥活性。今后的研究也许可以将这些蒜和其它葱属植物里的活性物质"打包"，使其略过代谢降解直接运输到体内的作用位点。此外，中国将蒜制剂作为抗生素的临床应用值得仔细地进行评估，最好有西方合作者参与，因为虽然这些实验尚未有严格的数据支持，却是十分诱人的治疗信息。

最后，那些选择使用鲜蒜来进行"家庭治疗"的人们应该充分意识到它的风险，这已在本章的前面进行了图文阐述。新鲜压榨的蒜中的大蒜素是一种强烈的物质，它极易引起人体敏感部位的刺激和灼伤，也会诱发过敏反应。特别是在幼童或者小宠物上使用蒜是非常不明智的。此外，由于蒜中的成分会与药物发生作用，因此使用膳食补充品时要和保健品销售商详细咨询，而这些人员本身也应该已受到了很多关于膳食补充品的培训。

第6章
环境中的葱属植物：植化相克与源自葱属植物的引诱剂、抗生素、除草剂、杀虫剂与防护剂

> 从树篱中他带回了一株野玫瑰树
> 如今生长在沃土里
> 四周挖掘，隆起土堆
> 玫瑰勇敢地站上了高处
> 在它的背阴处再掘一个洞
> 将洋葱深种其中
> 定能为玫瑰护航，令其健康成长
> 等待四溢芳香
>
> ——托马斯·哈代夫人

> 植物以其化学智慧而生。
>
> ——理查德·舒尔特施

6.1 危险的世界！

有大约三十万种已知植物自从出现在地球上以来就一直处在大约四十万种已知昆虫和食草动物的攻击之下。昆虫会消耗掉10%～15%的植物，植物必须实施巧妙的防卫策略来保护自己抵挡食草动物（Schultz, 2002）。有些策略是机械的（如：刺），有些则运用了一系列被称为次生代谢物的化学物质。与具有重要

功能的初生代谢物不同，次生代谢物是一些可替代的非必需的特定物质，但次生代谢物对于植物的环境影响可能十分深刻，保证着它们生存与茁壮生长。次生代谢物的重要性反映在：调查表明15%～25%的植物基因组与次生代谢物有关（Pichersky, 2000），而植物对于一只昆虫的简单回应包含了800～1500种各有特征的调控基因。据说"植物并不是静止的化学防御堡垒——它们用快速、持久、多变并且时常是特定的生物化学、生理和发育变化方法来回应攻击"（Schultz, 2002）。

这一章，我们主要讲述葱属植物次生代谢物对环境的影响。同一次生代谢物可以作传粉昆虫的诱引剂、播种媒介物和食虫昆虫的引诱剂（如：以某种昆虫为食的昆虫），也可以保护植物对抗病菌、害虫及其它形式的环境压力（Durenkamp, 2004）。植物的根部和鳞茎中富含次生代谢物，在这些部位它们可以直接作用于土壤微生物，或者渗透到根际环境中，提高品种的竞争力，如：作为竞争植物的发芽抑制剂。有些有害昆虫已经适应了这些物质，这些物质反而会吸引它们，比如洋葱蝇的幼虫会被洋葱油吸引（Soni, 1979）。

活着或者枯萎的植物叶可以释放出具有挥发性的次生代谢物，它们可以驱避昆虫和动物，或者阻碍其它植物的生长。"植化相克"（allelopathy，来自希腊词汇"allelon"，意思是相互的，"patho"的意思是危害或者影响）指的是一种植物（包括微生物）通过释放化学物质，对于临近的、竞争同一片生长空间的植物物种的生长产生影响。有益的或是抑制的影响都包含在这一定义中。我们的焦点会放在抑制作用上，包括植物毒性的生物分子。如前所述，植物的所有部分，包括根、鳞茎、干、叶子、花、果实和种子都能够向环境释放化学物质，植物残渣在微生物降解作用后释放化学物质（Zeng, 2008）。它包括从叶子中释放的挥发性化合物，还有从根部释放的对土壤微生物的作用物（Field, 2006）。尽管"植化相克"这一术语是在1937年提出的，但是在古代文明中，包括中国，早在2000年前就观察并且记录了植物化学物质的相互作用，并且将该作用应用于提高作物产量，控制杂草、疾病和害虫（Zeng, 2008）。

植物释放出来的特异性对抗微生物的有毒分子，称为植物抗毒素（phytoallexins）或者植物抗生素（phytoanticipins）。植物抗毒素的分子量小，抗微生物化合物在受到微生物进攻后合成、储积于植物中。植物抗生素"分子量小，抗微生物化合物本身在微生物进攻前存在于植物中，或者在感染后仅仅从已存在的组分转化而得"（VanEtten, 1994）。根据上述定义，大蒜素和其它的硫代亚磺酸酯是一种植物抗生素，帮助植物对抗病菌，包括细菌、真菌及卵菌（水霉；Curtis, 2004；Slusarenko, 2008）。

6.2 天然环境中葱属植物的除草及杀虫活性

与防御有关的次生代谢物通常存储在诸如液泡的地方，起初是没有活性的前体，在回应外界侵扰时由植物中的酶将它们转化为具有生物活性的成分。当受到病原菌或者害虫攻击时，组织会损坏，本来的分界线消失，导致一系列的化学反应，从而释放出重要的防御物质。TRPA1是一个可激发的离子通道，主要位于痛感生化通道的感觉神经元上，那些防御物质会激活掠食者的TRPA1，使得他们产生疼痛和炎症以获得化学防御（见3.5节；Bautista，2005）。

农业上清一色采用除草剂和杀虫剂控制杂草和昆虫，它们大都有毒并对环境有害。使用植物植化相克和本身的防御化合物是一个很有前景的选择。本章选择了一些葱属植物的天然防御系统作为介绍，也描述了这些体系中目前很有前景的农业及园艺应用。

6.2.1 韭葱的启示

> 小跳蚤咬大跳蚤的背，更小的跳蚤咬小跳蚤……如此循环下去。
> ——奥古都斯·德·摩根《一串悖论》（1872）

奥格（Auger）、蒂布（Thibout）和其合作者在法国进行了一项振奋人心的研究，即关于韭葱（*A. porrum*）对食草动物攻击的化学响应（Auger，1979，1989a，b；Dugravot，2004—2006；Ferary，1996；Thibout，1997）。对于地里的韭葱，主要的昆虫是专食韭葱的葱谷蛾 *Acrolepiopsis assectella*，它在韭葱受到侵害而产生防御的硫化物时受到吸引（USDA，2004）。葱谷蛾又会被以昆虫为食的胡蜂 *Diadromus pulchellus* 的蛹捕食。韭葱也会受到诸如收割时产生的机械损害，还会被普食性的球菜叶蛾 *Agrotis ipsilon* 伤害。与葱谷蛾不同，普食性的球菜叶蛾移动迅速，只食用叶尖（这个位置次生代谢的硫化物含量是最低的），然后就离开。为了模拟食草动物的损害，把葱谷蛾的幼虫放在温室中的韭葱上，变化幼虫的数量以及暴露的时间以建立攻击强度的模型。机械损伤即在韭葱新叶上生成十条1cm割痕，一日两次，共计8天。如图示6.1总结的那样，发现：

① 在自然条件下，在葱谷蛾破坏的韭葱里，前体化合物丙蒜氨酸浓度比健康的韭葱中高出了近三倍，甲蒜氨酸和异蒜氨酸的浓度在遭侵害的韭葱中也有相似的增长。

② 每天修剪叶子并不会对丙蒜氨酸的浓度带来明显的变化；只有当来自葱谷蛾幼虫的活动刺激充足时才会产生硫前体，如：韭葱只有受到强烈攻击时才会产生更多的硫前体化合物。

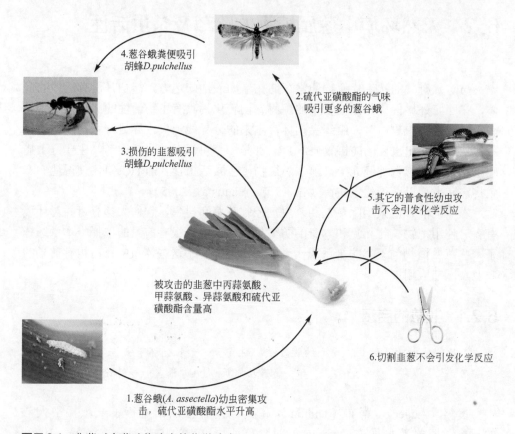

图示6.1 韭葱对食草动物攻击的化学响应

前体丙蒜氨酸、甲蒜氨酸和异蒜氨酸及硫代亚磺酸酯的浓度在葱谷蛾幼虫进攻后增加，幼虫把叶子和茎干啄洞、蛀空（1），然而这些浓度不会从日常的切割中增加（6），也不能因普食性幼虫进攻而增加（5）。受葱谷蛾损伤的韭葱会吸引更多的葱谷蛾（2）。葱谷蛾损伤韭葱产生气味，葱谷蛾排泄物的气味会吸引胡蜂 D. pulchellus（3,4），它是葱谷蛾幼虫的寄生蜂（昆虫图片引自 Landry, 2007）

③ 韭葱对于葱谷蛾攻击的回应是系统性的。受到攻击的植物，未受伤害的叶子中丙蒜氨酸含量比未受攻击的叶子高，但是远远低于直接受到攻击的叶子。

④ 在尚未受到攻击的韭葱中，丙蒜氨酸浓度在受到攻击时立即急速增长，并且在高水平持续至少一个月。这样一来，先前受到攻击的植物可以更好地被保护起来（免疫应答），免受攻击植株的昆虫及其后代的侵害。

⑤ 丙蒜氨酸在韭葱中的平均浓度在受到普食性球菜叶蛾攻击后与没有受到攻击的相比并没有显著变化，这意味着葱谷蛾幼虫中引发应答机制的物质在球菜叶蛾的幼虫中并不存在。

⑥ 在实验条件下，受到葱谷蛾幼虫攻击或者机械损伤后，韭葱会产生气味，而没有受到攻击的则不会释放出可检测的气味。

⑦ 通过 LC-APCI-MS 直接分析韭葱、蒜和洋葱中的气味（挥发物）发现了硫代亚磺酸酯（和洋葱的 LF），而没有二硫化物或者它的重排产物。相似地，经过分析醚类萃取的受损韭葱发现了一系列的甲基-1-丙烯基-丙基硫代亚磺酸酯和洋葱烷的混合物，与切割植物产生的物质相似。通过一个短的 GC 柱来分析韭葱的气味，可以确认其中的主要成分是正丙基硫代亚磺酸丙酯，对于葱谷蛾来说，这是最具吸引力的化合物（Auger，1989）。其它研究确认了硫代亚磺酸酯的气态稳定性（Auger，1990）。

⑧ 在损坏的韭葱叶上，葱谷蛾幼虫的生长并没有受到任何即刻的不良影响，但是雄性的生长期明显增加，而成熟雌性葱谷蛾侵伤韭葱后卵子数目降低了 20%。葱谷蛾并不刻意回避受损的植物。

⑨ 以葱谷蛾为食的雌性寄生虫胡蜂会被受葱谷蛾进攻伤害的植物强烈地吸引，远胜于未被伤害的或者机械损害的植物。除了积存的大量硫代亚磺酸酯外，烷（烯）基半胱氨酸前体也增加，并可能伴有葱谷蛾排泄的二硫化物，这都进一步地吸引胡蜂。总之，丙蒜氨酸在韭葱中的浓度会在受到专食韭葱的葱谷蛾进攻伤害后增加，随后会释放出硫挥发物的特征气味谱。

6.2.2 霸道的植物：熊葱的案例

本节讨论卑微的熊葱（*A. ursinum*）的一个有趣案例。*A. ursinum* 也叫 ramsom、宽叶蒜或者熊葱（可能因为熊对于其鳞茎的喜爱）。在洼地和高原地区的山毛榉-冷杉树林里有稠密的熊葱，面积可达数十公顷（图 6.1）。由于植化相克的抑制作用，在熊葱占据主导的森林里其它物种非常稀疏或者根本不存在。熊葱的叶子中富含酚类植物毒素。初夏时，熊葱的叶子、茎干和花朵枯萎分解，酚类化合物进入土壤表层，防止其它物种的发芽（Djurdjevic，2004）。

当熊葱开始凋谢时，整个森林里都是它释放出来的味道。在一个有趣的研究中，对一处森林的空气进行了取样，空气样品是地面以上 1m 且离熊葱地 4m 远。测量在熊葱覆盖的地区边缘进行，以免破坏植物（这可能会导致浓度明显升高）。空气样品放在封闭的盒子里，盒子里有用玻璃管填充了吸附剂 Tenax TA 和 carbotrap（炭黑）的空气流动系统。

回到实验室后加热，使样品解吸附，然后冷阱富集以 GC-MS 测试。加热，使解吸附温度达到 250℃，而后再冷却至 -196℃，此后导入 GC（Puxbaum，1997；König，1995）。检测到的成分有：烯丙基甲基硫化物、二甲基二硫化物、二烯丙基硫化物、甲基-1-丙烯基二硫化物、甲基丙基二硫化物、双（1-丙烯基）二硫化物、(Z)-1-丙烯基丙基二硫化物和二丙基二硫化物。主要释放出来的物质

图6.1 森林里的野熊葱（承蒙巴塞尔大学植物数据库提供）

是甲基-1-丙烯基二硫化物，其次是双（1-丙烯基）二硫化物。挥发物里甲基：烯丙基：1-丙烯基：丙基基团的计算比例为28.6%：11.1%：49.6%：10.7%，跟检测的熊葱中甲蒜氨酸：蒜氨酸：异蒜氨酸：丙蒜氨酸的比例35%：28%：37%：0%

吻合（Fritsch，2006）。

这个工作有几个地方值得注意。首先，在这些空气样品中，"经典的"生物源有机化合物，比如异戊二烯和单萜（如：柠檬烯）浓度很低，或者无法检测到。从熊葱中释放的 $C_2 \sim C_6$ 的有机硫化合物含量范围为 $44 \sim 100\mu gS/(m^2 \cdot h)$，而二硫化物占据了总硫数的88%。每一单元土地每小时释放的平均值大约为 $62\mu gS/(m^2 \cdot h)$，这是报道中陆生植物释放含硫有机化合物最高的例子。

尽管实验结果令人印象深刻，然而在进入GC之前加热解吸附温度很高，所以并不清楚在丛林空气中真正存在的物质是什么，是多硫化物还是许多硫代亚磺酸酯前体的混合物。硫代亚磺酸酯在土壤中并不稳定，在加热条件下也不稳定。然而，它们在空气里是稳定的（Auger，1990；Arnault，2004）。

在接近熊葱的地方直接探测到了二甲基噻吩，这意味着报道中的多硫化物可能是分析过程中的假象，至少部分如此——因为二甲基噻吩是报道的主要物质双（1-丙烯基）二硫化物的热解产物是已知的事实。作者评论了他们鉴定得到的异常高的化合物2-己醛的结果，他们说："混合物中相对含量较高的己醛可能来自于其它植物源而非熊葱。"然而，他们的鉴定可能存在问题，实际上存在的物质可能是2-甲基-2-戊烯醛——丙醛缩合的产物，而丙醛则来自于洋葱LF，由于熊葱的异蒜氨酸含量很高，这种物质也可能产自于熊葱。

挥发性的有机硫化物也会阻碍敏感物种的发芽以及生长。很少有昆虫会接近熊葱（Tutin，1957）。另外还有一个证据说明熊葱中挥发性物质主要是不稳定的硫代亚磺酸酯，那就是通过冷阱和直接注射蒜、韭葱、洋葱的水溶液于HPLC-MS-APCI进行分析得到的结果。这些研究结论是，没有二硫化物或者其它重排产物产生，葱属植物的挥发性硫气味中只含有丙硫醛S-氧化物和硫代亚磺酸酯（Ferary，1996）。只有在极端温和的GC条件下才能够分离硫代亚磺酸酯，即使在很温和的条件下，也有许多的硫代亚磺酸酯不能经受分析（Block，1992）。

另一个植化相克的例子是韭菜（*A. tuberosum*）。西红柿单独种植或者与韭菜间种，并比较接种或不接种细菌植物萎蔫剂——青枯病菌（*Pseudomonas solanacearum*）时的影响。韭菜对于西红柿的生长没有负面影响，但是很大程度上可以推迟或抑制青枯病菌对西红柿造成枯萎的发生。空白土壤（即未种植韭菜）中的青枯病菌种群比种植韭菜的土壤中的种群要高；用连续的冷阱系统收集的韭菜根部分泌物表明可以抑制青枯病菌的繁殖（Yu，1999）。洋葱和蒜中的植化相克效应也是已知的。在密封容器中，空气中小于10g/350mL的洋葱鳞茎可以促进黄瓜的发芽，大于15g/350mL时则产生抑制作用，而在20g/350mL时，黄瓜发芽被完全抑制。在洋葱的挥发性物质中分离得到了含硫和氧的化合物（含氧化合物很可能是碳数少的醛）（Rik，1974）。

磨碎的干洋葱和蒜植物残渣加入土壤后会抑制几种杂草类一年生植物种子的发芽，这样的抑草活性/除草活性在土壤温度较高（如39℃）和葱属植物残渣浓度更高时越发明显。有人建议将可以抑制发芽的葱属植物残渣开发为一个杂草综合治理的成分（Mallek，2007）。美国农业部赞助孟加拉国进行的一项实验表明，将便宜的蒜片溶解在水中处理种子，种子发芽率为95%～100%，而没有处理的为56%～60%（ABC News，Australia，2005）。

6.3 葱属植物化合物的杀虫、抗生物活性及昆虫驱散作用

将葱属植物作为防护剂已经有很长的历史，可以追溯到埃及人用洋葱驱蛇（Manniche，2006）。罗马博物学家老普林尼（Pliny the Elder）写道："蒜有惊人的性能……它凭借气味趋避蛇和蝎子。"前面，对家庭使用蒜作为昆虫防护剂以保存食物有过介绍（Huang，2000）。即使是今天的尼日利亚，在居民区附近散放蒜瓣以趋走蛇也是十分常见的方法（Oparaeke，2007）。吉卜林（Kipling）在他的《森林小王子》中以蜜蜂"讨厌野蒜气味"作为故事的依据。由于立法上对诸如氨基甲酸酯和有机磷化物等化学杀虫剂日益增加的压力，是时候讨论一下大量葱属植物的昆虫防护（或者抗生和杀虫）知识背后的科学基础了。

6.3.1 线虫

线虫是一种微型蛔虫，主要生存在表土层，每英亩土地就有十亿个线虫（地球上五个动物里就有四个是线虫），它会导致很大的经济损失，对于块根农作物尤其如此，比如图6.2（a）所示的胡萝卜根部的大量分叉式损伤。由于一些广为使用的线虫杀虫剂毒性太大，而且污染环境，在市场上已经无法销售了，因此现在正是引进基于植物的线虫杀虫剂的良机。对于线虫 *C. elegans*，有报道称蒜提取物可以作为它的防护剂［图6.2（b）；Hilliard，2004］。在体外实验中发现，蒜的提取物可以在40min内杀死根瘤线虫，接种了该种线虫的盆栽植物可极大降低损伤数量（Sukul，1974）。

水溶液萃取及甲醇萃取的蒜萃取物、蒸馏的蒜油还有合成的二烯丙基二硫化物（DADS）对蘑菇线虫 *Aphelenchoides sacchari*（Hooper，1958）与柑橘线虫 *Tylenchulus semipenetrans*（Cobb，1913）的毒性已经得到了证实。水溶液和甲醇萃取的部分用水稀释，蒜油和DADS用含有1%乳化剂（Triton X-100）的水稀释。实验包括了200个线虫，四个重复实验，48h后记录观察现象。水溶液和甲

图6.2 （a）被线虫损伤的胡萝卜（如：多重根；承蒙Eric Block提供）；（b）用一滴蒜萃取物稀释成不同的浓度，作用于100个野生品种（黑色条柱）或者突变体（灰色条柱）的 C. elegans，图为其规避指数（引自Hilliard，2004）

醇萃取物在相对高的0.5%浓度下完全杀灭了甘蔗滑刃线虫和半穿刺线虫，而蒜油（GO）和合成的DADS毒性则大很多，前者在8mg/L浓度下，后者在25mg/L浓度下完全杀死甘蔗滑刃线虫，对于半穿刺线虫，结果相似，前者为16mg/L，后者为25mg/L。作者认为GO比DADS的毒性更大意味着在GO里还存在着其它的对线虫有毒的物质（Nath，1982）。由于所有的DADS商品包含含硫更多的二烯丙基多硫化物，很有可能纯DADS的毒性比报道的实际毒性小，而多硫化物的毒性明显高于DADS。

跟上面的研究一致，在报道中，蒜油中的成分二烯丙基三硫化物（DAT）对松木线虫 Bursaphelenchus xylophilus 比DADS更有效（对线虫幼虫的半致死浓度分别为2.79μL/L对应37.06μL/L；Park，2005）。二烯丙基硫化物（DAS）在该论文里的活性很低。看上去，根据构效关系，蒜油中分子量大的化合物如DAT是最有效的（Park，2005）。将西红柿根浸在大蒜素溶液里作为一个预防的手段也可能有它的弊端——缺乏线虫毒性而具有植物毒性，但是在一个5min浸泡于25μg/mL大蒜素的实验中，大蒜素阻碍了50%的幼虫对根部的穿透，且没有植物毒性。大蒜素在低浓度0.5mg/mL的情形下阻碍了南方根结线虫 Meloidogyne incognita 的孵化，而在2.5μg/mL浓度下对幼虫具有毒性（Gupta，1993）。

洋葱油对松木线虫有很好的抗线虫活性（半致死量LC_{50}为17.6μg/mL、13.8μg/mL和12.1μg/mL，分别对应雄性、雌性和幼虫）。在通过GC-MS研究鉴定的若干成分中，活性最高的是二丙基三硫化物和甲基丙基三硫化物（LC_{50}分别为5.0μg/mL和22.9μg/mL），还有一些其它的主要成分，二丙基二硫化物和甲基丙基二硫化物，它们只具有弱的活性（Choi，2007）。山蒜 A. grayi 的甲醇萃取物含有杀线虫的硫代磺酸酯，结构为 $(E)\text{-}CH_3CH{=}CHSO_2SCH_3$，能够有效地抵抗南方根结线虫 M. incognita。相似地，葱 Allium fistulosum var. caespitosum 的蒸馏物中含有杀线虫的二硫化物、三硫化物和硫代磺酸酯。相关的合成的硫代磺酸酯和硫代亚磺酸酯都有相似的杀线虫和抗菌活性（Tada，1988）。

GO 对于针形线虫 L. elongates、西红柿胞囊线虫 G. pallida、短粗根线虫 P. anemones 和根结线虫 M. hapla 的作用已有研究。木屑（55%质量比）和蒜汁浓缩液（45%质量比）配制而成的蒜粒中含有蒜油多硫化物。将它溶解在水中，蒜粒的上清液与所有线虫接触4h后，线虫死亡，而该上清液的浓度为25mg/mL或者12mg/mL。用蒜汁浓缩液重复该实验时，只有在浓度为0.025%（质量/体积）时对于 L. elongates 显示24h半致死量的数据（Groom，2004）。在田间对胡萝卜和欧洲萝卜进行实验时，发现GO浸渍颗粒可以很好地防止自由生长的线虫产生的伤害（图6.3；Groom，2004，2006），颗粒中GO成分的杀线虫效应可以与广泛应用的氨基甲酸酯和有机磷化物杀线虫剂相比。

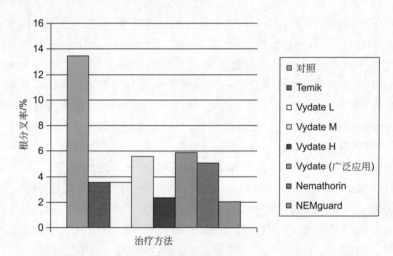

图6.3　胡萝卜作物的田间实验结果（诺福克，英国，2004）
　　　　比较了杀线虫效应（根据根部分叉减少的百分比进行评估），基于GO的物质（NEMguard），与另外三种市面上可以买到的杀线虫剂，Temik、Vydate 以及 Nemathorin，采取应用水平——每公顷分别使用20kg（NEMguard）、8.5kg（Nemathorin）、14~25kg（四种不同的Vydate）和18kg（Temik）（1公顷相当于1万平方米或约2.5英亩）（承蒙ECO有限公司提供，Groom，2004）

胃肠道寄生线虫（GIN）Haemonchus contortus 是绵羊中最重要的一种病原菌，也是山羊面临的问题。天生感染GIN的小山羊服用新鲜的蒜鳞茎、用新鲜榨取的同等数量的蒜鳞茎的蒜汁、商品化的蒜汁或者水（对照组）进行实验，发现与对照组相比，没有一个蒜产品能够控制GIN。作者总结道蒜"不适合于控制山羊或者羔羊的GIN"（Burke，2009）。

6.3.2 鞘翅目（甲虫）、鳞翅目（蛾、蝴蝶）、半翅目（真正的爬虫，包括蟑螂等及蚜虫）以及双翅目（真正的飞虫，包括蚊子）、膜翅目（蜜蜂、黄蜂、蚁）以及等翅目（白蚁）

昆虫灾害，尤其是来自于甲虫、鳞翅目和等翅目的灾害是导致食物损失的主要原因，在热带区域尤其如此。溴代甲烷对昆虫卵和成年昆虫都是非常有效的气体熏蒸剂，然而由于它对平流层臭氧的破坏，被蒙特利尔协议所禁。法国的奥格和他的合作者建议，葱属植物的硫代亚磺酸酯、二甲基和二烯丙基硫化物可以作为取代溴代甲烷的气体熏蒸剂（Auger，1999）。他们和其它人测量了这些硫化物以及溴代甲烷对于仓储害虫的半致死量LD_{50}（杀死半数测试对象的剂量；表6.1；Auger，1999，2002；Arnault，2004；Chiam，1999；Huang，2000）。与成年昆虫相比，对有机硫化物熏蒸消毒剂，幼虫较不敏感，卵则相对更敏感。在测试的实验中，二烯丙基三硫化物比二烯丙基二硫化物效果好很多（Huang，2000；Park，2005）。尽管硫化物熏蒸剂与溴代甲烷效率相当，且蒜的萃取物和单一化合物的效率也相当，最大的问题是它们的气味。尤其当气味持久存在时，便成了麻烦。二甲基二硫化物和二烯丙基二硫化物在约0.001mol/L时都十分有效，可以阻止不同种属真菌90%的生长。真菌对二硫化物的耐受性比昆虫要好（Auger，2004）。近来的工作表明，二甲基二硫化物在昆虫起搏控制的神经元中有一钙活化的钾离子通道上的目标靶位，而这个神经元抑制昆虫的一些重要功能，如心脏壁肌肉活动（Gautier，2008）。二烯丙基多硫化物是否有这样的功效目前不得而知。

对于鞘翅目（甲虫）、鳞翅目（蛾、蝴蝶）、异翅亚目（真正的爬虫）以及双翅目（真正的飞虫，包括蚊子），在它们所有的生命阶段里，蒜的萃取物对它们都有毒性。蒜的水萃取物可以阻止蚊子卵的孵化（Jarial，2001），对于食用储粮的甲虫类鞘翅目（Chiam，1999）和鳞翅目（Gurusubramanian，1996），蒜的萃取物和蒸馏物均具有毒性和拒食作用，对于同翅亚目（homoptera）具有防护和毒性（Gurusubramanian，1996）。对于大型红虫 *Lohita grandis*，蒜萃取物的毒性来自于它对其共生肠道细菌的抗生活性，该细菌提供了此虫必要但自身无法合成的胆固醇（Madal，1982）。

在尼日利亚进行的一项为时两年的研究中，用蒜的家庭制作物在豇豆[*Vigna uniculata*（L.）Walp]上做叶面喷施可以保护作物对抗 *Maruca vitrata*（鳞翅目）、豆荚螟蛾和 *Claigralla tomentosicollis*（半翅目）。当地的蒜在60℃干燥12h，磨成粉，全部混到水里面，做成5%、10%和20%的溶液，过夜后过滤，与淀粉、皂片混合，然后在播种6个星期后喷到豇豆上，那恰好是花开的时候。

表 6.1 葱属植物硫化物与溴代甲烷对仓储害虫的毒性比较（LD_{50}）

单位：mg/L

昆虫	MeS(O)SMe	AllS(O)SAll	MeSSMe	AllSSAll	蒜萃取物	MeBr
Ephestia kuehniella（地中海粉螟）	0.04	0.02	0.2	0.02		—
Plodia interpunctella（印度谷螟）	0.02					
Bruchidus atrolineatus（豇豆象甲虫）：成虫	0.15	0.18	0.2	0.6		
B.atrolineatus：幼虫 L4			2.0			
Sitophilus granaries（小麦象鼻虫）	0.14					
Sitophilus oryzae（水稻象鼻虫）	0.19		1.23	0.5	0.37	1.05
Callosbruchus maculates（豇豆象鼻虫）：成虫	0.25	0.16	1.1			
C.maculates：幼虫 L4			2.04			
C.maculates：卵			0.17			
Dinarmus basalis（孤寄生蜂）：成虫			0.31	0.35	0.14	
D.basalis：幼虫 L4				1.58		
Tineola bisselliella（服装蛾）	Pr_2S_2：1.26 Me_2Se_2：0.002			0.013		
Tribolium castaneum（大米虫）[1]			$4.32^{③}$	$3.8 (0.83)^{②}$		
Sitophilus zeamais（玉米害虫）[1]			$12.1^{③}$	$20.0 (6.3)^{②}$		
Reticulitermes speratus（日本白蚁）[4]				$<0.25 (约0.125)^{④}$		

①取自 ChiAm (1999)。
②括号中为 All_2S_3，取自 Huang (2000)。
③为 AllSSMe，取自 Huang (2000)。
④括号中为 All_2S_3，取自 Park (2005)。
注：暴露时间为 24h。

在一个分隔试验区设计的实验中，用三个实验比较蒜萃取物和一个合成杀虫剂（一周喷洒4次）的作用，并有一个空白处理的对照。蒜萃取物又在几个小块比较，分别是5%、10%和20%的浓度，并有三种不同的喷洒次数，为每周2次、4次和6次。浓度更高和使用频率更高的蒜萃取物比低浓度和低频率的效果好，也比对照要好。高浓度的蒜萃取物的处理能够有效减少昆虫数量，从这方面说，可以与合成的杀虫剂相比拟。虽然所有的蒜萃取物与合成的杀虫剂比起来，在两个生长季中豆荚损害和谷物收成的评估里有所逊色，但是当考虑到价格和环境因素，对于资源有限的发展中国家的农民来说，蒜萃取物确实是一个种植豇豆时可行的代替合成杀虫剂的选择（Oparaeke，2007）。

孟加拉国的一项研究比较了五种植物萃取物——烟草、印楝、蒜、桉树、桃花心木对于裙带豆 *Vigna unguiculata* 上蚜虫（多个 *Aphis* 属物种）的作用，发现蒜的萃取物比烟草（最有效）和印楝都差。没有一种萃取物对瓢虫具有毒性（Bahar，2007）。另外一个工作研究了甲醇萃取的蒜对甘蓝夜蛾 *Plutella xylostella* 的作用，接触毒性生物测定结果发现，浓度为5%的萃取物在48h后导致了67%的第一次脱皮前幼虫死亡率（Samarasinghe，2007）。

蒜油对于雌性白蛉 *Phlebotomus papatasi* 叮咬的驱避及拒食作用也在实验室做出了评估。使用了两个不同的实验过程：①用"标准笼测试"将蒜油外敷在五个志愿者身上；②在该物质处理过的人工膜上喂养白蛉。浓度为1%和0.005%时，外敷的志愿者的皮肤分别受到97%和40%的保护。而对于人工膜上的喂养装置，蒜油在拒食作用上显示出了剂量依赖性，浓度为0.1%时，效果为100%，浓度为0.005%时，效果为38%（Valerio，2005）。

蚊子是疾病传播的重要角色，它是疟疾、登革热、西尼罗病毒、黄热病、脑炎和其它感染病的传病媒介。蒜油的浓度大于等于3ppm时，对于三次脱皮前幼虫后期的蚊子 *Culex pipiens quiquifasciatus* 具有毒性。二烯丙基二硫化物（DADS）和三硫化物与蒜油的毒性相当，而二烯丙基硫化物、二丙基二硫化物和三硫化物却无效（Amonkar，1970，1971；Kimbaris，2008）。相对于幼虫，*C. pipiens* 的蛹对于DADS有更好的耐受性。幼虫和蛹都能将 ^{35}S-DADS 代谢成无机的 ^{35}S-硫酸盐（Rawakrishnan，1989）；DADS抑制幼虫的蛋白质合成（George，1973）。在一则轶闻中，在俄勒冈州中部的洋葱和蒜的种植地上，曾用水浸灌了几个月以消除严重的白腐病感染，而这里细微的蒜味是DADS从腐坏的蒜里泄出的，于是在这个有着其它很多昆虫和无脊椎动物的地方竟没有了蚊子的踪迹（Crowe，1995）。蒜油成分DADS在环境中持续性不高，^{35}S标记的DADS在水中随着时间的流逝呈指数型消失，而其它的挥发性不好的二烯丙基多硫化物在环境中的持续性并未提及（Rawakrishnan，1989）。新鲜的蒜萃取物对于蚊子幼虫（半致死量LD_{50}大约为0.1g/L）的活性，在90h后维持在83%（Thomas，1999）。蒜油成分可以驱避蚊子（Gries，2009）。

有一个认识上的误区，认为吃蒜可以不受蚊子侵扰。最近的研究发现事实并非如此。使用随机双盲安慰剂对照的交叉策略，研究对象食用蒜（一组实验对象）或者安慰剂（另一组实验对象）后暴露于研究室培养的蚊子下（*Aedes aegypti*, L.）。没有侵扰研究对象的蚊子数目、蚊子叮咬的数目、吸血后蚊子的体重和吸入的血的数量都得到了确定。数据显示吃蒜对系统性防护蚊子并没有直接作用。或许完成防护性的过程中，也应当研究延长消化蒜的时间，然而并没有进行该研究（Rajan, 2005）。

在几种早期含蒜商品作为杀虫剂的评估中，发现了批次之间不一致性的严重问题（Flint, 1995；Liu, 1995）。这样的性质跟杀虫剂注册相违背，如：在英国，要表现出物化与效用的前后一致性。杀虫剂咨询委员会（The Advisory Committee on Pesticides）推荐了一种新型的含蒜杀虫剂商品。管理评审过程中消除批次之间的变动性的最大难题得以解决，是因为蒜汁生产过程中需要按照严格的食品级质量标准规章来进行，足以保证化学上的一致性。该杀虫剂呈现出杀虫的活性，已在丹麦被批准为对抗甘蓝根花蝇 *Delia radicum* 的杀虫剂。它测定了甘蓝根花蝇和家蝇（*Musca domestica*）三个生命阶段的半致死量。对于甘蓝根花蝇 LD_{50} 记录为：卵（作用7天），0.8%；幼虫（作用24h），26.4%；幼虫（作用48h），6.8%；成虫（作用24h），0.4%。对于家蝇，LD_{50} 记录为：卵（作用7天），1.6%；幼虫（作用24h）10.1%，幼虫（作用48h）4.5%；成虫（作用24h），2.2%。蒜汁的致死率可以与有机磷化物杀虫剂 Birlane® 相比拟。实验结果表明，在不同的生命阶段，产生相同的作用需要不同的浓度。因此这个蒜油产品为有效的天然杀虫剂，可以在农业系统中用于对抗双翅目昆虫（Prowse, 2006）。

当饲料器里放有切割的甘蔗时，会招来蜜蜂进而影响牛的进食。人们发现蒜的萃取物可以阻碍蜜蜂，让它们不接近肉牛饲料栏，它的驱避效果比香茅油更好（Nicodemo, 2004）。

6.3.3 蜘蛛纲（蜱螨亚纲：螨虫类和扁虱）

北方禽螨（*Ornithonyssus sylviarum*）是一种体外寄生虫，它会降低蛋鸡的下蛋量，导致蛋鸡贫血甚至死亡。在一个实验中，受到螨虫轻微或者严重感染的蛋鸡被喷上水或者含有10%蒜汁的水，每周喷洒一次，连续三周。结束时，和对照相比，用蒜汁处理过的禽类身上的北方禽螨明显减少。对于蛋鸡来说，外用蒜汁可以有效地降低北方禽螨的感染（Birrenkott, 2000）。体外实验表明蒜汁可以有效对抗家禽红螨 *Dermanyssus gallinae*（Maurer, 2009）。在英国，浓缩的蒜汁已批准用于对抗家禽红螨。

寄生螨虫 *Tropilaelaps clareae*，也叫亚洲蜂螨，对于养蜂业来说是一个严重的威胁，它会侵袭成长期的幼蜂和成熟的蜜蜂。寄生虫侵袭后，蜂幼虫会异常生长，直至卵、幼虫和蜜蜂的死亡，引起蜂群的衰减与崩溃，还会让蜜蜂离开蜂房。螨虫的天然宿主是亚洲大蜜蜂 *Apis dorsata*，然而亚洲蜂螨也可以很快地寄生于西方蜜蜂 *A. mellifera* 中。螨虫以生活于封闭的蜂巢中蜂蜡单元里的幼蜂为食，因此控制和清除都十分困难。有研究发现，单次喷洒2%的蒜萃取物水溶液可使蜂巢碎片中亚洲蜂螨的死亡数目较未喷洒的明显增加。另外，喷洒过的蜂巢中工蜂和蜜蜂幼虫的数目也较未喷洒的明显增多了，而螨虫更少了。制备萃取物时，先将蒜磨碎，然后与等重量的水混合，接着中速摇动48h，滤纸过滤，将溶液稀释至2%。喷洒一次蒜萃取物就能明显地提高工蜂和幼虫的数目，降低螨虫数目。它并没有影响蜂蜜的味感等感官质量也没有影响蜂群的数目（Hosamani，2007）。

6.3.4 腹足纲：蛞蝓和蜗牛

虽然大多数蛞蝓对人类没有害处，但是有些品种是农业和园艺的害虫，它们在收获之前食用水果和蔬菜，会使作物有孔，令它们更容易腐坏和受到感染，也导致外观的变化，给销售带来困难。研究含有蒜油的制品对蛞蝓和蜗牛的控制时，以蛞蝓 *Deroceras panormitanum*（Lessona 和 Pollonera，1882；*D. caruanae*）和蜗牛 *Oxyloma pfeifferi*（Rossämssler，1835）为研究对象，它们是对英国商业苗圃耐寒性观赏植物中最多发的具有伤害性的蛞蝓和蜗牛害虫（Schüder，2003）。蒜具有刺激、抗食、物理障碍、化学驱避或者灭软体动物作用，或者具有几种作用的联合效果。蒜的水萃取物和合成大蒜素对于软体动物蜗牛 *Lymmaea acuminata* 和 *Indoplanoorbis exustus* 的消灭作用具有很强的时间和剂量依赖性（Singh，1993，1995，2008）。

6.3.5 植物的致病性菌、真菌与卵菌：植物抗生素

用抗生素和杀真菌剂控制植物病原菌是有局限的，它的残余物会留在使用的植物里也会残留在土壤里。残留问题可以通过使用已有的杀微生物物质，或者使用食用植物里天然产生的抗微生物物质，如大蒜素，来避免。大蒜素是植物抗生素的一种，植物抗生素是分子量小的、只有在受到感染后才会从已经存在的成分中产生的抗真菌物质。这样的抗真菌物质帮助蒜抵抗真菌的感染（Durbin，1971）。对于新鲜蒜汁中的大蒜素进行标准化的杀微生物活性测试，以物质的量为基准，大蒜素在杀灭 *E. coli* 时，活性是抗生素卡那霉素的1/4（见第5章图5.3），它对于 *E. coli* 的作用更多是杀菌而非抑菌。

通过倒置的培育皿，发现大蒜素在气态下也有抗菌作用。含有大蒜素的新鲜蒜汁的抗生物活性在4℃下能够相对维持稳定。于高于80℃的条件下放置10min，

其活性迅速消失。植物病原菌根癌农杆菌 *Agrobacterium tumefaciens*、胡萝卜软腐欧文氏菌 *Erwinia carotovora*，几种丁香假单胞菌 *Pseudomonas syringae* pv. Maculicola、*P.s.* pv. *phaseolicola*、*P.s.* pv. *tomato* 和野油菜黄单胞菌 *Xanthomonas campestris* pv. Campestris 的生长会被含有大蒜素的蒜汁抑制。另外，植物致病真菌 *Alternaria brassisicola*、*Botrytis cinerea*、*Magnaporthe grisea* 和 *Plectosphaerella cucumerina*（*Fusarium tabacinum*）的生长就像 *Alternaria* 的孢子生长一样，都被蒜汁抑制（Curtis，2004；Slusarenko，2008）。植物病原菌也能够被蒜粉的水萃取液抑制。保存在室温下、密闭容器中的蒜粉对植物病原菌的抗生物活性可以保持三年（Ark，1959）。

把按照1∶20比例稀释的蒜汁（0.7mg/mL大蒜素）喷洒在接种部位，或者通过大蒜素蒸气接触微生物，可以降低稻瘟病、霜霉病和 *Phytophthora infestans* 引起的马铃薯块茎枯萎（Curtis，2004）。在接种了 *Phytophthora* 的番茄苗土壤周围放置蒜汁做成的胶囊，得到了初步的可喜结果（Slusarenko，2008）。大蒜素浓度在50μg/mL的蒜汁在体外和体内可以阻止叶子表面孢子囊和 *P. infestans* 囊孢的发芽，减少50%～100%的由 *Pseudoperonospora cubensis* 引起的黄瓜霜霉病（Portz，2008）。需要注意的是，霜霉病是全世界范围内最具有破坏性，也是在经济上具有重要意义的农业课题。

蒜的萃取物抑制病原真菌的菌丝体发育（Bianchi，1997），帮助班巴拉花生（*Vigna subterranean L.*；非洲大量种植的一种豆类）对抗由 *Collectrichum capsici* 引起的褐色斑点（Obagwu，2003b），保护橙子和葡萄柚不产生由 *Penicillium digitatum* 和 *P. italicum* 引起的发霉而产生的橘绿和青霉（Obagwu，2003b），控制普通豆类 *Phaseolus vulgaris* 由 *Fusarium solani* 引起的根腐病（Russell，1977），以及由 *F. oxysporum* 引起的鹰嘴豆 *Cicer arietinum* 的枯萎病（Singh，1979）。由 *Phytophthora drechsleri* 导致的木豆 ［*Cajanus cajan*（L.）Millsp.］茎干和叶子的枯萎可以通过2.5ppm的大蒜烯而控制（Singh，1992）。由 *Ralstonia solanacearum* 引起的番茄的细菌性枯萎病可以在土壤中应用蒜的水萃取物处理而得到控制（Abo-Elyousr，2008）。研究发现，蒜萃取物的溶液或者油和二烯丙基二硫化物作为抗真菌物质可以对抗许多土壤的真菌微生物（Murthy，1974；Sealy，2007）。

葱属植物根部的挥发性含硫化物进入土壤，激发以麦角菌硬粒形式存在的白腐小核菌 *Sclerotium cepivorum* 的发芽，这种真菌是导致洋葱白腐病的病因。在没有宿主的情况下，用二烯丙基二硫化物（DADS）激发麦角菌硬粒的发芽会引起这种真菌的死亡。DADS处理的效果与土壤里该物质的消失速率有关，而这本身又与土壤温度有关（Coley-Smith，1986）。二烯丙基二硫化物比二丙基二硫化物更好。田间实验时，麦角菌硬粒的数量在DADS处理过的土壤中于三个月后减少。与3/4处没有进行处理的地块相比，单一使用DADS（86% DADS注入土壤中，每500L/ha水中注入10L/ha）在收割时降低了洋葱的发病率，只有1%的真菌感染存留（Hovius，2002）。

6.4 卷尾猴用洋葱进行昆虫驱避

白面卷尾猴（图6.4；*Cebus capucinus*），是一种生长于中美和南美的高智商灵长类动物，它们经常用植物擦抹皮毛，常为集体行为。在捕捉到的多毛卷尾猴 *Cebus apella* 中也有相似的活动（Meunier，2007；Paukner，2008）。这是一种用来驱逐昆虫的行为，是一种自我用药的行为。灵长类动物的行为在过去20年里得到了深入研究。研究发现，用来擦抹皮毛的物质都是具有刺激性气味或者可以激动感官并含有对抗昆虫或者药用益处的次生代谢物。在对照试验中，白面卷尾

图6.4　白面卷尾猴（承蒙T. Bethyl Kinsey提供）

猴或者多毛卷尾猴都得到了切开的洋葱鳞茎，或者分开切割的洋葱鳞茎与苹果，后者是它们日常饮食的一部分。观察发现，在30个实验中，它们都会用洋葱擦抹皮毛。它们通常一起进行擦抹动作。当它们得到切开的苹果时，它们不会产生这样的行为。有观察发现，猴子也会吃洋葱，它们会将洋葱撕开，闻一闻或者咬一下，但是又吐出来。虽然上述擦抹皮毛的解释十分有趣，但是另外还有一个解释认为这些卷尾猴在应用那些植物时并没有药物目的。这些植物的气味也许会建立起来族群的气味，似乎很像是用尿液或用其它气味为灵长类动物做标记。族群用皮毛擦抹可能类似于相互梳理毛发，可以加强族群内的联系。他们也可能只是单纯地喜欢和这类植物物质接触，就像猫喜欢猫薄荷一样（Baker，1996）。

6.5 葱属植物中具有防护鸟类的活性物质

基于蒜油（GO；二烯丙基二硫化物、三硫化物和四硫化物的混合物）的产品已作为对环境无害、非致命的鸟类防护剂，用来阻碍破坏作物的鸟类（Hile，2004；Mason，1997）。研究发现，与参照相比，欧椋鸟在整夜禁食后对混有50%食品级的GO浸渍的食物颗粒（"ECOguard"）的食物混合物的进食量大大减少（图6.5）。与参照相比，它们在整夜禁食后三小时的进食量减少了61%～65%。对于同样的研究对象，用25%、10%和1%的混合颗粒喂食，发现商品的（"ECOguard"）GO颗粒在较低浓度下能够驱避鸟类，混有10%商品混合

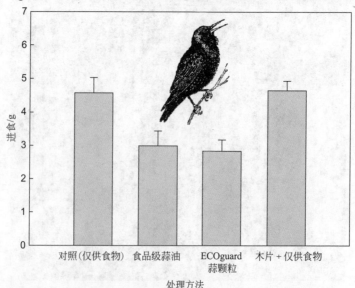

图6.5 在欧椋鸟食物中加入蒜油后对进食产生的影响（引自Hile，2004）

物时，鸟类进食减少50%，混有1%时，减少17%。这并非由对于新奇食物的恐惧而引起，因为反复研究的对象是同一组鸟类，而驱避效果在整个实验过程中保持不变（Hile，2004）。

6.6 与葱属植物伴种和间植

多重种植是指在同一片土地上，种植多个品种作物，与单一种植——大片土地只栽种一种作物的种植方式相对。单一种植在欧洲、北美和亚洲部分地区的机械化农业中得到了广泛推广，但因它对环境有负面影响而受到批评。多重种植，包含了间种、伴种、轮作、多作和有益野草等相关方法，除了避免了单一种植对疾病的敏感性，同时也增加了当地的生物多样性（Malézieux，2008）。间种，在同一片土地种植两种或者更多的作物，至少已经实践了2000年。虽然对于多重种植、间种和伴种的深入讨论不在本书的范围内，但涉及葱属植物的一些例子应在本章讨论。

在公元1世纪的中国农业书籍里描述了间种韭葱和葫芦（黄瓜、南瓜）具有减少后者疾病感染的优点。一部12世纪的中国书籍声称在开花植物附近种植细香葱、蒜或者韭葱可以防止开花植物受到麋鹿的攻击（Zeng，2008）。普遍认为与葱属植物伴种甜菜、胡萝卜、芹菜、芸薹、叶用甜菜、莴苣、黄瓜、胡椒、玫瑰、南瓜或者番茄，可以使它们免受昆虫的进攻，因为葱属植物会向空气释放出昆虫驱避剂或气味遮蔽物质（伴种的网络资源，2008）。许多田间实验，包括间种葱属植物，以及伴种作物上昆虫种群数量以及主要天敌的动态影响等都得到了研究，大都有令人鼓舞的结果，如：洋葱、蒜和土豆在埃及和印度尼西亚（Mogahed，2003；Potts，1991），蒜和甜菜在埃及（El-Shaikh，2004），洋葱、花椰菜、白菜在土耳其（Yildrim，2005；Guvenc，2006），蒜和冬小麦在中国（Wang，2008），洋葱和胡萝卜在英国（Uvah，1984）和此前讨论过的细香葱（*A. tuberosum*）和番茄在中国（Yu，1999）都收到了好的结果。蒜油制备物作为喷雾在控制棉花的烟草粉虱（*Bemisia argentifolii*）上则没有效果（Flint，1995）。

韭葱 *A. porrum* 和细香葱 *A. schoenoprasum* 的气味介导作用对蚜虫 *Myzuspersicae*（苏尔士；同翅目：蚜科）的宿主搜索行为也有研究。在嗅觉测定仪中，宿主植物甜椒 *Capsicum annuum* L.的气味很吸引蚜虫，而细香葱的味道则令其驱避。两者混合后，既不吸引，也不驱避。当甜椒暴露在细香葱的挥发物中5天以后，它的味道也令 *M. persicae* 避开了。韭葱的萃取物在嗅觉测定仪中对蚜虫是驱避的，甜椒喷上了这种萃取物，蚜虫便不再接近。韭葱和细香葱都可以阻碍蚜虫寻找宿主，两种植物与甜椒皆有间种的潜能。如果这个田间试验能够成功，可以给斯里兰卡湿润地区及世界的其它区域的农民带来经济效益（Amarawardana，2007）。

一个代表性的实验带给了我们许多信息：将间种的胡萝卜作为"宿主"植物，洋葱作为"非宿主植物"。洋葱在空气里释放的驱避剂或者使气味遮蔽的化合物，对胡萝卜有保护作用。研究者发现洋葱和胡萝卜条状间种，减少了该地块的胡萝卜茎蝇 *Psila rosae* Fab.。洋葱挥发物扰乱了胡萝卜茎蝇寻找胡萝卜，植物受到的攻击减少了，尤其当含有最多挥发物质的幼小洋葱参与时，效果更为明显。*P. rosae* 对胡萝卜的侵扰和损坏程度随着周围洋葱的密度增加而逐渐减少。在一个平行试验中，法国万寿菊 *Tagetes patula* L. 与胡萝卜间种并不能有效保护后者。尽管有以上鼓舞人心的结果，研究者总结道，洋葱和胡萝卜间种作为一种管理胡萝卜害虫，尤其是 *P. rosae* 的种植方式，并不足以达到商业作物要求的高水平害虫控制——间种后没有损害的根部数目为55%～78%，而初级批发市场盈利率要求的值为95%。另外，对于大规模的农业操作来说，间种要求的劳力难以负荷。然而，研究者建议，间种也许可以使园林工人或者栽培者用于减少杀虫剂的使用（Uvah，1984）。

伴种在田间保护玫瑰免受日本金龟子（*Popillia japonica* Newman）侵扰的效果也得到了评估。细香葱 *A. schoenoprasum* L. 在两块园地里与玫瑰间种，甲虫飞行期间，这些玫瑰上的甲虫数目和只有玫瑰的对照园地进行了6天的比对。与对照相比，甲虫侵犯玫瑰的数量并没有明显减少。这个结果说明使用混合或者有名的昆虫驱避植物，如细香葱，可能不能够保护玫瑰或者其它易受害虫的观赏性植物避免日本金龟子的攻击。使用这样的策略来减少其它的园林害虫还可能会增加日本金龟子对植物的损害（Held，2003）。

6.7 总结

各种在微生物、昆虫和动物中的实验，间种和田间实验确证了源自葱属植物的有机硫化物驱避侵食者、杀死有害昆虫和植物病原菌的能力，从而保护了作物，成为有用的无毒杀虫剂，可用于诸如感染螨虫的鸡和蜜蜂。葱属植物在天然环境中的生物活性符合达尔文进化论的自然选择理论。由于葱属植物驱避阻碍作用和毒性是经历了成千上万年才发展而来的，再发展出对葱属植物杀虫剂产生抗性的机会虽则不是完全没有，却也十分渺茫。如果天然或者合成的源自葱属植物的化合物可以在土壤中存在足够长的时间，并且同时对于农民来说性价比又是合理的，那么，结合了古代自然史、人类历史和长年科学研究且绿色农业支持的葱属植物基的杀虫剂和杀菌剂等必将拥有广泛的应用前景。对此，唯有时间可以作答。

文献目录

1 图书和专著

1. G. J. Binding, *About Garlic, The Supreme Herbal Remedy*, Thorsons Publishers Ltd., London, UK, 1970.
2. R. Bird, *Growing Bulb Vegetables*, Lorenz Books, London, UK, 2004.
3. E. Block, *Reactions of Organosulfur Compounds*, Academic Press, New York, 1978.
4. J. L. Brewster, *Onions and Other Vegetable Alliums*, 2nd edition, CABI, Wallingford, UK, 2008.
5. M. Coonse, *Onions, Leeks, and Garlic. A Handbook for Gardeners*. Texas A & M University Press, College Station, TX, 1995.
6. D. Davies, *Alliums: The Ornamental Onions*, Timber Press, Portland, OR, 1992.
7. G. Don, *A Monograph of the Genus Allium*, Wernerian Natural History Society, Edinburgh, UK, 1832.
8. R. L. Engeland, *Growing Great Garlic: The Definitive Guide for Organic Gardeners*, Chelsea Green Publishing, 1991.
9. M. Gregory, *Nomenclator alliorum: Allium Names and Synonyms – A World Guide*, Royal Botanic Gardens, Kew, UK, 1998.
10. S. Fulder and J. Blackwood, *Garlic: Nature's Original*

Remedy, Healing Arts Press, Rochester, VT, 2000.
11. S. Fulder, *The Garlic Book: Nature's Powerful Healer*, Avery Publishing Group, Garden City, NY, 1997.
12. L. Guangshu, Proceedings of the Fourth International Symposium on Edible Alliaceae, *Acta Horticulturae*, **688**, 2005 (published by the International Society for Horticultural Science).
13. L. J. Harris, *The Book of Garlic*, Aris Books, Berkeley, CA, 1979.
14. L. J. Harris, *The Offcial Garlic Lovers Handbook*, Aris Books, Berkeley, CA, 1986.
15. K. Holder and G. Duff, *A Clove of Garlic*, Reader's Digest Association, London, UK, 1996.
16. H. A. Jones and L. K. Mann, *Onions and their Allies*, Interscience, NY, 1963.
17. H. P. Koch and L. D. Lawson (ed.), *Garlic: The Science and Therapeutic Applications of Allium sativum L. and Related Species*, Williams and Wilkins, Baltimore, MD, 1996.
18. B. Lau, *Garlic for Health*, Lotus Light Publications, Wilmot, WI, 1988.
19. B. Mathew, *A Review of Allium sect. Allium*, Kew Royal Botanic Gardens, Kew, UK, 1996.
20. M. J. McGary (ed.), *Bulbs of North America*, Timber Press, Portland, OR, 2001.
21. T.J. Meredith, *The Complete Book of Garlic: A Guide for Gardeners, Growers, and Serious Cooks*, Timber Press, Portland, OR, 2008.
22. S. Moyers, *Garlic in Health, History, and World Cuisine*, Suncoast Press, St. Petersburg, FL, 1996.
23. E. S. Platt, *Garlic, Onion, & Other Alliums*, Stackpole Books, Mechanicsburg, PA, 2003.
24. H. D. Rabinowitch and L. Currah, *Allium Crop Science:*

Recent Advances, CABI, Wallingford, UK, 2002.
25. H. D. Rabinowitch and J. L. Breswster (ed.), *Onions and Allied Crops*, CRC Press, Boca Raton, FL, 1990, vol. 1-3.
26. E. Regel, *Alliorum adhuc cognitorum monographia*, Petropolis, St. Petersburg, Russia, 1875 [in Latin].
27. E. Regel, *Allii species Asiae centralis in Asia media à Turcomania desertisque aralensibus et caspicis usque ad Mongoliam crescentes*, Petropolis, St. Petersburg, Russia, 1887 [in Latin].
28. M. Singer, *The Fanatic's Ecstatic Aromatic Guide to Onions, Garlic, Shallots, and Leeks*, Prentice Hall, Englewood Cliffs, NJ, 1981 [juvenile book].
29. L. Van Deven, *Onions and Garlic Forever*, Dover, Mineola, NY, 1992.
30. J. Wilen and L. Wilen, *Garlic: Nature's Super Healer*, Prentice Hall, Englewood Cliffs, NJ, 1997.
31. P. Woodward, *Garlic and Friends: The History, Growth and Use of Edible Alliums*, Hyland House, South Melbourne, Australia, 1996.

2 部分综述文章

1. M. Ali, M. Thomson and M. Afzal, Garlic and onions: their effect on eicosanoid metabolism and its clinical relevance, *Prostaglandins Leukotrienes Essential Fatty Acids*, 2000, **62,** 55-73.
2. E. Block, The chemistry of garlic and onions, *Sci. Am.*, 1985, **252,** 114-119.
3. E. Block, The organosulfur chemistry of the genus *Allium*– implications for organic sulfur chemistry, *Angew. Chem., Int. Edn. Engl.*, 1992, **31,** 1135-1178.

4. E. Block, E. M. Calvey, C. W. Gillies, J. Z. Gillies and P. Uden, Peeling the onion. Organosulfur and -selenium phytochemicals in genus *Allium* plants, *Recent Advances in Phytochemistry*, 1997, **31** (Functionality of Food Phytochemicals), 1-30.

5. E. Block, Garlic as a functional food: a status report, *ACS Symposium Series*, 1998, **702** (Functional Foods for Disease Prevention II: Medicinal Plants and Other Foods), 125–143.

6. W. Breu and W. Dorsch, *Allium cepa* L. (onion): Chemistry, analysis and pharmacology, *Economic and Medicinal Plant Research*, 1994, **6**, 115–147.

7. J. F. Carson, Chemistry and biological properties of onions and garlic, *Food Rev. Int.*, 1987, **3**, 71–103.

8. M. Corzo-Martí neza, N. Corzoa and M. Villamiel, Biological properties of onions and garlic, *Trends Food Sci. Technol.*, 2007, **18**, 609–625.

9. G. R. Fenwick and A. B. Hanley, The genus *Allium* – Parts 1–3, *Crit. Rev. Food Sci. Nutr.*, 1985, **22**, 199–271; **22**, 273–377; **23**,1–73.

10. L. D. Lawson, Garlic: a review of its medicinal effects and indicated active compounds, *ACS Symposium Series*, 1998, **691** (Phytomedicines of Europe), 176–209.

11. M. S. Rahman, Allicin and other functional active components in garlic: health benefits and bioavailability, *Int. J. Food Prop.*, 2007, **10**, 245–268.

12. H. D. Reuter and A. Sendl, *Allium sativum* and *Allium ursinum*: Chemistry, pharmacology and medicinal applications, *Economic and Medicinal Plant Res.*, 1994, **6**, 55–113.

13. J. R. Whitaker, Development of flavor, odor, and pungency in onion and garlic, *Adv. Food Res.*, 1976, **22**, 73–133.

3 烹饪图书（摘选一些包括葱属植物的详细信息）

1. L. Bareham, *Onions Without Tears: Cooking with Onions & Shallots, Garlic, Leeks*, Michael Joseph, London, UK, 1995.
2. J. Bothwell, *The Onion Cookbook*, Dover Publications, New York, 1950.
3. C. A. Braida, *Glorious Garlic*, Storey Communications, Pownal, VT, 1986.
4. B. Cavage, *The Elegant Onion*, Storey Communications, Pownal, VT, 1987.
5. Gilroy Garlic Festival Association, *The Garlic Lovers' Cookbook*, Celestial Arts, Berkeley, CA, 1980.
6. Gilroy Garlic Festival Association, *The Garlic Lovers' Cookbook*, Volume II, Celestial Arts, Berkeley, CA, 1985.
7. Gilroy Garlic Festival Association, *Garlic Lovers' Greatest Hits*, Celestial Arts, Berkeley, CA, 1993.
8. L. and F. Griffth, *Garlic, Garlic, Garlic*, Houghton Miffin, New York, 1998.
9. S. Kreitzman, *Garlic*, Harmony Books, New York, 1984.
10. J. Midgley, *The Goodness of Garlic*, Random House, New York 1992.
11. J. Norman, *Garlic & Onions*, Bantam Books, New York, 1992.
12. M. R. Shulman, *Garlic Cookery*, Butler & Tanner, London, UK, 1984.

4 互联网资源

1. http://www.kew.org/library/index.html Library catalogue for Kew Gardens (UK), one of the largest botanical libraries in the world.
2. http://www.mobot.org/ Website of the Missouri Botanical

Gardens (U.S.A.) with a large collection of digitized images of Genus *Allium* plants.
3. http://www.nybg.org/edu/ Website of the New York Botanical Garden, with an extensive collection of alliums and rare books.

5 关于大蒜的电影

1. *Garlic is as Good as Ten Mothers*, Flower Films, Les Blank, 1980, 51 minutes, ISBN: 0-933621-16-7. http://www.lesblank.com/main.html
2. *The Gift of the Gods – The Vital History and Multiple Use of Garlic*, David C. Douglas Productions, Cremorne Australia, 1991, 70 minutes. http://www.afc.gov.au/filmsandawards/filmdbsearch.aspx?view=title&title=GIFTOF

参考文献

L. A. Abayomi, L. A. Terry, S. F. White and P. J. Warner, Development of a disposable pyruvate biosensor to determine pungency in onions (*Allium cepa* L.), *Biosens. Bioelectron.*, 2006, **21**, 2176–2179.

ABC (Australian Broadcasting Corporation) News, Garlic-laced crops ward off insects, March 7, 2005; http://www.abc.net.au/news/newsitems/200503/s1318076.htm.

K. A. M. Abo-Elyousr and M. R. Asran, Antibacterial activity of certain plant extracts against bacterial wilt of tomato, *Arch. Phytopath. Plant Protect.*, 2009, **42**, 573–578.

G. A. Abrams and M. B. Fallon, Treatment of hepatopulmonary syndrome with *Allium sativum* L. (garlic): a pilot trial, *J. Clin. Gastroenterol.*, 1998, **27**, 232–235.

R. T. Ackermann, C. D. Mulrow, G. Ramirez, C. D. Gardner, L. Morbidoni and V. A. Lawrence, Garlic shows promise for improving some cardiovascular risk factors, *Arch. Intern. Med.*, 2001, **161**, 813–824.

M. Aguilar and F. Rincón, Improving knowledge of garlic paste greening through the design of an experimental strategy, *J. Agric. Food Chem.*, 2007, **55**, 10266–10274.

F. Akyüz, S. Kaymakoglu, K. Demir, N. Aksoy, I. Adalet and A. Okten, Is there any medical therapeutic option in hepatopulmonary syndrome? A case report, *Eur. J. Intern. Med.*, 2005, **16**, 126–128.

N. Ahmed, L. Laverick, J. Sammons, H. Zhang, D. J. Maslin and H. T. Hassan, Ajoene, a garlic-derived natural compound, enhances chemotherapy-induced apoptosis in human myeloid leukaemia CD34-positive resistant cells, *Anticancer Res.*, 2001, **21**, 3519–3523.

M. Ali, M. Afzal, R. A. Hassan, A. Farid and J. F. Burka, Comparative study of the *in vitro* synthesis of prostaglandins and thromboxanes in plants belonging to Liliaceae family, *Gen. Pharmacol.*, 1990, **21**, 273–276.

I. Alkorta and J. Elguero, Classical *versus* redox tautomerism: substituent effects on the keto/enol and sulfoxide/sulfenic acid equilibria, *Tetrahedron Lett.*, 2004, **45**, 4127–4129.

I. Alkorta, O. Picazo and J. Elguero, Chiral discrimination and isomerization processes in monomers, dimers and trimers of sulfoxides and thioperoxides, *Tetrahedron: Asymmetry*, 2004, **15**, 1391–1399.

D. E. Allen and G. Hatfield, *Medicinal Plants in Folk Tradition*, Timber Press, Portland, Oregon, 2004.

M. L. Allen, M. H. Mellow, M. G. Robinson and W. C. Orr, The effect of raw onions on acid reflux and reflux symptoms, *Amer. J. Gastroenterol.*, 1990, **85**, 377–380.

N. E. Allen, P. N. Appleby, A. W. Roddam, A. Tjønneland, N. F. Johnsen, K. Overvad, H. Boeing, S. Weikert, R. Kaaks, J. Linseisen, A. Trichopoulou, G. Misirli, D. Trichopoulos, C. Sacerdote, S. Grioni, D. Palli, R. Tumino, H. B. Bueno-de-Mesquita, L. A. Kiemeney, A. Barricarte, N. Larrañaga, M. J. Sánchez, A. Agudo, M. J. Tormo, L. Rodriguez, P. Stattin, G. Hallmans, S. Bingham, K. T. Khaw, N. Slimani, S. Rinaldi, P. Boffetta, E. Riboli and T. J. Key, Plasma selenium concentration and prostate cancer risk: results from the European Prospective Investigation into Cancer and Nutrition (EPIC), *Am. J. Clin. Nutr.*, 2008, **88**, 1567–1575.

S. A. Al-Nagdy, M. O. Abdel Rahman and H. I. Heiba, Extraction and identification of different prostaglandins in *Allium cepa*, *Comp. Biochem. Physiol. C.*, 1986, **85**, 163–166.

M. M. Al-Qattan, Garlic burns: case reports with an emphasis on associated and underlying pathology, *Burns*, 2009, **35**, 300–302.

M. S. Alvarez, S. Jacobs, S. B. Jiang, R. R. Brancaccio, N. A. Soter and D. E. Cohen, Photocontact allergy to diallyl disulfide, *Am. J. Contact Dermatol.*, 2003, **14**, 161–165.

L. Amarawardana, P. Bandara, V. Kumar, J. Pettersson, V. Ninkovic and R. Glinwood, Olfactory response of *Myzus persicae* (Homoptera: Aphididae) to volatiles from leek and chive: Potential for intercropping with sweet pepper, *Acta Agric. Scand., Sect. B – Plant Soil Sci.*, 2007, **57**, 87–91.

S. V. Amonkar and E. L. Reeves, Mosquito control with active principle of garlic, *Allium sativum, J. Econ. Entomol.*, 1970, **63**, 1172–1175.

S. V. Amonkar and A. Banerji, Isolation and characterization of larvicidal principle of garlic, *Science*, 1971, **174**, 1343–1344.

R. Amorati and G. F. Pedulli, Do garlic-derived allyl sulfides scavenge peroxyl radicals? *Org. Biomol. Chem.*, 2008, 1103–1107.

M. M. An, H. Shen, Y. B. Cao, J. D. Zhang, Y. Cai, R. Wang and Y. Y. Jiang, Allicin enhances the oxidative damage effect of amphotericin B against, *Candida albicans, Int. J. Antimicrobial Agents*, 2009, **33**, 258–263.

M. K. Ang-Lee, J. Moss and C. S. Yuan, Herbal medicines and perioperative care, *J. Am. Med. Assoc.*, 2001, **286**, 208–216.

B. Añibarro, J. L. Fontela and F. De La Hoz, Occupational asthma induced by garlic dust, *J. Allergy Clin. Immunol.*, 1997, **100**, 734–738.

S. Ankri, T. Miron, A. Rabinkov, M. Wilchek and D. Mirelman, Allicin from garlic strongly inhibits cysteine proteinases and cytopathic effects of *Entamoeba histolytica*, *Antimicrobial Agents Chemotherapy*, 1997, **41**, 2286–2288.

S. Ankri and D. Mirelman, Antimicrobial properties of allicin from garlic, *Microbes Infect.*, 1999, **1**, 125–129.

Anonymous, Eduard von Regel, *Nature*, 1892, **46**, 60–61 (obituary).

Anonymous, An old remedy revived, *Br. Med. J.*, July 13, 1912, **2689**, 90.

G. E. Anthon and D. M. Barrett, Modified method for the determination of pyruvic acid with dinitrophenylhydrazine in the assessment of onion pungency, *J. Sci. Food Agric.*, 2003, **83**, 1210–1213.

D. S. Antlsperger, V. M. Dirsch, D. Ferreira, J. L. Su, M. L. Kuo and A. M. Vollmar, Ajoene-induced cell death in human promyeloleukemic cells does not require JNK but is amplified by the inhibition of ERK, *Oncogene*, 2003, **22**, 582–589.

J. Antosiewicz, W. Ziolkowski, S. Kar, A. A. Powolny and S. V. Singh, Role of reactive oxygen intermediates in cellular responses to dietary cancer chemopreventive agents, *Planta Med.*, 2008, **74**, 1570–1579.

J. Antosiewicz, A. Herman-Antosiewicz, S. W. Marynowski and S. V. Singh, c-Jun NH_2-terminal kinase signaling axis regulates diallyl trisulfide-induced generation of reactive oxygen species and cell cycle arrest in human prostate cancer cells, *Cancer Res.*, 2006, **66**, 5379–5386.

R. Apitz-Castro, S. Cabrera, M. R. Cruz, E. Ledezma and M. K. Jain, Effects of garlic extract and of three pure components isolated from it on human platelet aggregation, arachidonate metabolism, release reaction and platelet ultrastructure, *Thromb. Res.*, 1983, **32**, 155–169.

K. Aquilano, G. Filomeni, S. Baldelli, S. Piccirillo, A. De Martino, G. Rotilio and M. R. Ciriolo, Neuronal nitric oxide synthase protects neuroblastoma cells from oxidative stress mediated by garlic derivatives, *J. Neurochem.*, 2007, **101**, 1327–1337.

F. D. Arditti, A. Rabinkov, T. Miron, Y. Reisner, A. Berrebi, M. Wilchek and D. Mirelman, Apoptotic killing of B-chronic lymphocytic leukemia tumor cells by allicin generated in situ using a rituximab–alliinase conjugate, *Mol. Cancer Therapy*, 2005, **4**, 325–331.

A. Arena, C. Cislaghi and P. Falagiani, Anaphylactic reaction to the ingestion of raw onion. A case report, *Allergol. Immunopathol. (Madr.)*, 2000, **28**, 287–289.

T. Ariga and T. Seki, Antithrombotic and anticancer effects of garlic-derived sulfur compounds: a review, *Biofactors*, 2006, **26**, 93–103.

T. Ariga, K. Tsuj, T. Seki, T. Moritomo and J. I. Yamamoto, Antithrombotic and antineoplastic effects of phyto-organosulfur compounds, *Biofactors*, 2000, **13**, 251–255.

A. Argento, E. Tiraferri and M. Marzaloni, Oral anticoagulants and medicinal plants. An emerging interaction, *Ann. Ital. Med. Int.*, 2000, **15**, 139–143.

H. Arimoto, S. Asano and D. Uemura, Total synthesis of allixin; an anti-tumor promoter from garlic, *Tetrahedron Lett.*, 1997, **38**, 7761–7762.

K. Ariyama, Y. Aoyama, A. Mochizuki, Y. Homura, M. Kadokura and A. Yasui, Determination of the geographic origin of onions between three main production areas in Japan and other countries by mineral composition, *J. Agric. Food Chem.*, 2007, **55**, 347–354.

K. Ariyama, H. Horita and A. Yasui, Application of inorganic element ratios to chemometrics for determination of the geographic origin of Welsh onions, *J. Agric. Food Chem.*, 2004, **52**, 5803–5809.

P. A. Ark and J. P. Thompson, Control of certain diseases of plants with antibiotics from garlic (*Allium sativum* L.), *Plant Disease Reporter*, 1959, **43**, 276–282.

R. Arnaud, P. Juvin and Y. Vallee, Density functional theory study of the dimerization of the sulfine H_2CSO, *J. Org. Chem.*, 1999, **64**, 8880–8886.

I. Arnault, N. Mondy, F. Cadoux and J. Auger, Possible interest of various sample transfer techniques for fast gas chromatography-mass spectrometric analysis of true onion volatiles, *J. Chromatogr. A*, 2000, **896**, 117–124.

I. Arnault, J. P. Christidès, N. Mandon, T. Haffner, R. Kahane and J. Auger, High-performance ion-pair chromatography method for simultaneous analysis of alliin, deoxyalliin, allicin and dipeptide precursors in garlic products using multiple mass spectrometry and UV detection, *J. Chromatogr. A.*, 2003, **991**, 69–75.

I. Arnault, N. Mondy, S. Diwo and J. Auger, Soil behaviour of sulfur natural fumigants used as methyl bromide substitutes, *Int. J. Environ. Anal. Chem.*, 2004, **84**, 75–82.

I. Arnault and J. Auger, Seleno-compounds in garlic and onions, *J. Chromatogr. A.*, 2006, **1112**, 23–30.

A. Arora, K. Seth and Y. Shukla, Reversal of P-glycoprotein-mediated multidrug resistance by diallyl sulfide in K562 leukemic cells and in mouse liver, *Carcinogenesis*, 2004, **25**, 941–949.

D. S. Arora and J. Kaur, Antimicrobial activity of spices, *Int. J. Antimicrobial Agents*, 1999, **12**, 257–262.

A. Arunkumar, M. R. Vijayababu, N. Gunadharini, G. Krishnamoorthy and J. Arunakaran, Induction of apoptosis and histone hyperacetylation by diallyl disulfide in prostate cancer cell line PC-3, *Cancer Lett.*, 2007, **251**, 59–67.

M. R. Aslani, M. Mohri and M. Chekani, Effects of garlic (*Allium sativum*) and its chief compound, allicin, on acute lethality of cyanide in rats, *Comp. Clin. Pathol.*, 2006, **15**, 211–213.

M. R. Aslani, M. Mohri and A. R. Movassaghi, Heinz body anaemia associated with onion (*Allium cepa*) toxicosis in a flock of sheep, *Comp. Clin. Pathol.*, 2005, **14**, 118–120.

J. Auger and E. Thibout, The action of volatile sulfur compounds from the leek (*Allium porrum*) on oviposition in *Acrolepiopsis assectella* (Lepidoptera: Hyponomeutoidea): the preponderance of thiosulfinates, *Can. J. Zool.*, 1979, **57**, 2223–2229.

J. Auger, C. Lecomte, J. Paris and E. Thibout, Identification of leek-moth and diamondback-moth frass volatiles that stimulate parasitoid, *Diadromus pulchellus. J. Chem. Ecol.*, 1989, **15**, 1391–1398.

J. Auger, C. Lecomte and E. Thibout, Leek odor analysis by gas chromatography and identification of the most active substance for the leek moth, *Acrolepiopsis assectella, J. Chem. Ecol.*, 1989, **15**, 1847–1854.

J. Auger, F. X. Lalau-Keraly and C. Belinsky, Thiosulfinates in vapor phase are stable and they can persist in the environment of *Allium*, *Chemosphere*, 1990, **21**, 837–843.

J. Auger, F. Cadoux and E. Thibout, Allium spp. thiosulfinates as substitute fumigants for methyl bromide, *Pestic. Sci.*, 1999, **55**, 200–202.

J. Auger, S. Dugravot, A. Naudin, A. Abo-Ghalia, D. Pierre and E. Thibout, Possible use of *Allium* allelochemicals in integrated control, *IOBC-WPRS Bulletin*, 2002, **25**(9), 295–306.

J. Auger, I. Arnault, S. Diwo-Allain, M. Ravier, F. Molia and M. Pettiti, Insecticidal and fungicidal potential of *Allium* substances as biofumigants, *Agroindustria*, 2004, **3**, 5–8.

K. T. Augusti and C. G. Sheela, Antiperoxide effect of *S*-allylcysteine sulfoxide, an insulin secretagogue, in diabetic rats, *Experientia*, 1996, **52**, 115–120.

M. J. Axley, A. Böck and T. C. Stadtman, Catalytic properties of an *Escherichia coli* formate dehydrogenase mutant in which sulfur replaces selenium, *Proc. Natl. Acad. Sci. U.S.A.*, 1991, **88**, 8450–8454.

A. Aydin, G. Ersoz, O. Tekesin, E. Akcicek, M. Tuncyurek and Y. Batur, Does garlic oil have a role in the treatment of *Helicobacter pylori* infection? *Turkish J. Gastroenterol.*, 1997, **8**, 181–184.

E. Ayrton and W. Loat, *Predynastic Cemetery at el-Mahasna*, Egypt Exploration Fund, London, 1911.

P. Badol, M. David-Dufilho, J. Auger, S. W. Whiteheart and F. Rendu, Thiosulfinates modulate platelet activation by reaction with surface free sulfhydryls and internal thiol-containing proteins, *Platelets*, 2007, **18**, 481–490.

R. D. Baechler, J. P. Hummel and K. Mislow, Reaction of allylic thioethers with elemental sulfur, *J. Am. Chem. Soc.*, 1973, **95**, 4442–4444.

S. Bagga, B. S. Thomas and M. Bhat, Garlic burn as self-inflicted mucosal injury – a case report and review of the literature, *Quintessence Int.*, 2008, **39**, 491–494.

H. Bahar, A. Islam, A. Mannan and J. Uddin, Effectiveness of some botanical extracts on bean aphids attacking yard-long beans, *J. Entomol.*, 2007, **4**, 136–142.

B. Bai, F. Chen, Z. Wang, X. Liao, G. Zhao and X. Hu, Mechanism of the greening color formation of "Laba" garlic, a traditional homemade Chinese food product, *J. Agric. Food Chem.*, 2005, **53**, 7103–7107.

J. S. Bajaj, R. Shaker and W. J. Hogan, Esophageal veggie spasms: a food-specific cause of chest distress, *Am. J. Gastroenterol.*, 2004, **99**, 1396–1398.

J. G. Baker, On the alliums of India, China and Japan, *J. Botany British Foreign*, 1874, **12**, 289–295.

M. Baker, Fur rubbing: Use of medicinal plants by capuchin monkeys (*Cebus capucinus*), *Am. J. Primatol.*, 1996, **38**, 263–270.

I. M. Bakri and C. W. Douglas, Inhibitory effect of garlic extract on oral bacteria, *Arch. Oral Biol.*, 2005, **50**, 645–651.

J. E. Baldwin, G. Hoefle and S. C. Choi, Rearrangement of strained dipolar species. I. Episulfoxides. Demonstration of the existence of thiosulfoxylates, *J. Am. Chem. Soc.*, 1971, **93**, 2810–2812.

J. O. Ban, D. Y. Yuk, K. S. Woo, T. M. Kim, U. S. Lee, H. S. Jeong, D. J. Kim, Y. B. Chung, B. Y. Hwang, K. W. Oh and J. T. Hong, Inhibition of cell growth and induction of apoptosis via inactivation of NF-kappa B by a sulfur compound isolated from garlic in human colon cancer cells, *J. Pharmacol. Sci.*, 2007, **104**, 374–383.

M. Bandell, L. J. Macpherson and A. Patapoutian, From chills to chilis: mechanisms for thermosensation and chemesthesis via thermoTRPs, *Current Opinion Neurobiol.*, 2007, **17**, 490–497.

S. K. Banerjee, P. K. Mukherjee and S. K. Maulik, Garlic as an antioxidant: the good, the bad and the ugly, *Phytotherapy Res.*, 2003, **17**, 97–106.

S. K. Banerjee, M. Maulik, S. C. Mancahanda, A. K. Dinda, S. K. Gupta and S. K. Maulik, Dose-dependent induction of endogenous antioxidants in rat heart by chronic administration of garlic, *Life Sci.*, 2002, **70**, 1509–1518.

S. K. Banerjee and S. K. Maulik, Effect of garlic on cardiovascular disorders: a review, *Nutrition J.*, 2002b, **1**, 4.

R. Banks, *Living in a Wild Garden*, St. Martin's Press, New York, 1980, p. 128.

L. Bareham, *Onions Without Tears: Cooking with Onions & Shallots, Garlic, Leeks*, Michael Joseph, London, 1995.

D. Barnard, The spontaneous decomposition of aryl thiolsulfinates, *J. Chem. Soc.*, 1957, 4675–4676.

D. Barnard, T. H. Houseman, M. Porter and B. K. Tidd, Thermal racemization and cis,*trans*-isomerization of allylically unsaturated di- and poly-sulphides: a mechanism involving branched sulphur chains, *Chem. Commun.*, 1969, 371–372.

P. M. Barnes, E. Powell-Griner, K. McFann and R. L. Nahin, Advance data: Complementary and Alternative Medicine Use Among Adults: United States, 2002, CDC (Centers for Disease Control and Prevention's National Center for Health Statistics (NCHS)), Number 343, May 24, 2004: http://www.cdc.gov/nchs/data/ad/ad343.pdf.

F. E. Barone and M. R. Tansey, Isolation, purification, identification, synthesis, and kinetics of activity of the anticandidal component of *Allium sativum*, and a hypothesis for its mode of action, *Mycologia*, 1977, **69**, 793–825.

S. A. Barrie, J. V. Wright and J. E. Pizzorno, Effects of garlic oil on platelet aggregation, serum lipids and blood pressure in humans, *J. Orthomol. Med.*, 1987, **2**, 15–21.

A. M. Baruchin, A. Sagi, B. Yoffe and M. Ronen, Garlic burns, *Burns*, 2001, **27**, 781–782.

S. I. Baskin, D. W. Porter, G. A. Rockwood, J. A. Romano Jr., H. C. Patel, R. C. Kiser, C. M. Cook and A. L. Ternay Jr., *In vitro* and *in vivo* comparison of sulfur donors as antidotes to acute cyanide intoxication, *J. Appl. Toxicol.*, 1999, **19**, 173–183.

B. Basnyat, High altitude cerebral and pulmonary edema, *Travel Med. Infect. Diseases*, 2005, **3**, 199–211.

K. Bassioukas, D. Orton and R. Cerio, Occupational airborne allergic contact dermatitis from garlic with concurrent Type 1 allergy, *Contact Dermatitis*, 2004, **50**, 39–50.

E. E. Battin, N. R. Perron and J. L. Brumaghim, The central role of metal coordination in selenium antioxidant activity, *Inorg. Chem.*, 2006, **45**, 499–501.

E. E. Battin and J. L. Brumaghim, Metal specificity in DNA damage prevention by sulfur antioxidants, *J. Inorg. Biochem.*, 2008, **47**, 6153–6161.

J.-B. Baudin, M.-G. Commenil, S. A. Julia and Y. Wang, A convergent synthesis of γ-unsaturated thioaldehyde- and thioketone S-oxides, *Bull. Soc. Chim. Fr.*, 1996, **133**, 515–529.

R. Bauer, W. Breu, H. Wagner and W. Weigand, Enantiomeric separation of racemic thiosulfinate esters by high-performance liquid chromatography, *J. Chromatog.*, 1991, **541**, 464–468.

D. M. Bautista, P. Movahed, A. Hinman, H. E. Axelsson, O. Sterner, E. D. Högestätt, D. Julius, S. E. Jordt and P. M. Zygmunt, Pungent products from garlic activate the sensory ion channel TRPA1, *Proc. Natl. Acad. Sci. U.S.A.*, 2005, **102**, 12248–12252.

D. M. Bautista, S. E. Jordt, T. Nikai, P. R. Tsuruda, A. J. Read, J. Poblete, E. N. Yamoah, A. I. Basbaum and D. Julius, TRPA1 mediates the inflammatory actions of environmental irritants and proalgesic agents, *Cell*, 2006, **124**, 1269–1282.

T. Bayer, H. Wagner, V. Wray and W. Dorsch, Inhibitors of cyclo-oxygenase and lipoxygenase in onions, *Lancet*, 1988a, **8616**, 906.

T. Bayer, H. Wagner and W. Dorsch, New biologically active sulfur-containing compounds from *Allium cepa*, *Planta Med.*, 1988b, **54**, 560.

T. Bayer, W. Breu, O. Seligmann, V. Wray and H. Wagner, Biologically active thiosulfinates and α-sulfinyldisulfides from *Allium cepa*, *Phytochemistry*, 1989a, **28**, 2373–2377.

T. Bayer, H. Wagner, E. Block, S. Grisoni, S.-H. Zhao and A. Neszmelyi, Zwiebelanes: novel biologically active 2,3-dimethyl-5,6-dithiabicyclo[2.1.1]-hexane 5-oxides from onion, *J. Am. Chem. Soc.*, 1989b, **111**, 3085–3086.

B. W. Beckert, M. J. Concannon, S. L. Henry, D. S. Smith and C. L. Puckett, The effect of herbal medicines on platelet function: an *in vivo* experiment and review of the literature, *Plastic Reconstructive Surgery*, 2007, **120**, 2044–2050.

S. Belman, Onion and garlic oils inhibit tumor promotion, *Carcinogenesis*, 1983, **4**, 1063–1065.

M. A. Belous and I. Ya. Postovskii, Pseudoallicin, *Zhur. Obshchei Khim.*, 1950, **20**, 1701–1710.

G. A. Benavides, G. L. Squadrito, R. W. Mills, H. D. Patel, T. S. Isbell, R. P. Patel, V. M. Darley-Usmar, J. E. Doeller and D. W. Kraus, Hydrogen sulfide mediates the vasoactivity of garlic, *Proc. Natl. Acad. Sci. U.S.A.*, 2007, **104**, 17977–17982.

R. Bentley and T. G. Chasteen, Microbial methylation of metalloids: arsenic, antimony, and bismuth, *Microbiol. Mol. Biol. Rev.*, 2002, **66**, 250–271.

R. Bentley, Role of sulfur chirality in the chemical processes of biology, *Chem. Soc. Rev.*, 2005, **34**, 609–624.

B. Berman, J. Patel, O. Perez and M. Viera, A prospective, randomized, investigator-blinded, placebo-controlled, comparative study evaluating the tolerability and efficacy of two topical medications versus placebo for the treatment of keloids and hypertrophic scars, *J. Am. Acad. Dermatol.*, 2008, **58**, AB45.

H. D. Betz, Ed., *The Greek Magical Papyri in Translation*, University of Chicago Press, IL, 1992.

J. M. Betz, Use of herbal medications before surgery, *J. Am. Med. Assoc.*, 2001, **286**, 2542.

J. Beuth, N. Hunzelmann, R. Van Leendert, R. Basten, M. Noehle and B. Schneider, Safety and efficacy of local administration of Contractubex to hypertrophic scars in comparison to corticosteroid treatment. Results of a multicenter, comparative epidemiological cohort study in Germany, *In vivo*, 2006, **20**, 277–283.

A. Bianchi, A. Zambonelli, A. -Z. D'Aulerio and F. Bellesia, Ultrastructural studies of the effects of *Allium sativum* on phytopathogenic fungi *in vitro*, *Plant Diseases*, 1997, **81**, 1241–1246.

J. Billings and P. W. Sherman, Antimicrobial functions of spices: Why some like it hot, *Q. Rev. Biol.*, 1998, **73**, 1–38.

G. P. Birrenkott, G. E. Brockenfelt, J. A. Greer and M. D. Owens, Topical application of garlic reduces northern fowl mite infestation in laying hens, *Poultry Sci.*, 2000, **79**, 1575–1577.

L. Blank with M. Gosling, *Garlic Is As Good As Ten Mothers*, 1980 (Flower Films, 10341 San Pablo Ave., El Cerrito, California 94530): http://www.lesblank.com/main.html.

M. A. Blankenhorn and C. E. Richards, Garlic breath odor, *J. Am. Med. Assoc.*, 1936, **107**, 409–410.

E. Block, Chemistry of alkyl thiosulfinate esters. II. Sulfenic acids from dialkyl thiolsulfinate esters, *J. Am. Chem. Soc.*, 1972, **94**, 642–644.

E. Block and J. O'Connor, Chemistry of alkyl thiolsulfinate esters. V. Novel synthesis of α-heteroatom substituted disulfides, *J. Am. Chem. Soc.*, 1973, **95**, 5048–5051.

E. Block and J. O'Connor, Chemistry of alkyl thiosulfinate esters. VI. Preparation and spectral studies, *J. Am. Chem. Soc.*, 1974a, **96**, 3921–3929.

E. Block and J. O'Connor, Chemistry of alkyl thiosulfinate esters. VII. Mechanistic studies and synthetic applications, *J. Am. Chem. Soc.*, 1974b, **96**, 3929–3944.

E. Block, α-Disulfide carbonium ions, *J. Org. Chem.*, 1974c, **39**, 734–736.

E. Block, R. E. Penn, R. J. Olsen and P. F. Sherwin, Sulfine, *J. Am. Chem. Soc.*, 1976, **98**, 1264–1265.

E. Block, *Reactions of Organosulfur Compounds*, Academic Press, New York, 1978.

E. Block, R. E. Penn and L. K. Revelle, Flash vacuum pyrolysis studies. 7. Structure and origin of the onion lachrymatory factor. A microwave study, *J. Am. Chem. Soc.*, 1979, **101**, 2200–2201.

E. Block, L. K. Revelle and A. A. Bazzi, The lachrymatory factor of the onion, *Tetrahedron Lett.*, 1980, **21**, 1277–1280.

E. Block, A. A. Bazzi and L. K. Revelle, The chemistry of sulfines. 6. Dimer of the onion lachrymatory factor: the first stable 1,2-dithietane derivative, *J. Am. Chem. Soc.*, 1980, **102**, 2490–2491.

E. Block, R. E. Penn, A. A. Bazzi and D. Cremer, The "*syn*-effect" in sulfines and carbonyl oxides: conformational preferences of CH_3CHSO and CH_3CHOO, *Tetrahedron Lett.*, 1981, **22**, 29–32.

E. Block, E. R. Corey, R. E. Penn, T. L. Renken, P. F. Sherwin, H. Bock, T. Hirabayshi, S. Mohmand and B. Solouki, Synthesis and thermal decomposition of 1,3-dithietane and its S-oxides, *J. Am. Chem. Soc.*, 1982, **104**, 3119–3130.

E. Block, S. Ahmad, M. K. Jain, R. W. Crecely, R. Apitz-Castro and M. R. Cruz, (*E*,*Z*)-Ajoene: a potent antithrombotic agent from garlic, *J. Am. Chem. Soc.*, 1984, **106**, 8295–8296.

E. Block, The chemistry of garlic and onions, *Sci. Am.*, 1985, **252**, 114–119.

E. Block, S. Ahmad, J. L. Catalfamo, M. K. Jain and R. Apitz-Castro, The chemistry of alkyl thiosulfinate esters. 9. Antithrombotic organosulfur compounds from garlic: structural, mechanistic, and synthetic studies, *J. Am. Chem. Soc.*, 1986, **108**, 7045–7055.

E. Block, A. J. Yencha, M. Aslam, V. Eswarakrishnan, J. Luo and A. Sano, Gas-phase determination of the geometric requirements of the silicon β-effect. Photoelectron and Penning ionization electron spectroscopic study of silylthiiranes and -oxiranes. Synthesis and chemistry of *trans*-2,3-bis(trimethylsilyl)thiirane, *J. Am. Chem. Soc.*, 1988a, **110**, 4748–4753.

E. Block, R. Iyer, S. Grisoni, C. Saha, S. Belman and F. P. Lossing, Lipoxygenase inhibitors from the essential oil of garlic. Markovnikov addition of the allyl-dithio radical to olefins, *J. Am. Chem. Soc.*, 1988b, **110**, 7813–7827.

E. Block and T. Bayer, (*Z*,*Z*)-d,l-2,3-Dimethyl-1,4-butanedithial *S*,*S'*-dioxide: a novel biologically active organosulfur compound from onion. Formation of vic-disulfoxides in onion extracts, *J. Am. Chem. Soc.*, 1990a, **112**, 4584–4585.

E. Block and S.-H. Zhao, Onion essential oil chemistry. *cis*- and *trans*-2-Mercapto-3,4-dimethyl-2,3-dihydrothiophene from pyrolysis of bis(1-propenyl) disulfide, *Tetrahedron Lett.*, 1990b, **31**, 4999–5002.

E. Block, The organosulfur chemistry of the genus *Allium* – implications for organic sulfur chemistry, *Angew. Chem., Int. Ed. Engl.*, 1992, **31**, 1135–1178.

E. Block and S.-H. Zhao, *Allium* chemistry: simple synthesis of antithrombotic cepaenes from onion and deoxycepaenes from oil of shallot by reaction 1-propenethiolate with sulfonyl halides, *J. Org. Chem.*, 1992, **57**, 5815–5817.

E. Block, S. Naganathan, D. Putman and S.-H. Zhao, *Allium* chemistry: HPLC quantitation of thiosulfinates from onion, garlic, wild garlic, leek, scallions, shallots, elephant (great-headed) garlic, chives and Chinese chives. Uniquely high allyl to methyl ratios in some garlic samples, *J. Agric. Food Chem.*, 1992b, **40**, 2418–2430.

E. Block, D. Putman and S.-H. Zhao, *Allium* chemistry: GC-MS analysis of thiosulfinates and related compounds from onion, leek, scallion, shallot, chive and Chinese chive, *J. Agric. Food Chem.*, 1992c, **40**, 2431–2438.

E. Block, P. F. Purcell and S. R. Yolen, Onions and heartburn, *Am. J. Gastroenterol.*, 1992, **87**, 679.

E. Block, Flavor artifacts, *J. Agric. Food Chem.*, 1993, **41**, 692.

E. Block and E. M. Calvey, Facts and Artifacts in *Allium* Chemistry, in *Sulfur Compounds in Food*, ed. C. J. Mussinan and M. E. Keelan, ACS Symposium Series 564, American Chemical Society, Washington DC, 1994a, 63–79.

E. Block, C. Guo, M. Thiruvazhi and P. J. Toscano, Total synthesis of thiarubrine B [3-(3-buten-1-ynyl)-6-(1,3-pentadiynyl)-1,2-dithiin], the antibiotic principle of giant ragweed (*Ambrosia trifida*), *J. Am. Chem. Soc.*, 1994b, **116**, 9403–9404.

E. Block, M. Thiruvazhi, P. J. Toscano, T. Bayer, S. Grisoni and S.-H. Zhao, *Allium* chemistry: structure, synthesis, natural occurrence in onion (*Allium cepa*), and reactions of 2,3-dimethyl-5,6-dithiabicyclo[2.1.1]hexane *S*-oxides, *J. Am. Chem. Soc.*, 1996a, **118**, 2790–2798.

E. Block, T. Bayer, S. Naganathan and S.-H. Zhao, *Allium* chemistry: synthesis and sigmatropic rearrangements of alk(en)yl 1-propenyl disulfide *S*-oxides from cut onion and garlic, *J. Am. Chem. Soc.*, 1996b, **118**, 2799–2810.

E. Block, J. Z. Gillies, C. W. Gillies, A. A. Bazzi, D. Putman, L. K. Revelle, D. Wang and X. Zhang, *Allium* chemistry: microwave spectroscopic identification, mechanism of formation, synthesis, and reactions of (*E,Z*)-propanethial *S*-oxide, the lachrymatory factor of the onion (*Allium cepa*), *J. Am. Chem. Soc.*, 1996c, **118**, 7492–7501.

E. Block, X.-J. Cai, P. C. Uden, X. Zhang, B. D. Quimby and J. J. Sullivan, *Allium* chemistry: natural abundance organoselenium compounds from garlic, onion, and related plants and in human garlic breath, *Pure Appl. Chem.*, 1996d, **68**, 937–944.

E. Block, H. Gulati, D. Putman, D. Sha, N. You and S.-H. Zhao, *Allium* chemistry: synthesis of 1-[alk(en)ylsulfinyl]propyl alk(en)yl disulfides (cepaenes), antithrombotic flavorants from homogenates of onion (*Allium cepa*), *J. Agric. Food Chem.*, 1997, **45**, 4414–4422.

E. Block, S. M. Bird, J. F. Tyson, P. C. Uden, X. Zhang and E. Denoyer, The search for anticarcinogenic organoselenium compounds from natural sources, *Phosphorus Sulfur Silicon Relat. Elem.,* 1998, **136–8**, 1–10.

E. Block, M. Birringer and C. He, 1,2-Dichalcogenins: simple syntheses of 1,2-diselenins, 1,2-dithiins, and 2-selenathiin, *Angew. Chem., Int. Ed. Engl.*, 1999, **38**, 1604–1607.

E. Block, M. Birringer, W. Jiang, T. Nakahodo, H. J. Thompson, P. J. Toscano, H. Uzar, X. Zhang and Z. Zhu, *Allium* chemistry: synthesis, natural occurrence, biological activity, and chemistry of *Se*-alk(en)ylselenocysteines and their γ-glutamyl derivatives and oxidation products, *J. Agric. Food Chem.*, 2001a, **49**, 458–470.

E. Block, Chemistry of analogous organoselenium and organosulfur compounds, *Phosphorus Sulfur Silicon Relat. Elem.,* 2001, **172**, 1–23.

E. Block, A. J. Dane, S. Thomas and R. B. Cody, Applications of direct analysis in real time-mass spectrometry (DART-MS) in Allium chemistry. 2-propenesulfenic and 2-propenesulfinic acids, diallyl trisulfane *S*-oxide and other reactive sulfur compounds from crushed garlic and other alliums, *J. Agric. Food Chem.*, 2010a, **58**, 4617–4625.

E. Block, R. B. Cody, A. J. Dane, R. A. Musah, R. Sheridan, A. Vattekkatte and K. Wang, Allium chemistry: Use of new instrumental techniques to "see" reactive organosulfur species formed upon crushing garlic and onion, *Pure Appl. Chem.*, 2010b, **82**, 535–539.

E. Block, A. J. Dane and R. B. Cody, Crushing garlic and slicing onions: Detection of sulfenic acids and other reactive organosulfur intermediates from garlic and other alliums using direct analysis in real time-mass spectrometry (DART-MS)" *Phosphorus Sulfur Silicon Relat. Elem.*, 2011, **186**, 1085–1093.

K. I. Block, A. C. Koch, M. N. Mead, P. K. Tothy, R. A. Newman and C. Gyllenhaal, Impact of antioxidant supplementation on chemotherapeutic toxicity: a systematic review of the evidence from randomized controlled trials, *Int. J. Cancer*, 2008, **123**, 1227–1239.

S. A. Blum, R. G. Bergman and J. A. Ellman, Enantioselective oxidation of di-*tert*-butyl disulfide with a vanadium catalyst: progress toward mechanism elucidation, *J. Org. Chem.*, 2003, **68**, 150–155.

M. Blumenthal, A. Goldberg and J. Brinckman (ed.), Garlic, *Herbal Medicine: Expanded Commission E Monographs*, 2000, Lippincott, Williams and Wilkins, Newton, MA, pp. 139–148.

H. Bock, S. Mohmand, T. Hirabayashi and A. Semkow, Thioacrolein, *J. Am. Chem. Soc.*, 1982, **104**, 312–313.

M. Boelens, P. J. De Valois and H. J. Wobben, and A. Van der Gen, *Volatile flavor compounds from onion*, *J. Agric. Food Chem.*, 1971, **19**, 984–991.

D. Boivin, S. Lamy, S. Lord-Dufour, J. Jackson, E. Beaulieu, M. Cote, A. Moghrabi, S. Barrette, D. Gingras and R. Béliveau, Antiproliferative and antioxidant activities of common vegetables: a comparative study, *Food Chem.*, 2009, **112**, 374–380.

P. Bonaccorsi, C. Caristi, C. Gargiulli and U. Leuzzi, Flavonol glucosides in *Allium* species: a comparative study by means of HPLC–DAD–ESI–MS–MS, *Food Chem.*, 2008, **107**, 1668–1673.

I. Bonaduce, M. P. Colombini and S. J. Diring, Identification of garlic in old gildings by gas chromatography–mass spectrometry, *J. Chromatogr., A*, 2006, **1106**, 226–232.

F. Borrelli, R. Capasso and A. A. Izzo, Garlic (*Allium sativum* L.): adverse effects and drug interactions in humans, *Mol. Nutr. Food Res.*, 2007, **51**, 1386–1397.

V. Borelli, J. Lucioli, F. H. Furlan, P. G. Hoepers, J. F. Roveda, S. D. Traverso and A. Gava, Fatal onion (*Allium cepa*) toxicosis in water buffalo (*Bubalus bubalis*), *J. Vet. Diagn. Invest.*, 2009, **21**, 402–405.

J. Boscher, J. Auger, N. Mandon and S. Ferary, Qualitative and quantitative comparison of volatile sulphides and flavour precursors in different organs of some wild and cultivated garlics, *Biochem. Syst. Ecol.*, 1995, **23**, 787–791.

J. J. Boswell, ed., *English Botany*, George Bell and Sons, London, 1883, vol. **9**.

J. Bottéro, The Culinary Tablets at Yale, *J. Am. Oriental Soc.*, 1987, **107**, 11–19.

J. Bottéro, *The Oldest Cuisine in the World*, The University of Chicago Press, Chicago, IL, 2004.

L. D. Brace, Cardiovascular benefits of garlic (*Allium sativum* L), *J. Cardiovascular Nursing*, 2002, **16**(4), 33–49.

J. L. Brewster, *Onions and Other Vegetable Alliums*, 2nd edn., CABI, Wallingford, UK, 2008.

W. H. Briggs, J. D. Folts, H. E. Osman and I. L. Goldman, Administration of raw onion inhibits platelet-mediated thrombosis in dogs, *J. Nutr.*, 2001, **131**, 2619–2622.

W. H. Briggs, H. Xiao, K. L. Parkin, C. Shen and I. L. Goldman, Differential inhibition of human platelet aggregation by selected *Allium* thiosulfinates, *J. Agric. Food Chem.*, 2000, **48**, 5731–5735.

J. C. Brocklehurst, An assessment of chlorophyll as deodorant, *Br. Med. J.*, May 7, 1953, (4809), 541–544.

M. H. Brodnitz, C. L. Pollock and P. P. Vallon, Flavor components of onion oil, *J. Agric. Food Chem.*, 1969, **17**, 760–763.

M. H. Brodnitz and J. V. Pascale, Thiopropanal S-oxide. a lachrymatory factor in onions, *J. Agric. Food Chem.*, 1971a, **19**, 269–272.

M. H. Brodnitz, J. V. Pascale and L. V. Derslice, Flavor components of garlic extract, *J. Agric. Food Chem.*, 1971b, **19**, 273–275.

S. J. Brois, J. F. Pilot and H. W. Barnum, New synthetic concepts in organosulfur chemistry. I. New pathway to unsymmetrical disulfides. The thiol-induced fragmentation of sulfenyl thiocarbonates, *J. Am. Chem. Soc.*, 1970, **92**, 7629–7631.

B. Brône, P. J. Peeters, R. Marrannes, M. Mercken, R. Nuydens, T. Meert and H. J. Gijsen, Tear gasses CN, CR, and CS are potent activators of the human TRPA1 receptor, *Toxicol. Appl. Pharmacol.*, 2008, **231**, 150–156.

D. N. Brooks, An onion in your ear, *J. Laryngol. Otol.*, 1986, **100**, 1043–1046.

M. Brvar, T. Ploj, G. Kozelj, M. Mozina, M. Noc and M. Bunc, Case report: fatal poisoning with Colchicum *autumnale*, *Critical Care*, 2004, **8**, R56–R59.

E. Buiatti, D. Palli, A. Decarli, D. Amadori, C. Avellini, S. Bianchi, R. Biserni, F. Cipriani, P. Cocco, A. Giacosa, E. Marubini, R. Puntoni, C. Vindigni, J. Fraumeni Jr. and W. Blot, A case-control study of gastric cancer and diet in Italy, *Int. J. Cancer*, 1989, **44**, 611–616.

E. Bulska, I. A. Wysocka, M. H. Wierzbicka, K. Proost, K. Janssens and G. Falkenberg, *In vivo* investigation of the distribution and the local speciation of selenium in *Allium cepa* L. by means of microscopic X-ray absorption near-edge structure spectroscopy and confocal microscopic X-ray fluorescence analysis, *Anal. Chem.*, 2006, **78**, 7616–7624.

J. M. Burke, A. Wells, P. Casey and J. E. Miller, Garlic and papaya lack control over gastrointestinal nematodes in goats and lambs, *Veterinary Parasitol.*, 2009, **159**, 171–174.

B. E. Burnham, Garlic as a possible risk for postoperative bleeding, *Plastic Reconstructive Surgery*, 1995, **95**, 213.

R. C. Cahn, C. K. Ingold and V. Prelog, Specification of molecular chirality, *Angew. Chem., Int. Edn. Engl.*, 1966, **5**, 385–415.

M. A. Cahours, *Leçons de Chimie Générale'lémentaire*, Mallet-Bachelier, Paris, 1856.

M. A. Cahours and A. W. Hofmann, Note on a new class of alcohols, *Proc. R. Soc. London*, 1856–1857, **8**, 33–40.

X.-J Cai, P. C. Uden, J. J. Sullivan, B. D. Quimby and E. Block, Headspace–gas chromatography with atomic emission and mass selective detection for the determination of organoselenium compounds in elephant garlic, *Anal. Proc.*, 1994a, **31**, 325–327.

X.-J. Cai, P. C. Uden, E. Block, X. Zhang, B. D. Quimby and J. J. Sullivan, *Allium* chemistry: identification of natural abundance organoselenium volatiles from garlic, elephant garlic, onion, and Chinese chive using headspace gas chromatography with atomic emission detection, *J. Agric. Food Chem.*, 1994b, **42**, 2081–2084.

X.-J. Cai, E. Block, P. C. Uden, B. D. Quimby and J. J. Sullivan, *Allium* chemistry: identification of natural abundance organoselenium compounds in human breath after ingestion of garlic using gas chromatography with atomic emission detection, *J. Agric. Food Chem.*, 1995, **43**, 1751–1753.

X.-J. Cai, E. Block, P. C. Uden, X. Zhang, B. D. Quimby and J. J. Sullivan, *Allium* chemistry: identification of selenoamino acids in ordinary and selenium-enriched garlic, onion, and broccoli using gas chromatography with atomic emission detection, *J. Agric. Food Chem.*, 1995, **43**, 1754–1757.

S. H. Caldwell, L. J. Jeffers, O. S. Narula, E. A. Lang, K. R. Reddy and E. R. Schiff, Ancient remedies revisited: does *Allium sativum* (garlic) palliate the hepatopulmonary syndrome? *J. Clin. Gastroenterol.*, 1992, **15**, 248–250.

E. M. Calvey, J. A. G. Roach and E. Block, Supercritical fluid chromatography of garlic (*Allium sativum*) extracts with mass spectrometric identification of allicin., *J. Chromatogr. Sci.*, 1994, **32**, 93–96.

E. M. Calvey, J. E. Matusik, K. D. White, R. DeOrazio, D. Sha and E. Block, *Allium* chemistry: supercritical fluid extraction and LC–APCI–MS of thiosulfinates and related compounds from homogenates of garlic, onion and ramp. Identification in garlic and ramp and synthesis of 1-propanesulfinothioic acid *S*-allyl ester, *J. Agric. Food Chem.*, 1997, **45**, 4406–4413.

E. M. Calvey, K. D. White, J. E. Matusik, D. Sha and E. Block, *Allium* chemistry: identification of organosulfur compounds in ramp (*Allium tricoccum*) homogenates, *Phytochemistry*, 1998, **49**, 359–364.

V. Canduela, I. Mongil, M. Carrascosa, S. Docio and P. Cagigas, Garlic: always good for the health? *Br. J. Dermatol.*, 1995, **132**, 161–162.

J. Cannon and M. Cannon, *Dye Plants and Dyeing*, Timber Press, Portland, Oregon, 2003.

G. Cao, E. Sofic and R. L. Prior, Antioxidant capacity of tea and common vegetables, *J. Agric. Food Chem.*, 1996, **44**, 3426–3431.

M. Capraz, M. Dilek and T. Akpolat, Garlic, hypertension and patent education, *Int. J. Cardiology*, 2007, **121**, 130–131.

J. T. Carbery, A case of onion poisoning in a cow, *N. Z. Veterinary J.*, 1999, **47**, 184.

A. Cardelle-Cobas, F. J. Moreno, N. Corzo, A. Olano and M. Villamiel, Assessment of initial stages of Maillard reaction in dehydrated onion and garlic samples, *J. Agric. Food Chem.*, 2005, **53**, 9078–9082.

J. F. Carson and F. P. Wong, The volatile flavor components of onions, *J. Agric. Food Chem.*, 1961a, **9**, 140–143.

J. F. Carson and F. F. Wong, Isolation of (+)-*S*-methyl-L-cysteine sulfoxide and of (+)-*S*-N-propyl-L-cysteine sulfoxide from onions as their *N*-2,4-dinitrophenyl derivatives, *J. Org. Chem.*, 1961b, **26**, 4997–5000.

J. F. Carson and F. F. Wong, Synthesis of *cis*-*S*-(prop-1-enyl)-l-cysteine, *Chem. Ind.*, 1963, 1764–1765.

J. F. Carson, R. E. Lundin and T. M. Lukes, The configuration of (+)-*S*-(1-propenyl)-L-cysteine *S*-oxide from *Allium cepa*, *J. Org. Chem.*, 1966, **31**, 1634–1635.

M. J. Caterina, Chemical biology: sticky spices, *Nature*, 2007, **445**, 491–492.

B. Cavage, *The Elegant Onion*, Garden Way, Pownal, VT, 1987.

C. J. Cavallito and J. H. Bailey, Allicin, the antibacterial principle of *Allium sativum*. I. Isolation, physical properties and antibacterial action, *J. Am. Chem. Soc.*, 1944a, **66**, 1950–1951.

C. J. Cavallito, J. S. Buck and C. M. Suter, Allicin, the antibacterial principle of *Allium sativum*. II. Determination of the chemical structure, *J. Am. Chem. Soc.*, 1944b, **66**, 1952–1954.

C. J. Cavallito and J. H. Bailey, Preliminary note on the inactivation of antibiotics, *Science*, 1944c, **66**, 390.

C. J. Cavallito, J. H. Bailey and J. S. Buck, The Antibacterial principle of *Allium sativum*. III. Its precursor and "essential oil of garlic", *J. Am. Chem. Soc.*, 1945, **67**, 1032–1033.

C. J. Cavallito, Relationship of thiol structures to reaction with antibiotics, *J. Biol. Chem.*, 1946, **164**, 29–34.

C. J. Cavallito and L. V. D. Small, Hydrocarbon esters of hydrocarbonylthiolsulfinic acids and their process of preparation, *U.S. Pat.*, US2508745, 1950.

C. J. Cavallito, Extraction of garlic, *U.S. Pat.*, US2554088, 1951.

C. Cerella, C. Scherer, S. Cristofanon, E. Henry, A. Anwar, C. Busch, M. Montenarh, M. Dicato, C. Jacob and M. Diederich, Cell cycle arrest in early mitosis and induction of caspase-dependent apoptosis in U937 cells by diallyltetrasulfide (Al_2S_4), *Apoptosis*, 2009, **14**, 641–654.

CFSAN (Center for Food Safety and Applied Nutrition of the U.S. Food and Drug Administration), July 2007: http://www.cfsan.fda.gov/~dms/hclmgui5.html.

F. Challenger and D. Greenwood, Sulphur compounds of the genus *Allium*. Detection of *n*-propylthiol in the onion. The fission and methylation of diallyl disulphide in cultures of *Scopulariopsis brevicaulis*, *Biochem. J.*, 1949, **44**, 87–91.

C. C. Chan, H. C. Wu, C. H. Wu and C. Y. Hsu, Hepatopulmonary syndrome in liver cirrhosis: report of a case, *J. Formosan Med. Assoc.*, 1995, **94**, 185–188.

H.-P. Chang and Y.-H. Chen, Differential effects of organosulfur compounds from garlic oil on nitric oxide and prostaglandin E2 in stimulated macrophages, *Nutrition*, 2005, **21**, 530–536.

T. G. Chasteen, M. Wiggli and R. Bentley, Historical review. Of garlic, mice and Gmelin: the odor of trimethylarsine, *Appl. Organomet. Chem.*, 2002, **16**, 281–286.

H. Chen, A. Wortmann, W. Zhang and R. Zenobi, Rapid *in vivo* fingerprinting of nonvolatile compounds in breath by extractive electrospray ionization quadrupole time-of-flight mass spectrometry, *Angew. Chem., Int. Ed.*, 2007, **46**, 580–583.

W. Y. Chiam, Y. Huang, S. X. Chen and S. H. Ho, Toxic and antifeedant effects of allyl disulfide on *Tribolium castaneum* (Coleoptera: Tenebrionidae) and *Sitophilus zeamais* (Coleoptera: Curculionidae), *J. Econ. Entomol.*, 1999, **92**, 239–245.

J. Child, L. Bertholle and S. Beck, *Mastering the Art of French Cooking*, Knopf, New York, 1966.

H.-W. Chin and R. C. Lindsay, Mechanisms for formation of volatile sulfur compounds following the action of cysteine sulfoxide lyases, *J. Agric. Food Chem.*, 1994, **42**, 1529–1536.

J. Cho, E. J. Lee, K. S. Yoo, S. K. Lee and B. S. Patil, Identification of candidate amino acids involved in the formation of blue pigments in crushed garlic cloves (*Allium sativum* L.), *J. Food Sci.*, 2009, **74**, C11–16.

I.-H. Choi, S.-C. Shin and I.-K. Park, Nematicidal activity of onion (*Allium cepa*) oil and its components against the pine wood nematode (*Bursaphelenchus xylophilus*), *Nematology*, 2007, **9**, 231–235.

J. H. Choi and K. H. Kyung, Allyl alcohol is the sole antiyeast compound in heated garlic extract, *J. Food Sci.*, 2005, **70**, M305–M309.

R. Chowdhury, A. Dutta, S. R. Chaudhuri, N. Sharma, A. K. Giri and K. Chaudhuri, *In vitro* and *in vivo* reduction of sodium arsenite induced toxicity by aqueous garlic extract, *Food Chem. Toxicol.*, 2008, **46**, 740–751.

Q. Chu, M. T. Ling, H. Feng, H. W. Cheung, S. W. Tsao, X. Wang and Y. C. Wong, A novel anticancer effect of garlic derivatives: inhibition of cancer cell invasion through restoration of E-cadherin expression, *Carcinogenesis*, 2006, **27**, 2180–2189.

Q. Chu, D. T. Lee, S. W. Tsao, X. Wang and Y. C. Wong, *S*-allylcysteine, a water-soluble garlic derivative, suppresses the growth of a human androgen-independent prostate cancer xenograft, CWR22R, under *in vivo* conditions, *Br. J. Urol. Int.*, 2007, **99**, 925–932.

S. C. Chuah, P. K. Moore and Y. Z. Zhu, *S*-Allylcysteine mediates cardioprotection in an acute myocardial infarction rat model via a hydrogen sulfide-mediated pathway, *Am. J. Physiol. Heart Circulatory Physiol.*, 2007, **293**, H2693–H2701.

I. Chung, S. H. Kwon, S. T. Shim and K. H. Kyung, Synergistic antiyeast activity of garlic oil and allyl alcohol derived from alliin in garlic, *J. Food Sci.*, 2007, **72**, M437–440.

V. Q. Chung, L. Kelley, D. Marra and S. B. Jiang, Onion extract gel *versus* petrolatum emollient on new surgical scars: prospective double-blinded study, *Dermatol. Surgery*, 2006, **32**, 193–197.

L. C. Clark, G. F. Combs Jr., B. W. Turnbull, E. H. Slate, D. K. Chalker, J. Chow, L. S. Davis, R. Glover, G. F. Graham, E. G. Gross, A. Kongract, J. L. Lesher, H. K. Vark, B. B. Sanders Jr., C. L. Smith and J. R. Taylor, Effects of selenium supplementation for cancer prevention in patients with carcinoma of the skin. A randomized controlled trial. Nutritional Prevention of Cancer Study Group, *J. Am. Med. Assoc.*, 1996, **276**, 1957–1963.

L. F. Clarke, B. Baker, C. Trahan, L. Meyers and S. E. Metzinger, A prospective double-blinded study of Mederma skin care *vs.* placebo for post-traumatic scar reduction, *Cosmetic Dermatol.*, 1999, **12**, 19–26.

R. B. Cody, J. A. Laramee and H. D. Durst, Versatile new ion source for the analysis of materials in open air under ambient conditions, *Anal. Chem.*, 2005, **77**, 2297–2302.

D. A. Cogan, G. Liu, K. Kim, B. J. Backes and J. A. Ellman, Catalytic asymmetric oxidation of *tert*-butyl disulfide. Synthesis of *tert*-butanesulfinamides, *tert*-butyl sulfoxides, and *tert*-butanesulfinimines, *J. Am. Chem. Soc.*, 1998, **120**, 8011–8019.

J. R. Coley-Smith and D. Parfitt, Some effects of diallyl bisulphide on sclerotia of *Sclerotium cepivorum*: possible novel control method for white rot disease of onions, *Pest. Sci.*, 1986, **17**, 587–594.

S. Colonna, V. Pironti, J. Drabowicz, F. Brebion, L. Fensterbank and M. Malacria, Enantioselective synthesis of thiosulfinates and of acyclic alkylidenemethylene sulfide sulfoxides, *Eur. J. Org. Chem.*, 2005, 1727–1730.

R. G. Cooks, Z. Ouyang, Z. Takats and J. M. Wiseman, Ambient mass spectrometry, *Science*, 2006, **311**, 1566–1570.

R. B. Cope, *Allium* species poisoning in dogs and cats, *Veterinary Med.*, 2005, 562–566.

A. Coppi, M. Cabinian, D. Mirelman and P. Sinnis, Antimalarial activity of allicin, a biologically active compound from garlic cloves, *Antimicrob. Agents Chemotherapy*, 2006, **50**, 1731–1737.

M. Corzo-Martínez, N. Corzo and M. Villamiel, Biological properties of onions and garlic, *Trends Food Sci. Technol.*, 2007, **18**, 609–625.

D. Crawford, Garlic-growing and agricultural specialization in Graeco-Roman Egypt, *Chron. d'Égypte*, 1973, **48**, 350–363.

F. Crowe, Garlic and mosquitoes, *Science*, 1995, **269**, 1804–1805.

J. W. Cubbage, Y. Guo, R. D. McCulla and W. S. Jenks, Thermolysis of alkyl sulfoxides and derivatives: a comparison of experiment and theory, *J. Org. Chem.*, 2001, **66**, 8722–8736.

H. Curtis, U. Noll, J. Stoermann and A. J. Slusarenko, Broad-spectrum activity of the volatile phytoanticipin allicin in extracts of garlic (*Allium sativum* L.) against plant pathogenic bacteria, fungi and oomycetes, *Physiol. Mol. Plant Pathol.*, 2004, **65**, 79–89.

R. Dadd, The discovery and introduction of *Allium giganteum*, *Curtis's Botanical Magazine*, 1987, **4**, 91–96.

E. Daebritz and A. I. Virtanen, *S*-Vinylcysteine *S*-oxide; precursor of a new lachrymator, ethenesulfenic acid, *Acta Chem. Scand.*, 1964, **18**, 837–838.

S. Daiches and I. W. Slotki, (trans.) Kethuboth 75a, *The Babylonian Talmud*, ed. Isidore Epstein, Soncino Press, London, 1936, Vol. 4:470 (*Seder Nashim*).

A. Das, N. L. Banik and S. K. Ray, Garlic compounds generate reactive oxygen species leading to activation of stress kinases and cysteine proteases for apoptosis in human glioblastoma T98G and U87MG cells, *Cancer*, 2007, **110**, 1083–1095.

A. Davidson, *The Oxford Companion to Food*, Oxford University Press, Oxford, 1999.

D. Davies, *Alliums: the Ornamental Onions*, Timber Press, Portland, OR, 1992.

L. E. Davis, J. K. Shen and Y. Cai, Antifungal activity in human cerebrospinal fluid and plasma after intravenous administration of *Allium sativum*, *Antimicrob. Agents Chemotherapy*, 1990, **34**, 651–653.

L. E. Davis, J. Shen and R. E. Royer, *In vitro* synergism of concentrated *Allium sativum* extract and amphotericin B against *Cryptococcus neoformans*, *Planta Med.*, 1994, **60**, 546–549.

S. R. Davis, An overview of the antifungal properties of allicin and its breakdown products – the possibility of a safe and effective antifungal prophylactic, *Mycoses*, 2005, **48**, 95–100.

S. R. Davis, R. Perrie and R. Apitz-Castro, The *in vitro* susceptibility of *Scedosporium prolificans* to ajoene, allitridium and a raw extract of garlic (*Allium sativum*), *J. Antimicrob. Chemotherapy*, 2003, **51**, 593–597.

U. C. Davis, 2008: Postharvest handling systems: underground vegetables (roots, tubers and bulbs), University of California Cooperative Extension Vegetable Research and Information Center: http://vric.ucdavis.edu/selectnewtopic.undergnd.htm.

J. C. Day, New nitrogen bases with severe steric hindrance due to flanking *tert*-butyl groups. *cis*-2,6-Di-*tert*-butylpiperidine. Possible steric blocking of olfaction, *J. Org. Chem.*, 1978, **43**, 3646–3649.

B. M. de Rooij, P. J. Boogaard and D. A. Rijksen, J. N. Commandeur SNF N. P. Vermeulen, Urinary excretion of *N*-acetyl-*S*-allyl-L-cysteine upon garlic consumption by human volunteers, *Arch Toxicol.*, 1996, **70**, 635–639.

P. M. De Wet, H. Rode, D. Sidler and A. J. Lastovica, Allicin: a possible answer to antibiotic resistant campylobacter diarrhoeal infection? *Arch. Diseases Childhood*, 1999, **81**, 278.

W. Debin, G. Jiande and L. Guangshu, General situation of *Allium* crops in China, *Acta Horticulture*, 2005, **688**, 327–332.

M. S. Defelice, Wild garlic, *Allium vineale* L. – little to crow about, *Weed Technol.*, 2003, **17**, 890–895.

T. A. Delaney and A. M. Donnelly, Garlic dermatitis, *Australas. J. Dermatol.*, 1996, **37**, 109–110.

C. M. Dentinger, W. A. Bower, O. V. Nainan, S. M. Cotter, G. Myers, L. M. Dubusky, S. Fowler, E. D. Salehi and B. P. Bell, An outbreak of hepatitis A associated with green onions, *J. Infectious Diseases*, 2001, **183**, 1273–1276.

R. G. Deshpande, M. B. Khan, D. A. Bhat and R. G. Navalkar, Inhibition of *Mycobacterium avium* complex isolates from AIDS patients by garlic (*Allium sativum*), *J. Antimicrob. Chemotherapy*, 1993, **32**, 623–626.

E. Devrim and I. Durak, Is garlic a promising food for benign prostatic hyperplasia and prostate cancer? *Mol. Nutr. Food Res.*, 2007, **51**, 1319–1323.

M. Diemling, As the Jews like to eat Garlick, in *Food and Judaism. Studies in Jewish Civilization*, ed. L. J. Greenspoon, R. A. Simkins and G. Shapiro, Creighton University Press, Omaha, NE, 2002, vol. 15.

D. M Dietz, J. R. Varcelotti and K. R. Stahlfeld, Garlic burns: a not-so-rare complication of a naturopathic remedy? *Burns*, 2004, **30**, 612–613.

M. Dillon, *Girls and Women in Classical Greek Religion*, Routledge, London, UK, 2003.

H. Diner, *Hungering for America: Italian, Irish, and Jewish Foodways in the Age of Migration*, Harvard University Press, Cambridge, MA, 2001.

I. Dini, G. C. Tenore and A. Dini, *S*-Alkenyl cysteine sulfoxide and its antioxidant properties from *Allium cepa* var. *tropeana* (red onion) seed, *J. Nat. Prod.*, 2008, **71**, 2036–2037.

V. M. Dirsch, A. L. Gerbes and A. M. Vollmar, Ajoene, a compound of garlic, induces apoptosis in human promyeloleukemic cells, accompanied by generation of reactive oxygen species and activation of nuclear factor kappaB, *Mol. Pharmacol.*, 1998a, **53**, 402–407.

V. M. Dirsch, A. K. Kiemer, H. Wagner and A. M. Vollmar, Effect of allicin and ajoene, two compounds of garlic, on inducible nitric oxide synthase, *Atherosclerosis*, 1998b, **139**, 333–339.

V. M. Dirsch, D. S. Antlsperger, H. Hentze and A. M. Vollmar, Ajoene, an experimental anti-leukemic drug: mechanism of cell death, *Leukemia*, 2002, **16**, 74–83.

B. Dittmann, B. Zimmermann, C. Engelen, G. Jany and S. Nitz, Use of the MS-sensor to discriminate between different dosages of garlic flavoring in tomato sauce, *J. Agric. Food Chem.*, 2000, **48**, 2887–2892.

W. E. Dixon, The specific action of drugs in tuberculosis, *Br. Med. J.*, May 2, 1925, **3357**, 813–815.

L. Djurdjevic, A. Dinic, P. Pavlovic, M. Mitrovic, B. Karadzic and V. Tesevic, Allelopathic potential of *Allium ursinum* L., *Biochem. Syst. Ecol.*, 2004, **32**, 533–544.

Y. Dong, D. Lisk, E. Block and C. Ip, Characterization of the biological activity of γ-glutamyl-*Se*-methylselenocysteine: a novel, naturally occurring anticancer agent from garlic, *Cancer Res.*, 2001, **61**, 2923–2928.

J. A. Doran, J. S. O'Donnell, L. L. Lairson, M. R. McDonald, A. L. Schwan and B. Grodzinski, *S*-Alk(en)yl-L-cysteine sulfoxides and relative pungency measurements of photosynthetic and nonphotosynthetic tissues of *Allium porrum*, *J. Agric. Food Chem.*, 2007, **55**, 8243–8250.

W. Dorsch, H. Wagner, T. Bayer, B. Fessler, G. Hein, J. Ring, P. Scheftner, W. Sieber, T. Strasser and E. Weiss, Anti-asthmatic effects of onions. Alk(en)ylsulfinothioic acid alk(en)yl-esters inhibit histamine release, leukotriene and thromboxane biosynthesis *in vitro* and counteract PAF and allergen-induced bronchial obstruction *in vivo*, *Biochem. Pharmacol.*, 1988, **37**, 4479–4486.

W. Dorsch, E. Schneider, T. Bayer, W. Breu and H. Wagner, Anti-inflammatory effects of onions: inhibition of chemotaxis of human polymorphonuclear leukocytes by thiosulfinates and cepaenes, *Int. Arch. Allergy Appl. Immunol.*, 1990, **92**, 39–42.

J. Dostrovsky, as quoted in a University of Toronto news release, 10/3/2003: http://www.news.utoronto.ca/bios/askus39.htm.

Z. D. Draelos, The ability of onion extract gel to improve the cosmetic appearance of postsurgical scars, *J. Cosmetic Dermatol.*, 2008, **7**, 101–104.

G. Duda, J. Suliburska and D. Pupek-Musialik, Effects of short-term garlic supplementation on lipid metabolism and antioxidant status in hypertensive adults, *Pharmacol. Reports*, 2008, **60**, 163–170.

S. Dugravot, E. Thibout, A. Abo-Ghalia and J. Huignard, How a specialist and a non-specialist insect cope with dimethyl disulfide produced by *Allium porrum*, *Entomol. Exp. Appl.*, 2004, **113**, 173–179.

S. Dugravot, N. Mondy, N. Mandon and E. Thibout, Increased sulfur precursors and volatiles production by the leek *Allium porrum* in response to specialist insect attack, *J. Chem. Ecol.*, 2005, **31**, 1299–1314.

S. Dugravot and E. Thibout, Consequences for a specialist insect and its parasitoid of the response of *Allium porrum* to conspecific herbivore attack, *Physiol. Entomol.*, 2006, **31**, 73–79.

E. Dumont, Y. Ogra, F. Vanhaecke, K. T. Suzuki and R. Cornelis, Liquid chromatography–mass spectrometry (LC–MS): a powerful combination for selenium speciation in garlic (*Allium sativum*), *Anal. Bioanal. Chem.*, 2006, **384**, 1196–1206.

I. Durak, E. Yilmaz, E. Devrim, H. Perk and M. Kacmaz, Consumption of aqueous garlic extract leads to a significant improvement in patients with benign prostate hyperplasia and prostate cancer, *Nutr. Res.*, 2003, **23**, 199–204.

R. D. Durbin and T. F. Uchytil, Role of allicin in the resistance of garlic to Penicillium species, *Phytopathologia Mediterranea*, 1971, **10**, 227–230.

M. Durenkamp and L. J. De Kok, Impact of pedospheric and atmospheric sulphur nutrition on sulphur metabolism of *Allium cepa* L., a species with a potential sink capacity for secondary sulphur compounds, *J. Exp. Botany*, 2004, **55**, 1821–1830.

M. Durenkamp, L. J. De Kok and S. Kopriva, Adenosine 59-phosphosulphate reductase is regulated differently in *Allium cepa* L. and *Brassica oleracea* L.

upon exposure to H₂S, *J. Exp. Botany*, 2007, **58**, 1571–1579.

C. C. Eady, T. Kamoi, M. Kato, N. G. Porter, S. Davis, M. Shaw, A. Kamoi and S. Imai, Silencing onion lachrymatory factor synthase causes a significant change in the sulfur secondary metabolite profile, *Plant Physiol.*, 2008, **147**, 2096–2106.

C. Eberhardie, Nutritional supplements and the EU: is anyone happy? *Proc. Nutr. Soc.*, 2007, **66**, 508–511.

A. I. M. Ebid, A. G. Hassan and S. A. Mohammed, Aspirin, garlic, and morbidity in patients with cardiovascular disorders: a prospective study, *Egyptian J. Biomed. Sci.*, 2006, **22**, 219–236.

A. J. Edelstein, Dermatitis caused by garlic, *Arch. Dermatol.*, 1950, **61**, 111.

D. M. Eisenberg, R. B. Davis, S. L. Ettner, S. Appel, S. Wilkey, M. Van Rompay and R. C. Kessler, Trends in alternative medicine use in the United States, 1990–1997: results of a follow-up national survey, *J. Am. Med. Assoc.*, 1998, **280**, 1569–1575.

A. L. Ekeowa-Anderson, B. Shergill and P. Goldsmith, Allergic contact cheilitis to garlic, *Contact Dermatitis*, 2007, **56**, 174–175.

K. El-Bayoumy, R. Sinha, J. T. Pinto and R. S. Rivlin, Cancer chemoprevention by garlic and garlic-containing sulfur and selenium compounds, *J. Nutr*, 2006, **136** (3 Suppl), 864S–869S.

G. S. Ellmore and R. S. Feldberg, Alliin lyase localization in bundle sheaths of the garlic clove (*Allium sativum*), *Am. J. Botany*, 1994, **81**, 89–94.

J. W. Elrod, J. W. Calvert, J. Morrison, J. E. Doeller, D. W. Kraus, L. Tao, X. Jiao, R. Scalia, L. Kiss, C. Szabo, H. Kimura, C. W. Chow and D. J. Lefer, Hydrogen sulfide attenuates myocardial ischemia-reperfusion injury by preservation of mitochondrial function, *Proc. Natl. Acad. Sci. U.S.A.*, 2007, **104**, 15560–15565.

F. El-Sabban and H. Abouazra, Effect of garlic on atherosclerosis and its factors, *East Mediterr. Health J.*, 2008, **14**, 195–205.

K. A. A. El-Shaikh and M. A. Bekheet, Effect of intercropping faba bean and garlic on sugar beet in the newly reclaimed soils, *Assiut J. Agric. Sci.*, 2004, **35**, 187–204.

E. Ernst, Garlic, *Mol. Nutr. Food Res.*, 2007, **51**, 1317.

S. Espirito Santo, H. -P. Keiss, K. Meyer, R. Buytenhek, Th. Roos, V. Dirsch, G. Buniatian, C. Ende, J. Günther, K. Heise, D. Kellert, K. Lerche, S. Pavlica, F. Struck, E. Usbeck, J. Voigt, S. Zellmer, J. M. G. Princen, A. M. Vollmar and R. Gebhardt, Garlic and cardiovascular diseases, *Medicinal Aromatic Plant Sci. Biotech.*, 2007, **1**, 31–36.

J. A. Esté and E. De Clercq, Ajoene [(*E,Z*)-4,5,9-trithiadodeca-1,6,11-triene 9-oxide] does not exhibit antiviral activity at subtoxic concentrations, *Biomed. Pharmacotherapy*, 1998, **52**, 236–238.

T. Etoh and P. W. Simon, Diversity, fertility and seed production in garlic, in *Allium Crop Science: Recent Advances*, ed. H. D. Rabinowitch and L. Currah, CABI, Wallingford, UK, 2002, ch. 5.

T. Ettala and A. I. Virtanen, Labeling of sulfur-containing amino acids and γ-glutamylpeptides after injection of labeled sulfate into onion (*Allium cepa*), *Acta Chem. Scand.*, 1962, **16**, 2061–2063.

European Court of Justice, Garlic extract powder capsules are not medicinal products, 11/15/2007, Case C–319/05.

European Scientific Cooperative on Phytotherapy, *Allii Sativi Bulbus* – Garlic, *ESCOP Monographs*, ESCOP–Georg Thieme Verlag, Exeter, UK, 2nd edn, 2003, 14–25.

V. Evans, Herbs and the brain: friend or foe? The effects of ginkgo and garlic on warfarin use, *J. Neurosci. Nursing*, 2000, **32**, 229–232.

S. A. Everett, L. K. Folkes, P. Wardman and K. D. Asmus, Free-radical repair by a novel perthiol: reversible hydrogen transfer and perthiyl radical formation, *Free Radical Res.*, 1994, **20**, 387–400.

S. A. Everett and P. Wardman, Perthiols as antioxidants: radical-scavenging and prooxidative mechanisms, *Methods Enzymol.*, 1995, **251** (Biothiols, Part A), 55–69.

A. E. Falleroni, C. R. Zeiss and D. Levitz, Occupational asthma secondary to inhalation of garlic dust, *J. Allergy Clin. Immunol.*, 1981, **68**, 156–160.

M. B. Fallon, G. A. Abrams, T. T. Abdel-Razek, J. Dai, S.-J. Chen, Y.-F. Chen, B. Luo, S. Oparil and D. D. Ku, Garlic prevents hypoxic pulmonary hypertension in rats, *Am. J. Physiol. Lung Cell Mol. Physiol.*, 1998, **275**, L283–287.

FAO (Food and Agricultural Organization of the United Nations), 2005 statistics: http://faostat.fao.org/site/336/DesktopDefault.aspx.

P. Farkas, P. Hradsky and M. Kovac, Novel flavor components identified in the steam distillate of onion (*Allium cepa*), *Z. Lebensm.-Unters. -Forsch.*, 1992, **195**, 459–462.

A. M. Farrell and R. C. D. Staughton, Garlic burns mimicking herpes zoster, *Lancet*, 1996, **347** (9009), 1195.

K. T. Farrell, *Spices, Condiments and Seasonings*, Van Nostrand Reinhold, New York, 2nd edn, 1990.

FDA, 2006, ephedra ban: http://www.fda.gov/bbs/topics/NEWS/2006/NEW01434.html.

FDA, 2007, CGMPs: http://www.fda.gov/consumer/updates/dietarysupps062207.html.

FDA, 2009, information on DSHEA and DSNDCPA: http://www.cfsan.fda.gov/~dms/supplmnt.html; http://frwebgate.access.gpo.gov./cgi-bin/getdoc.cgi?dbname=109_cong_public_laws&docid=f:publ462.109.pdf.

S. Ferary, E. Thibout and J. Auger, Direct analysis of odors emitted by freshly cut *Allium* using combined high-performance liquid chromatography and mass spectrometry, *Rapid Commun. Mass Spectrom.*, 1996a, **10**, 1327–1332.

S. Ferary and J. Auger, What is the true odor of cut *Allium*? Complementarity of various hyphenated methods: gas chromatography–mass spectrometry and high-performance liquid chromatography–mass spectrometry with particle beam and atmospheric pressure ionization interfaces in sulfenic acids rearrangement components discrimination, *J. Chromatogr., A*, 1996b, **750**, 63–74.

S. Ferary, J. Keller, J. Boscher and J. Auger, Fast narrow-bore HPLC-DAD analysis of biologically active thiosulfinates obtained without solvent from wild *Allium* species, *Biomed. Chromatog.*, 1998, **12**, 104–106.

N. Ferri, K. Yokoyama, M. Sadilek, R. Paoletti, R. Apitz-Castro, M. H. Gelb and A. Corsini, Ajoene, a garlic compound, inhibits protein prenylation and arterial smooth muscle cell proliferation, *Brit. J. Pharmacol.*, 2003, **138**, 811–818.

B. Field, F. Jordán and A. Osbourn, First encounters – deployment of defence-related natural products by plants, *New Phytol.*, 2006, **172**, 193–207.

G. Filomeni, G. Rotilio and M. R. Ciriolo, Molecular transduction mechanisms of the redox network underlying the antiproliferative effects of allyl compounds from garlic, *J. Nutr.*, 2008, **138**, 2053–2057.

H. M. Flint, N. J. Parks, J. E. Holmes, J. A. Jones and C. M. Higuera, Tests of garlic oil for the control of the silverleaf whitefly, *Bemisia argentifolia* Bellows and Perring (Homoptera: Aleyrodidae) in cotton, *Southwestern Entomologist*, 1995, **20**, 137–150.

S. J. Flora, A. Mehta and R. Gupta, Prevention of arsenic-induced hepatic apoptosis by concomitant administration of garlic extracts in mice, *Chem.-Biol. Interact.*, 2009, **177**, 227–233.

T. Fossen and O. M. Andersen, Malonated anthocyanins of garlic *Allium sativum* L., *Food Chem.*, 1997, **58**, 215–217.

T. E. Fox, C. Atherton, J. R. Dainty, D. J. Lewis, N. J. Langford, M. J. Baxter, H. M. Crews and S. J. Fairweather-Tait, Absorption of selenium from wheat, garlic, and cod intrinsically labeled with Se-77 and Se-82 stable isotopes, *Int. J. Vitamin Nutr. Res.*, 2005, **75**, 179–186.

F. Freeman, *vic*-Disulfoxides and OS-sulfenyl sulfinates, *Chem. Rev.*, 1984, **84**, 117–135.

T. Friedman, A. Shalom and M. Westreich, Self-inflicted garlic burns: our experience and literature review, *Int. J. Dermatol.*, 2006, **45**, 1161–1163.

R. M. Fritsch and M. Keusgen, Occurrence and taxonomic significance of cysteine sulphoxides in the genus *Allium L.* (Alliaceae), *Phytochemistry*, 2006, **67**, 1127–1135.

R. A. Fromtling and G. S. Bulmer, In vitro effect of aqueous extract of garlic (*Allium sativum*) on the growth and viability of *Cryptococcus neoformans*, *Mycologia*, 1978, **70**, 397–405.

H. Fujisawa, K. Suma, K. Origuchi, H. Kumagai, T. Seki and T. Ariga, Biological and chemical and stability of garlic-derived allicin, *J. Agric. Food Chem.*, 2008a, **56**, 4229–4235.

H. Fujisawa, K. Suma, K. Origuchi, T. Seki and T. Ariga, Thermostability of allicin determined by chemical and biological assays, *Biosci. Biotechnol. Biochem.*, 2008, **72**, 2877–2883.

M. Fujiwara, M. Yoshimura and S. Tsuno, Allithiamine, a newly found derivative of vitamin B_1. III. Allicin homologs in *Allium* plants, *J. Biochem. (Tokyo)*, 1955, **42**, 591–601 (*Chem. Abstr.*, 1956, **50**, 5213).

M. Fujiwara, M. Yoshimura, S. Tsuno and F. Murakami, Allithiamine, a newly found derivative of vitamin B_1. IV. The alliin homologs in vegetables, *J. Biochem.* (Tokyo), 1958, **45**, 141–149 (*Chem. Abstr.*, 1958, **52**, 73016).

W. Gaffield, F. F. Wong and J. F. Carson, Configurational relationships among sulfinyl amino acids, *J. Org. Chem.*, 1965, **30**, 951–952.

M. H. Gail, R. M. Pfeiffer, L. M. Brown, L. Zhang, J. L. Ma, K. F. Pan, W. D. Liu and W. C. You, Garlic, vitamin, and antibiotic treatment for *Helicobacter pylori*:

a randomized factorial controlled trial, *Helicobacter*, 2007, **12**, 575–578.

C. Galeone, C. Pelucchi, F. Levi, E. Negri, S. Franceschi, R. Talamini, A. Giacosa and C. La Vecchia, Onion and garlic use and human cancer, *Am. J. Clin. Nutr.*, 2006, **84**, 1027–1032.

C. Galeone, C. Pelucchi, L. Dal Maso, E. Negri, M. Montella, A. Zucchetto, R. Talamini and C. La Vecchia, *Allium* vegetables intake and endometrial cancer risk, *Public Health Nutr.*, 2009, **12**, 1576–1579.

C. Galeone, A. Tavani, C. Pelucchi, E. Negri and C. La Vecchia, *Allium* vegetable intake and risk of acute myocardial infarction in Italy, *Eur. J. Nutr.*, 2009, **48**, 120–123.

M. R. Gamboa-León, I. Aranda-González, M. Mut-Martín, M. R. García-Miss and E. Dumonteil, *In vivo* and *in vitro* control of *Leishmania mexicana* due to garlic-induced NO production, *Scand. J. Immunol.*, 2007, **66**, 508–514.

P. H. Gann, Randomized trials of antioxidant supplementation for cancer prevention, *J. Am. Med. Assoc.*, 2009, **301**, 102–103.

L. A. Gapter, O. Z. Yuin and K. Y. Ng, *S*-Allylcysteine reduces breast tumor cell adhesion and invasion, *Biochem. Biophys. Res. Commun.*, 2008, **367**, 446–451.

J. García-Añoveros and K. Nagata, TRPA1, *Handb. Exp. Pharmacol.*, 2007, **179**, 347–362.

C. D. Gardner, L. D. Lawson, E. Block, L. M. Chatterjee, A. Kiazand, R. R. Balise and H. C. Kraemer, The effect of raw garlic *vs.* garlic supplements on plasma lipids concentrations in adults with moderate hypercholesterolemia: a randomized clinical trial, *Arch. Int. Med.*, 2007, **167**, 346–353.

C. D. Gardner, L. D. Lawson and E. Block, Effects of Garlic on Cholesterol: not down but not out either, *Arch. Int. Med.*, 2008, **168**, 111–112.

B.-Z. Garty, Garlic burns, *Pediatrics*, 1993, **91**, 658–659.

H. Gautier, J. Auger, C. Legros and B. Lapied, Calcium-activated potassium channels in insect pacemaker neurons as unexpected target site for the novel fumigant dimethyl disulfide, *J. Pharmacol. Exp. Ther.*, 2008, **324**, 149–159.

R. Gebhardt and H. Beck, Differential inhibitory effects of garlic-derived organosulfur compounds on cholesterol biosynthesis in primary rat hepatocyte cultures, *Lipids*, 1996, **31**, 1269–1276.

K. C. George, S. V. Amonkar and J. Eapen, Effect of garlic oil on incorporation of amino acids into proteins of *Culex pipiens quinquefasciatus* Say larvae, *Chem.-Biol. Interac.*, 1973, **6**, 169–75.

E. Germain, J. Auger, C. Ginies, M.-H. Siess and C. Teyssier, *In vivo* metabolism of diallyl disulphide in the rat: identification of two new metabolites, *Xenobiotica*, 2002, **32**, 1127–1138.

E. Germain, J. Chevalier, M. H. Siess and C. Teyssier, Hepatic metabolism of diallyl disulphide in rat and man, *Xenobiotica*, 2003, **33**, 1185–99.

E. Germain, E. Semon, M. H. Siess and C. Teyssier, Disposition and metabolism of dipropyl disulphide *in vivo* in rat, *Xenobiotica*, 2008, **38**, 87–97.

M. R. Gholami and M. Izadyar, A joint experimental and computational study on the kinetic and mechanism of diallyl disulfide pyrolysis in the gas phase, *Chem. Phys.*, 2004, **301**, 45–51.

J. Gill, *Essential Gaudí*, Paragon, Bath, UK, 2001.

J. Z. Gillies, E. A. Cotter, C. W. Gillies, H. E. Warner and E. Block, The rotational spectra, molecular structure and electric dipole moment of propanethial S-oxide, *J. Phys. Chem.*, 1999, **103**, 4948–4954.

R. Gmelin, H.-H. Huxa, K. Roth and G. Höfle, Dipeptide precursor of garlic odour in Marasmius species, *Phytochemistry*, 1976, **15**, 1717–1721.

A. Gonen, D. Harats, A. Rabinkov, T. Miron, D. Mirelman, M. Wilchek, L. Weiner, E. Ulman, H. Levkovitz, D. Ben-Shushan and A. Shaish, The antiatherogenic effect of allicin: possible mode of action, *Pathobiology*, 2005, **72**, 325–334.

C. A. Gonzalez and E. Riboli, Diet and cancer: where we are, where we are going, *Nutr. Cancer*, 2006, **56**, 225–231.

E. A. Goreshnik, D. Shollmeier and V. V. Oliinik, Copper(I) tetrafluoroborate with diallyl sulfide: the synthesis and crystal structure of the π-complex of equimolar composition, *Russ. J. Coord. Chem.*, 1997, **23**, 725–728.

E. A. Goreshnik and M. G. Mys'kiv, Synthesis and crystal structure of the copper(I) chloride π-complex with diallyl sulfide, $2CuCl \cdot (C_3H_5)_2S$, *Russ. J. Coord. Chem.*, 1999, **25**, 137–140.

S. Gorinstein, Z. Jastrzebski, J. Namiesnik, H. Leontowicz, M. Leontowicz and S. Trak, The atherosclerotic heart disease and protecting properties of garlic: contemporary data, *Mol. Nutr. Food Res.*, 2007, **51**, 1365–1381.

R. Gorton, Garlic song: http://www.mudcat.org/@displaysong.cfm?SongID=2178.

K. Goto, M. Holler and R. Okazaki, Synthesis, structure, and reactions of a sulfenic acid bearing a novel bowl-type substituent: the first synthesis of a stable sulfenic acid by direct oxidation of a thiol, *J. Am. Chem. Soc.*, 1997, **119**, 1460–1461.

E. Gowers, *The Loaded Table. Representations of Food in Roman Literature*, Clarendon, Oxford, 1993.

D. Y. Graham, S.-Y. Anderson and T. Lang, Garlic or jalapeno peppers for the treatment of *Helicobacter pylori* infection, *Am. J. Gastroenterol.*, 1994, **94**, 1200–1202.

B. Granroth, Separation of *Allium* sulfur amino acids and peptides by thin-layer electrophoresis and thin-layer chromatography, *Acta Chem. Scand.*, 1968, **22**, 3333–3335.

B. Granroth, Biosynthesis and decomposition of cysteine derivatives in onion and other *Allium* species, *Ann. Acad. Sci. Fenn. Ser. A2*, 1970, **154**, 1–71.

M. Granvogl, M. Christlbauer and P. Schieberle, Quantitation of the intense aroma compound 3-mercapto-2-methylpentan-1-ol in raw and processed onions (*Allium cepa*) of different origins and in other *Allium* varieties using a stable isotope dilution assay, *J. Agric. Food Chem.*, 2004, **52**, 2797–2802.

M. Graubard, *Man's Food, its Rhyme and Reason*, Macmillan, New York, 1943.

D. D. Gregor and W. S. Jenks, Computational investigation of vicinal disulfoxides and other sulfinyl radical dimers, *J. Phys. Chem. A*, 2003, **107**, 3414–3423.

M. Gregory, R. M. Fritsch, N. W. Friesen, F. O. Khassanov and D. W. McNeal, *Nomenclator Alliorum*, Royal Botanic Gardens, Kew, UK, 1998.

R. M. Gries, G. G. Gries, G. Khaskin, N. Avelino and C. Cambell, Compounds, compositions and methods of repelling blood-feeding arthropods and deterring their landing and feeding, *U.S. Pat., Appl.* US2009/0069407 A1, 2009.

M. R. Groom, ECOspray products as a nematicide: a report submitted to the UK Pesticide Safety Directorate, 2004.

M. Groom and D. Sadler-Bridge, A pesticide and repellant. *PCT Int. Appl.*, WO 2006109028 A1 20061019, 2006.

F. C. Groppo, J. C. Ramacciato, R. P. Simoes, F. M. Florio and A. Sartoratto, Antimicrobial activity of garlic, tea tree oil, and chlorhexidine against oral microorganisms, *Int. Dentistry J.*, 2002, **52**, 433–437.

F. C. Groppo, J. C. Ramacciato, R. H. Motta, P. M. Ferraresi and A. Sartoratto, Antimicrobial activity of garlic against oral streptococci, *Int. J. Dental Hygiene*, 2007, **5**, 109–115.

R. T. Gunther, *The Greek Herbal of Dioscorides*, Hafner Publishing Company, 1959.

N. L. Guo, D. P. Lu, G. L. Woods, E. Reed, G. Z. Zhou, L. B. Zhang and R. H. Waldman, Demonstration of the anti-viral activity of garlic extract against human cytomegalovirus *in vitro*, *Chin. Med. J. (Engl.)*, 1993, **106**, 93–96.

R. Gupta and N. K. Sharma, A study of the nematicidal activity of allicin – an active principle in garlic, *Allium sativum* L., against root-knot nematode, *Meloidogyne incognita* (Kofoid and White, 1919) Chitwood, 1949, *Int. J. Pest Management*, 1993, **39**, 390–392.

B. J. Gurley, S. F. Gardner, M. A. Hubbard, D. K. Williams, W. B. Gentry, Y. Cui and C. Y. Ang, Clinical assessment of effects of botanical supplementation on cytochrome P450 phenotypes in the elderly: St John's wort, garlic oil, *Panax ginseng* and *Ginkgo biloba*, *Drugs Aging*, 2005, **22**, 525–539.

G. Gurusubramanian and S. S. Krishna, The effects of exposing eggs of four cotton insect pests to volatiles of *Allium sativum* (Liliaceae), *Bull. Entomol. Res.*, 1996, **86**, 29–31.

I. Guvenc and E. Yildirim, Increasing productivity with intercropping systems in cabbage production, *J. Sustainable Agric.*, 2006, **28**, 29–44.

H. O. Hall, The onion (*Allium cepa*) and garlic (*Allium sativa*) as a remedy for pneumonia and pulmonary tuberculosis, *Am. Med.*, 1913, **19**, 26–34.

C. H. Halsted, Dietary supplements and functional foods: 2 sides of a coin? *Am. J. Clin. Nutr.*, 2003, **77** (4 Suppl), 1001S–1007S.

C. M. Harris, S. C. Mitchell, R. H. Waring and G. L. Hendry, The case of the black-speckled dolls: an occupational hazard of unusual sulphur metabolism, *Lancet*, 1986, **1**, 492–493.

C. M. Harris, Curiosity, *J. R. Soc. Med.*, 1986, **79**, 319–322.

J. C. Harris, S. Plummer, M. P. Turner and D. Lloyd, The microaerophilic flagellate *Giardia intestinalis*: *Allium sativum* (garlic) is an effective antigiardial, *Microbiology*, 2000, **146**, 3119–3127.

L. Harris, *The Book of Garlic*, Addision-Wesley, Reading, MA, 1995.

W. L. Hasler, Garlic breath explained: why brushing your teeth won't help, *Gastroenterology*, 1999, **117**, 1248–1250.

H. T. Hassan, Ajoene (natural garlic compound): a new anti-leukaemia agent for AML therapy, *Leukemia Res.*, 2004, **28**, 667–671.

J. Hasserodt, H. Pritzkow and W. Sundermeyer, Partially and perfluorinated thioketones and thioaldehydes: chemical storage, in situ generation and surprising reactivity towards bis(trimethylstannyl)diazomethane and C,N-bis (triisopropylsilyl)nitrilimine, *Liebigs Ann.*, 1995, 95–104.

D. L. Hatfield, B. A. Carlson, X.-M. Xu, H. Mix and V. N. Gladyshev, *Prog. Nucleic Acid Res. Mol. Biol.*, 2006, **81**, 97.

M. J. Havey, Advances in new alliums, in *Perspectives on New Crops and New Uses*, ed. J. Janick, ASHS Press, Alexandria, VA, 1999.

Health Canada, Natural Health Products, Monograph on Garlic (May 2008): http://www.hc-sc.gc.ca/dhp-mps/prodnatur/applications/licen-prod/monograph/mono_garlic-ail-eng.php.

A. M. Heck, B. A. DeWitt and A. L. Lukes, Potential interactions between alternative therapies and warfarin, *Am. J. Health-System Pharmacy*, 2000, **57**, 1221–1227.

D. W. Held, P. Gonsiska and D. A. Potter, Evaluating companion planting and non-host masking odors for protecting roses from the Japanese beetle (*Coleoptera: Scarabaeidae*), *J. Economic Entomol.*, 2003, **96**, 81–87.

A. Herman-Antosiewicz and S. V. Singh, Signal transduction pathways leading to cell cycle arrest and apoptosis induction in cancer cells by *Allium* vegetable-derived organosulfur compounds: a review, *Mutation Res./Fundamental. Mol. Mechanisms Mutagenesis*, 2004, **555**, 121–131.

A. Herman-Antosiewicz, A. A. Powolny and S. V. Singh, Molecular targets of cancer chemoprevention by garlic-derived organosulfides, *Acta Pharmacol. Sinica*, 2007, **28**, 1355–1364.

O. Higuchi, K. Tateshita and H. Nishimura, Antioxidative activity of sulfur-containing compounds in *Allium* species for human low-density lipoprotein (LDL) oxidation *in vitro*, *J. Agric. Food Chem.*, 2003, **51**, 7208–7214.

A. G. Hile, Z. Shan, S.-Z. Zhang and E. Block, Aversion of European starlings (*Sturnus vulgaris*) to garlic oil treated granules: garlic oil as an avian repellent, *J. Agric. Food Chem.*, 2004, **52**, 2192–2196.

M. A. Hilliard, C. Bergamasco, S. Arbucci, R. H. Plasterk and P. Bazzicalupo, Worms taste bitter: ASH neurons, QUI-1, GPA-3 and ODR-3 mediate quinine avoidance in *Caenorhabditis elegans*, *EMBO J.*, 2004, **23**, 1101–1011.

R. Hine, The crystal structure and molecular configuration of (+)-S-methyl-L-cysteine sulfoxide, *Acta Crystallogr.*, 1962, **15**, 635–642.

A. Hinman, H. H. Chuang, D. M. Bautista and D. Julius, TRP channel activation by reversible covalent modification, *Proc. Natl. Acad. Sci. U.S.A.*, 2006, **103**, 19564–19568.

K. Hirsch, M. Danilenko, J. Giat, T. Miron, A. Rabinkov, M. Wilchek, D. Mirelman, J. Levy and Y. Sharoni, Effect of purified allicin, the major ingredient of freshly crushed garlic, on cancer cell proliferation, *Nutr. Cancer*, 2000, **38**, 245–254.

S. D. Hiscock, N. S. Isaacs, M. D. King, R. E. Sue, R. H. White and D. J. Young, Desulfination of allylic sulfinic acids: characterization of a retro-ene transition state, *J. Org. Chem.*, 1995, **60**, 7166–7169.

B. Hiyasat, D. Sabha, K. Grötzinger, J. Kempfert, J. W. Rauwald, F. W. Mohr and S. Dhein, Antiplatelet activity of *Allium ursinum* and *Allium sativum*, *Pharmacology*, 2009, **83**, 197–204.

W. S. Ho, S. Y. Ying, P. C. Chan and H. H. Chan, Use of onion extract, heparin, allantoin gel in prevention of scarring in chinese patients having laser removal of tattoos: a prospective randomized controlled trial, *Dermatol. Surgery*, 2006, **32**, 891–896.

G. Hodge, S. Davis, M. Rice, H. Tapp, B. Saxon and T. Revesz, Garlic compounds selectively kill childhood pre-B acute lymphoblastic leukemia cells *in vitro* without reducing T-cell function: potential therapeutic use in the treatment of ALL, *J. Biol.: Targets Therapy*, 2008, **1**, 143–149.

G. Hoefle and J. E. Baldwin, Thiosulfoxides. Intermediates in rearrangement and reduction of allylic disulfides, *J. Am. Chem. Soc.*, 1971, **93**, 6307–6308.

J. H. Hofenk de Graaff, *The Colourful Past. Origins, Chemistry, and Identification of Natural Dyestuffs*, Archetype Publications Ltd., London, 2004.

A. W. Hofmann, Remarks on a new class of alcohols (second note.)[abstract]. *Proc. R. Soc. London*, 1856–1857, **8**, 511–515.

A. W. Hofmann and A. Cahours, Researches on a new class of alcohols, *Philos. Trans. R. Soc. London*, 1857, **147**, 555–574.

K. Holder and G. Duff, *A Clove of Garlic*, Reader's Digest Association, London, UK, 1996.

Y. S. Hong, Y. A. Ham, J. H. Choi and J. Kim, Effects of allyl sulfur compounds and garlic extract on the expression of Bcl-2, Bax, and p53 in non small cell lung cancer cell lines, *Exp. Mol. Med.*, 2000, **32**, 127–134.

H. Horie and K. Yamashita, Non-derivatized analysis of methiin and alliin in vegetables by capillary electrophoresis, *J. Chromatogr., A*, 2006, **1132**, 337–339.

R. K. Hosamani, R. Gulati, S. K. Sharma and R. Kumar, Efficacy of some botanicals against ectoparasitic mite, *Tropilaelaps clareae* (Acari: Laelapidae) in *Apis mellifera* colonies, *Systematic Appl. Acarol.*, 2007, **12**, 99–108.

M. Hosnuter, C. Payasli, A. Isikdemir and B. Tekerekoglu, The effects of onion extract on hypertrophic and keloid scars, *J. Wound Care*, 2007, **16**, 251–254.

T. Hosono, T. Hosono-Fukao, K. Inada, R. Tanaka, H. Yamada, Y. Iitsuka, T. Seki, I. Hasegawa and T. Ariga, Alkenyl group is responsible for the disruption of microtubule network formation in human colon cancer cell line HT-29 cells, *Carcinogenesis*, 2008, **29**, 1400–1406.

T. Hosono, T. Fukao, J. Ogihara, Y. Ito, H. Shiba, T. Seki and T. Ariga, Diallyl trisulfide suppresses the proliferation and induces apoptosis of human colon cancer cells through oxidative modification of beta-tubulin, *J. Biol. Chem.*, 2005, **280**, 41487–41493.

Y. Hou, I. A. Abu-Yousef, Y. Doung and D. N. Harpp, Sulfur-atom insertion into the S-S bond – formation of symmetric trisulfides, *Tetrahedron Lett.*, 2001, **42**, 8607–8610.

Y. Hou, I. A. Abu-Yousef, A. Imad and D. N. Harpp, Three sulfur atom insertion into the S-S bond, pentasulfide preparation, *Tetrahedron Lett.*, 2000, **41**, 7809–7812.

T. M. Hovell, Garlic in whooping cough, *Br. Med. J.*, July 1, 1916, **2896**, 15.

M. H. Y. Hovius and M. R. McDonald, Management of *Allium* white rot [*Sclerotium cepivorum*] in onions on organic soil with soil-applied diallyl disulfide and di-*n*-propyl disulfide, *Can. J. Plant Pathol.*, 2002, **24**, 281–286.

E. W. Howard, M. T. Ling, C. W. Chua, H. W. Cheung, X. Wang and Y. C. Wong, Garlic-derived S-allylmercaptocysteine is a novel *in vivo* antimetastatic agent for androgen-independent prostate cancer, *Clin. Cancer Res.*, 2007, **13**, 1847–1856.

E. W. Howard, D. T. Lee, Y. T. Chiu, C. W. Chua, X. Wang and Y. C. Wong, Evidence of a novel docetaxel sensitizer, garlic-derived S-allylmercaptocysteine, as a treatment option for hormone refractory prostate cancer, *Int. J. Cancer*, 2008, **122**, 1941–1948.

Q. Hu, Q. Yang, O. Yamato, M. Yamasaki, Y. Maede, Y. Teruhiko and T. Yoshihara, Isolation and identification of organosulfur compounds oxidizing canine erythrocytes from garlic (*Allium sativum*), *J. Agric. Food Chem.*, 2002, **50**, 1059–1062.

D. Huang, B. Ou and R. L. Prior, The chemistry behind antioxidant capacity assays, *J. Agric. Food Chem.*, 2005, **53**, 1841–1856.

T.-H. Huang, R. C. Muehlbauer, C.-H. Tang, H.-I. Chen, G.-L. Chang, Y.-W. Huang, Y.-T. Lai, H.-S. Lin, W.-T. Yang and R.-S. Yang, Onion decreases the ovariectomy-induced osteopenia in young adult rats, *Bone*, 2008, **42**, 1154–1163.

Y. Huang, S. X. Chen and S. H. Ho, Bioactivities of methyl allyl disulfide and diallyl trisulfide from essential oil of garlic to two species of stored-product pests, *Sitophilus zeamais* (Coleoptera: Curculionidae) and *Tribolium castaneum* (Coleoptera: Tenebrionidae), *J. Economic Entomol.*, 2000, **93**, 537–543.

V. G. Hubbard and P. Goldsmith, Garlic-fingered chefs, *Contact Dermatitis*, 2005, **52**, 165–166.

J. Hughes, A. Tregova, A. B. Tomsett, M. G. Jones, R. Cosstick and H. A. Collin, Synthesis of the flavour precursor, alliin, in garlic tissue cultures, *Phytochemistry*, 2005, **66**, 187–194.

I. G. Hwang, K. S. Woo, D. J. Kim, J. T. Hong, B. Y. Hwang, Y. R. Lee and H. S. Jeong, Isolation and identification of an antioxidant substance from heated garlic (*Allium sativum* L.), *Food Sci. Biotechnol.*, 2007, **16**, 963–966.

J. R. Hwu and D. A. Anderson, Zwitterion-accelerated [3,3]-sigmatropic rearrangement of allyl vinyl sulfoxides to sulfines. A specific class of charge-accelerated rearrangement, *Tetrahedron Lett.*, 1986, **27**, 4965–4968.

J. R. Hwu and D. A. Anderson, Zwitterion-accelerated [3,3]-sigmatropic rearrangements and [2,3]-sigmatropic rearrangements of sulfoxides and amine oxides, *J. Chem. Soc., Perkin Trans. 1*, 1991, 3199–3206.

B. Iberl, G. Winkler, B. Muller and K. Knoblauch, Products of allicin transformation: ajoenes and dithiins, characterization and their determination by HPLC, *Planta Med.*, 1990, **56**, 202–211.

B. Iberl, G. Winkler, B. Muller and K. Knoblauch, Quantitative determination of allicin and alliin from garlic by HPLC, *Planta Med.*, 1990, **56**, 320–326.

M. Ichikawa, K. Ryu, J. Yoshida, N. Ide, Y. Kodera, T. Sasaoka and R. T. Rosen, Identification of six phenylpropanoids from garlic skin as major antioxidants, *J. Agric. Food Chem.*, 2003, **51**, 7313–7317.

M. Ichikawa, N. Ide, J. Yoshida, Y. Hiroyuki and K. Ono, Determination of seven organosulfur compounds in garlic by high-performance liquid chromatography, *J. Agric. Food Chem.*, 2006, **54**, 1535–1540.

M. Iciek, A. Bilska, L. Ksiazek, Z. Srebro and L. Wlodek, Allyl disulfide as donor and cyanide as acceptor of sulfane sulfur in the mouse tissues, *Pharmacol. Reports*, 2005, **57**, 212–218.

M. Iciek, I. Kwiecien and L. Wlodek, Biological properties of garlic and garlic-derived organosulfur compounds, *Environ. Mol. Mutagenesis*, 2009, **50**, 247–265.

S. Imai, N. Tsuge, M. Tomotake, Y. Nagatome, H. Sawada, T. Nagata and H. Kumagai, An onion enzyme that makes the eyes water, *Nature*, 2002, **419**, 685.

S. Imai, K. Akita, M. Tomotake and H. Sawada, Identification of two novel pigment precursors and a reddish-purple pigment involved in the blue-green discoloration of onion and garlic, *J. Agric. Food Chem.*, 2006, **54**, 843–847.

S. Imai, K. Akita, M. Tomotake and H. Sawada, Model studies on precursor system generating blue pigment in onion and garlic, *J. Agric. Food Chem.*, 2006, **54**, 848–852.

E. Ingals, Bites of serpents, *J. Am. Med. Assoc.*, 1883, **1**, 249–250.

C. Ip and D. J. Lisk, Bioavailability of selenium from selenium-enriched garlic, *Nutr. Cancer*, 1993, **20**, 129–137.

C. Ip, D. J. Lisk and G. S. Stoewsand, Mammary cancer prevention by regular garlic and selenium-enriched garlic, *Nutr. Cancer*, 1992, **17**, 279–286.

C. Ip, M. Birringer, E. Block, M. Kotrebai, J. F. Tyson, P. C. Uden and D. J. Lisk, Chemical speciation influences comparative activity of selenium-enriched garlic and yeast in mammary cancer prevention, *J. Agric. Food Chem.*, 2000, **48**, 2062–2070.

M. Ipek, A. Ipek, S. G. Almquist and P. W. Simon, Demonstration of linkage and development of the first low-density genetic map of garlic, based on AFLP markers, *Theoretical Appl. Genetics*, 2005, **110**, 228–236.

M. Ipek, A. Ipek and P. W. Simon, Genetic characterization of *Allium tuncelianum*: An endemic edible *Allium* species with garlic odor, *Sci. Horticulture*, 2008, **115**, 409–415.

A. Ishii, K. Komiya and J. Nakayama, Synthesis of a stable sulfenic acid by oxidation of a sterically hindered thiol (thiophenetriptycene-8-thiol) and its characterization, *J. Am. Chem. Soc.*, 1996, **118**, 12836–12837.

A. Ishii, M. Ohishi, K. Matsumoto and T. Takayanagi, Synthesis and properties of a dithiirane *trans*-1,2-dioxide, a three-membered *vic*-disulfoxide, *Org. Lett.*, 2006, **8**, 91–94.

A. Jabbari, H. Argani, A. Ghorbanihaghjo and R. Mahdavi, Comparison between swallowing and chewing of garlic on levels of serum lipids, cyclosporine, creatinine and lipid peroxidation in renal transplant recipients, *Lipids Health Disease*, 2005, **4**, 11.

B. A. Jackson and A. J. Shelton, Pilot study evaluating topical onion extract as treatment for postsurgical scars, *Dermatol. Surgery*, 1999, **25**, 267–269.

C. Jacob, A. Anwar and T. Burkholz, Perspective on recent developments on sulfur-containing agents and hydrogen sulfide signaling, *Planta Med.*, 2008a, **74**, 1580–1592.

C. Jacob and A. Anwar, The chemistry behind redox regulation with a focus on sulphur redox systems, *Physiol. Plant*, 2008b, **133**, 469–480.

H. Jansen, B. Müller and K. Knobloch, Allicin characterization and its determination by HPLC, *Planta Med.*, 1987, **53**, 559–562.

M. S. Jarial, Toxic effect of garlic extracts on the eggs of *Aedes aegypti* (Diptera: Culicidae): a scanning electron microscopic study, *J. Med. Entomol.*, 2001, **38**, 446–450.

U. Jappe, B. Bonnekoh, B. M. Hausen and H. Gollnick, Garlic-related dermatoses: case report and review of the literature, *Am. J. Contact Dermatol*, 1999, **10**, 37–39.

Z. Jastrzebski, H. Leontowicz, M. Leontowicz, J. Namiesnik, Z. Zachwieja, H. Barton, E. Pawelzik, P. Arancibia-Avila, F. Toledo and S. Gorinstein, The bioactivity of processed garlic (*Allium sativum* L.) as shown *in vitro* and *in vivo* studies on rats, *Food Chem. Toxicol.*, 2007, **45**, 1626–1633.

J. Jedelská, A. Vogt, U. M. Reinscheid and M. Keusgen, Isolation and identification of a red pigment from *Allium* subgenus *Melanocrommyum*, *J. Agric. Food Chem.*, 2008, **56**, 1465–1470.

G. A. Jelodar, M. Maleki, M. H. Motadayen and S. Sirus, Effect of fenugreek, onion and garlic on blood glucose and histopathology of pancreas of alloxan-induced diabetic rats, *Indian J. Med. Sci.*, 2005, **59**, 64–69.

X. W. Jiang, J. Hu and F. I. Mian, A new therapeutic candidate for oral aphthous ulcer: allicin, *Med. Hypotheses*, 2008, **71**, 897–899.

L. Jirovetz, W. Jaeger, H. P. Koch and G. Remberg, Investigations of the volatile constituents of the essential oil of Egyptian garlic by GC–MS and GC–FTIR, *Z. Lebensm. Unters Forsch.*, 1992, **194**, 363–365.

D. R. Johnson and F. X. Powell, Microwave detection of thioformaldehyde, *Science*, 1970, **169**, 679–680.

H. A. Jones and L. K. Mann, *Onions and their Allies*, Interscience, New York, 1963.

M. G. Jones, J. Hughes, A. Tregova, J. Milne, A. B. Tomsett and H. A. Collin, Biosynthesis of the flavour precursors of onion and garlic, *J. Exp. Botany*, 2004, **55**, 1903–1918.

M. G. Jones, H. A. Collin, A. Tregova, L. Trueman, L. Brown, R. Cosstick, J. Hughes, J. Milne, M. C. Wilkinson, A. B. Tomsett and B. Thomas, The biochemical and physiological genesis of alliin in garlic, *Med. Aromatic Plant Sci. Biotechnol.*, 2007, **1**, 21–24.

P. Josling, Preventing the common cold with a garlic supplement: a double-blind, placebo-controlled survey, *Adv. Therapies*, 2001, **18**, 189–193.

M. A. Joslyn and R. G. Peterson, Food discoloration, reddening of white onion bulb purees, *J. Agric. Food Chem.*, 1958, **6**, 754–765.

R. Kamenetsky and R. M. Fritsch, Ornamental alliums, in *Allium Crop Science: Recent Advances*, ed. H. D. Rabinowitch and L. Currah, CABI, Wallingford, UK, 2002, ch. 19.

R. Kamenetsky, I. L. Shafir, F. Khassanov, C. Kik, A. W. Van Heusden, M. Vrielink-Van Ginkel, K. Burger-Meijer, J. Auger, I. Arnault and H. D. Rabinowitch, Diversity in fertility potential and organo-sulphur compounds among garlics from Central Asia, *Biodiversity Conservation*, 2005, **14**, 281–295.

R. Kamenetsky, F. Khassanov, H. D. Rabinowitch, J. Auger and C. Kik, Garlic biodiversity and genetic resources, *Med. Aromatic Plant Sci. Biotechnol.*, 2007a, **1**, 1–5.

R. Kamenetsky, Garlic: botany and horticulture, *Horticultural Rev.*, 2007b, **33**, 123–172.

S. H. Kao, C. H. Hsu, S. N. Su, W. T. Hor, T. W. H. Chang and L. P. Chow, Identification and immunologic characterization of an allergen, alliin lyase, from garlic (*Allium sativum*), *J. Allergy Clin. Immunol.*, 2004, **113**, 161–168.

M. M. Kaplan, S. Cerutti, J. A. Salonia, J. A. Gásquez and L. D. Martinez, Preconcentration and determination of tellurium in garlic samples by hydride generation atomic absorption spectrometry, *J. AOAC Int.*, 2005, **88**, 1242–1246.

E. Kápolna, M. Shah, J. A. Caruso and P. Fodor, Selenium speciation studies in Se-enriched chives (*Allium schoenoprasum*) by HPLC–ICP–MS, *Food Chem.*, 2007, **101**, 1398–1406.

D. N. Karma, N. Agarwal and L. C. Chaudhary, Inhibition of rumen methanogenesis by tropical plants containing secondary metabolites, *Int. Cong. Ser.*, 2006, **1293**, 156–163.

S. Kawakishi and Y. Morimitsu, New inhibitor of platelet aggregation in onion oil, *Lancet*, 1988, **8606**, 330.

H. P. Keiss, V. M. Dirsch, T. Hartung, T. Haffner, L. Trueman, J. Auger, R. Kahane and A. M. Vollmar, Garlic (*Allium sativum* L.) modulates cytokine expression in lipopolysaccharide-activated human blood thereby inhibiting NF-kappaB activity, *J Nutr.*, 2003, **33**, 2171–2175.

D. A. Kessler, Cancer and herbs, *N. Engl. J. Med.*, 2000, **324**, 1742–1743.

M. Keusgen, H. Schultz, J. Glodek, I. Krest, H. Krüger, N. Herchert and J. Keller, Characterization of some *Allium* hybrids by aroma precursors, aroma profile and alliinase activity, *J. Agric. Food Chem.*, 2002, **50**, 2884–2890.

M. Keusgen, M. Jünger, I. Krest and M. J. Schöning, Development of a biosensor specific for cysteine sulfoxides, *Biosens. Bioelectron.*, 2003, **18**, 805–812.

M. Keusgen, R. M. Fritsch, H. Hisoriev, P. A. Kurbonova and F. O. Khassanov, Wild *Allium* species (Alliaceae) used in folk medicine of Tajikistan and Uzbekistan, *J. Ethnobiol. Ethnomed.*, 2006, **2**(18).

M. Keusgen, R. M. Fritsch, Onions of the *Allium* subgenus *Melanocrommyum* – the better garlic? *Planta Med.*, 2006, **72**, Meeting abstracts: 54th Annual Congress on Medicinal Plant Research, Book of Abstracts.

M. Keusgen, Unusual cystine lyase activity of the enzyme alliinase: direct formation of polysulphides, *Planta Med.*, 2008, **74**, 73–79.

F. A. Khalid, N. M. Abdalla, H. E. O. Mohomed, A. M. Toum, M. M. A. Magzoub and M. S. Ali, *In vitro* assessment of anti-cutaneous leishmaniasis activity of some Sudanese Plants, *Acta Parasitologica Turcica*, 2005, **29**, 3–6.

F. Khanum, K. R. Anilakumar and K. R. Viswanathan, Anticarcinogenic properties of garlic: a review, *Crit. Rev. Food. Sci. Nutr.*, 2004, **44**, 479–488.

Y. S. Khoo and Z. Aziz, Garlic supplementation and serum cholesterol: a meta-analysis, *J. Clin. Pharm. Therapy*, 2009, **34**, 133–145.

J. L. Kice, Mechanisms and reactivity in reactions of organic oxyacids of sulfur and their anhydrides, *Adv. Phys. Org. Chem.*, 1980, **17**, 65–181.

C. Kik, *Garlic & Health, 2000–2004*, European Union project.

A. Kim, J. Y. Jung, M. Son, S. H. Lee, J. S. Lim and A. S. Chung, Long exposure of non-cytotoxic concentrations of methylselenol suppresses the invasive potential of $B_{16}F_{10}$ melanoma, *Oncol. Reports*, 2008b, **20**, 557–565.

H. K. Kim, J. S. Kim, Y. S. Cho, Y. W. Park, H. S. Son, S. S. Kim and H. S. Chae, Endoscopic removal of an unusual foreign body: a garlic-induced acute esophageal injury, *Gastrointestinal Endoscopy*, 2008c, **68**, 565–566.

J. W. Kim, J. H. Choi, Y. -S. Kim and K. H. Kyung, Antiyeast potency of heated garlic in relation to the content of allyl alcohol thermally generated from alliin, *J. Food Sci.*, 2006, **71**, M185–M189.

J. Y. Kim, Y. S. Kim and K. H. Kyung, Inhibitory activity of essential oils of garlic and onion against bacteria and yeasts, *J. Food Protection*, 2004, **67**, 499–504.

J. Y. Kim and O. Kwon, Garlic intake and cancer risk: an analysis using the Food and Drug Administration's evidence-based review system for the scientific evaluation of health claims, *Am. J. Clin. Nutr.*, 2009, **89**, 265–272.

K. M. Kim, S. B. Chun, M. S. Koo, W. J. Choi, T. W. Kim, Y. G. Kwon, H. T. Chung, T. R. Billiar and Y. M. Kim, Differential regulation of NO availability from macrophages and endothelial cells by the garlic component *S*-allyl cysteine, *Free Radical Biol. Med.*, 2001, **30**, 747–756.

S. M. Kim, C. M. Wu, K. Kubota and A. Kobayashi, Effect of soybean oil on garlic volatile compounds isolated by distillation, *J. Agric. Food Chem.*, 1995, **43**, 449–452.

S.-Y. Kim, K. W. Park, J. Y. Kim, I. Y. Jeong, M. W. Byun, J. E. Park, S. T. Yee, K. H. Kim, J. S. Rhim, K. Yamada and K. I. Seo, Thiosulfinates from *Allium tuberosum* L. induce apoptosis via caspase-dependent and -independent pathways in PC-3 human prostate cancer cells, *Bioorg. Med. Chem. Lett.*, 2008a, **18**, 199–204.

S.-Y. Kim, K. W. Park, J. Y. Kim, I. Y. Shon, M. Y. Yee, K. H. Kim, J. S. Rhim, K. Yamada and K. I. Seo, Induction of apoptosis by thiosulfinates in primary human prostate cancer cells, *Int. J. Oncol.*, 2008b, **32**, 869–875.

Y. A. Kim, D. Xiao, H. Xiao, A. A. Powolny, K. L. Lew, M. L. Reilly, Y. Zeng, Z. Wang and S. V. Singh, Mitochondria-mediated apoptosis by diallyl trisulfide in human prostate cancer cells is associated with generation of reactive oxygen species and regulated by Bax/Bak, *Mol. Cancer Therapy*, 2007, **6**, 1599–1609.

A. C. Kimbaris, E. Kioulos, G. Koliopoulos, M. G. Polissiou and A. Michaelakis, Coactivity of sulfide ingredients: a new perspective of the larvicidal activity of garlic essential oil against mosquitoes, *Pest Management Sci.*, 2009, **65**, 249–254.

E. A. Kimmel, *Onions and Garlic: an Old Tale*, Holiday House, New York, 1996.

J. F. King and T. Durst, Geometrical isomerism about a carbon-sulfur double bond, *J. Am. Chem. Soc.*, 1963, **85**, 2676–2677.

K. F. Kiple and K.C. Ornelas, (Ed.), *The Cambridge World History of Food*, Cambridge University Press, Cambridge, UK, 2000.

P. Knekt, R. Jarvinen, A. Reunanen and J. Maatela, Flavonoid intake and coronary mortality in Finland: a cohort study, *Br. Med. J.*, 1996, **312**, 478–481.

A. P. Knight, D. Lassen, T. McBride, D. Marsh, C. Kimberling, M. G. Delgado and D. Gould, Adaptation of pregnant ewes to an exclusive onion diet, *J. Vet. Hum. Toxicol.*, 2000, **42**, 1–4.

H. P. Koch and L. D. Lawson, (ed.), *Garlic The Science and Therapeutic Applications of Allium sativum L. and Related Species*, Williams and Wilkins, Baltimore, MD, 1996.

Y. Kodera, H. Matsuura, S. Yoshida, T. Sumida, Y. Itakura, T. Fuwa and H. Nishino, Allixin, a stress compound from garlic, *Chem. Pharm. Bull.*, 1989, **37**, 1656–1658.

Y. Kodera, M. Ayabe, K. Ogasawara, S. Yoshida, N. Hayashi and K. Ono, Allixin accumulation with long-term storage of garlic, *Chem. Pharm. Bull.*, 2002a, **50**, 405–407.

Y. Kodera, M. Ichikawa, J. Yoshida, N. Kashimoto, N. Uda, I. Sumioka, N. Ide and K. Ono, Pharmacokinetic study of allixin, a phytoalexin produced by garlic, *Chem. Pharm. Bull.*, 2002b, **50**, 354–363.

P. Koelewijn and H. Berger, Mechanism of the antioxidant action of dialkyl sulfoxides, *Rec. Trav. Chim. Pays-Bas*, 1972, **91**, 1275–1286.

E. F. Kohman, The chemical components of onion vapor responsible for wound-healing qualities, *Science*, 1947, **106**, 625–627.

K. Koizumi, Y. Iwasaki, M. Narukawa, H. Izuka, T. Fukao, T. Seki, T. Ariga and T. Watanabe, Diallyl sulfides in garlic activate both TRPA1 and TRPV1, *Biochem. Biophys. Res. Commun.*, 2009, **382**, 545–548.

G. König, M. Brunda, H. Puxbaum, C. N. Hewitt, C. S. Duckham and J. Rudolph, Relative contribution of oxygenated hydrocarbons to the total biogenic VOC emissions of selected mid-European agricultural and natural plant species, *Atmos. Environ.*, 1995, **29**, 861–874.

M. Kotrebai, M. Birringer, J. F. Tyson, E. Block and P. C. Uden, Identification of the principal selenium compounds in selenium-enriched natural sample extracts by ion-pair liquid chromatography with inductively coupled plasma- and electrospray ionization–mass spectrometric detection, *Anal. Commun.*, 1999, **36**, 249–252.

M. Kotrebai, M. Birringer, J. F. Tyson, E. Block and P. C. Uden, Characterization of selenium compounds in selenium-enriched and natural sample extracts using perfluorinated carboxylic acids as HPLC ion-pairing agents with ICP- and electrospray ionization–mass spectrometric detection, *Analyst*, 2000, **125**, 71–78.

S. Kreitzman, *Garlic*, Harmony Books, New York, 1984.

I. Krest and M. Keusgen, Quality of herbal remedies from *Allium sativum*. Differences between alliinase from garlic powder and fresh garlic, *Planta Med.*, 1999, **65**, 139–143.

I. Krest, J. Glodek and M. Keusgen, Cysteine sulfoxides and alliinase activity of some *Allium* species, *J. Agric. Food Chem.*, 2000, **48**, 3753–3760.

B. H. Kroes, European perspective on garlic and its regulation, *J. Nutr.*, 2006, **136**, 732S–735S.

R. Kubec, M. Svobodová and J. Velísek, Gas chromatographic determination of *S*-alk(en)ylcysteine sulfoxides, *J. Chromatogr., A*, 1999, **862**, 85–94.

R. Kubec, M. Svobodova and J. Velísek, Distribution of *S*-alk(en)ylcysteine sulfoxides in some *Allium* species. Identification of a new flavor precursor: *S*-ethylcysteine sulfoxide (ethiin), *J. Agric. Food Chem.*, 2000, **48**, 428–433.

R. Kubec and R. A. Musah, Cysteine sulphoxide derivatives in *Petiveria alliacea*, *Phytochemistry*, 2001, **58**, 981–985.

R. Kubec and R. A. Musah, γ-Glutamyl dipeptides in *Petiveria alliacea*, *Phytochemistry*, 2005, **66**, 2494–2497.

R. Kubec, S. Kim, D. M. McKeon and R. A. Musah, Isolation of *S*-n-butylcysteine sulfoxide and six n-butyl-containing thiosulfinates from *Allium siculum*, *J. Nat. Prod.*, 2002, **65**, 960–964.

R. Kubec, S. Kim, J. Velísek and R. A. Musah, The amino acid precursors and odor formation in society garlic (*Tulbaghia violacea* Harv.), *Phytochemistry*, 2002a, **60**, 21–25.

R. Kubec and J. Velísek, Allium discoloration: The color-forming potential of individual thiosulfinates and amino acids: Structual requirements for the color-developing precursors, *J. Agric. Food Chem.*, 2007, **55**, 3491–3497.

R. Kubec and R. Dadáková, Quantitative determination of *S*-alk(en)ylcysteine-*S*-oxides by micellar electrokinetic capillary chromatography, *J. Chromatogr., A*, 2008, **1212**, 154–157.

R. Kubec, R. B. Cody, A. J. Dane, R. A. Musah, J. Schraml, A. Vattekkatte and E. Block, Applications of DART mass spectrometry in Allium chemistry. (*Z*)-Butanethial S-oxide and 1-butenyl thiosulfinates and their *S*-(*E*)-1-butenylcysteine S-oxide precursor from Allium siculum, *J. Agric. Food Chem.*, 2010, **58**, 1121–1128.

K. Kubota, H. Hirayama, Y. Sato, A. Kobayashi and F. Sugawara, Amino acid precursors of the garlic-like odour in *Scorodocarpus borneensis*, *Phytochemistry*, 1998, **49**, 99–102.

E. B. Kuettner, R. Hilgenfeld and M. S. Weiss, The active principle of garlic at atomic resolution, *J. Biol. Chem.*, 2002, **277**, 46402–46407.

M. C. Kuo, M. Chien and C. T. Ho, Novel polysulfides identified in the volatile components from Welsh onions (*Allium fistulosum* L. var. maichuon) and scallions (*Allium fistulosum* L. var. caespitosum), *J. Agric. Food Chem.*, 1990, **38**, 1378–1381.

M. C. Kuo and C. T. Ho, Volatile constituents of the distilled oils of Welsh onions (*Allium fistulosum* L. variety maichuon) and scallions (*Allium fistulosum* L. variety caespitosum), *J. Agric. Food Chem.*, 1992, **40**, 111–117.

M. C. Kuo and C. T. Ho, Volatile constituents of the solvent extracts of Welsh onions (*Allium fistulosum* L. variety maichuon) and scallions (*A. fistulosum* L. variety caespitosum), *J. Agric. Food Chem.*, 1992, **40**, 1906–1910.

I. Laakso, T. Seppanen-Laakso, R. Hiltunen, B. Mueller, H. Jansen and K. Knobloch, Volatile garlic odor components: gas phases and adsorbed exhaled air analyzed by headspace gas chromatography-mass spectrometry, *Planta Med.*, 1989, **55**, 257–261.

S. Lacombe, M. Loudet, E. Banchereau, M. Simon and G. Pfister-Guillouzo, Sulfenic acids in the gas phase: a photoelectron study, *J. Am. Chem. Soc.*, 1996, **118**, 1131–1138.

S. Lacombe, M. Loudet, A. Dargelos and E. Robert-Banchereau, Oxysulfur compounds derived from dimethyl disulfide: an *ab initio* study, *J. Org. Chem.*, 1998, **63**, 2281–2291.

L. Laisheng, H. Yang, X. Chen and L. Xu, Qualitative and quantitative analysis of diallyl sulfides in garlic powder with Ag (I) induced ionization by liquid chromatography-mass spectrometry, *Fenxi Huaxue*, 2006, **34**, 1183–1186 (*Chem. Abstr.*, 2006, **146**, 1216171).

J. E. Lancaster and H. A. Collin, Presence of alliinase in isolated vacuoles and of alkyl cysteine sulphoxides in the cytoplasm of bulbs of onion (*Allium cepa*),

Plant Sci. Lett., 1981, **22**, 169–176.

J. E. Lancaster, M. L. Shaw, M. D. P. Joyce, J. A. McCallum and M. T. McManus, A novel alliinase from onion roots. Biochemical characterization and cDNA cloning, *Plant Physiol.*, 2000a, **122**, 1269–1279.

J. E. Lancaster, M. L. Shaw and E. F. Walton, *S*-Alk(en)yl-L-cysteine sulfoxides, alliinase and aroma in *Leucocoryne*, *Phytochemistry*, 2000, **55**, 127–130.

J.-F. Landry, Taxonomic review of the leek moth genus Acrolepiopsis (Lepidoptera *Acroolepiidate*) in North America, *The Canadian Entomologist*, 2007, **139**, 319–353.

A. Lang, M. Lahav, E. Sakhnini, I. Barshack, H. H. Fidder, B. Avidan, E. Bardan, R. Hershkoviz, S. Bar-Meir and Y. Chowers, Allicin inhibits spontaneous and TNF-alpha induced secretion of proinflammatory cytokines and chemokines from intestinal epithelial cells, *Clin. Nutr.*, 2004, **23**, 1199–1208.

V. Lanzotti, The analysis of onion and garlic, *J. Chromatog., A*, 2006, **1112**, 3–22.

M. Laska, R. M. R. Bautista, D. Höfelmann, V. Sterlemann and L. T. H. Salazar, Olfactory sensitivity for putrefaction-associated thiols and indoles in three species of non-muman primate, *J. Exp. Biol.*, 2007, **210**, 4169–4178.

B. D. Lawenda, K. M. Kelly, E. J. Ladas, S. M. Sagar, A. Vickers and J. B. Blumberg, Should supplemental antioxidant administration be avoided during chemotherapy and radiation therapy? *J. Natl. Cancer Inst.*, 2008, **100**, 773–783.

L. D. Lawson, S. G. Wood and B. G. Hughes, HPLC analysis of allicin and other thiosulfinates in garlic clove homogenates, *Planta Med.*, 1991a, **57**, 263–270.

L. D. Lawson, Z. Y. J. Wang and B. G. Hughes, Identification and HPLC quantitation of the sulfides and dialk(en)yl thiosulfinates in commercial garlic products, *Planta Med.*, 1991b, **57**, 363–370.

L. D. Lawson, Z. J. Wang and B. G. Hughes, γ-Glutamyl-*S*-alkylcysteines in garlic and other *Allium* spp.: precursors of age-dependent *trans*-1-propenyl thiosulfinates, *J. Nat. Prod.*, 1991c, **54**, 436–444.

L. D. Lawson and B. G. Hughes, Characterization of the formation of allicin and other thiosulfinates from garlic, *Planta Med.*, 1992, **58**, 345–350.

L. D. Lawson, in *Garlic: The Science and Therapeutic Applications of Allium sativum L. and Related Species*, ed. H.P. Koch and L.D. Lawson, Williams and Wilkins, Baltimore, MD, 1996.

L. D. Lawson, Garlic: a review of its medicinal effects and indicated active compounds, in *Phytomedicines of Europe: Chemistry and Biological Activity*, ed. L. D. Lawson, R. Bauer, ACS Symposium Series 691, American Chemical Society, Washington, DC, 1998, 176–209.

L. D. Lawson and Z. J. Wang, Allicin release from garlic supplements: a major problem due to the sensitivities of alliinase activity, *J. Agric. Food Chem.*, 2001a, **49**, 2592–2599.

L. D. Lawson, Z. J. Wang and D. Papadimitriou, Allicin release under simulated gastrointestinal conditions from garlic powder tablets employed in clinical trials on serum cholesterol, *Planta Med.*, 2001b, **67**, 13–18.

L. D. Lawson and Z. J. Wang, Allicin and allicin-derived garlic compounds increase breath acetone through allyl methyl sulfide: use in measuring allicin bioavailability, *J. Agric. Food Chem.*, 2005a, **53**, 1974–1983.

L. D. Lawson and C. D. Gardner, Composition, stability, and bioavailability of garlic products used in a clinical trial, *J. Agric. Food. Chem.*, 2005b, **53**, 6254–6261.

L. D. Lawson, Effect of consuming raw or boiled garlic on agonist-induced ex vivo platelet aggregation: an open trial with healthy volunteers, *FASEB J.*, 2007, **21**, 864–867.

E. Ledezma, L. De Sousa, A. Jorquera, A. Lander, J. Sanchez, E. Rodriguez, M. K. Jain and R. Apitz-Castro, Effectiveness of ajoene, an organosulfur derived from garlic, in the short-term therapy of *Tinea pedis* in humans, *Mycoses*, 1996, **39**, 393–395.

E. Ledezma, K. Marcano, A. Jorquera, L. De Sousa, M. Padilla, M. Pulgar and R. Apitz-Castro, Efficacy of ajoene in the treatment of tinea pedis: a double-blind and comparative study with terbinafine, *J. Am. Acad. Dermatol.*, 2000, **43**, 829–832.

J. H. Lee, H. S. Yang, K. W. Park, J. Y. Kim, M. K. Lee, I. Y. Jeong, K. H. Shim, Y. S. Kim, K. Yamada and K. I. Seo, Mechanisms of thiosulfinates from *Allium tuberosum* L.-induced apoptosis in HT-29 human colon cancer cells, *Toxicol. Lett.*, 2009, **188**, 142–147.

K. W. Lee, O. Yamato, M. Tajima, M. Kuraoka, S. Omae and Y. Maede, Hematologic changes associated with the appearance of eccentrocytes after intragastric administration of garlic extract to dogs, *Am. J. Veterinary Res.*, 2000, **61**, 1446–1450.

S. O. Lee, J. Yeon Chun, N. Nadiminty, D. L. Trump, C. Ip, Y. Dong and A. C. Gao, Monomethylated selenium inhibits growth of LNCaP human prostate cancer xenograft accompanied by a decrease in the expression of androgen receptor and prostate-specific antigen (PSA), *Prostate*, 2006, **66**, 1070–1075.

S. U. Lee, J. H. Lee, S. H. Choi, J. S. Lee, M. Ohnisi-Kameyama, N. Kozukue, C. E. Levin and M. Friedman, Flavonoid content in fresh, home-processed, and light-exposed onions and in dehydrated commercial onion products, *J. Agric. Food Chem.*, 2008, **56**, 8541–8548.

T. Y. Lee and T. H. Lam, Contact dermatitis due to topical treatment with garlic in Hong Kong, *Contact Dermatitis*, 1991, **24**, 193–196.

Y. Lee, Induction of apoptosis by S-allylmercapto-L-cysteine, a biotransformed garlic derivative, on a human gastric cancer cell line, *Int. J. Mol. Med.*, 2008, **21**, 765–770.

D. J. Lefer, A new gaseous signaling molecule emerges: cardioprotective role of hydrogen sulfide, *Proc. Natl. Acad. Sci. U.S.A.*, 2007, **104**, 17907–17908.

K. M. Lemar, M. A. Aon, S. Cortassa, B. O'Rourke, C. T. Müller and D. Lloyd, Diallyl disulfide depletes glutathione in *Candida albicans*: oxidative stress-mediated cell death studied by two-photon microscopy, *Microbiology*, 2005, **151**, 3257–3265.

K. M. Lemar, O. Passa, M. A. Aon, S. Cortassa, C. T. Müller, S. Plummer, B. O'Rourke and D. Lloyd, Allyl alcohol and garlic (*Allium sativum*) extract produce oxidative stress in *Candida albicans*, *Yeast*, 2007, **24**, 695–706.

T. Leustek and K. Saito, Sulfate transport and assimilation in plants, *Plant Physiol.*, 1999, **120**, 637–643.

A. Leuthner von Grundt, *Gründtliche Darstellung der fünff Seüllen, wie solche von...Vitruuio, Scamozzio und andern...Baumeistren...uerfasset worden...Mit schönen Grundtrissen, Lusthaussern, Capellen, Klöstern, Schlössern...zusamben gebracht, gerissen auf hundert und mehr Kupffer radirt undt vorgestellet durch Abraham Leüthner von Grundt, Burger... der...newen Stadt Prag*...Prague, 1677. [Avery Architectural Library, Columbia University].

W. H. Lewis and M. P. F. Elvin-Lewis, *Medical Botany: Plants Affecting Man's Health*, John Wiley & Sons, New York, 1977.

I. J. Levy and R. L. Zumwalt, *Ritual Medical lore of Sephardic Women: Sweetening the Spirits, Healing the Sick*, University of Illinois Press, Urbana, IL, 2002.

H. Li, H.-Q. Li, Y. Wang, H. Xu, W. Fan, M. Wang, P. Sun and X. Xie, An intervention study to prevent gastric cancer by micro-selenium and large dose of allitridum, *Chin. Med. J.*, 2004, **117**, 1155–1160.

L. Li, D. Hu, Y. Jiang, F. Chen, X. Hu and G. Zhao, Relationship between γ-glutamyl transpeptidase activity and garlic greening, as controlled by temperature, *J. Agric. Food Chem.*, 2008, **56**, 941–945.

M. Li, J. R. Ciu, Y. Ye, J. M. Min, L. H. Zhang, K. Wang, M. Gares, J. Cros, M. Wright and J. Leung-Tack, Antitumor activity of Z-ajoene, a natural compound purified from garlic: antimitotic and microtubule-interaction properties, *Carcinogenesis*, 2002, **23**, 573–579.

N. Li, R. Guo, W. Li, J. Shao, S. Li, K. Zhao, X. Chen, N. Xu, S. Liu and Y. Lu, A proteomic investigation into a human gastric cancer cell line BGC823 treated with diallyl trisulfide, *Carcinogenesis*, 2006, **7**, 1222–1231.

J. G. Lin, G. W. Chen, C. C. Su, C. F. Hung, C. C. Yang, J. H. Lee and J. G. Chung, Effects of garlic components diallyl sulfide and diallyl disulfide on arylamine *N*-acetyltransferase activity and 2-aminofluorene–DNA adducts in human promyelocytic leukemia cells, *Am. J. Chin. Med.*, 2002, **30**, 315–325.

K. Linde, G. ter Riet, M. Hondras, A. Vickers, R. Saller and D. Melchart, Systematic reviews of complementary therapies – an annotated bibliography. Part 2: herbal medicine, *BioMed Central Complementary Alternative Med.*, 2001, **1**, 5.

S. A. Lippman, P. J. Goodman, E. A. Klein, H. L. Parnes, I. M. Thompson Jr., A. R. Kristal, R. M. Santella, J. L. Probstfield, C. M. Moinpour, D. Albanes, P. R. Taylor, L. M. Minasian, A. Hoque, S. M. Thomas, J. J. Crowley, J. M. Gaziano, J. L. Stanford, E. D. Cook, N. E. Fleshner, M. M. Lieber, P. J. Walther, F. R. Khuri, D. D. Karp, G. G. Schwartz, L. G. Ford and C. A. Coltman, Jr., Designing the Selenium and Vitamin E Cancer Prevention Trial (SELECT), *J. Natl. Cancer Inst.*, 2005, **97**, 94–102.

S. A. Lippman, E. A. Klein, P. J. Goodman, M. S. Lucia, I. M Thompson, L. G Ford, H. L. Parnes, L. M. Minasian, J. M Gaziano, J. A. Hartline, J. K. Parsons, J. D. Bearden 3rd, E. D. Crawford, G. E. Goodman, J. Claudio, E. Winquist, E. D. Cook, D. D. Karp, P. Walther, M. M. Lieber, A. R. Kristal, A. K. Darke, K. B. Arnold, P. A. Ganz, R. M. Santella, D. Albanes, P. R. Taylor, J. L. Probstfield, T. J. Jagpal, J. J. Crowley, F. L. Meyskens. Jr., L. H. Baker, C. A. Coltman, Jr., Effect of selenium and vitamin E on risk of prostate cancer and other cancers: The Selenium and Vitamin E Cancer Prevention Trial

(SELECT), *J. Am. Med. Assoc.*, 2009, **301**, 39–51.

E. Lissiman, A. L. Bhasale and M. Cohen, Garlic for the common cold, *Cochrane Database Syst. Rev.* 2009, July 8 (3), CD006206.

C.-T. Liu, L.-Y. Sheen and C.-K. Lii, Does garlic have a role as an antidiabetic agent? *Mol. Nutr. Food Res.*, 2007, **51**, 1353–1364.

T. X. Liu and P. A. Stansley, Toxicity and repellency of some biorational insecticides to *Bemisia argentifolia* on tomato plants, *Entomol. Exper. Appl.*, 1995, **74**, 137–143.

J. Longrigg, *Greek Medicine*, Routledge, New York, 1998.

J. N. Losso and S. Nakai, Molecular size of garlic fructooligosaccharides and fructopolysaccharides by matrix-assisted laser desorption ionization mass spectrometry, *J. Agric. Food Chem.*, 1997, **45**, 4342–4346.

Mrs. [J.W.] Loudon, *Ladies' Flower-Garden of Ornamental Bulbous Plants*, William Smith, London, 1841.

C. F. Low, P. P. Chong, P. V. Yong, C. S. Lim, Z. Ahmad and F. Othman, Inhibition of hyphae formation and SIR2 expression in *Candida albicans* treated with fresh *Allium sativum* (garlic) extract, *J. Appl. Microbiol.*, 2008, **105**, 2169–2177.

G. Lucier, Garlic: flavor of the ages, *Agric. Outlook*, 2000, June/July, 7–10.

T. M. Lukes, Factors governing the greening of garlic puree, *J. Food Sci.*, 1986, **51**, 1577.

B. Lundegårdh, P. Botek, V. Schulzov, J. Hajslov, A. Strömberg and H. C. Andersson, Impact of different green manures on the content of S-alk(en)yl-L-cysteine sulfoxides and L-ascorbic acid in leek (*Allium porrum*), *J. Agric. Food Chem.*, 2008, **56**, 2102–2111.

Z. R. Lun, C. Burri, M. Menzinger and R. Kaminsky, Antiparasitic activity of diallyl trisulfide (Dasuansu) on human and animal pathogenic protozoa (*Trypanosoma* sp., *Entamoeba histolytica* and *Giardia lamblia*) in vitro, *Ann. Soc. Belg. Med. Tropicale*, 1994, **74**, 51–59.

D. Q. Luo, J. H. Guo, F. J. Wang, Z. X. Jin, X. L. Cheng, J. C. Zhu, C. Q. Peng and C. Zhang, Anti-fungal efficacy of polybutylcyanoacrylate nanoparticles of allicin and comparison with pure allicin, *J. Biomater. Sci. Polym. Ed.*, 2009, **20**, 21–31.

J. A. Lybarger, J. S. Gallagher, D. W. Pulver, A. Litwin, S. Brooks and I. L. Bernstein, Occupational asthma induced by inhalation and ingestion of garlic, *J. Allergy Clin. Immunol.*, 1982, **69**, 448–454.

K. L. MacDonald, R. F. Spengler, C. L. Hatheway, N. T. Hargrett and M. L. Cohen, Type A botulism from sauteed onions. Clinical and epidemiologic observations, *J. Am. Med. Assoc.*, 1985, **253**, 1275–1278.

M. B. MacDonald and M. Jacob, Inhalation the chief factor in onion or garlic contamination of milk, *Science*, 1928, **68**, 568–569.

L. J. Macpherson, B. H. Geierstanger, V. Viswanath, M. Bandell, S. R. Eid, S. Hwang and A. Patapoutian, The pungency of garlic: activation of TRPA1 and TRPV1 in response to allicin, *Curr. Biol.*, 2005, **15**, 929–934.

E. Malézieux, Y. Crozat, C. Dupraz, M. Laurans, D. Makowski, H. Ozier-Lafontaine, B. Rapidel, S. de Tourdonnet and M. Valantin-Morison, Mixing plant species in cropping systems: concepts, tools and models. A review, *Agron. Sustainable Development*, 2008, **29**, 43–62.

S. B. Mallek, T. S. Prather and J. J. Stapleton, Interaction effects of *Allium* spp. residues, concentrations and soil temperature on seed germination of four weedy plant species, *Appl. Soil Ecol.*, 2007, **37**, 233–239.

T. Manabe, A. Hasumi, M. Sugiyama, M. Yamazaki and K. Saito, Alliinase [S-alk(en)yl-L-cysteine sulfoxide lyase] from *Allium tuberosum* (Chinese chive) – purification, localization, cDNA cloning and heterologous functional expression, *Eur. J. Biochem.*, 1998, **257**, 21–30.

S. Mandal and D. K. Choudhuri, Cholesterol metabolism in *Lohita grandis* Gray (Hemiptera: Pyrrhocoridae: Insecta). Effect of corpora allatectomy and garlic extract, *Curr. Sci.*, 1982, **51**, 367–369.

L. Manniche, *An Ancient Egyptian Herbal*, British Museum Press, London, UK, 2006.

P. Marcos, M. P. Lue-Meru, R. Ricardo, G. Maximo, V. Maribel, B. J. Luis and B. Marcela, Pungency evaluation of onion cultivars from the Venezuelan West-Center region by flow injection analysis-UV-visible spectroscopy pyruvate determination, *Talanta*, 2004, **64**, 1299–1303.

D. M. Marcus and A. P. Grollman, Botanical medicines – the need for new regulations, *N. Engl. J. Med.*, 2002, **347**, 2073–2076.

K. W. Martin and E. Ernst, Herbal medicines for treatment of bacterial infections: a review of controlled clinical trials, *J. Antimicrob. Chemotherapy*, 2003, **51**, 241–246.

D. Maslin, Effects of garlic on cholesterol: not down but not out either, *Arch. Int. Med.*, 2008, **168**, 111.

J. R. Mason and G. Linz, Repellency of garlic extract to European starlings, *Crop Protection*, 1997, **16**, 107–108.

E. M. Matheson, A. G. Mainous 3rd and M. A. Carnemolla, The association between onion consumption and bone density in perimenopausal and postmenopausal non-Hispanic white women 50 years and older, *Menopause*, 2009, **16**, 756–759.

B. Mathews, *A Review of Allium section Allium*, Richmond, Royal Botanic Gardens, Kew, UK, 1996.

T. Matsukawa, S. Yurugi and T. Matsuoka, *Science*, 1953, **118**, 325–327.

Y. Matsumura, K. Shirai, T. Maki, Y. Itakura and Y. Kodera, Facile synthesis of allixin and its related compounds, *Tetrahedron Lett.*, 1998, **39**, 2339–2340.

V. Maurer, E. Perler and F. Heckendorn, *In vitro* efficacies of oils, silicas and plant preparations against the poultry red mite *Dermanyssus gallinae*, *Exp. Appl. Acarol.*, 2009, **48**, 31–41.

R. McCann, 2009, cited in *Macarthur Chronicle*, Wollondilly, Australia, January 13, 2009, p. 3: http://macarthur-chronicle-wollondilly.whereilive.com.au/news/story/oh-my-father-that-S-one-for-the-cooks/.

H. McGee, *On Food and Cooking. The Science and Lore of the Kitchen*, Macmillan, NewYork, 1984.

H. McGee, *In victu veritas*, *Nature*, 1998, **392**, 649–650.

T. McLean, *Medieval English Gardens*, Viking Press, New York, 1980.

C. A. McNulty, M. P. Wilson, W. Havinga, B. Johnston, E. A. O'Gara and D. J. Maslin, A pilot study to determine the effectiveness of garlic oil capsules in the treatment of dyspeptic patients with *Helicobacter pylori*, *Helicobacter*, 2001, **6**,

249–253.

S. McSheehy, W. Yang, F. Pannier, J. Szpunar, R. Lobinski, J. Auger and M. Potin-Gautier, Speciation analysis of selenium in garlic by two-dimensional high-performance liquid chromatography with parallel inductively coupled plasma mass spectrometric and electrospray tandem mass spectrometric detection, *Anal. Chim. Acta*, 2000, **421**, 147–153.

S. Meher and L. Duley, Garlic for preventing pre-eclampsia and its complications, *Cochrane Database Syst. Rev.*, 2006, **3**, CD006065.

J. A. Mennella, A. Johnson and G. K. Beauchamp, Garlic ingestion by pregnant women alters the odor of amniotic fluid, *Chem. Senses*, 1995, **20**, 207–209.

J. A. Mennella and G. K. Beauchamp, The effects of repeated exposure to garlic-flavored milk on the nursling's behavior, *Pediatrics Res.*, 1993, **34**, 805–808.

J. A. Mennella and G. K. Beauchamp, Maternal diet alters the sensory qualities of human milk and the nursling's behavior, *Pediatrics*, 1991, **88**, 737–744.

F. Merhi, J. Auger, F. Rendu and B. Bauvois, *Allium* compounds: dipropyl and dimethyl thiosulfinates as antiproliferative and differentiating agents of human acute myeloid leukemia cell lines, *Biol.: Targets Therapy*, 2008, **2**, 885–895.

H. Meunier, O. Petit and J. L. Deneubourg, Social facilitation of fur rubbing behavior in white-faced capuchins, *Am. J. Primatol.*, 2008, **70**, 161–168.

H. Meunier, O. Petit and J. L. Deneubourg, Resource influence on the form of fur rubbing behaviour in white-faced capuchins, *Behavioural Processes.*, 2008, **77**, 320–326.

M. A. Meyers, *Happy Accidents. Serendipity in Modern Medical Breakthroughs*, Arcade Publishing, New York, 2007.

M. R. Mezzabotta, What was "ulpicum?", *The Classical Quarterly*, 2000, **50**, 230–237.

H. Miething, HPLC-Analysis of the volatile oil of garlic bulbs, *Phytotherapy Res.*, 1988, **2**, 149–151.

A. E. Millen, A. F. Subar, B. I. Graubard, U. Peters, R. B. Hayes, J. L. Weissfeld, L. A. Yokochi and R. G. Ziegler, Fruit and vegetable intake and prevalence of colorectal adenoma in a cancer screening trial, *Am. J. Clin. Nutr.*, 2007, **86**, 1754–1764.

H. Miller, Identity takeout: how American Jews made Chinese food their ethnic cuisine, *J. Popular Culture*, 2006, **39**, 430–465.

J. A. Milner, Preclinical perspectives on garlic and cancer, *J. Nutr.*, 2006, **136**, 827S–831S.

W. C. Minchin, *The Treatment, Prevention and Cure of Tuberculosis and Lupus with Allyl Sulphide*, Bailliere, Tindall and Cox, London, UK, 1912.

W. C. Minchin, *A Study in Tubercle Virus, Polymorphism and the Treatment of Tuberculosis and Lupus with Oleum Alii*, Bailliere, Tindall & Cox, London, UK, 1927.

D. Mirelman, D. Monheit and S. Varon, Inhibition of growth of *Entamoeba histolytica* by allicin, the active principle of garlic extract (*Allium sativum*), *J. Infectious Diseases*, 1987, **156**, 243–244.

T. Miron, A. Rabinkov, D. Mirelman, M. Wilchek and L. Weiner, The mode of action of allicin: its ready permeability through phospholipid membranes may contribute to its biological activity, *Biochim Biophys Acta*, 2000, **1463**, 20–30.

T. Miron, I. Shin, G. Feigenblat, L. Weiner, D. Mirelman, M. Wilchek and A. Rabinkov, A spectrophotometric assay for allicin, alliin, and alliinase (alliin lyase) with a chromogenic thiol: reaction of 4-mercaptopyridine with thiosulfinates, *Anal. Biochem.*, 2002, **307**, 76–83.

T. Miron, M. Mironchik, D. Mirelman, M. Wilchek and A. Rabinkov, Inhibition of tumor growth by a novel approach: *in situ* allicin generation using targeted alliinase delivery, *Mol. Cancer Therapy*, 2003, **2**, 1295–1301.

T. Miron, H. SivaRaman, A. Rabinkov, D. Mirelman and M. Wilchek, A method for continuous production of allicin using immobilized alliinase, *Anal. Biochem.*, 2006, **351**, 152–154.

T. Miron, M. Wilchek, A. Sharp, Y. Nakagawa, M. Naoi, Y. Nozawa and Y. Akao, Allicin inhibits cell growth and induces apoptosis through the mitochondrial pathway in HL60 and U937 cells, *J. Nutr. Biochem.*, 2008, **19**, 524–535.

M. I. Mogahed, Influence of intercropping on population dynamics of major insect-pests of potato (*Solanum tuberosum*), *Indian J. Agric. Sci.*, 2003, **73**, 546–549.

N. Mondy, D. Duplat, J. P. Christides, I. Arnault and J. Auger, Aroma analysis of fresh and preserved onions and leek by dual solid-phase microextraction-liquid extraction and gas chromatography-mass spectrometry, *J Chromatogr., A.*, 2002, **963**, 89–93.

G. S. Moore and R. D. Atkins, The fungicidal and fungistatic effects of an aqueous garlic extract on medically important yeast-like fungi, *Mycologia*, 1977, **69**, 341–348.

T. L. Moore and D. E. O'Connor, The reaction of methanesulfenyl chloride with alkoxides and alcohols. Preparation of aliphatic sulfenate and sulfinate esters, *J. Org. Chem.*, 1966, **31**, 3587–3592.

V. Morelli and R. J. Zoorob, Alternative therapies: Part I. Depression, diabetes, obesity, *Am. Family Physician*, 2000, **62**, 1051–1060.

Y. Morimitsu and S. Kawakishi, Inhibitors of platelet aggregation from onion, *Phytochemistry*, 1990, **29**, 3435–3439.

Y. Morimitsu and S. Kawakishi, Optical resolution of 1-(methylsulfinyl)propyl alk(en)yl disulfides, inhibitors of platelet aggregation isolated from onion, *Agric. Biol. Chem.*, 1991, **55**, 889–890.

Y. Morimitsu, Y. Morioka and S. Kawakishi, Inhibitors of platelet aggregation generated from mixtures of Allium species and/or *S*-alk(en)nyl-L-cysteine sulfoxides, *J. Agric. Food Chem.*, 1992, **40**, 368–372.

C. A. Morris and J. Avorn, Internet marketing of herbal products, *J. Am. Med. Assoc.*, 2003, **290**, 1505–1509.

C. J. Morris and J. F. Thompson, The identification of (+)-*S*-methyl-l-cysteine sulfoxide in plants, *J. Am. Chem. Soc.*, 1956, **78**, 1605–1608.

V. C. Morris, Selenium content of foods, *J. Nutr.*, 1970, **100**, 1385–1386.

D. L. Morse, L. K. Pickard, J. J. Guzewich, B. D. Devine and M. Shayegani, Garlic-in-oil associated botulism: episode leads to product modification, *Am. J.*

Public Health, 1990, **80**, 1372–1373.

A. W. Mott and G. Barany, A new method for the synthesis of unsymmetrical trisulfanes, *Synthesis*, 1984, 658–660.

S. Moyers, *Garlic in Health, History, and World Cuisine*, Suncoast Press, St. Petersburg, Florida, 1996.

M. Moyle, K. Frowen and R. Nixon, Use of gloves in protection from diallyl disulphide allergy, *Australasian J. Dermatol.*, 2004, **45**, 223–225.

L. Mskhiladze, J. Legault, S. Lavoie, V. Mshvildadze, J. Kuchukhidze, R. Elias and A. Pichette, Cytotoxic steroidal saponins from the flowers of *Allium leucanthum*, *Molecules*, 2008, **13**, 2925–2934.

A. L. Mueller and A. I. Virtanen, Synthesis of *S*-(buten-1-yl)-L-cysteine sulfoxide and its enzymic cleavage to 1-butenylsulfenic acid, *Acta Chem. Scand.*, 1966, **20**, 1163–1165.

S. Mukherjee, I. Lekli, S. Goswami and D. K. Das, Freshly crushed garlic is a superior cardioprotective agent than processed garlic, *J. Agric. Food Chem.*, 2009, **57**, 7137–7144.

C. Mulrow, V. Lawrence, R. Ackermann, G. Gilbert Ramirez, L. Morbidoni, C. Aguilar, J. Arterburn, E. Block, E. Chiquette, C. Gardener, M. Harris, P. Heidenreich, D. Mullins, M. Richardson, N. Russell, A. Vickers and V. Young, Garlic: effects on cardiovascular risks and disease, protective effects against cancer, and clinical adverse effects, *AHRQ Evid. Rep. Technol. Assess. (Summ.)*, 2000, No. 20, 1–4. [AHRQ Publication No. 01–E023: http://www.ahrq.gov/clinic/garlicsum.htm].

R. Munday, J. S. Munday and C. M. Munday, Comparative effects of mono-, di-, tri-, and tetrasulfides derived from plants of the *Allium* family: redox cycling *in vitro* and hemolytic activity and Phase 2 enzyme induction *in vivo*, *Free Radical Biol. Med.*, 2003, **34**, 1200–1211.

A. Murakami, H. Ashida and J. Terao, Multitargeted cancer prevention by quercetin, *Cancer Lett.*, 2008, **269**, 315–325.

F. Murakami, Studies on the nutritional value of *Allium* plants. XXXVII. Decomposition of alliin homologues by acetone-powdered enzyme preparation of *Bacillus subtilis*, *Bitamin (Kyoto)*, 1960, **20**, 131–135.

R. W. Murray, R. D. Smetana and E. Block, Oxidation of disulfides with triphenyl phosphite ozonide, *Tetrahedron Lett.*, 1971, 299–302.

N. B. K. Murthy and S. V. Amonkar, Effect of a natural insecticide from garlic (*Allium sativum* L.) and its synthetic form (diallyl disulphide) on plant pathogenic fungi, *Indian J. Exp. Biol.*, 1974, **12**, 208–209.

L. J. Musselman, Is *Allium kurrat* the leek of the Bible? *Economic Botany*, 2002, **56**, 399–400.

M. Mütsch-Eckner, O. Sticher and B. Meier, Reversed-phase high-performance liquid chromatography of *S*-alk(en)yl-L-cysteine derivatives in *Allium sativum* including the determination of (+)-*S*-allyl-L-cysteine sulfoxide, γ-L-glutamyl-*S*-allyl-l-cysteine and γ-L-glutamyl-*S*-(*trans*-1-propenyl)-L-cysteine, *J. Chromatogr.*, 1992, **625**, 183–190.

M. Mütsch-Eckner, C. A. Erdelmeier, O. Sticher and H. D. Reuter, A novel amino acid glycoside and three amino acids from *Allium sativum*, *J. Nat. Prod.*, 1993, **56**, 864–869.

R. Naganawa, N. Iwata, K. Ishikawa, H. Fukuda, T. Fujino and A. Suzuki, Inhibition of microbial growth by ajoene, a sulfur-containing compound derived from garlic, *Appl. Environ. Microbiol.*, 1996, **62**, 4238–4242.

S. Nagini, Cancer chemoprevention by garlic and its organosulfur compounds-panacea or promise? *Anticancer Agents Med. Chem.*, 2008, **8**, 313–321.

V. Najar-Nezhad, M. R. Aslani and M. Balali-Mood, Evaluation of allicin for the treatment of experimentally induced subacute lead poisoning in sheep, *Biol. Trace Elem. Res.*, 2008, **126**, 141–147.

Y. K. Nakamura, T. Matsuo, K. Shimoi, Y. Nakamura and I. Tomita, *S*-Methyl methanethiosulfonate, bio-antimutagen in homogenates of *Cruciferae* and *Liliaceae* vegetables, *Biosci. Biotechnol. Biochem.*, 1996, **60**, 1439–1443.

J. C. Namyslo and C. Stanitzek, A palladium-catalyzed synthesis of isoalliin, the main cysteine sulfoxide in onions (*Allium cepa*), *Synthesis*, 2006, 3367–3369.

A. Nath, N. K. Sharma, S. Bhardwaj and C. D. Thapa, Nematicidal properties of garlic, *Nematologica*, 1982, **28**, 253–255.

National Cancer Institute, 2004 ("antioxidants"): http://www.cancer.gov/.

National Center for Complementary and Alternative Medicine (NCCAM: NIH, U.SA.) Publication No. D274, March 2008: http://nccam.nih.gov/health/garlic/index.htm.

National Public Radio (NPR), 2006: Does a bit of steel get rid of that garlic smell? http://www.npr.org/templates/story/story.php?storyId=6473350.

A. Nault and D. Gagnon, Ramet demography of *Allium tricoccum*, a spring ephemeral, perennial forest herb, *J. Ecol.*, 1993, **81**, 101–119.

M. T. Naznin, M. Akagawa, K. Okukawa, T. Maeda and N. Morita, Characterization of E- and Z-ajoene obtained from different varieties of garlics, *Food Chem.*, 2008, **106**, 1113–1119.

M. Negbi, E. E. Goldschmidt and N. Serikoff, Classical and Hebrew sages on cultivated biennial plants. Part II, *Scr. Classica Israelica*, 2004, **23**, 81–94.

O. Negishi, Y. Negishi and T. Ozawa, Effects of food materials on removal of *Allium*-specific volatile sulfur compounds, *J. Agric. Food Chem.*, 2002, **50**, 3856–3861.

H. A. Neil, C. A. Silagy, T. Lancaster, J. Hodgeman, K. Vos, J. W. Moore, L. Jones, J. Cahill and G. H. Fowler, Garlic powder in the treatment of moderate hyperlipidaemia: a controlled trial and meta-analysis, *J. R. Coll. Physicians Lond.*, 1996, **30**, 329–334.

New York State Task Force on Life and the Law, *Dietary Supplements: Balancing Consumer Choice & Safety*, 2005: http://www.health.state.ny.us/regulations/task_force/docs/dietary_supplement_safety.pdf.

New York Times Editorial: The 1993 snake oil protection act, October 5, 1993.

S. N. Ngo, D. B. Williams, L. Cobiac and R. J. Head, Does garlic reduce risk of colorectal cancer? A systematic review, *J. Nutr.*, 2007, **137**, 2264–2269.

D. Nicodemo and R. H. Nogueira-Couto, Use of repellents for honeybees (*Apis mellifera* L.) *in vitro* in the yellow passion-fruit (*Passiflora edulis* Deg) crop and in confined beef cattle feeders, *J. Venomous Animals Toxins Including Tropical Diseases*, 2004, **10**, 77–85.

P. T. Nicholson and I. Shaw, (ed.), *Ancient Egyptian Materials and Technology*, Cambridge University Press, Cambridge, UK, 2000.

W. D. Niegisch and W. H. Stahl, The onion: gaseous emanation products, *Food*

Res., 1956, **21**, 657–665.

G. S. Nielsen and L. Poll, Determination of odor active aroma compounds in freshly cut leek (*Allium ampeloprasum* Var. Bulga) and in long-term stored frozen unblanched and blanched leek slices by gas chromatography olfactometry analysis, *J. Agric. Food Chem.*, 2004, **52**, 1642–1646.

M. Nishida, T. Hada, K. Kuramochi, H. Yoshida, Y. Yonezawa, I. Kuriyama, F. Sugawara, H. Yoshida and Y. Mizushina, Diallyl sulfides: selective inhibitors of family X DNA polymerases from garlic (*Allium sativum* L.), *Food Chem.*, 2008, **108**, 551–560.

T. Nishikawa, N. Yamada, A. Hattori, H. Fukuda and T. Fujino, Inhibition by ajoene of skin-tumor promotion in mice, *Biosci. Biotechnol. Biochem.*, 2002, **66**, 2221–2223.

H. Nishimura, O. Higuchi, K. Tateshita, K. Tomobe, Y. Okuma and Y. Nomura, Antioxidative activity and ameliorative effects of memory impairment of sulfur-containing compounds in *Allium* species, *Biofactors*, 2006, **26**, 135–146.

H. Nishino, A. Nishino, J. Takayasu, A. Iwashima, Y. Itakura, Y. Kodera, H. Matsuura and T. Fuwa, Antitumor-promoting activity of allixin, a stress compound produced by garlic, *Cancer J.*, 1990, **3**, 20–21.

D. M. Oaks, H. Hartmann and K. P Dimick, Analysis of S compounds with electron capture/H flame dual channel gas chromatography, *Anal. Chem.*, 1964, **36**, 1560–1565.

J. Obagwu, Control of brown blotch of bambara groundnut with garlic extract and benomyl, *Phytoparasitica*, 2003a, **31**, 207–209.

J. Obagwu and L. Korsten, Control of citrus green and blue molds with garlic extracts, *Eur. J. Plant Pathol.*, 2003b, **109**, 221–225.

G. O'Donnell and S. Gibbons, Antibacterial activity of two canthin-6-one alkaloids from *Allium* neapolitanum, *Phytotherapy Res.*, 2007, **21**, 653–657.

G. O'Donnell, R. Poeschl, O. Zimhony, M. Gunaratnam, J. B. Moreira, S. Neidle, D. Evangelopoulos, S. Bhakta, J. P. Malkinson, H. I. Boshoff, A. Lenaerts and S. Gibbons, Bioactive pyridine-*N*-oxide disulfides from *Allium stipitatum*, *J. Nat. Prod.*, 2009, **72**, 360–365.

E. A. O'Gara, D. J. Hill and D. J. Maslin, Activities of garlic oil, garlic powder, and their diallyl constituents against *Helicobacter pylori*, *Appl. Environ. Microbiol.*, 2000, **66**, 2269–2273.

E. A. O'Gara, D. J. Maslin, A. M. Nevill and D. J. Hill, The effect of simulated gastric environments on the anti-Helicobacter activity of garlic oil, *J. Appl. Microbiol.*, 2008, **104**, 1324–1331.

R. Ohta, N. Yamada, H. Kaneko, K. Ishikawa, H. Fukuda, T. Fujino and A. Suzuki, In vitro inhibition of the growth of *Helicobacter pylori* by oil-macerated garlic constituents, *Antimicrob. Agents Chemotherapy*, 1999, **43**, 1811–1812.

Y. Okada, K. Tanaka, I. Fujita, E. Sato and H. Okajima, Antioxidant activity of thiosulfinates derived from garlic, *Redox Report*, 2005, **10**, 96–102.

Y. Okada, K. Tanaka, E. Sato and H. Okajima, Kinetic and mechanistic studies of allicin as an antioxidant, *Org. Biomol. Chem.*, 2006, **4**, 4113–4117.

Y. Okada, K. Tanaka, E. Sato and H. Okajima, Antioxidant activity of the new thiosulfinate derivative, *S*-benzyl phenylmethanethiosulfinate, from *Petiveria alliacea* L., *Org. Biomol. Chem.*, 2008, **6**, 1097–1102.

T. Okuyama, K. Miyake, T. Fueno, T. Yoshimura, S. Soga and E. Tsukurimichi,

Equilibrium and kinetic studies of reactions of 2-methyl-2-propanesulfenic acid, *Heteroatom Chem.*, 1992, **3**, 577–583.

V. V. Oliinik, E. A. Goreshnik, Z. Zhonchinska and T. Glovyak, The π-complex of copper(I) bromide with diallyl sulfide 5CuBr·2DAS: synthesis and crystal structure, *Russ. J. Coord. Chem.*, 1997, **23**, 595–598.

V. V. Oliinik, E. A. Goreshnik, V. N. Davydov and M. G. Mys'kiv, π-Complex of silver(I) perchlorate with diallyl sulfide: Synthesis and crystal structure of [Ag(DAS)ClO$_4$], *Russ. J. Coord. Chem.*, 1998, **24**, 512–514.

S. H. Omar, A. Hasan, N. Hunjul, J. Ali and M. Aqil, Historical, chemical and cardiovascular perspectives on garlic: a review, *Pharmacog. Rev.*, 2007, **1**, 80–87.

H. T. Ong and J. S. Cheah, Statin alternatives or just placebo: an objective review of omega-3, red yeast rice and garlic in cardiovascular therapeutics, *Chin. Med. J.*, 2008, **121**, 1588–1594.

Onion goggles: http://www.broadwaypanhandler.com/broadway/shopper lookup.asp.

S. Oommen, R. J. Anto, G. Srinivas and D. Karunagaran, Allicin (from garlic) induces caspase-mediated apoptosis in cancer cells, *Eur. J. Pharmacol.*, 2004, **485**, 97–103.

A. M. Oparaeke, M. C. Dike and C. I. Amatobi, Effect of application of different concentrations and appropriate schedules of aqueous garlic (*Allium sativum* L.) bulb extracts against *Maruca vitrata* and *Clavigralla tomentosicollis* on cowpea, *Vigna unguiculata* (L.) Walp, *Arch. Phytopath. Plant Protection*, 2007, **40**, 246–251.

Oxford University, Electronic Text Corpus of Sumerian Literature (ETCSL) project, 2006: http://www-etcsl.orient.ox.ac.uk/.

C. Papageorgiou, J. P. Corbet, F. Menezes-Brandao, M. Pecegueiro and C. Benezra, Allergic contact dermatitis to garlic (*Allium sativum*). Identification of the allergens: the role of mono-, di-, and trisulfides present in garlic, *Arch. Dermatol. Res.*, 1983, **275**, 229–234.

L. V. Papp, J. Lu, A. Holmgren and K. K. Khanna, From selenium to selenoproteins: synthesis, identity, and their role in human health, *Antioxidant Redox Signaling*, 2007, **9**, 775–806.

K. Parejko, Pliny the Elder's Silphium: first recorded species extinction, *Conservation Biol.*, 2003, **17**, 925–927.

L. Pari, P. Murugavel, S. L. Sitasawad and K. S. Kumar, Cytoprotective and antioxidant role of diallyl tetrasulfide on cadmium induced renal injury: an *in vivo* and *in vitro* study, *Life Sci.*, 2007, **80**, 650–658.

R. A. Parish, S. McIntire and D. M. Heimbach, Garlic burns: a naturopathic remedy gone awry, *Pediatric Emergency Care*, 1987, **3**, 258–260.

I.-K. Park, J.-Y. Park and S.-C. Shin, Fumigant activity of plant essential oils and components from garlic (*Allium sativum*) and clove bud (*Eugenia caryophyllata*) oils against the Japanese termite (*Reticulitermes speratus* Kolbe), *J. Agric. Food Chem.*, 2005, **53**, 4388–4392.

I.-K. Park, J.-Y. Park, K.-H. Kim, K. Sik Choi, I.-H. Choi, C.-S. Kim and S.-C. Shin, Nematicidal activity of plant essential oils and components from garlic (*Allium sativum*) and cinnamon (*Cinnamomum verum*) oils against the pine wood nematode (*Bursaphelenchus xylophilus*), *Nematology*, 2005, **7**, 767–774.

K. W. Park, S. Y. Kim, I. Y. Jeong, M. W. Byun, K. H. Park, K. Yamada and K. I Seo, Cytotoxic and antitumor activities of thiosulfinates from *Allium tuberosum* L, *J. Agric. Food Chem.*, 2007, **55**, 7957–7961.

S. Y. Park, S. J. Cho, H. C. Kwon, K. R. Lee, D. K. Rhee and S. Pyo, Caspase-independent cell death by allicin in human epithelial carcinoma cells: involvement of PKA, *Cancer Lett.*, 2005, **224**, 123–132.

J. Parkinson, *Paradisi in Sole*, Richard Thrale, London, 1656.

R. J. Parry and G. R. Sood, Investigations of the biosynthesis of *trans*-(+)-*S*-1-propenyl-L-cysteine sulfoxide in onions (*Allium cepa*), *J. Am. Chem. Soc.*, 1989, **111**, 4514–4515.

R. J. Parry and F. L. Lii, Investigations of the biosynthesis of *trans*-(+)-*S*-1-propenyl-L-cysteine sulfoxide. Elucidation of the stereochemistry of the oxidative decarboxylation process, *J. Am. Chem. Soc.*, 1991, **113**, 4704–4706.

R. Parsons, *How to Read a French Fry*, Houghton Mifflin, New York, 2001.

K. Parton, Onion toxicity in farmed animals, *N. Z. Veterinary J.*, 2000, **48**, 89.

L. Pasteur, Mémoire sur la fermentation appelée lactique, *Ann. Chim. Phys., S3*, 1858, **52**, 404–418.

A. K. Patra, D. N. Karma and N. Agarwal, Effect of spices on rumen fermentation, methanogenesis and protozoa counts in *in vitro* gas production test, *Int. Congr. Ser.*, 2006, **1293**, 176–179.

A. Paukner and S. J. Suomi, The effects of fur rubbing on the social behavior in tufted capuchin monkeys, *Am. J. Primatol.*, 2008, **70**, 1007–1012.

PDR (Physicians' Desk Reference) for Herbal Medicines, Thompson Healthcare, Montvale, NJ, 4th edn, 2007.

W. Pearson, H. J. Boermans, W. J. Bettger, B. W. McBride and M. I. Lindinger, Association of maximum voluntary dietary intake of freeze-dried garlic with Heinz body anemia in horses, *Am. J. Veterinary Res.*, 2005, **66**, 457–465.

J. Pechey, *The English Herbal of Physical Plants*, 1694 (reprinted by Medical Publications Ltd., London, UK, 1951).

J. Pedraza-Chaverrí, M. Gil-Ortiz, G. Albarrán, L. Barbachano-Esparza, M. Menjívar and O. N. Medina-Campos, Garlic's ability to prevent *in vitro* Cu^{2+}-induced lipoprotein oxidation in human serum is preserved in heated garlic: effect unrelated to Cu^{2+}-chelation, *Nutr. J.*, 2004, **3**, 10.

R. M. Peek, *Helicobacter pylori* infection and disease: from humans to animal models, *Disease Models Mechanisms*, 2008, **1**, 50–55.

R. E. Penn, E. Block and L. K. Revelle, Flash vacuum pyrolysis studies. 5. Methanesulfenic acid, *J. Am. Chem. Soc.*, 1978, **100**, 3622–3623.

R. Pérez-Calderón, M. A. Gonzalo-Garijo and R. Fernández de Soria, Exercise-induced anaphylaxis to onion, *Allergy*, 2002, **57**, 752–753.

A. J. Perez-Piniento, I. Moneo, M. Santaolalla, S. de Paz, B. Fernandez-Parra and A. R. Dominguez-Lazaro, Anaphylactic reaction to young garlic, *Allergy*, 1999, **54**, 626–629.

E. B. Peffley, Genome complexity of *Allium*, *The Plant Genome*, 2006, **1**, 111–130.

A. G. Perkin and J. J. Hummel, Occurrence of quercetin in the outer skins of the bulb of the onion (*Allium cepa*), *J. Chem. Soc., Trans.*, 1896, **69**, 1295–

1298.

H. Perrin, *British Flowering Plants*, Bernard Quaritch, London, UK, 1914.

N. R. Perron, J. N. Hodges, M. Jenkins and J. L. Brumaghim, Predicting how polyphenol antioxidants prevent DNA damage by binding to iron, *Inorg. Chem.*, 2008, **47**, 6153–6161.

C. C. Perry, M. Weatherly, T. Beale and A. Randriamahefa, Atomic force microscopy study of the antimicrobial activity of aqueous garlic *versus* ampicillin against *Escherichia coli* and *Staphylococcus aureus*, *J. Sci. Food Agric.*, 2009, **89**, 958–964.

J. Peterson, The *Allium* species (onions, garlic, leeks, chives, and shallots, in *The Cambridge World History of Food*, Cambridge University Press, Cambridge, 2000, vol. 1, pp. 249–271.

Pharmaceutical Society of Great Britain, *The British Pharmaceutical Codex*, The Pharmaceutical Press, London, UK, 1934.

E. Pichersky and D. R. Gang, Genetics and biochemistry of secondary metabolites in plants: an evolutionary perspective, *Trends Plant Sci.*, 2000, **5**, 439–445.

I. J. Pickering, E. Y. Sneeden, R. C. Prince, E. Block, H. H. Harris, G. Hirsch and G. N. George, Localizing the chemical forms of sulfur in vivo using X-ray fluorescence spectroscopic imaging: application to onion (*Allium cepa*) tissues, *Biochemistry*, 2009, **48**, 6846–6853.

G. Pires, E. Pargana, V. Loureiro, M. M. Almeida and J. R. Pinto, Allergy to garlic, *Allergy*, 2002, **57**, 957–958.

S. C. Piscitelli, A. H. Burstein, N. Welden, K. D. Gallicano and J. Falloon, The effect of garlic supplements on the pharmacokinetics of saquinavir, *Clin. Infectectious Diseases*, 2002, **34**, 234–238.

M. H. Pittler and E. Ernst, Clinical effectiveness of garlic (*Allium sativum*), *Mol. Nutr. Food Res.*, 2007, **51**, 1382–1385.

E. S. Platt, *Garlic, Onion, & Other Alliums*, Stackpole Books, Mechanicsburg, PA, 2003.

Z. A. Polat, A. Vural, F. Ozan, B. Tepe, S. Oezcelik and A. Cetin, *In vitro* evaluation of the amoebicidal activity of garlic (*Allium sativum*) extract on *Acanthamoeba castellanii* and its cytotoxic potential on corneal cells, *J. Ocular Pharmacol. Therapeutics*, 2008, **24**, 8–14.

D. Portz, E. Koch and A. J. Slusarenko, Effects of garlic (*Allium sativum*) juice containing allicin on *Phytophthora infestans* and downy mildew of cucumber caused by *Pseudoperonospora cubensis*, *Eur. J. Plant Pathol.*, 2008, **122**, 197–206.

M. J. Potts and N. Gunadi, The influence of intercropping with *Allium* on some insect populations in potato (*Solatium tuberosum*), *Ann. Appl. Biol.*, 1991, **119**, 207–213.

A. A. Powolny and S. V. Singh, Multitargeted prevention and therapy of cancer by diallyl trisulfide and related *Allium* vegetable-derived organosulfur compounds, *Cancer Lett.*, 2008, **269**, 305–314.

M. Prager-Khoutorsky, I. Goncharov, A. Rabinkov, D. Mirelman, B. Geiger and A. D. Bershadsky, Allicin inhibits cell polarization, migration and division *via* its direct effect on microtubules, *Cell Motility Cytoskeleton*, 2007, **64**, 321–337.

E. D. Pribitkin and G. Boger, Herbal therapy: what every plastic surgeon must know, *Arch. Facial Plastic Surgery*, 2001, **3**, 127–132.

K. R. Price and M. J. C. Rhodes, Analysis of the major flavonol glycosides present in four varieties of onion (*Allium cepa*) and changes in composition resulting from autolysis, *J. Sci. Food Agric.*, 1997, **74**, 331–339.

C. L. Prince, M. L. Shuler and Y. Yamada, Altering flavor profiles in onion (*Allium cepa* L.) root cultures through directed biosynthesis, *Biotechnol. Prog.*, 1997, **13**, 506–510.

R. L. Prior, X. Wu and K. Schaich, Standardized methods for the determination of antioxidant capacity and phenolics in foods and dietary supplements, *J. Agric. Food Chem.*, 2005, **53**, 4290–4302.

G. M. Prowse, T. S. Galloway and A. Foggo, Insecticidal activity of garlic juice in two dipteran pests, *Agric. Forest Entomol.*, 2006, **8**, 1–6.

H. Puxbaum and G. König, Observation of dipropenyl disulfide and other organic sulfur compounds in the atmosphere of a beech forest with *Allium ursinum* ground cover, *Atmos. Environ.*, 1997, **31**, 291–294.

R. Qi, F. Liao, K. Inoue, Y. Yatomi, K. Sato and Y. Ozaki, Inhibition by diallyl trisulfide, a garlic component, of intracellular Ca^{2+} mobilization without affecting inositol-1,4,5-trisphosphate (IP^3) formation in activated platelets, *Biochem. Pharmacol.*, 2000, **60**, 1475–1483.

D. J. Quer, *Flora Española, o historia de las plantas que se crian en España*, Tomo Segundo, Madrid, Joachin Ibarra, 1762.

A. Rabinkov, T. Miron, L. Konstantinovski, M. Wilchek, D. Mirelman and L. Weiner, The mode of action of allicin: trapping of radicals and interaction with thiol containing proteins, *Biochim. Biophys. Acta*, 1998, **1379**, 233–244.

A. Rabinkov, T. Miron, D. Mirelman, M. Wilchek, S. Glozman, E. Yavin and L. Weiner, S-Allylmercaptoglutathione: the reaction product of allicin with glutathione possesses SH-modifying and antioxidant properties, *Biochim. Biophys. Acta*, 2000, **1499**, 144–153.

H. D. Rabinowitch and L. Currah, *Allium Crop Science: Recent Advances*, CABI, Wallingford, UK, 2002.

H. Rackham, *English Translation of Pliny the Elder's Natural History*, Harvard University Press, Cambridge, MA, 1971.

M. Rafaat and A. K. Leung, Garlic burns, *Pediatr. Dermatol.*, 2000, **17**, 475–476.

K. Rahman, Effects of garlic on platelet biochemistry and physiology, *Mol. Nutr. Food Res.*, 2007, **51**, 1335–1344.

K. Rahman and G. M. Lowe, Garlic and cardiovascular disease: a critical review, *J. Nutr.*, 2006, **136**(3 Suppl), 736S–740S.

M. S. Rahman, Q. H. Al-Shamsi, G. B. Bengtsson, S. S. Sablani and A. Al-Alawi, Drying kinetics and allicin potential in garlic slices during different methods of drying, *Drying Technology*, 2009, **27**, 467–477.

T. V. Rajan, M. Hein, P. Porte and S. Wikel, A double-blinded, placebo-controlled trial of garlic as a mosquito repellant: a preliminary study, *Med. Veterinary Entomol.*, 2005, **19**, 84–89.

V. Ramakrishnan, G. J. Chintalwar and A. Banerji, Environmental persistence of diallyl disulfide, an insecticidal principle of garlic and its metabolism in mosquito, *Culex pipiens quinquifasciatus Say, Chemosphere*, 1989, **18**, 1525–1529.

R. R. Ramoutar and J. L. Brumaghim, Effects of inorganic selenium compounds on oxidative DNA damage, *J. Inorg. Biochem.*, 2007, **101**, 1028–1035.

S. V. Rana, R. Pal, K. Vaiphei and K. Singh, Garlic heptatotoxicity: safe dose of garlic, *Tropical Gastroenterol.*, 2006, **27**, 26–30.

D. M. Randel, *The Harvard Biographical Dictionary of Music*, Harvard University Press, Cambridge, MA, 1998 [entry for Karen Khachaturian, p. 445].

L. V. Ratcliffe, F. J. M. Rutten, D. A. Barrett, T. Whitmore, D. Seymour, C. Greenwood, Y. Aranda-Gonzalvo, S. Robinson and M. McCoustra, Surface analysis under ambient conditions using plasma-assisted desorption/ionization mass spectrometry, *Anal. Chem.*, 2007, **79**, 6094–6101.

P. Rattanachaikunsopon and P. Phumkhachorn, Diallyl sulfide content and antimicrobial activity against food-borne pathogenic bacteria of chives (*Allium schoenoprasum*), *Biosci. Biotechnol. Biochem.*, 2008, **72**, 2987–2991.

M. P. Rayman, Selenium in cancer prevention: a review of the evidence and mechanism of action, *Proc. Nutr. Soc.*, 2005, **64**, 527–542.

E. Regel, *Alliorum adhuc cognitorum monographia*, Petropolis, St. Petersburg, Russia, 1875.

E. Regel, *Allii species Asiae centralis in Asia media à Turcomania desertisque aralensibus et caspicis usque ad Mongoliam crescentes*, Petropoli, St. Petersburg, Russia, 1887.

M. E. Reid, M. S. Stratton, A. J. Lillicoc, M. Fakih, R. Natarajan, L. C. Clark and J. R. Marshall, A report of high-dose selenium supplementation: response and toxicities, *J. Trace Elements Med. Biol.*, 2004, **18**, 69–74.

K. M. Reinhart, C. I. Coleman, C. Teevan, P. Vachhani and C. M. White, Effects of garlic on blood pressure in patients with and without systolic hypertension: a meta-analysis, *Ann. Pharmacotherapy*, 2008, **42**, 1766–1771.

F. Rendu, B. Brohard-Bohn, S. Pain, C. Bachelot-Loza and J. Auger, Thiosulfinates inhibit platelet aggregation and microparticle shedding at a calpain-dependent step, *Thrombosis Haemostatis*, 2001, **86**, 1284–1291.

J. Resemann, B. Maier and R. Carle, Investigations on the conversion of onion aroma precursors S-alk(en)yl-L-cysteine sulphoxides in onion juice production, *J. Sci. Food Agric.*, 2004, **84**, 1945–1950.

H. D. Reuter, H. P. Koch and L. D. Lawson, Therapeutic effects and applications of garlic and its preparations, in *Garlic The Science and Therapeutic Applications of Allium sativum L. and Related Species*, ed. H. P. Koch and L. D. Lawson, Williams and Wilkins, Baltimore, MD, 1996, pp. 135–212.

K. Ried, O. R. Frank, N. P. Stocks, P. Fakler and T. Sullivan, Effect of garlic on blood pressure: a systematic review and meta-analysis, *BMC Cardiovascular Disorders*, 2008, **8**, 1: http://www.biomedcentral.com/1471-2261/8/13.

G. R. Rik, T. E. Pashchenko, A. F. Burtsev and O. V. Redman, Effect of volatile organic isolates of macerated onion bulb on the germination of cucumber seeds, *Dokl. Vses. Akad. S-kh. Nauk im. V. I. Lenina*, 1974, 14–15 (*Chem. Abstr.*, 1975, **82**, 165793).

R. S. Rivlin, Can garlic reduce risk of cancer? *Am. J. Clin. Nutr.*, 2009, **89**, 17–18.

R. J. Roberge, R. Leckey, R. Spence and E. J. Krenzelok, Garlic burns of the breast, *Am. J. Emergency Med.*, 1997, **15**, 548.

J. E. Robertson, M. M. Christopher and Q. R. Rogers, Heinz body formation in cats fed baby food containing onion powder, *J. Am. Veterinary Med. Assoc.*,

1998, **212**, 1260–1266.

G. Rodari, *Il romanzo di Cipollino*, ed. di Cultura Sociale, Rome, Italy, 1951 [subsequently published as *Le avventure di Cipollino* (*The Adventures of the Little Onion*), 1959; Editori riuniti, Rome, with multiple reprintings through 2000 as well as translations into German, Russian, Chinese, *etc.*].

I. S. Rombauer and M. R. Becker, *Joy of Cooking*, Bobbs-Merrill, Indianapolis, 1975.

K. D. Rose, P. D. Croissant, C. F. Parliament and M. B. Levin, Spontaneous spinal epidural hematoma with associated platelet dysfunction from excessive garlic ingestion: a case report, *Neurosurgery*, 1990, **26**, 880–882.

R. T. Rosen, R. D. Hiserodt, E. K. Fukuda, R. J. Ruiz, Z. Zhou, J. Lech, S. L. Rosen and T. G. Hartman, The determination of metabolites of garlic preparations in breath and human plasma, *Biofactors*, 2000, **13**, 241–249.

R. T. Rosen, R. D. Hiserodt, E. K. Fukuda, R. J. Ruiz, Z. Zhou, J. Lech, S. L. Rosen and T. G. Hartman, Determination of allicin, *S*-allylcysteine and volatile metabolites of garlic in breath, plasma or simulated gastric fluids, *J. Nutr.*, 2001, **131**, 968S–971S.

J. Rosso and S. Lukins, *The Silver Palate Cookbook*, Workman Publishing, New York, 1982.

P. S. Ruddock, M. Liao, B. C. Foster, L. Lawson, J. T. Arnason and J. A. Dillon, Garlic natural health products exhibit variable constituent levels and antimicrobial activity against *Neisseria gonorrhoeae, Staphylococcus aureus* and *Enterococcus faecalis*, *Phytotherapy Res.*, 2005, **19**, 327–334.

L. Rudkin, *Natural Dyes*, A and C Black Publishers, London, UK, 2007.

C. Rundqvist, Pharmacological investigation of *Allium* bulbs, *Pharm. Notisbl.*, 1909, **18**, 323–333.

P. E. Russell and A. E. A. Mussa, The use of garlic (*Allium sativum*) extracts to control foot rot of *Phaseolus vulgaris* caused by *Fusarium solani* f.sp. *phaseoli*, *Ann. Appl. Biol.*, 1977, **86**, 369–372.

Russian Federation, 1992, 30 Kopek Chipollino stamp: Scott Catalogue number 6077: ITC "Marka" 16; Michel 235; Stanley Gibbons 6355, Yvert et Tellier 5995.

Russian Federation, 2004, 4 Ruple "Chipollino on a car" series of six stamps: ITC "Marka" 963; Michel 1195, block 72; Stanley Gibbons MS7287, Yvert et Tellier 6826.

L. Ruzicka, Life and work of Arthur Stoll, *Helv. Chim. Acta*, 1971, **54**, 2601–2615.

M. E. Rybak, E. M. Calvey and J. M. Harnly, Quantitative determination of allicin in garlic: supercritical fluid extraction and standard addition of alliin, *J. Agric. Food Chem.*, 2004, **52**, 682–687.

A. Z. Rys and D. N. Harpp, Insertion of a two-sulfur unit into the S-S bond. Tailor-made polysulfides, *Tetrahedron Lett.*, 2000, **4**, 7169–7172.

S. C. Sahu, Dual role of organosulfur compounds in foods: a review, *J. Environ. Sci. Health, C Environ. Carcinogenesis Ecotoxicol. Rev.*, 2002, **20**, 61–76.

H. Salazar, I. Llorente, A. Jara-Oseguera, R. García-Villegas, M. Munari, S. E. Gordon, L. D. Islas and T. Rosenbaum, A single *N*-terminal cysteine in TRPV1 determines activation by pungent compounds from onion and garlic, *Nature Neurosci.*, 2008, **11**, 255–261.

D. Saleheen, S. A. Ali and M. M. Yasinzai, Antileishmanial activity of aqueous onion extract *in vitro*, *FitoterapiaI*, 2004, **75**, 9–13.

N. F. Salivon, Y. E. Filinchuk and V. V. Olijnyk, The first complex of diallyl polysulfide: synthesis and crystal structure of [Cu$_3$Br$_3$(CH$_2$=CHCH$_2$(S)$_4$CH$_2$CH=CH$_2$)], *Z. Anorg. Allg. Chem.*, 2006, **632**, 1610–1613.

N. F. Salivon, V. V. Olijnik and A. A. Shkurenko, Synthesis and crystal structure of π complex of copper(I) chloride with diallyl trisulfide 2CuCl·DATrS, *Russ. J. Coord. Chem.*, 2007, **33**, 908–913.

M. K. S. R. D. Samarasinghe, B. S. Chhillar and R. Singh, Insecticidal properties of methanolic extract of *Allium sativum* L. and its fractions against *Plutella xylostella* (L.), *Pestic. Res. J.*, 2007, **19**, 145–148.

M. N. Sani, H. R. Kianifar, A. Kianee and G. Khatami, Effect of oral garlic on arterial oxygen pressure in children with hepatopulmonary syndrome, *World J. Gastroenterol.*, 2006, **12**, 2427–2431.

A. S. Saulis, J. H. Mogford and T. A. Mustoe, Effect of Mederma on hypertrophic scarring in the rabbit ear model, *Plastic Reconstructive Surgery*, 2002, **110**, 177–183.

P. Savi, J. L. Zachayus, N. Delesque-Touchard, C. Labouret, C. Hervé, M. F. Uzabiaga, J. M. Pereillo, J. M. Culouscou, F. Bono, P. Ferrara and J. M. Herbert, The active metabolite of Clopidogrel disrupts P2Y12 receptor oligomers and partitions them out of lipid rafts, *Proc. Natl. Acad. Sci. USA.*, 2006, **103**, 11069–11074.

G. K. Scadding, R. Ayesh, J. Brostoff, S. C. Mitchell, R. H. Waring and R. L. Smith, Poor sulphoxidation ability in patients with food sensitivity, *Br. Med. J.*, 1988, **297**, 105–107.

G. Scharbert, M. L. Kalb, M. Duris, C. Marschalek and S. A. Kozek-Langenecker, Garlic at dietary doses does not impair platelet function, *Anesthetics Analgesics*, 2007, **105**, 1214–1218.

H. Schindler, Concerning the origin of the onion dome and onion spires in Central European architecture, *J. Soc. Architectural Historians*, 1981, **40**, 138–142.

N. E. Schmidt, L. M. Santiago, H. D. Eason, K. A. Dafford, C. A. Grooms, T. E. Link, D. T. Manning, S. D. Cooper, R. C. Keith, W. O. Chance III, M. D. Walla and W. E. Cotham, Rapid extraction method of quantitating the lachrymatory factor of onion using gas chromatography, *J. Agric. Food Chem.*, 1996, **44**, 2690–2693.

B. Schmitt, H. Schulz, J. Storsberg and M. Keusgen, Chemical characterization of *Allium ursinum* L. depending on harvesting time, *J. Agric. Food Chem.*, 2005, **53**, 7288–7294.

I. Schüder, G. Port and J. Bennison, Barriers, repellents and antifeedants for slug and snail control, *Crop Protection*, 2003, **22**, 1033–1038.

J. C. Schultz, How plants fight dirty, *Nature*, 2002, **416**, 267.

O. E. Schultz and H. L. Mohrmann, Analysis of constituents of garlic, *Allium sativum*. II. Gas chromatography of garlic oil, *Pharmazie*, 1965, **20**, 441–447.

P. Schumacker, Reactive oxygen species in cancer cells: live by the sword, die by the sword, *Cancer Cell*, 2006, **10**, 175–176.

H. O. Schwabe, Germanic coin-names III, *Modern Philol.*, 1917, **14**, 611–638.

S. Schwimmer, J. F. Carson, R. U. Makower, M. Mazelis and F. F. Wong, Demonstration of alliinase in a protein preparation from onion, *Experientia*, 1960, **16**, 449–450.

R. Sealy, M. R. Evans and C. Rothrock, The effect of a garlic extract and root substrate on soilborne fungal pathogens, *HortTechnology*, 2007, **17**, 169–173.

E. Seebeck, Crystalline derivative from allium plants, *US2642374*, 1953.

H. Seifried, S. McDonald, D. Anderson, P. Greenwald and J. Milner, The antioxidant conundrum in cancer, *Cancer Res.*, 2006, **63**, 4295–4298.

T. Seki, T. Hosono, T. Hosono-Fukao, K. Inada, R. Tanaka, J. Ogihara and T. Ariga, Anticancer effects of diallyl trisulfide derived from garlic, *Asia Pacific J. Clin. Nutr.*, 2008, **17**(Suppl 1), 249–252.

F. W. Semmler, Essential oil of garlic (*Allium sativum*), *Arch. Pharm.*, 1892a, **230**, 434–443 (*Chem. Abstr.* 1906, 80662).

F. W. Semmler, Essential oil of onion (*Allium cepa*, L.), *Arch. Pharm.*, 1892b, **230**, 443–448 (*Chem. Abstr.*, 1906, 80663).

S. K. Senapati, S. Dey, S. K. Dwivedi and D. Swarup, Effect of garlic (*Allium sativum* L.) extract on tissue lead level in rats, *J. Ethnopharmacol.*, 2001, **76**, 229–232.

A. Sendl and H. Wagner, Isolation and identification of homologues of ajoene and alliin from bulb-extracts of *Allium ursinum*, *Planta Med.*, 1991, **57**, 361–362.

A. Sendl, G. Elbl, B. Steinke, K. Redl, W. Breu and H. Wagner, Comparative pharmacological investigations of *Allium ursinum* and *Allium sativum*, *Planta Med.*, 1992, **58**, 1–7.

A. Sendl, M. Schliack, R. Löser, F. Stanislaus and H. Wagner, Inhibition of cholesterol synthesis *in vitro* by extracts and isolated compounds prepared from garlic and wild garlic, *Atherosclerosis*, 1992, **94**, 79–85.

A. Sengupta, S. Ghosh and S. Bhattacharjee, *Allium* vegetables in cancer prevention: an overview, *Asian Pacific J. Cancer Prevention*, 2004, **5**, 237–245.

N. A. Shaath and F. B. Flores, Egyptian onion oil, *Dev. Food Sci.*, 1998, **40** (Food Flavors: Formation, Analysis, and Packaging Influences), 443–453.

Y. Shadkchan, E. Shemesh, D. Mirelman, T. Miron, A. Rabinkov, M. Wilchek and N. Osherov, Efficacy of allicin, the reactive molecule of garlic, in inhibiting Aspergillus spp. *in vitro*, and in a murine model of disseminated aspergillosis, *J. Antimicrob. Chemotherapy*, 2004, **53**, 832–836.

M. Shah, J. Meija and J. A. Caruso, Relative mass defect filtering of high-resolution mass spectra for exploring minor selenium volatiles in selenium-enriched green onions, *Anal. Chem.*, 2007, **79**, 846–853.

M. Shams-Ghahfarokhi, M. -R. Shokoohamiri, N. Amirrajab, B. Moghadasi, A. Ghajari, F. Zeini, G. Sadeghi and M. Razzaghi-Abyaneh, *In vitro* antifungal activities of *Allium cepa, Allium sativum* and ketoconazole against some pathogenic yeasts and dermatophytes, *Fitoterapia*, 2006, **77**, 321–323.

M. Shams-Ghahfarokhi, M. Goodarzi, M. R. Abyaneh, T. Al-Tiraihi and G. Seyedipour, Morphological evidences for onion-induced growth inhibition of *Trichophyton rubrum* and *Trichophyton mentagrophytes*, *Fitoterapia*, 2004, **75**, 645–655.

S. Shannon, M. Yamaguchi and F. D. Howard, Reactions involved in formation of a pink pigment in onion purees, *J. Agric. Food Chem.*, 1967a, **15**, 417–422.

S. Shannon, M. Yamaguchi and F. D. Howard, Precursors involved in the formation of pink pigments in onion purees, *J. Agric. Food Chem.*, 1967b, **15**, 423–426.

E. Shemesh, O. Scholten, H. D. Rabinowitch and R. Kamenetsky, Unlocking variability: inherent variation and developmental traits of garlic plants originated from sexual reproduction, *Planta*, 2008, **227**, 1013–1024.

C. Shen and K. L. Parkin, *In vitro* biogeneration of pure thiosulfinates and propanethial S-oxide, *J. Agric. Food Chem.*, 2000, **48**, 6254–6260.

C. Shen, Z. Hong and K. L. Parkin, Fate and kinetic modeling of reactivity of alkanesulfenic acids and thiosulfinates in model systems and onion homogenates, *J. Agric. Food Chem.*, 2002, **50**, 2652–2659.

J. Shen, L. E. Davis, J. M. Wallace, Y. Cai and L. D. Lawson, Enhanced diallyl trisulfide has *in vitro* synergy with amphotericin B against *Cryptococcus neoformans*, *Planta Med.*, 1996, **62**, 415–418.

W. A. Sheppard and J. Diekmann, Sulfines, *J. Am. Chem. Soc.*, 1964, **86**, 1891–1892.

L. J. W. Shimon, A. Rabinkov, I. Shin, T. Miron, D. Mirelman, M. Wilchek and F. Frolow, Two structures of alliinase from *Alliium sativum* L.: *Apo* form and ternary complex with aminoacrylate reaction intermediate covalently bound to the PLP cofactor, *J. Mol. Biol.*, 2007, **366**, 611–625.

Y. Shukla and N. Kalra, Cancer chemoprevention with garlic and its constituents, *Cancer Lett.*, 2007, **247**, 167–181.

M. R. Shulman, *Garlic Cookery*, Thorsons, London, UK, 1984.

M. H. Siess, A. M. Le Bon, C. Teyssier, C. Belloir, V. Singh and R. Bergès, Garlic and cancer, *Med. Aromatic Plant Sci. Biotech.*, 2007, **1**, 25–30.

E. J. Siff, Method of using lachrymatory agents for moisturing the eyes, *US Pat.*, US 6 251 952, June 26, 2001.

E. J. Siff, Product for moisturing an eye, *US Pat.*, US 6 297 289, October 2, 2001.

C. A. Silagy and H. A. Neil, A meta-analysis of the effect of garlic on blood pressure, *J. Hypertension*, 1994, **12**, 463–468.

M. Silano, M. De Vincenzi, A. De Vincenzi and V. Silano, The new European legislation on traditional herbal medicines: main features and perspectives, *Fitoterapia*, 2004, **75**, 107–116.

A. Simmons, *American Cookery* (facsimile of 1796 work), Oxford University Press, Toronto, Canada, 1958.

F. J. Simoons, *Food in China: A Cultural and Historical Inquiry*, CRC Press, Boca Raton, FL, 1991.

F. J. Simoons, *Plants of Life, Plants of Death*, University of Wisconsin Press, Madison, WI, 1998.

M. W. Sinclair, N. Fourikis, J. C. Ribes, B. J. Robinson, R. D. Brown and P. D. Godfrey, Detection of interstellar thioformaldehyde, *Australian J. Physics*, 1973, **26**, 85–91.

D. K. Singh and A. Singh, *Allium sativum* (Garlic), a potent new molluscicide, *Biol. Agric. Horticulture*, 1993, **9**, 121–124.

D. K. Singh and T. D. Porter, Inhibition of sterol 4 α-methyl oxidase is the principal mechanism by which garlic decreases cholesterol synthesis, *J. Nutr.*, 2006, **136** (3 Suppl), 759S–764S.

S. V. Singh, A. A. Powolny, S. D. Stan, D. Xiao, J. A. Arlotti, R. Warin, E. R. Hahm, S. W. Marynowski, A. Bommareddy, D. M. Potter and R. Dhir, Garlic constituent diallyl trisulfide prevents development of poorly differentiated prostate cancer and pulmonary metastasis multiplicity in TRAMP mice, *Cancer Res.*, 2008, **68**, 9503–9511.

U. P. Singh, K. K. Pathak, M. N. Khare and R. B. Singh, Effect of leaf extract of garlic on *Fusarium oxysporum* f. sp. *ciceri*, *Sclerotinia sclerotiorum* and on gram seeds, *Mycologia*, 1979, **71**, 556–564.

U. P. Singh, V. B. Chauhan, K. G. Wagner and A. Kumar, Effect of ajoene, a compound derived from garlic (*Allium sativum*), on *Phytophthora drechsleri* f. sp. *cajani*, *Mycologia*, 1992, **84**, 105–108.

V. K. Singh and D. K. Singh, Characterization of allicin as a molluscicidal agent in *Allium sativum* (Garlic), *Biol. Agric. Hort.*, 1995, **12**, 119–131.

V. K. Singh and D. K. Singh, Pharmacological effects of garlic (*Allium sativum* L.), *ARBS Ann. Rev. Biomed. Sci.*, 2008, **10**, 6–26.

N. K. Sinha, D. E. Guyer, D. A. Gage and C. T. Lira, Supercritical carbon dioxide extraction of onion flavors and their analysis by gas chromatography-mass spectrometry, *J. Agric. Food Chem.*, 1992, **40**, 842–845.

S. Sitprija, C. Plengvidhya, V. Kangkaya, S. Bhuvapanich and M. Tunkayoon, Garlic and diabetes mellitus phase II clinical trial, *J. Med. Assoc. Thailand*, 1987, **70** (Suppl. 2), 223–227.

G. P. Sivam, Protection against *Helicobacter pylori* and other bacterial infections by garlic, *J. Nutr.*, 2001, **131**, 1106S–1108S.

G. P. Sivam, J. W. Lampe, B. Ulness, S. R. Swanzy and J. D. Potter, *Helicobacter pylori* – in vitro susceptibility to garlic (*Allium sativum*) extract, *Nutr. Cancer*, 1997, **27**, 118–121.

R. Slimestad, T. Fossen and I. M. Vågen, Onions: a source of unique dietary flavonoids, *J Agric Food Chem.*, 2007, **55**, 10067–10080.

A. J. Slusarenko, A. Patel and D. Portz, Control of plant diseases by natural products: allicin from garlic as a case study, *Eur. J. Plant Pathol.*, 2008, **121**, 313–322.

L. D. Small, J. H. Bailey and C. J. Cavallito, Alkyl thiolsulfinates, *J. Am. Chem. Soc.*, 1947, **69**, 1710–1713.

L. D. Small, J. H. Bailey and C. J. Cavallito, Comparison of some properties of thiolsulfinates and thiolsulfonates, *J. Am. Chem. Soc.*, 1949, **71**, 3565–3566.

R. G. Smith, Determination of the country of origin of garlic (*Allium sativum*) using trace metal profiling, *J. Agric. Food Chem.I*, 2005, **53**, 4041–4045.

E. Y. Sneeden, H. H. Harris, I. J. Pickering, R. C. Prince, S. Johnson, X. Li, E. Block and G. N. George, The sulfur chemistry of shiitake mushroom, *J. Am. Chem. Soc.*, 2004, **126**, 458–459.

S. B. Snell, Garlic on the baby's breath, *Lancet*, 1973, **7819**, 43.

G. M. Solomon and J. Moodley, Acute chlorpyrifos poisoning in pregnancy: a case report, *Clin. Toxicol.*, 2007, **45**, 416–419.

K. Song and J. A. Milner, The influence of heating on the anticancer properties of garlic, *J. Nutr.*, 2001, **131**, 1054S–1057S.

S. K. Soni and S. Finch, Laboratory evaluation of sulfur-bearing chemicals as attractants for larvae of the onion fly, *Delia antiqua* (Meigen) (Diptera: Anthomyiidae), *Bull. Entomol. Res.*, 1979, **69**, 291–298.

Soyuzmultfilm, *Chipollino i Zakoldovannyiy Mal'chik*, 1961, Russia [animated film].

C.-G. Spåre and A. I. Virtanen, On the lachrymatory factor in onion (*Allium cepa*) vapours and its precursor, *Acta Chem. Scand.*, 1963, **17**, 641–650.

C.-G. Spåre and A. I. Virtanen, Occurrence of free selenium-containing amino acids in onion (*Allium cepa*), *Acta Chem. Scand.*, 1964, **18**, 280–282.

R. N. Spice, Hemolytic anemia associated with ingestion of onions in a dog, *Can. Veterinary J.*, 1976, **17**, 181–183.

N. Sriram, S. Kalayarasan, P. Ashokkumar, A. Sureshkumar and G. Sudhandiran, Diallyl sulfide induces apoptosis in Colo 320 DM human colon cancer cells: involvement of caspase-3, NF-kappaB, and ERK-2, *Mol. Cell Biochem.*, 2008, **311**, 157–165.

F. A. Stafleu and R. S. Cowan, *Taxonomic Literature: A Selective Guide to Botanical Publications and Collections with Dates, Commentaries and Types*, 2nd Edition, Vol. 4, Utrecht: Bohn, Scheltema & Holkema, 1983.

S. D. Stan, S. Kar, G. D. Stoner and S. V. Singh, Bioactive food components and cancer risk reduction, *J. Cell Biochem.*, 2008, **104**, 339–356.

C. Starkenmann, B. Le Calvé, Y. Niclass, I. Cayeux, S. Beccucci and M. Troccaz, Olfactory perception of cysteine *S*-conjugates from fruits and vegetables, *J. Agric. Food Chem.*, 2008, **56**, 9575–9580.

Sterling-Winthrop Research Institution, personal communication of archival data, 1984.

D. Stern, 2009, personal communication: http://www.garlicseedfoundation.info/.

W. Stobie, Medical news. Wasp stings and bee stings, *Br. Med. J.*, March 5, 1932, 455.

A. Stoll and E. Seebeck, Allium compounds. I. *Alliin*, the true mother compound of garlic oil, *Helv. Chim. Acta*, 1948, **31**, 189–210.

A. Stoll and E. Seebeck, Allium compounds. II. Enzymic degradation of *alliin* and the properties of alliinase, *Helv. Chim. Acta*, 1949a, **32**, 197–205.

A. Stoll and E. Seebeck, Allium compounds III. Specificity of alliinase and synthesis of compounds related to alliin, *Helv. Chim. Acta*, 1949b, **32**, 866–876.

A. Stoll and E. Seebeck, Specific constituents of garlic, *Sci. Pharm.*, 1950, **18**, 61–79.

A. Stoll and E. Seebeck, Allium compounds. V. The synthesis of natural alliin and its three optically active isomers, *Helv. Chim. Acta*, 1951a, **34**, 481–487.

A. Stoll and E. Seebeck, Chemical investigations on alliin, the specific principle of garlic, *Adv. Enzymol.*, 1951b, **11**, 377–400.

J. Storsberg, H. Schulz and E. R. J. Keller, Chemotaxonomic classification of some *Allium* wild species on the basis of their volatile sulphur compounds, *J. Appl. Botany*, 2003, **77**, 160–162.

J. Storsberg, H. Schulz, M. Keusgen, F. Tannous, K. J. Dehmer and E. R. J. Keller, Chemical characterization of interspecific hybrids between *Allium cepa* L. and *Allium kermesinum* Rchb., *J. Agric. Food Chem.*, 2004, **52**, 5499–5505.

S. Stranges, J. R Marshall, R. Natarajan, R. P. Donahue, M. Trevisan, G. F. Combs, F. P. Cappuccio, A. Ceriello and M. E. Reid, Effects of long-term selenium supplementation on the incidence of type 2 diabetes: a randomized trial, *Ann. Internal Med.*, 2007, **147**, 217–223.

J. Strating, L. Thijs and B. Zwanenburg, A thioaldehyde *S*-oxide, *Recl. Trav. Chim. Pays-Bas*, 1964, **83**, 631–636.

L. Sturtevant, History of garden vegetables (continued), *Am. Naturalist*, 1888, **22**, 420–433.

F. Suarez, J. Springfield, J. Furne and M. Levitt, Differentiation of mouth *versus* gut as site of origin of odoriferous breath gases after garlic ingestion, *Am. J. Physiol.*, 1999, **276**, G425–430.

N. G. Sukul, P. K. Das and G. C. De, Nematicidal action of some edible crops, *Nematologica*, 1974, **20**, 187–199.

H. R. Superko and R. M. Krauss, Garlic powder, effect on plasma lipids, postprandial lipemia, low-density lipoprotein particle size, high-density lipoprotein subclass distribution and lipoprotein (a), *J. Am. College Cardiol.*, 2000, **35**, 321–326.

T. Suzuki, M. Sugii and T. Kakimoto, New γ-glutamyl peptides in garlic, *Chem. Pharm. Bull.*, 1961, **9**, 77–78.

K. T. Suzuki, Y. Tsuji, Y. Ohta and N. Suzuki, Preferential organ distribution of methylselenol source *Se*-methylselenocysteine relative to methylseleninic acid, *Toxicol. Appl. Pharmacol.*, 2008, **227**, 76–83.

C. A. Swanson, Suggested guidelines for articles about botanical dietary supplements, *Am. J. Clin. Nutr.*, 2002, **75**, 8–10.

V. Täckholm and M. Drar, *Flora of Egypt*, Cairo University Press, Cairo, 1954, **vol. 3**.

M. Tada, Y. Hiroe, S. Kiyohara and S. Suzuki, Nematicidal and antimicrobial constituents from *Allium grayi* Regel and *Allium fistulosum* L. var. caespitosum, *Agric. Biol. Chem.*, 1988, **52**, 2383–2385.

U. Takahama and S. Hirota, Deglucosidation of quercetin glucosides to the aglycone and formation of antifungal agents by peroxidase-dependent oxidation of quercetin on browning of onion scales, *Plant Cell Physiol.*, 2000, **41**, 1021–1029.

Z. Takats, J. M. Wiseman, B. Gologan and R. G. Cooks, Mass spectrometry sampling under ambient conditions with desorption electrospray ionization, *Science*, 2004, **306**, 471–473.

I. Takougang, J. Meli, S. Lemlenn, P. N. Tatah and M. Ntep, Loiasis – a neglected and under-estimated affliction: endemicity, morbidity and perceptions in eastern Cameroon, *Ann. Tropical Med. Parasitol.*, 2007, **101**, 151–160.

T. Tamaki and S. Sonoki, Volatile sulfur compounds in human expiration after eating raw or heat-treated garlic, *J. Nutr. Sci. Vitaminol. (Tokyo)*, 1999, **45**, 213–222.

K. Tamaki, T. Tamaki and T. Yamazaki, Studies on the deodorization by mushroom (*Agaricus bisporus*) extract of garlic extract-induced oral malodor, *J. Nutr. Sci. Vitaminol. (Tokyo)*, 2007, **53**, 277–286.

K. Tamaki, S. Sonoki, T. Tamaki and K. Ehara, Measurement of odour after *in vitro* or *in vivo* ingestion of raw or heated garlic, using electronic nose, gas chromatography and sensory analysis, *Int. J. Food Sci. Technol.*, 2008, **43**, 130–139.

H. Tan, H. Ling, J. He, L. Yi, J. Zhou, M. Lin and Q. Su, Inhibition of ERK and activation of p38 are involved in diallyl disulfide induced apoptosis of leukemia HL-60 cells, *Arch. Pharm. Res.*, 2008, **31**, 786–793.

X. Tang, Z. Xia and J. Yu, An experimental study of hemolysis induced by onion (*Allium cepa*) poisoning in dogs, *J. Veterinary Pharmacol. Therapeutics*, 2008, **31**, 143–149.

R. Tannahill, *Food in History*, Penguin, New York, 1992.

C. R. Taormina, J. T. Baca, S. A. Asher, J. J. Grabowski and D. N. Finegold, Analysis of tear glucose concentration with electrospray ionization mass spectrometry, *J. Am. Soc. Mass Spectrom.*, 2007, **18**, 332–336.

E. Tattelman, Health effects of garlic, *Am. Family Physician*, 2005, **72**, 103–106.

J. Taucher, A. Hansel, A. Jordan and W. Lindinger, Analysis of compounds in human breath after ingestion of garlic using proton-transfer-reaction mass spectrometry, *J. Agric. Food Chem.*, 1996, **44**, 3778–3782.

P. Taylor, R. Noriega, C. Farah, M. J. Abad, M. Arsenak and R. Apitz, Ajoene inhibits both primary tumor growth and metastasis of B16/BL6 melanoma cells in C57BL/6 mice, *Cancer Lett.*, 2006, **239**, 298–304.

K. Teranishi, R. Apitz-Castro, S. C. Robson, E. Romano and D. K. C. Cooper, Inhibition of baboon platelet aggregation *in vitro* and *in vivo* by the garlic derivative, ajoene, *Xenotransplantation*, 2003, **10**, 374–379.

J. Terrasson, B. Xu, M. Li, S. Allart, J. L. Davignon, L. H. Zhang, K. Wang and C. Davrinche, Activities of Z-ajoene against tumour and viral spreading *in vitro*, *Fundam. Clin. Pharmacol.*, 2007, **21**, 281–289.

C. Teyssier, L. Guenot, M. Suschetet and M. H. Siess, Metabolism of diallyl disulfide by human liver microsomal cytochromes P-450 and flavin-containing monooxygenases, *Drug Metab. Dispos.*, 1999, **27**, 835–41.

C. Teyssier and M. H. Siess, Metabolism of dipropyl disulfide by rat liver phase I and phase II enzymes and by isolated perfused rat liver, *Drug Metab. Dispos.*, 2000, **28**, 648–654.

E. Thibout and J. Auger, Defensive role of *Allium* sulfur volatiles against the insects, *Acta Botanica Gallica*, 1997, **144**, 419–426.

C. J. Thomas and A. Callaghan, The use of garlic (*Allium sativa*) and lemon peel (*Citrus limon*) extracts as *Culex pipiens* larvacides: persistence and interaction with an organophosphate resistance mechanism, *Chemosphere*, 1999, **39**, 2489–2396.

J. Thomas and L. Parkin, Quantification of alk(en)yl-L-cysteine sulfoxides and related amino acids in alliums by high-performance liquid chromatography, *J. Agric. Food Chem.*, 1994, **42**, 1632–1638.

R. J. Thornton, *A Family Herbal*, R. and R. Crosby, London, 2nd edn, 1814.

C. M. L. J. Tilli, A. J. W. Stavast-Kooy, J. D. D. Vuerstaek, M. R. T. M. Thissen, G. A. M. Krekels, F. C. S. Ramaekers and H. A. M. Neumann, The garlic-derived organosulfur component ajoene decreases basal cell carcinoma tumor size by inducing apoptosis, *Arch. Dermatol. Res.*, 2003, **295**, 117–123.

D. Trachootham, Y. Zhou, H. Zhang, Y. Demizu, Z. Chen, H. Pelicano, P. J. Chiao, G. Achanta, R. B. Arlinghaus, J. Liu and P. Huang, Selective killing of oncogenically transformed cells through a ROS-mediated mechanism by beta-phenylethyl isothiocyanate, *Cancer Cell*, 2006, **10**, 241–252.

S.-M. Tsao and M.-C. Yin, *In-vitro* antimicrobial activity of four diallyl sulphides occurring naturally in garlic and Chinese leek oils, *J. Med. Microbiol.*, 2001a, **50**, 646–649.

S.-M. Tsao and M.-C. Yin, *In vitro* activity of garlic oil and four diallyl sulphides against antibiotic-resistant *Pseudomonas aeruginosa* and *Klebsiella pneumoniae*, *J. Antimicrob. Chemotherapy*, 2001, **47**, 665–670.

S. Tsuno, F. Murakami, K. Tazoe and S. Kikumoto, The nutritional value of *Allium* plants. XXX. Isolation of methiin, *Bitamin*, 1960, **20**, 93–96.

S. Tuntipopipat, C. Zeder, P. Siriprapa and S. Charoenkiatkul, Inhibitory effects of spices and herbs on iron availability, *Int. J. Food Sci. Nutr.*, 2008, **60**, 43–55.

F. Turecek, L. Brabec, T. Vondák, V. Hanus, J. Hájícer and Z. Havlas, Sulfenic acids in the gas phase. Preparation, ionization energies and heats of formation of methane-, ethane-, ethyne- and benzenesulfenic acid, *Coll. Czech. Chem. Commun.*, 1988, **53**, 2140–2158.

F. Turecek, F. W. McLafferty, B. J. Smith and L. Radom, Neutralization–reionization and *ab initio* study of the CH_2=CHSOH to CH_3CH=S=O rearrangement, *Int. J. Mass Spectrom. Ion Processes*, 1990, **101**, 283–300.

B. Turner, C. Mølgaard and P. Marckmann, Effect of garlic (*Allium sativum*) powder tablets on serum lipids, blood pressure and arterial stiffness in normolipidaemic volunteers: a randomised, double-blind, placebo-controlled trial, *Br. J. Nutr.*, 2004, **92**, 701–706.

T. G. Tutin, Biological flora of the British Isles, *Allium ursinum* L., *J. Ecol.*, 1957, **45**, 1003–1010.

P. C. Uden, R. Hafezi, M. Kotrebai, P. Nolibos, J. Tyson and E. Block, Anticarcinogenic organoselenium compounds – chromatographic, atomic and molecular mass spectral speciation, *Phosphorus Sulfur Silicon Relat. Elem.*, 2001, **172**, 31–56.

United Nations Food and Agriculture Organization, updated June 2008: www.fao.org/.

USDA (United States Department of Agriculture), New Pest Response Guidelines – Leek Moth, *Acrolepiopsis assectella* (Zeller), November 25, 2004, 83 pages [photographs and extensive references]: http://www.aphis.usda.gov/import_export/plants/manuals/emergency/downloads/nprg_leek_moth.pdf.

I. I. I. Uvah and T. H. Coaker, Effect of mixed cropping on some insect pests of carrots and onions, *Entomol. Exp. Appl.*, 1984, **36**, 159–167.

V. Vaidya, K. U. Ingold and D. A. Pratt, Garlic: source of the ultimate antioxidants – sulfenic acids, *Angew. Chem., Int. Edn.*, 2009, **48**, 157–160.

R. Valdivieso, J. Subiza, S. Varela-Losada, J. L. Subiza, M. J. Narganes, C. Martinez-Cocera and M. Cabrera, Bronchial asthma, rhinoconjunctivitis, and contact dermatitis caused by onion, *J. Allergy Clin. Immunol.*, 1994, **94**, 928–930.

S. Vale, Hepatitis A associated with green onions, *N. Engl. J. Med.*, 2005, **353**, 2300–2301.

L. Valerio and M. Maroli, Evaluation of repellent and anti-feeding effect of garlic oil (*Allium sativum*) against the bite of phlebotomine sandflies (Diptera: Psychodidae) [in Italian], *Ann. Ist. Super Sanita*, 2005, **41**, 253–256.

M. Valko, C. J. Rhodes, J. Moncol, M. Izakovic and M. Mazur, Free radicals, metals and antioxidants in oxidative stress-induced cancer, *Chem.-Biol. Interact.*, 2006, **160**, 1–40.

M. B. A. van Doorn, S. M. Espirito Santo, P. Meijer, I. M. Kamerling, R. C. Schoemaker, V. Dirsch, A. Vollmar, T. Haffner, R. Gebhardt, A. F. Cohen, H. M. Princen and J. Burggraaf, Effect of garlic powder on C-reactive protein and plasma lipids in overweight and smoking subjects, *Am. J. Clin. Nutr.*, 2006, **84**, 1324–1329.

H. D. VanEtten, J. W. Mansfield, J. A. Bailey and E. E. Farmer, Two classes of plant antibiotics: phytoalexins *versus* "phytoanticipins, *Plant Cell*, 1994, **6**, 1191–1192.

L. Vasseur and D. Gagnon, Survival and growth of *Allium tricoccum* AIT. Transplants in different habitats, *Biol. Conservation*, 1994, **68**, 107–114.

A. I. Virtanen and E. J. Matikkala, Structure and synthesis of cycloalliin isolated from *Allium cepa*, *Acta Chem. Scand.*, 1959a, **13**, 623–626.

A. I. Virtanen and E. J. Matikkala, Isolation of *S*-methyl- and *S*-propylcysteine sulfoxide from onion and the antibiotic activity of crushed onion, *Acta Chem. Scand.*, 1959b, **13**, 1898–1900.

A. I. Virtanen and E. J. Matikkala, Evidence for the presence of γ-glutamyl-*S*-(1-propenyl)-cysteine sulfoxide and cycloalliin as original compounds in onion, *Suomen Kemistil., B*, 1961, **34B**, 114.

A. I. Virtanen and I. Mattila, γ-L-Glutamyl-*S*-allyl-L-cysteine in garlic, *Suomen Kemistil., B*, 1961, **34B**, 44.

A. I. Virtanen and E. J. Matikkala, New γ-L-glutamyl peptides in onion (*Allium cepa*). III, *Suomen Kemistil., B*, 1961, **34B**, 53–54.

A. I. Virtanen and C. -G. Spåre, Isolation of the precursor of the lachrimatory factor in onion (*Allium cepa*), *Suomen Kemistil., B*, 1961, **34**, 72.

A. I. Virtanen and E. J. Matikkala, Structure of the γ-glutamyl peptide 4 isolated from onion (*Allium cepa*)-γ-L-glutamyl-*S*-(1-propenyl)cysteine sulfoxide, *Suomen Kemistil., B*, 1961, **34B**, 84.

A. I. Virtanen, M. Hatanaka and M. Berlin, γ-L-Glutamyl-*S*-propylcysteine in garlic, *Suomen Kemistil., B*, 1962a, **35b**, 52.

A. I. Virtanen and E. J. Matikkala, γ-L-Glutamyl-*S*-(prop-1-enyl)-L-cysteine in the seeds of chives, *Suomen Kemistil., B*, 1962b, **35B**, 245.

A. I. Virtanen, Some organic sulfur compounds in vegetables and fodder plants and their significance in human nutrition, *Angew. Chem., Int. Edn. Engl.*, 1962c, **1**, 299–306.

A. I. Virtanen, Studies on organic sulphur compounds and other labile substances in plants, *Phytochemistry*, 1965, **4**, 207–228.

G. M. Volk, A. D. Henk and C. M. Richards, Genetic diversity among U.S. garlic clones as detected using AFLP methods, *J. Amer. Soc. Horticultural Sci.*, 2004, **129**, 559–569.

G. M. Volk and D. Stern, Phenotypic characteristics of ten garlic cultivars grown at diverse North American locations, *HortScience*, 2009, **44**, 1238–1247.

H. Wagner, W. Dorsch, T. Bayer, W. Breu and F. Willer, Antiasthmatic effects of onions: inhibition of 5-lipoxygenase and cyclooxygenase *in vitro* by thiosulfinates and cepaenes, *Prostaglandins Leukotrienes Essent. Fatty Acids*, 1990, **39**, 59–62.

O. Wahlroos and A. I. Virtanen, Volatiles from chives (*Allium schoenoprasum*), *Acta Chem. Scand.*, 1965, **19**, 1327–1332.

J. C. Walker and M. A. Stahman, Chemical nature of disease resistance in plants, *Annu. Rev. Plant Physiol.*, 1955, **6**, 351–366.

T. B. Walker III, Garlic press, *US Pat.*, US 7117785, October 10, 2006.

L. Walton, M. Herbold and C. C. Lindegren, Bactericidal effects of vapors from crushed garlic, *J. Food Sci.*, 1936, **1**, 163–169.

D. Wang, H. Nanding, N. Han, F. Chen and G. Zhao, 2-(1*H*-Pyrrolyl)carboxylic acids as pigment precursors in garlic greening, *J. Agric. Food Chem.*, 2008, **56**, 1495–1500.

H. Wang, J. Li, Z. Wang, X. Zhang and Y. Ni, Modified method for rapid quantitation of S-alk(en)yl-L-cysteine sulfoxide in yellow onions (*Allium cepa* L.), *J. Agric. Food Chem.*, 2007, **55**, 5429–5435.

J. Wang, Z. A. Luthey-Schulten and K. S. Suslick, Is the olfactory receptor a metalloprotein? *Proc. Natl. Acad. Sci. U.S.A.*, 2003, **100**, 3035–3039.

K. Wang, M. Groom, R. Sheridan, S. Zhang and E. Block, Liquid sulfur as a reagent: Synthesis of families of polysulfanes with twenty or more sulfur atoms with characterization by ultra performance liquid chromatography–(Ag^{+}) coordination ion spray–mass spectrometry, *J. Sulfur Chem.*, 2013, **34**, 55–66.

W. Wang, J. Tang and A. Peng, The isolation, identification and bioactivities of selenoproteins in selenium-rich garlic, *Shengwu Huaxue Zazhi*, 1989, **5**, 229–234 (*Chem. Abstr.*, 1989, **111**, 95847d).

W. L. Wang, Y. Liu, X. L. Ji, G. Wang and H. B. Zhou, Effects of wheat-oilseed rape or wheat-garlic intercropping on the population dynamics of *Sitobion avenae* and its main natural enemies, *Ying Yong Sheng Tai Xue Bao*, 2008, **19**, 1331–1336 [Article in Chinese].

J. Ward, A description of the town of Silchester in its present state, *Philos. Trans. R. Soc. London*, 1748, **45**, 603–614.

S. Warshafsky, R. S. Kamer and S. L. Sivak, Effect of garlic on total serum cholesterol. A metaanalysis, *Ann. Internal Med.*, 1993, **119**, 599–605.

T. Watters, *On Yuan Chwang's travels in India, 629–645 A.D.*, 2 vols, 1904–5, Oriental Translation Fund, n.s. 14, Royal Asiatic Society, London, UK.

N. D. Weber, D. O. Andersen, J. A. North, B. K. Murray, L. D. Lawson and B. G. Hughes, *In vitro* virucidal effects of *Allium sativum* (garlic) extract and compounds, *Planta Med.*, 1992, **58**, 417–423.

F. Wehner, F. Musshoff, M. M. Schulz, D. D. Matin and H.-D. Wehner, Detection of colchicine by means of LC-MS/MS after mistaking meadow saffron for bear's garlic, *Forensic Sci. Med. Pathol.*, 2006, **2**, 193–197.

L. Weiner, I. Shin, L. J. Shimon, T. Miron, M. Wilchek, D. Mirelman, F. Frolow and A. Rabinkov, Thiol-disulfide organization in alliin lyase (alliinase) from garlic (*Allium sativum*), *Protein Sci.*, 2009, **18**, 196–205.

A. S. Weisberger and J. Pensky, Tumor inhibition by a sulfhydrylblocking agent related to an active principle of garlic (*Allium sativum*), *Cancer Res.*, 1958, **18**,

1301–1308.

E. Weise, USA Today, 2/27/2007: http://www.usatoday.com/news/health/2007-02-26-garlic-cholesterol_x.htm.

T. Wertheim, Investigations on garlic oil, *Ann. Chem. Pharm.*, 1844, **51**, 289–315.

D. West, *Horace. The Complete Odes and Epodes*, Oxford University Press, Oxford, 1997.

H. A. Wetli, R. Brenneisen, I. Tschudi, M. Langos, P. Bigler, T. Sprang, S. Schuerch and R. C. Muehlbauer, A γ-glutamyl peptide isolated from onion (*Allium cepa* L.) by bioassay-guided fractionation inhibits resorption activity of osteoclasts, *J. Agric. Food Chem.*, 2005, **53**, 3408–3414.

P. D. Whanger and J. A. Butler, Effects of various dietary levels of selenium as selenite or selenomethionine on tissue selenium levels and glutathione peroxidase activity in rats, *J. Nutr.*, 1988, **118**, 846–852.

P. D. Whanger, C. Ip, C. E. Polan, P. C. Uden and G. Welbaum, Tumorigenesis, metabolism, speciation, bioavailability, and tissue deposition of selenium in selenium-enriched ramps (*Allium tricoccum*), *J. Agric. Food Chem.*, 2000, **48**, 5723–5730.

C. Wheeler, T. M. Vogt, G. L. Armstrong, G. Vaughan, A. Weltman, O. V. Nainan, V. Dato, G. Xia, K. Waller, J. Amon, T. M. Lee, A. Highbaugh-Battle, C. Hembree, S. Evenson, M. A. Ruta, I. T. Williams, A. E. Fiore and B. P. Bell, An outbreak of hepatitis A associated with green onions, *N. Engl. J. Med.*, 2005, **353**, 890–897.

S. D. Whiting and M. L. Guinea, Treating stingray wounds with onions, *Med. J. Aust.*, 1998, **168**, 584.

S. Widder, C. Sabater Lüntzel, T. Dittner and W. Pickenhagen, 3-Mercapto-2-methylpentan-1-ol, a new powerful aroma compound, *J. Agric. Food. Chem.*, 2000, **48**, 418–423.

W. F. Wilkens, Isolation and identification of the lachrymogenic compound of onion, *Cornell Univ. Agr. Exp. Station Mem.*, 1964, No. 385.

J. G. Wilkinson, in *The Ancient Egyptians*, ed. S. Birch, John Murray, London, UK, 1878.

G. Williamson, G. W. Plumb, Y. Uda, K. R. Price and M. J. C. Rhodes, Dietary quercetin gycosides: antioxidant activity and induction of the anticarcinogenic phase II marker enzyme quinone reductase in Hepalclc7 cells, *Carcinogenesis*, 1996, **17**, 2385–2387.

G. H. Willital and H. Heine, Efficacy of Contractubex gel in the treatment of fresh scars after thoracic surgery in children and adolescents, *Int. J. Clin. Pharmacol. Res.*, 1994, **14**, 193–202.

E. W. Wilson, The onion in folk belief, *West. Folklore*, 1953, **12**, 94–104.

G. Winnewisser, F. Lewen, S. Thorwirth, M. Behnke, J. Hahn, J. Gauss and E. Herbst, Gas-phase detection of HSOH: Synthesis by flash vacuum pyrolysis of di-*tert*-butyl sulfoxide and rotational-torsional spectrum, *Chem.–Eur. J.*, 2003, **9**, 5501–5510.

K. Wojcikowski, S. Myers and L. Brooks, Effects of garlic oil on platelet aggregation: a double-blind placebo-controlled crossover study, *Platelets*, 2007, **18**, 29–34.

P. M. Wolsko, D. K. Solondz, R. S. Phillips, S. C. Schachter and D. M. Eisenberg, Lack of herbal supplement characterization in published randomized controlled trials, *Am. J. Med.*, 2005, **118**, 1087–1093.

W. Woodville, *Medical Botany*, James Phillips, London, UK, 1793.

R. B. Woodward and R. Hoffmann, *The Conservation of Orbital Symmetry*, Verlag Chemie, Weinhein/Bergstr, Germany, 1970.

World Cancer Research Fund/American Institute for Cancer Research, *Food, Nutrition, Physical Activity, and the Prevention of Cancer: a Global Perspective*, Washington DC, AICR, 2007.

World Health Organization Monographs on Selected Medicinal Plants, 1999, vol. 1, Geneva: http://whqlibdoc.who.int/publications/1999/9241545178.pdf.

C.-C. Wu, J. G. Chung, S. J. Tsai, J. H. Yang and L. Y. Sheen, Differential effects of allyl sulfides from garlic essential oil on cell cycle regulation in human liver tumor cells, *Food Chem. Toxicol.*, 2004, **42**, 1937–1947.

X. J. Wu, Y. Hu, E. Lamy and V. Mersch-Sundermann, Apoptosis induction in human lung adenocarcinoma cells by oil-soluble allyl sulfides: triggers, pathways, and modulators, *Environ. Mol. Mutagenesis*, 2009, **50**, 266–275.

D. Wujastyk, *The Roots of Ayurveda: Selections from Sanskrit Medical Writings*, Penguin Books, London, UK, 2003.

D. Xiao, Y. Zeng, E. R. Hahm, Y. A. Kim, S. Ramalingam and S. V. Singh, Diallyl trisulfide selectively causes Bax- and Bak-mediated apoptosis in human lung cancer cells, *Environ. Mol. Mutagenesis*, 2009, **50**, 201–212.

D. Xiao, K. L. Lew, Y. A. Kim, Y. Zeng, E. R. Hahm, R. Dhir and S. V. Singh, Diallyl trisulfide suppresses growth of PC-3 human prostate cancer xenograft *in vivo* in association with Bax and Bak induction, *Clin. Cancer Res.*, 2006a, **12**, 6836–6843.

D. Xiao, M. Li, A. Herman-Antosiewicz, J. Antosiewicz, H. Xiao, K. L. Lew, Y. Zeng, S. W. Marynowski and S. V. Singh, Diallyl trisulfide inhibits angiogenic features of human umbilical vein endothelial cells by causing Akt inactivation and down-regulation of VEGF and VEGF-R2, *Nutr. Cancer*, 2006b, **55**, 94–107.

D. Xiao and S. V. Singh, Diallyl trisulfide, a constituent of processed garlic, inactivates Akt to trigger mitochondrial translocation of BAD and caspase-mediated apoptosis in human prostate cancer cells, *Carcinogenesis*, 2006c, **27**, 533–540.

B. Xu, B. Monsarrat, J. E. Gairin and E. Girbal-Neuhauser, Effect of ajoene, a natural antitumor small molecule, on human 20S proteasome activity *in vitro* and in human leukemic HL60 cells, *Fundam. Clin. Pharmacol.*, 2004, **18**, 171–180.

M. Yagami, S. Kawakishi and M. Namiki, Identification of intermediates in the formation of onion flavor, *Agric. Biol. Chem.*, 1980, **44**, 2533–2538.

O. Yamato, M. Hayashi, M. Yamasaki and Y. Maede, Induction of onion-induced haemolytic anaemia in dogs with sodium *n*-propylthiosulphate, *Veterinary Rec.*, 1998, **142**, 216–219.

O. Yamato, M. Hayashi, E. Kasai, M. Tajima, M. Yamasaki and Y. Maede, Reduced glutathione accelerates the oxidative damage produced by sodium *n*-propylthiosulfate, one of the causative agents of onion-induced hemolytic anemia in dogs, *Biochim. Biophys. Acta*, 1999, **1427**, 175–182.

O. Yamato, Y. Sugiyama, H. Matsuura, K.-W. Lee, K. Goto, M. A. Hossain, Y.

Maede and T. Yoshihara, Isolation and identification of sodium 2-propenyl thiosulfate from boiled garlic (*Allium sativum*) that oxidizes canine erythrocytes, *Biosci. Biotech. Biochem.*, 2003, **67**, 1594–1596.

O. Yamato, E. Kasai, T. Katsura, S. Takahashi, T. Shiota, M. Tajima, M. Yamasaki and Y. Maede, Heinz body hemolytic anemia with eccentrocytosis from ingestion of Chinese chive (*Allium tuberosum*) and garlic (*Allium sativum*) in a dog, *J. Am. Animal Hosp. Assoc.*, 2005, **41**, 68–73.

M. Yamazaki, M. Sugiyama and K. Saito, Intercellular localization of cysteine synthase and alliinase in bundle sheaths of *Allium* plants, *Plant Biotechnol.*, 2002, **19**, 7–10.

Y. Yamazaki, T. Tokunaga and T. Okuno, Quantitative determination of eleven flavor precursors (*S*-alk(en)yl cysteine derivatives) in garlic with an HPLC method, *Nippon Shokuhin Kagaku Kogaku Kaishi*, 2005, **52**, 160–166 (*Chem. Abstr.*, 2005, **143**, 448406).

J.-S. Yang, G.-W. Chen, T.-C. Hsia, H.-C. Ho, C.-C. Ho, M.-W. Lin, S.-S. Lin, R.-D. Yeh, S.-W. Ip, H.-F. Lu and J.-G. Chung, Diallyl disulfide induces apoptosis in human colon cancer cell line (COLO 205) through the induction of reactive oxygen species, endoplasmic reticulum stress, caspases casade and mitochondrial-dependent pathways, *Food Chem. Toxicol.*, 2009, **47**, 171–179.

M. Yang, K. Wang, L. Gao, Y. Han, J. Lu and T. Zou, Exploration for a natural selenium supplement – characterization and bioactivities of *Se*-containing polysaccharide from garlic, *J. Chin. Pharm. Sci.*, 1992, **1**, 28–32 (*Chem. Abstr.*, 1993, **118**, 77092u).

Q. Yang, Q. Hu, O. Yamato, K. W. Lee, Y. Maede and T. Yoshihara, Organosulfur compounds from garlic (*Allium sativum*) oxidizing canine erythrocytes, *Z. Naturforsch., C: Biosci.*, 2003, **58**, 408–412.

W. Yang, J. Chen, W. Li and X. Chen, Preventive effects of 4 *Se*-enriched plants on rat stomach cancer induced by MNNG-3. Se accumulation and distribution in rats of different selenium resources for prevention of stomach cancer, *Wei Sheng Yan Jiu* [*J. Hyg. Res.*], 2008, **37**, 435–437 (in Chinese; PubMed ID 18839527 AN 2008647083).

M. C. Yarema and S. C. Curry, Acute tellurium toxicity from ingestion of metal-oxidizing solutions, *Pediatrics*, 2005, **116**, 319–321.

E. Yildirim and I. Guvenc, Intercropping based on cauliflower: more productive, profitable and highly sustainable, *Eur. J. Agron.*, 2005, **22**, 11–18.

M. C. Yin and S. M. Tsao, Inhibitory effect of seven *Allium* plants upon three *Aspergillus* species, *Int. J. Food Microbiol.*, 1999, **49**, 49–56.

K. S. Yoo and L. M. Pike, Determination of flavor precursor compound Salk(en)yl-L-cysteine sulfoxides by an HPLC method and their distribution in *Allium* species, *Sci. Horticulture*, 1998, **75**, 1–10.

H. Yoshida, H. Katsuzaki, R. Ohta, K. Ishikawa, H. Fukuda, T. Fujino and A. Suzuki, Antimicrobial activity of the thiosulfinates isolated from oil-macerated garlic extract, *Biosci. Biotechnol. Biochem.*, 1999, **63**, 591–594.

H. Yoshida, N. Iwata, H. Katsuzaki, R. Naganawa, K. Ishikawa, H. Fukuda, T. Fujino and A. Suzuki, Antimicrobial activity of a compound isolated from an oil-macerated garlic extract, *Biosci. Biotechnol. Biochem.*, 1998, **62**, 1014–1017.

W. C. You, L. M. Brown, L. Zhang, J. Y. Li, M. L. Jin, Y. S. Chang, J. L. Ma, K. F. Pan, W. D. Liu, Y. Hu, S. Crystal-Mansour, D. Pee, W. J. Blot, J. F. Fraumeni, Jr., G. W. Xu and M. H. Gail, Randomized double-blind factorial trial of three treatments to reduce the prevalence of precancerous gastric lesions, *J. Natl. Cancer Inst.*, 2006, **98**, 974–983.

W. C. You, L. Zhang, M. H. Gail, J. L Ma, Y. S. Chang, W. J. Blot, J. Y. Li, C. L. Zhao, W. D. Liu, H. Q. Li, Y. R. Hu, J. C. Bravo, P. Correa, G. W. Xu and J. F. Fraumeni Jr., *Helicobacter pylori* infection, garlic intake and precancerous lesions in a Chinese population at low risk of gastric cancer, *Int. J. Epidemiol.*, 1998, **27**, 941–944.

D. Young, "Chopping Garlic" from *At the White Window*, Ohio State University, Columbus OH, 2000.

J. Q. Yu, Allelopathic suppression of *Pseudomonas solanacearum* infection of tomato (*Lycopersicon esculentum*) in a tomato–Chinese chive (*Allium tuberosum*) intercropping system, *J. Chem. Ecol.*, 1999, **25**, 2409–2417.

T.-H. Yu, C.-M. Wu and Y. C. Liou, Volatile compounds from garlic, *J. Agric. Food Chem.*, 1989a, **37**, 725–730.

T.-H. Yu, C.-M. Wu and S. Y. Chen, Effects of pH adjustment and heat treatment on the stability and the formation of volatile compounds of garlic, *J. Agric. Food Chem.*, 1989b, **37**, 730–734.

T.-H. Yu, C.-M. Wu, R. T. Rosen, T. G. Hartman and C.-T. Ho, Volatile compounds generated from thermal degradation of alliin and deoxyalliin in an aqueous solution, *J. Agric. Food Chem.*, 1994a, **42**, 146–153.

T.-H. Yu, C.-M. Wu and C.-T. Ho, Meat-like flavor generated from thermal interactions of glucose and alliin or deoxyalliin, *J. Agric. Food Chem.*, 1994b, **42**, 1005–1009.

T.-H. Yu, L.-Y. Lin and C.-T. Ho, Volatile compounds of blanched, fried blanched, and baked blanched garlic slices, *J. Agric. Food Chem.*, 1994c, **42**, 1342–1347.

H. Zeng and G. F. Combs Jr, Selenium as an anticancer nutrient: roles in cell proliferation and tumor cell invasion, *J. Nutr. Biochem.*, 2008, **19**, 1–7.

R. S. Zeng, Allelopathy in Chinese ancient and modern agriculture, in *Allelopathy in Sustainable Agriculture and Forestry*, ed. R.S. Zeng, A.U. Mallik, S.M. Luo, Springer, 2008.

G. Zhang, H. Wu, B. Zhu, Y. Shimoishi, Y. Nakamura and Y. Murata, Effect of dimethyl sulfides on the induction of apoptosis in human leukemia Jurkat cells and HL-60 cells, *Biosci. Biotechnol. Biochem.*, 2008a, **72**, 2966–2972.

L. Zhang, M. H. Gail, Y. Q. Wang, L. M. Brown, K. F. Pan, J. L. Ma, H. Amagase, W. C. You and R. Moslehi, A randomized factorial study of the effects of long-term garlic and micronutrient supplementation and of 2-wk antibiotic treatment for *Helicobacter pylori* infection on serum cholesterol and lipoproteins, *Am. J. Clin. Nutr.*, 2006b, **84**, 912–919.

X. Zhang and R. A. Laursen, Development of mild extraction methods for the analysis of natural dyes in textiles of historical interest using LC-diode array detector-MS, *Anal. Chem.*, 2005, **77**, 2022–2025.

Y. W. Zhang, J. Wen, J. B. Xiao, S. G. Talbot, G. C. Li and M. Xu, Induction of apoptosis and transient increase of phosphorylated MAPKs by diallyl disulfide treatment in human nasopharyngeal carcinoma CNE2 cells, *Arch. Pharm. Res.*, 2006a, **29**, 1125–1131.

Z. D. Zhang, Y. Li, Z. K. Jiao, *et al.*, [Effect of local application of allicin *via* gastroscopy on cell proliferation and apoptosis of progressive gastric carcinoma] *Chin. J. Integrated Traditional Western Med.*, 2008, **28**, 108–110 [*Zhongguo Zhong Xi Yi Jie He Za Zhi*; article in Chinese].

Z. M. Zhang, X. Y. Yang, S. H. Deng, W. Xu and H. Q. Gao, Anti-tumor effects of polybutylcyanoacrylate nanoparticles of diallyl trisulfide on orthotopic transplantation tumor model of hepatocellular carcinoma in BALB/c nude mice, *Chin. Med. J. (Beijing, Engl. Ed.)*, 2007, **120**, 1336–1342.

Z. M. Zhang, N. Zhong, H. Q. Gao, S. Z. Zhang, Y. Wei, H. Xin, X. Mei, H. S. Hou, X. Y. Lin and Q. Shi, Inducing apoptosis and upregulation of Bax and Fas ligand expression by allicin in hepatocellular carcinoma in Balb/c nude mice, *Chin. Med. J. (Beijing, Engl. Ed.)*, 2006b, **119**, 422–425.

H. Zhen, F. Fang, D. Y. Ye, S. N. Shu, Y. F. Zhou, Y. S. Dong, X. C. Nie and G. Li, Experimental study on the action of allitridin against human cytomegalovirus *in vitro*: inhibitory effects on immediate-early genes, *Antiviral Res.*, 2006, **72**, 68–74.

J. Zhou, S. Yao, R. Qian, Z. Xu, Y. Wei and Y. Guo, Observation of allicin–cysteine complex by reactive desorption electrospray ionization mass spectrometry for garlic, *Rapid Commun. Mass Spectrom.*, 2008, **22**, 3334–3337.

S. Ziaei, S. Hantoshzadeh, P. Rezasoltani and M. Lamyian, The effect of garlic tablet on plasma lipids and platelet aggregation in nulliparous pregnants at high risk of preeclampsia, *Eur. J. Obstetrics Gynecol. Reproductive Biol.*, 2001, **99**, 201–206.

S. J. Ziegler and O. Sticher, Optimization of the mobile phase for HPLC separation of *S*-alk(en)yl-L-cysteine derivatives and their corresponding sulfoxide isomers, *J. Chromatogr.*, 1989a, **12**, 199–220.

S. J. Ziegler and O. Sticher, HPLC of *S*-alk(en)yl-L-cysteine derivatives in garlic including quantitative determination of (+)-*S*-allyl-L-cysteine sulfoxide (alliin), *Planta Med.*, 1989b, **55**, 372–378.

D. Zohary and M. Hopf, *Domestication of Plants in the Old World*, Oxford University Press, Oxford, 3rd edn, 2000.

A. N. Zohri, K. Abdel-Gawad and S. Saber, Antibacterial, antidermatophytic and antitoxigenic activities of onion (*Allium cepa* L.) oil, *Microbiol Res.*, 1995, **150**, 167–172.

J. M. Zurada, D. Kriegel and I. C. Davis, Topical treatments for hypertrophic scars, *J. Am. Acad. Dermatol.*, 2006, **55**, 1024–1031.

附录

附录1 葱属植物化合物含量及性能

表 A.1 通过不同技术获得的主要葱属植物的风味前体物质含量

物种*	方法	Enz[③]	总量[①]	甲蒜氨酸[②]	蒜氨酸[②]	异蒜氨酸[②]	丙蒜氨酸[②]	参考文献
A. altyncolicum	HPLC		3.4	20	1	75	4	Keusgen, 2002
A. ampeloprasum（象蒜）	HPLC		1.5	40	43	3	15	Fritsch, 2006
A. ampeloprasum（韭葱）	HPLC		5	17	63	20	0	Yoo, 1998
	LC-MS		2.6	5	tr	95	nd	Lundegardh, 2008
	CE		1.5	12	tr	88	tr	Kubec, 2008
A. angulosum	HPLC		5.6	96	1	2	2	Fritsch, 2006;
	HPLC[③]			(52.5)	(0)	(35.1)	(12.4)	Ferary, 1998
A. carinatum	HPLC		4.0	82	0	18	0	Fritsch, 2006
	HPLC		2.5	11	10	79	0	Fritsch, 2006
A. cepa	GC		1.5	14	3	82	0	Wang, 2007
	CE		0.59	18	nd	82	nd	Kubec, 2008
A. cepa（脱水）	HPLC		2.5	7	0	93	0	Yoo, 1998
A. cepa（葱）	CE		1.35	19	tr	81	nd	Kubec, 2008
	HPLC		2.27	5	nd	95	nd	Yoo, 1998
A. chevsuricum	HPLC		1.5	48	2	49	1	Keusgen, 2002
A. fistulosum	HPLC		1.7	10	0	90	—	Yoo, 1998
A. globosum	HPLC		1.7	69	26	6	0	Fritsch, 2006;
	HPLC[③]			(77)	(20.5)	(2.5)	(0)	Ferary, 1998
A. hymenorrhizum	HPLC		0.6	79	2	19	nd	Krest, 2000

续表

物种	方法	Enz[2]	总量[1]	甲蒜氨酸[2]	蒜氨酸[2]	异蒜氨酸[2]	丙蒜氨酸[2]	参考文献
A. jesdianum DS[6]	HPLC	2	6.2	97	nd	3	nd	Krest, 2000
A. karelinii	HPLC[8]			(33.2)	(0)	(51.8)	(15)	Ferary, 1998
A. kermesinum	HPLC		7	28	59	7	6	Storsberg, 2004
A. moly	HPLC		1	22	8	70	0	Fritsch, 2006
A. neapolitanum	HPLC		1.4	98	2	0	1	Fritsch, 2006
A. obliquum	HPLC	13	6.4	44	56	nd	nd	Krest, 2000; Keusgen, 2002;
	HPLC[8]		13.4	30	58	3	9	Ferary, 1998
A. oleraceum W[5]	HPLC		2.1	(47.7)	(46.5)	(5.8)	(0)	Fritsch, 2006
A. paniculatum	HPLC		—	89	3	7	0	Boscher, 1995
A. paradoxum	HPLC		0.4	100	0	0	0	Krest, 2000
A. roseum	HPLC		2.3	80	nd	20	nd	Fritsch, 2006
A. sativum China	CE	178	19	80	17	2	0	Horie, 2006; Kubec, 2008
A. sativum Japan	CE		12.3	9	91	nd	nd	Horie, 2006
A. sativum Texas	HPLC		14	10	81	9	nd	Yoo, 1998
A. sativum various	HPLC[11]	18	12	9	91	nd	0	Yamazaki, 2005
A. saxatile	HPLC[8]		31.1	5	84	11	nd	Fritsch, 2006; Ferary, 1998
			6.7	4	84	12	nd	
A. schoenoprasum[7]	CE		0.6	(78)	2	4	0	Fritsch, 2006
			2.45	31	(17.6)	(4.4)	(0)	Kubec, 2008
A. scorodoprasum	HPLC		1.42	22	5	63	0	Yoo, 1998
			1.5	48	tr	78	tr	
A. senescens	HPLC		0.6	25	6	46	0	Fritsch, 2006
				31	69	5	0	
					1	48	21	Fritsch, 2006

续表

物种	方法	Enz[9]	总量[1]	甲蒜氨酸[2]	蒜氨酸[2]	异蒜氨酸[2]	丙蒜氨酸[2]	参考文献
A. senescens	HPLC[10]			(7.6)	(0)	(92)	(0.4)	Ferary, 1998
A. siculum[6]	GC		0.4[5]	50	—	—	—	Kubec, 2002; 2009
A. sphaerocephalon	HPLC	6	0.5	42	18	39	0	Fritsch, 2006
A. stipitatum DS[8]	HPLC	7	4.4	98	nd	2	nd	Fritsch, 2006
A. subhirsutum	HPLC	7	0.3	79	21	0	0	Fritsch, 2006
A. triquetrum	HPLC		1.1	56	21	19	4	Fritsch, 2006
A. tuberosum	CE HPLC[11]		5	80	20	—	—	Horie, 2007; Ferary, 1998
	HPLC		2.6	(80)	(19.1)	(0.9)	(0)	Yoo, 1998
A. ursinum[7]	HPLC		2[3]	72	23	5	—	Fritsch, 2006
A. victorialis[7]	HPLC	3	1[4]	35	28	37	0	Fritsch, 2006
A. vineale W[5]	HPLC		1	75	25	—	—	Fritsch, 2006
	HPLC			29	31	41	0	

① g/kg 鲜重。
② 占总半胱氨酸亚砜的比例，%。
③ 在鳞茎中。
④ 在叶中。
⑤ W=一种杂草。
⑥ 也含有 23% 丁蒜氨酸。
⑦ 也含有微量乙蒜酸酯（Kubec, 2000）。
⑧ DS="鼓槌" 葱属植物。
⑨ "Enz" 表示蒜氨酸酶的酶测定量，μmol/(min·mg)。
⑩ 基于 HPLC 分析硫代亚磺酸酯酶的形成 (Ferary, 1998)。
⑪ 阴离子交换柱；平均值（%干重）蒜氨酸，2.62；甲蒜氨酸，0.36；异蒜氨酸，0.13。
注：nd—未检出；tr—痕量。

表 A.2 葱属植物化合物的抗菌活性 [最小抑菌浓度 (MIC)]

单位: mg/L

有机体	大蒜素	大蒜烯 [Z (E)]	All_2S	All_2S_2	All_2S_3	All_2S_4	其它	参考文献
革兰阴性细菌								
E. coli	15	100~116 (200)	>1000	>1000	>1000			Ankri, 1999; Naganawa, 1996; Yoshida, 1998; Kim, 2004
Helicobacter pylori	6~30	15~20 (25)	>1000	100	13~25	3~6	8~32[6], 0.025[8]	O'Gara, 2000; Ohta, 1999
Klebsiella pneumoniae	8	113~152 (200)	96	72	40	20	24[2]	Ankri, 1999; Naganawa, 1996; Tsao, 2001b; Yoshida, 1998
Leptotrichia buccalis	13.8							Bakri, 2005
Pophyromonas gingivalis	1.7							Bakri, 2005
P. intermedia	1.7							Bakri, 2005
P. nigrescens	0.4							Bakri, 2005
Pseudomonas aeruginosa	15	>500 (>500)	80	64	32	12	16[6]	Naganawa, 1996; Ankri, 1999; Tsao, 2001b; Yoshida, 1998
Campylobacter jejuni			56	12	2	1	1[7]	Rattanachaikunsopon, 2008
Salmonella enterica			54	12	2	0.5	1[7]	Rattanachaikunsopon, 2008
V. cholerae			72	24	12	4	1[7]	Rattanachaikunsopon, 2008
革兰阳性细菌								
B. cereus			64	14	4	1	0.5[7]	Rattanachaikunsopon, 2008
B. subtilis		5 (14)						Naganawa, 1996; Yoshida, 1998
E. faecalis	28							Bakri, 2005
C. botulinum			64	20	4	1	0.5[7]	Rattanachaikunsopon, 2008
Mycobacterium phlei		10~14 (30)						Naganawa, 1996; Yoshida, 1998
M. smegmatis		4 (只有Z)						2[1], 4~16[2]	O'Donnell, 2007, 2008

续表

有机体	大蒜素	大蒜烯 [Z(E)]	Al_2S	Al_2S_2	Al_2S_3	Al_2S_4	其它	参考文献
Proteus mirablis	15							Ankri, 1999
S. aureus	12~28	20 (40)	20.0	4.0	2.0	0.5	24.0[⑥], 0.5[⑥], 1.0[⑦]	Ankri, 1999; Naganaw, 1996; Tsao, 2001a; Bakri, 2005; Yoshida, 1998
S. pyogenes	3							Ankri, 1999
真菌								
A. flavus	16		64.0	12.0	4.0	2.0	40.0[⑥]	Shadkchan, 2004; Tsao, 2001a
A. fumigatus	8		54.0	12.0	8.0	4.0	32.0[⑥]	Shadkchan, 2004; Tsao, 2001a
Aspergillus niger	32	<20	40.0	8.0	2.0	1.0	20.0[⑥]	Shadkchan, 2004; Yoshida, 1987; Tsao, 2001a
Candida albicans	0.3	13	32.0	4.0	1.0	0.5	16[⑤]	Ankri, 1999; Naganawa, 1996; Tsao, 2001a
C. glabrata	0.3		54.0	8.0	4.0	2.0	32.0[⑥]	Ankri, 1999; Tsao, 2001a
C. neoformans	0.3							Ankri, 1999
C. krusei	0.3		72.0	12.0	8.0	4.0	24.0[⑥]	Ankri, 1999; Tsao, 2001a
C. parapsilosis	0.15							Ankri, 1999
C. tropicalis	0.3							Ankri, 1999
C. valida		15 (50)						Yoshida, 1998
Cryptococcus neoformans	6~12		>1000	100	2.5~100			Davis, 1990, 1994; Shen, 1996
Saccharomyces cerevisiae	10	12~20 (50)			5	2	15[④], 10[⑤]	Naganawa, 1996; Kim, 2004; Yoshida, 1998, 1999
Scedosporium prolificans		4.0			8.0			Davis, 2003
寄生性原虫								
Entamoeba histolytica	30				59[③]			Mirelman, 1987; Lun, 1994
Giardia lamblia	30				14[③]			Mirelman, 1987; Lun, 1994
G. intestinalis			>1000[③]	100[③]			7[⑨]	Harris, 2000

续表

有机体	大蒜素	大蒜烯[$Z(E)$]	All$_2$S	All$_2$S$_2$	All$_2$S$_3$	All$_2$S$_4$	其它[③][④]	参考文献
利什曼原虫菌株	5～30							Mirelman, 1987; Saleheen, 2004; Khalid, 2005
Trypanosoma b. brucei							376[③][④]	Lun, 1994
T. congolense					2.5[③]			Lun, 1994
T. equiperdum					5.5[③]			Lun, 1994
T. evansi					1.2[③]			Lun, 1994
					0.8[③]			

① 来自 *A. neapolitanum* 的 8-Hydroxycanthin-6-one（O'Donnell, 2007）。
② 来自 *A. stipitatum* 的吡啶 *N*-氧化生二硫化物（O'Donnell, 2009）。
③ IC$_{50}$（μg/mL）。
④ 洋葱油。
⑤ 大蒜油。
⑥ 青霉素。
⑦ 四环素。
⑧ 阿莫西林。
⑨ 烯丙醇。

表 A.3 近期对葱属植物化合物抗癌作用的体外研究

化合物	癌细胞类型	机制	参考文献
All_2S_4	human acute myeloid leukemia U937	induce apoptosis, Bax and Bak, caspase activation	Cerella, 2009
R_2S_3 (其中 R=All)	human colon cancer HCT-15 and DLD-1	microtubule disassembly, cell cycle arrest, cysteine – SH to –SSR reaction	Seki, 2008; Hosono, 2008, 2005
All_2S_3	DU145 and PC3 human prostate cancer	Bax and Bak induction; angiogenesis inhibition; Akt inactivation, ROS	Xiao, 2006a,b,c; Kim, 2007
All_2S_3	prostate cancer in TRAMP mice	inhibition of lung metathesis	Singh, 2008
All_2S_3	BGC823 human gastric cancer	induce apoptosis	Li, 2006
All_2S_3	human childhood pre-B acute lymphoblastic leukemia	apoptosis	Hodge, 2008
All_2S_3 PBCA 纳米颗粒	hepatocellular carcinoma in mice	induce apoptosis	Zhang, 2007
All_2S_2	human colon cancer COLO 205	apoptosis via induction of reactive oxygen compounds (ROS)	Yang, 2008
All_2S_2	human leukemia HL-60	apoptosis via inhibition of ERK & induction of p38	Tan, 2008
All_2S_2	human prostate PC-3	induce apoptosis	Arunkumar, 2007
All_2S_2	human CNE2 nasopharyngeal carcinoma	induce apoptosis	Zhang, 2006
All_2S_2	human leukemia HL-60	inhibit NAT	Lin, 2002
All_2S_2	non small cell lung cancer	apoptosis, induce Bax, sup- press Bcl-2	Hong, 2000
All_2S_n ($n=1 \sim 3$)	human lung H358	Bax- and Bak-mediated apoptosis	Xiao, 2008
All_2S_n ($n=1 \sim 3$)	human lung A549	apoptosis via induction of ROS, JNK, p53	Wu, 2009
All_2S_n ($n=1 \sim 3$)	human glioblastoma	apoptosis via induction of ROS	Das, 2007
All_2S_n ($n=1 \sim 3$)	human liver J5	increase cyclin B1	Wu, 2004
All_2S_n ($n=1 \sim 5$)	human leukemia HL-60	inhibits repair polymerases	Nishida, 2008
Me_2S_n ($n=1 \sim 4$)	human leukemia HL-60	apoptosis via induction of ROS and caspase-3 activation	Zhang, 2008
All_2S	K562 human leukemia	modulate MDR	Arora, 2004
All_2S	non small cell lung cancer	apoptosis, induce Bax, suppress Bcl-2	Hong, 2000
All_2S	human leukemia HL-60	inhibit NAT	Lin, 2002

续表

化合物	癌细胞类型	机制	参考文献
S-烯丙基硫基半胱氨酸	human gastric cancer SNU-1	Bax, p53, caspase-9 induction	Lee, 2008
S-烯丙基硫基半胱氨酸	human prostate cancer PCa	up-regulation of E-cadherin	Chu, 2006
S-烯丙基硫基半胱氨酸	human prostate cancer PC-3	antimetastatic effect	Howard, 2007
S-烯丙基硫基半胱氨酸	human breast cancer MDA-MB-231	induce E-cadherin, inhibit MMP-2	Gapter, 2008
S-烯丙基硫基半胱氨酸	human prostate cancer PCa	restoration of E-cadherin expression	Chu, 2006, 2007
S-烯丙基硫基半胱氨酸	human colon cancer COLO 320DM	caspase-3 and NFκB induction	Sriram, 2008
大蒜素	human leukemia HL60, myelo-monocytic U937	induce apoptosis, depleted GSH	Miron, 2008
大蒜素	cultured fibroblasts	microtubule disassembly	Prager-Khoutorsky, 2007
大蒜素	hepatocellular carcinoma in mice	induce apoptosis, upregulate Bax & Fas	Zhang, 2006b
大蒜素	human gastric epithelial carcinoma	AIF & PFK release	Park, 2005
大蒜素	human B chronic lymphocytic leukemia	tumor cell apoptosis via site-directed therapy	Arditti, 2005
大蒜素	human cervical cancer	induce apoptosis	Oommen, 2004
大蒜素	human mammary, (MCF7), colon (HT29)	depletes intracellular GSH	Hirsch, 2000
RS(O)SR (来自 A. tuberosum)	human prostate and colon cancers	caspase-3, -8, -9 induction, apoptosis	Park, 2007; Kim, 2008a,b; Lee, 2009
MeS(O)SMe 和 PrS(O)SPr	human acute myeloid leukemia U937	inhibition of cell proliferation, LD_{50} 2 μmol/L	Merhi, 2008
大蒜烯	human T lymphoma, neuro-blastoma, & fibroblast, HL60	activation of p53, p63, p73 gene products, induce apoptosis	Terrasson, 2007
大蒜烯	human promyeloleukemic	microtubule-interaction	Li, 2002
大蒜烯	HL60 human leukemia	affect proteasome	Xu, 2004
大蒜烯	HL60 human leukemia	ROS, induce apoptosis, NFκB and caspase-8	Dirsch, 2002, 1998
大蒜烯	human promyeloleukemic	induce apoptosis, inhibit ERK	Antlsperger, 2003
大蒜烯	human myeloid leukemia	enhance caspase-3 induction	Ahmed, 2001
大蒜烯	mouse melanoma	inhibit metathesis	Taylor, 2006; Nishikawa, 2002

续表

化合物	癌细胞类型	机制	参考文献
大蒜烯	human childhood pre-B acute lymphoblastic leukemia	apoptosis	Hodge, 2008
Se-甲基硒代半胱氨酸	murine B16F10 melanoma	reduces metathesis	Kim, 2008d
Se-甲基硒代半胱氨酸	human prostate cancer	inhibit growth, reduce AR and PSA expression	Lee, 2006
Thiacremonone (2,4-二羟基-2,5-二甲基-噻吩-3-酮)	human colon cancer HCT-116	inhibit growth by inactivation of NF-κB	Ban, 2007
大蒜低聚糖 (分子量1800)	human lymphoma, colon adenocarcinoma	stimulates interferon-gamma	Tsukamoto, 2008

附录2
《德国植物志（第10卷）》葱属植物图谱
（Ludwig Reichenbach，1848）

  Ludwig Heinrich Gottlieb Reichenbach (1793—1879)，一名德国医生、植物学家、植物艺术家及自然史教授，1820—1879年是德国德累斯顿植物园主任（Stafleu，1983）。该卷珍贵的图书收藏于剑桥大学植物园图书馆；该图谱复制已得到授权（L. Reichenbach, *Icones Florae Germanicae et Helveticae*, F. Hofmeister, Leipzig, Germany, 1848, vol. 10)。

按字母顺序排列的葱属（Allium）植物清单

acutangulum（A2.19）
acutiflorum（A2.10）
ampeloprasum（象蒜）（A2.8）
arenarium（A2.9）
ascalonicum（A2.10）
asperum（A2.2）
atropurpureum（A2.24）
carinatum（龙骨葱）（A2.1）
carneum（A2.23）
cepa（洋葱）（A2.13）
chamaemoly（A2.20）
controversum（蛇蒜）（A2.7）
descendens（A2.12）
fistulosum（葱）（A2.14）
flavescens（A2.18）
flavum（小黄洋葱）（A2.4）
fuscum（A2.4）
globosum（A2.16）
intermedium（A2.5）
kermesinum（A2.17）
longispathum（A2.6）
margaritaceum（A2.10）
moly（A2.20）
montanum（A2.19）
moschatum（A2.17）
multibulbosum（A2.25）
neapolitanum（水仙花蒜）（A2.26）

nigrum（黑蒜）（A2.24）
ochroleucum（A2.17）
oleraceum（田蒜）（A2.26）
pallens（A2.3）
paniculatum（A2.3）
pedemontanum（A2.3）
pendulinum（A2.22）
permixtum（A2.21）
porrum（韭葱）（A2.8）
praescissum（A2.5）
pulchellum（A2.2）
roseum（玫瑰色大蒜）（A2.23）
rotundum（A2.11）
sativum（大蒜）（A2.7）
saxatile（A2.16）
schoenoprasum（细香葱）（A2.15）
scorodoprasum（小蒜、沙韭菜）（A2.9）
sibiricum（A2.15）（多毛大蒜）
sphaerocephalum（圆头大蒜）（A2.11）
strictum（A2.12）
suaveolens（A2.18）
subhirsutum（A2.21）
triquetrum（三棱茎葱）（A2.22）
ursinum（熊蒜、熊葱）（A2.26）
victorialis（茗洋葱）（A2.27）
vineale（鸦葱、野蒜或鹿蒜）（A2.9）
violaceum（A2.1）

图A2.1　1057, *A. carinatum*; 1058, *A. violaceum*

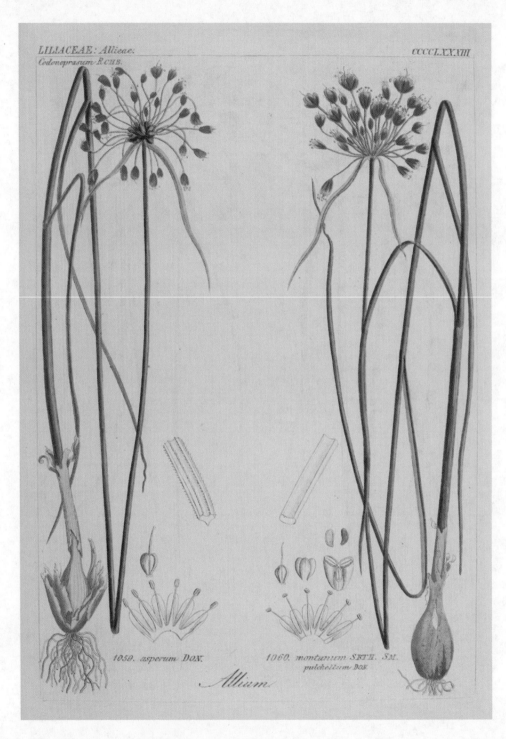

图A2.2　1059, *A. asperum*; 1060, *A. pulchellum*

图A2.3　1061, *A. paniculatum*; 1062, *A. pallens*

图A2.4　1063, *A. flavum*; 1064, *A. fuscum*

图A2.5　1065, *A. intermedium*; 1066, *A. praescissum*

图A2.6　1067, *A. oleraceum*; 1068, *A. longispathum*

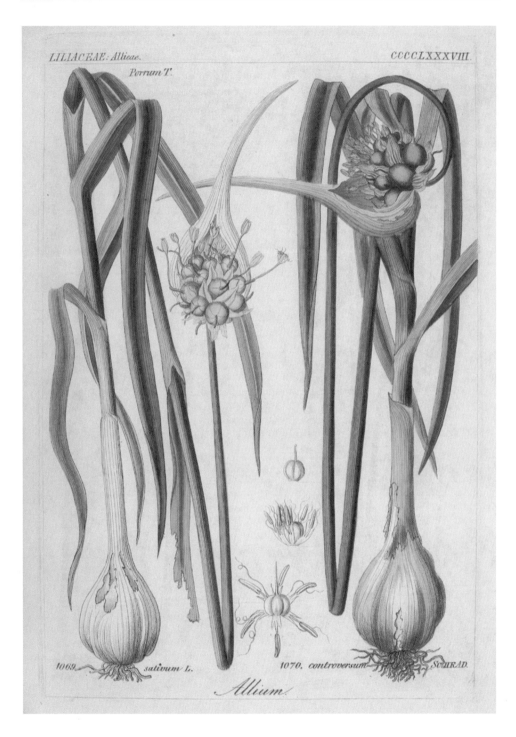

图A2.7　1069, *A. sativum*; 1070, *A. controversum*

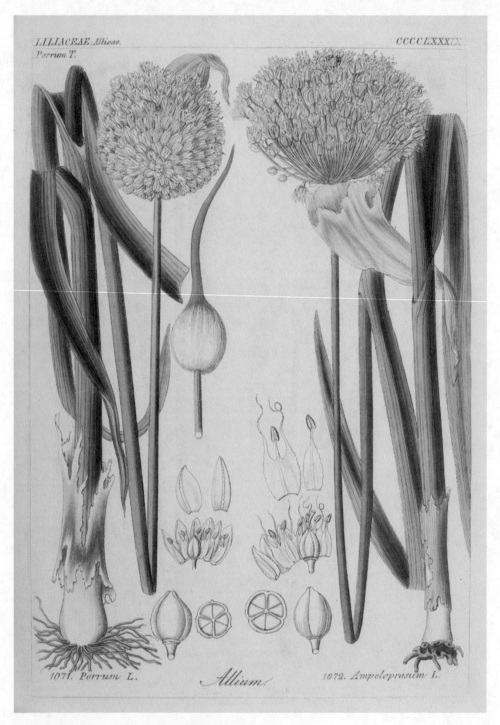

图A2.8　1071, *A. porrum*; 1072, *A. ampeloprasum*

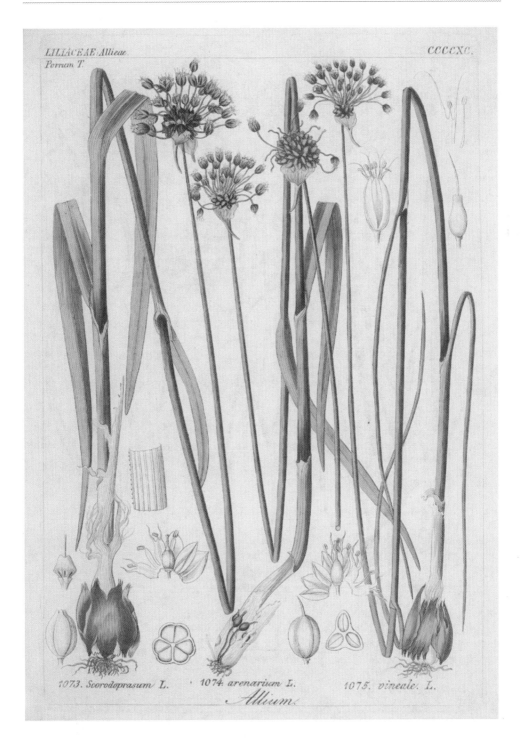

图A2.9　1073, *A. scorodoprasum*; 1074, *A. arenarium*; 1075, *A. vineale*

图A2.10　1076, A. ascalonicum; 1077, A. margaritaceum; 1078, A. acutiflorum

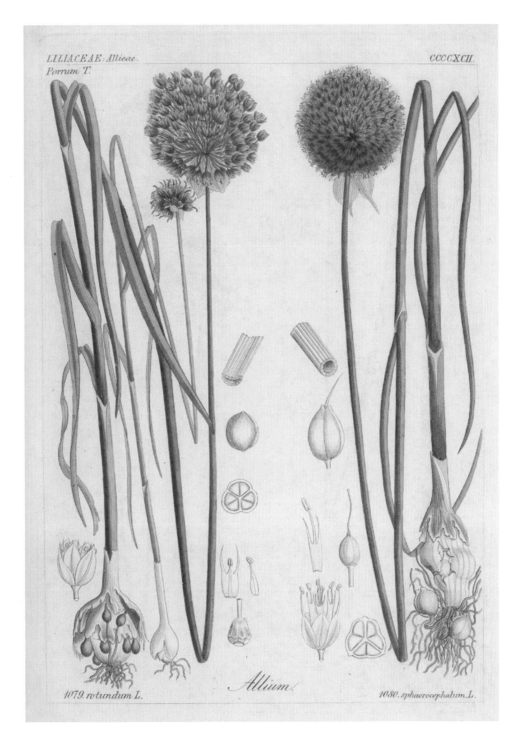

图A2.11　1079, *A. rotundum*; 1080, *A. sphaerocephalum*

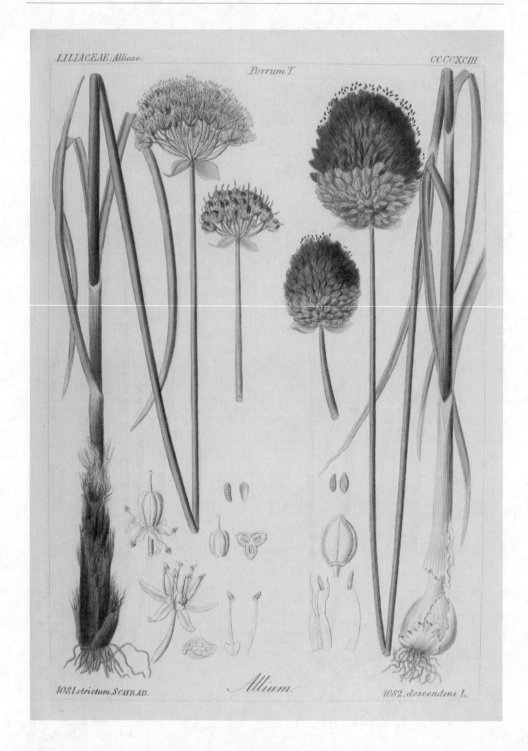

图A2.12 1081, *A. strictum*; 1082, *A. descendens*

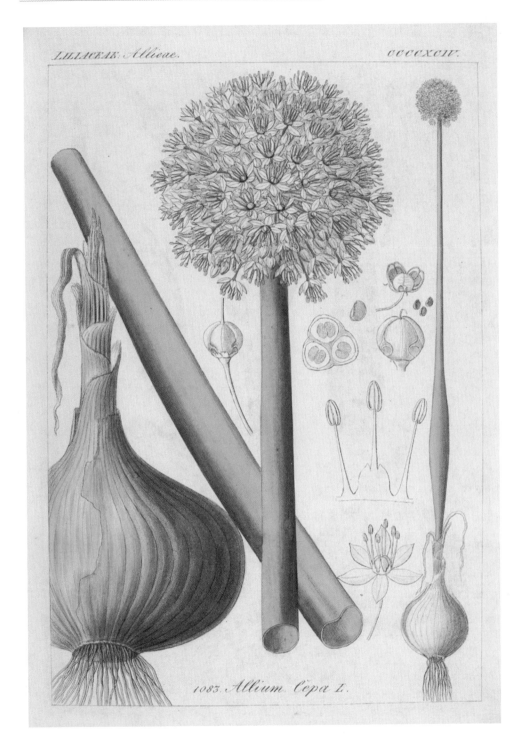

图A2.13　1083, *A. cepa*

图A2.14　1084, *A. fistulosum*

图A2.15　1085, *A. schoenoprasum*; 1086, *A. sibiricum*

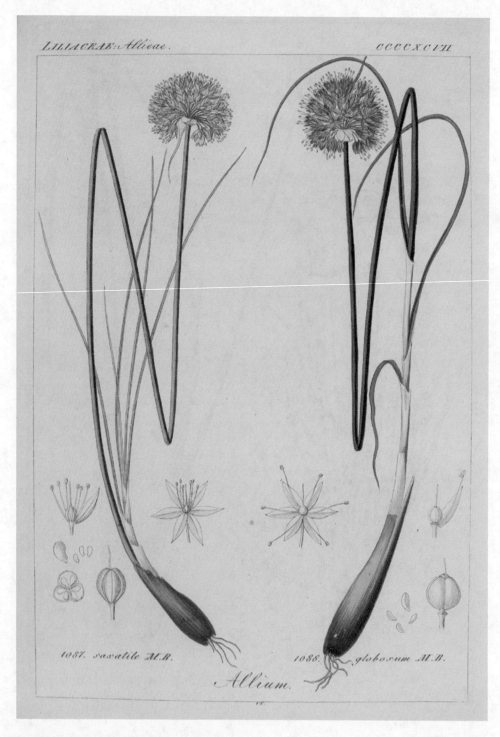

图A2.16　1087, *A. saxatile*; 1088, *A. globosum*

图A2.17　1089, *A. kermesinum*; 1090, *A. ochroleucum*; 1091, *A. moschatum*

图A2.18　1092, *A. flavescens*; 1093, *A. suaveolens*

图A2.19　1094, *A. montanum*; 1095, *A. acutangulum*

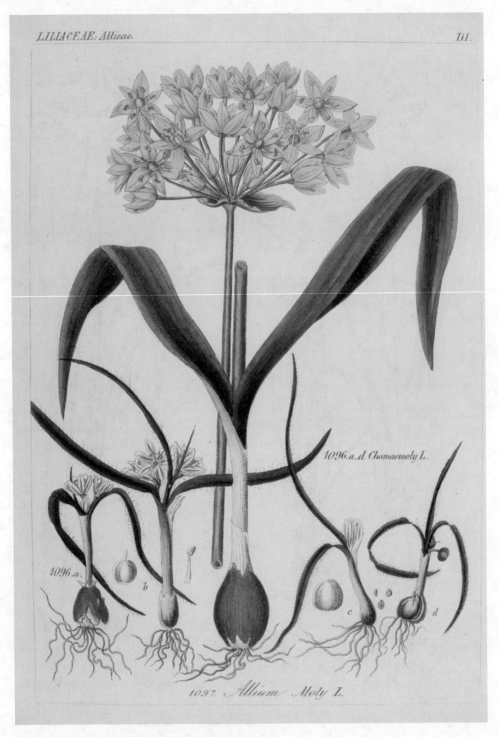

图A2.20　1096, *A. chamaemoly*; 1097, *A. moly*

图A2.21　1098, *A. permixtum*; 1099, *A. subhirsutum*

图A2.22　1100, *A. pendulinum*; 1101, *A. triquetrum*

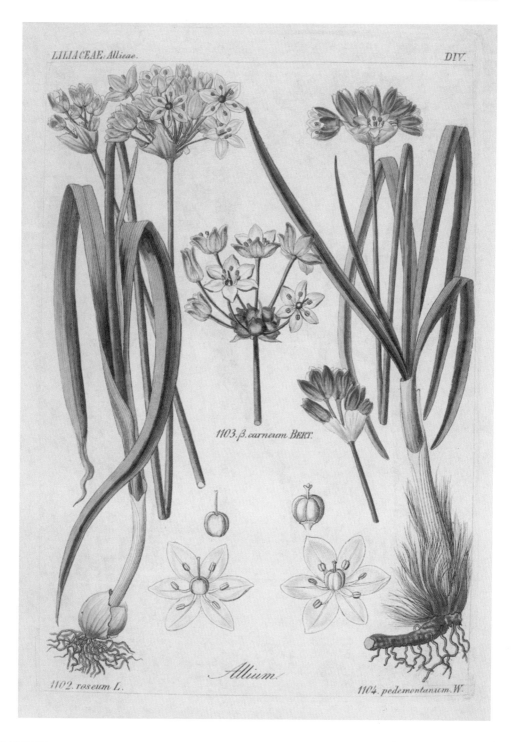

图A2.23　1102, *A. roseum*; 1103, *A. carneum*; 1104, *A. pedemontanum*

图A2.24　1105, *A. atropurpureum*; 1106, *A. nigrum*

图A2.25　1107, *A. multibulbosum*

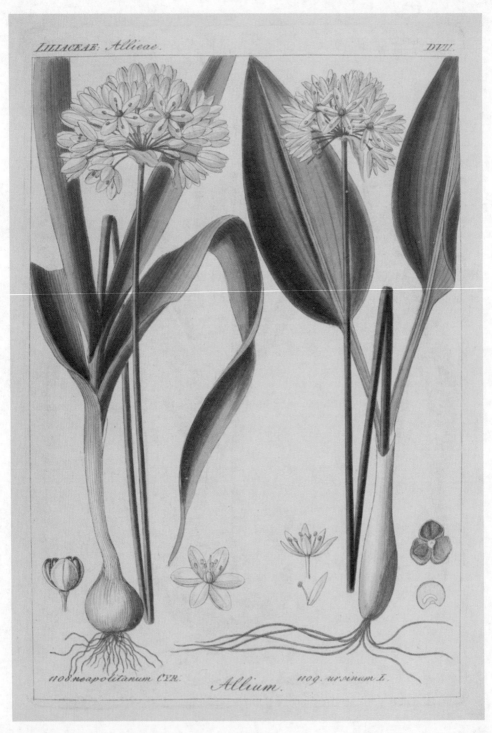

图A2.26　1108, *A. neapolitanum*; 1109, *A. ursinum*

图A2.27 1110, *A. victorialis*

索 引

半胱氨酸-S-共轭酸 062
北葱 002
北美野韭 002, 024
S-（3-吡咯基）半胱氨酸亚砜 154
扁大蒜 007
S-（1-丙基）-L-半胱氨酸 062
S-丙基-L-半胱氨酸亚砜 079
丙基硫代亚磺酸丙酯 061, 075, 219
丙硫醛 085
丙硫醛-S-氧化物 091, 096, 102, 149
丙醛 221
丙基亚磺酰氯 093
1-丙烯基丙基二硫化物 152
2-丙烯基次磺酸 055, 086, 090, 099, 113, 116, 126, 134, 141, 162
丙烯基次磺酸 059, 083, 102, 162
2-丙烯基硫醇 061, 127, 207
2-丙烯基硫代磺酸 2-丙烯酯 126
1-丙烯基硫代亚磺酸 1-丙烯酯 059, 145, 147, 151
1-丙烯基硫代亚磺酸酯 109
2-丙烯基亚磺酸 116
波斯之星 012
齿丝山韭 012
瓷蒜 007
次生代谢物 216
葱谷蛾 217
催泪因子（LF） 055, 057, 060, 080, 095, 098, 112, 162
大蒜 001, 002
大蒜素 053, 064, 126, 162, 179, 183, 190, 199, 202, 207, 213, 216
大蒜烯 139, 175, 179, 180, 184, 188, 196
丁硫醛-S-氧化物 098
S-（1-丁烯）-L-半胱氨酸亚砜 084
多硫化物 162

二丙基二硫化物 054, 057, 060, 061, 113, 152, 223, 227, 230
二芳基硫代亚磺酸酯 140
2,2-二甲基丙硫醛-S-氧化物 094
二甲基二硫化物 054, 075, 225
二甲基噻吩 221
二甲基硒 062, 157
1,2-二硫杂环丁烷 098
1,3-二硫杂环丁烷-1,3-二氧化物 097
1,3-二硫杂环丁烷-S-氧化物 090
3,4-二羟基苯甲酸 067
二噻烯 175, 196
二烯丙基多硫化物 052, 074, 129, 133, 134, 179, 180, 225, 227
二烯丙基二硫化物 053, 057, 061, 062, 075, 128, 136, 162, 207, 222, 225, 227, 230
二烯丙基硫代亚砜 134
二烯丙基硫化物 051, 057, 113, 227
二烯丙基三硫化物 057, 127, 128, 132, 136, 142, 180, 187, 198, 223, 225
二烯丙基四硫化物 130, 132, 134, 136
2,4-二乙基-1,3-二硫杂环丁烷-1,3-二氧化物 085
γ-谷氨酰-S-（E）-1-丙烯基半胱氨酸亚砜 122
γ-谷氨酰-S-（β-羧丙基）半胱氨酰-甘氨酸 124
γ-谷氨酰-S-甲基半胱氨酸 118
果聚糖 073
红葱 002
胡蒜 007
S-甲基半胱氨酸亚砜 079, 089
甲基丙基二硫化物 223
甲基丙基三硫化物 223
甲基次磺酸 087, 088, 089, 090
甲基磺酸 089

索 引

甲基硫代磺酸甲酯 127
甲基硫代亚磺酸 2- 丙烯酯 141
甲基硫代亚磺酸甲酯 075, 087, 089, 139
甲基亚磺酸 089
甲基乙烯基硫化物 064
韭菜 002, 023, 111
韭葱 001, 002, 003, 015, 023, 026, 167
栎精 067
5'- 磷酸吡哆醛 099
硫代丙烯醛 113, 126, 153
硫代磺酸酯 224
硫代甲醛 091
硫代亚磺酸 149
硫代亚磺酸酯 053, 054, 088, 090, 101, 104, 105, 107, 154, 198, 203, 213, 216, 219
龙骨葱 009
美拉德反应 074
球菜叶蛾 217
3- 巯基 -2- 甲基戊 -1- 醇 151
染色 066
软颈蒜 006
三棱茎葱 009
三肽硫醇谷胱甘肽 063
叔丁基丙烯基亚砜 091
双（1- 丙烯基）二硫化物 128, 145, 146, 148, 152
双锍化物 162
蒜氨酸 055, 057, 072, 073, 074, 075, 076, 079, 082, 086, 098, 104, 107, 110, 118, 134, 175, 190, 217
蒜氨酸酶 059, 072, 074, 078, 086, 098, 100, 102, 153, 154, 175, 190, 207
蒜补充品 170
蒜硫胺素 056
蒜油 233
天蓝韭 012
硒代半胱氨酸 157, 158, 160, 161, 191

硒代蛋氨酸 158, 159, 161
S- 烯丙基半胱氨酸 062, 077, 121, 175
S- 烯丙基 -L- 半胱氨酸亚砜 075, 082, 121
烯丙基丙基二硫化物 207
烯丙基次磺酸 099
烯丙基多硫化物 213
烯丙基甲基多硫化物 175
烯丙基甲基二硫化物 062
烯丙基甲基硫代亚磺酸酯 118
烯丙基甲基硫化物 061, 062, 064
烯丙基甲基硒 062
烯丙基硫代次磺酸 142
S- 烯丙硫基半胱氨酸 054
细香葱 023, 111
S- 腺苷甲硫氨酸 062
象蒜 002, 023, 055, 111
薤 002
熊葱 002, 009, 024, 111, 169
绣球葱 012
鸦葱 009
亚洲蒜 007
洋葱 001, 002, 003, 015, 026, 028, 167
洋葱烷 098, 162, 219
洋葱烯 143, 203
洋蓟蒜 007
3- 乙基氧硫杂环丙烷 085
S- 乙烯 -L- 半胱氨酸亚砜 084
乙烯基次磺酸 091
N- 乙酰 -S- 烯丙基半胱氨酸 062
异硫氰酸烯丙酯 057
异蒜氨酸 059, 080, 081, 082, 102, 104, 110, 118, 217
银皮蒜 007
硬颈蒜 006
植化相克 216
紫纹蒜 007